SYNTHETISCHE ZAHLENTHEORIE

VON

DR. RUDOLF FUETER
O. PROFESSOR AN DER UNIVERSITÄT ZÜRICH

Berlin und Leipzig
G. J. Göschen'sche Verlagshandlung G. m. b. H.
1917

Druck von Georg Reimer in Berlin W. 10.

Vorwort.

Dieses Buch versucht, einen systematischen Aufbau der Zahlentheorie zu geben. Der Zahlentheorie ist oft vorgeworfen worden, wohl eine Fülle tiefer und schöner Einzelheiten zu enthalten, aber im Gegensatze zur Funktionentheorie eines einheitlichen Gesichtspunktes zu entbehren. Dem möchte hier entgegengetreten werden. Die Zahlentheorie stellt Bereiche algebraischer Zahlen auf, verknüpft sie durch Rechnungsoperationen untereinander und studiert Wechselwirkungen und Beziehungen zwischen ihnen. Dieses Prinzip erlaubt es, die einzelnen Erscheinungen ihrer eigentlichen Bedeutung nach einzuordnen. Jede Tatsache, auch der elementaren Zahlentheorie, bekommt so einen tiefern Sinn. Ein sehr einfaches Beispiel möge zur Verdeutlichung angeführt werden: Die Lösung der linearen Kongruenz ist der Ausdruck für die Division der Kongruenzklassen (Seite 38 u. ff.). Der Titel „synthetische Zahlentheorie“ drückt daher nicht den Gegensatz zur „analytischen Zahlentheorie“ aus, sondern soll das Bestreben nach einem einheitlichen Aufbau charakterisieren.

Durch die Anlage des Buches mußte von selbst die Kluft zwischen niederer und höherer Zahlentheorie, wie sie besonders eindrücklich in Dirichlet-Dedekinds Vorlesungen erscheint, überbrückt werden. Die Zahlbereiche und ihre Begriffsbildung werden hierzu schon im Körper der rationalen Zahlen eingeführt. Diese Begriffe bereiten in der Regel dem Anfänger Schwierigkeiten. Es ist aber nicht einzusehen, warum die Zahlentheorie nicht im Laufe der Zeit durch immer weitere Verarbeitung und Verfeinerung in den Vorlesungen ebenso faßlich werden sollte, wie jedes andere Gebiet der höhern Mathematik. Dazu scheint mir die Entwicklung der höhern Gesichtspunkte in den Elementen erforderlich. „Die reine Mathematik wächst, indem man alte Probleme mit neuen Methoden durchdenkt. In dem Maße, wie wir die früheren Aufgaben besser verstehen, bieten sich neue von selbst[1]).“

Die Grundsätze der vorliegenden Bücherei erforderten eine Beschränkung des Stoffes. Die Mehrzahl der elementaren Zahlentheorien erreicht dies dadurch, daß der Grad des betrachteten Körpers vorgeschrieben und gleich 2 gesetzt wird. Im Gegensatz hierzu wurde im vorliegenden Buch die Natur des Körpers möglichst einfach gewählt. Der Körper der l. Einheitswurzel entspricht dieser Bedingung völlig. Zudem bildet er die schönste Anwendung und Vervollständigung der Zahlentheorie des Körpers der rationalen Zahlen, wie schon Gauß in so einziger Weise mit den „disquisitiones arithmeticae“ gezeigt hat.

Die Herren Prof. Dr. L. Bieberbach in Frankfurt a. M., Prof. Dr. E. Hecke in Basel, Dr. H. Brandt in Karlsruhe haben mich durch Durchsicht der Korrekturbogen in bester Weise unterstützt. Ihnen spreche ich meinen herzlichsten Dank aus.

Langenbruck, den 29. August 1916.

Rud. Fueter.

---

[1]) Felix Klein, Jahresbericht der Deutsch. Math.-Ver. IV. Bd. 1894—95, Berlin [1897], Seite 77.

Inhaltsverzeichnis.

Verzeichnis der Sätze und Definitionen.

Einleitung.

Die größte Schwierigkeit, die die Zahlentheorie dem Anfänger bietet, liegt darin, daß dieses Wissensgebiet die Zahlen nicht einzeln als Individuen betrachtet; sie faßt im Gegenteil unendlich viele Zahlen in geeigneter Weise zu einem „Bereich" zusammen und studiert die Beziehungen zwischen solchen Bereichen. Wir werden, um den Leser mit dieser ihm ungewohnten Vorstellung vertraut zu machen, die Zahlbereiche von Beginn an in den Mittelpunkt der Betrachtung stellen. Dadurch werden wir erreichen, daß jede Schranke zwischen sogenannter elementarer und höherer Zahlentheorie durchbrochen wird; bei verwickelteren Vorgängen werden wir keine begrifflichen Schwierigkeiten mehr finden, und der Leser wird von Beginn an zu den wesentlichen und tiefliegenden Gesetzmäßigkeiten geführt werden.

Eine endliche oder unendliche Anzahl von Zahlen bildet einen Bereich, wenn jede ihrer Zahlen nach einer Vorschrift durch eine endliche Anzahl von Schlüssen bestimmt werden kann.

Georg Cantor bezeichnet einen Bereich von Dingen als eine Menge. Unsere Zahlbereiche bilden solche Mengen. Im besonderen sind sie abzählbare Mengen. Eine Menge heißt abzählbar, wenn man jeder ihrer Dinge einen und nur einen Index zuordnen kann und wenn umgekehrt jedem endlichen Index ein Ding entspricht. Die Dinge der Zahlentheorie sind die algebraischen Zahlen, d. h. die Wurzeln der algebraischen Gleichungen mit natürlichen Zahlkoeffizienten. Alle diese Wurzeln bilden eine abzählbare Menge. Da auch jede der Teilmengen abzählbar ist, müssen unsere Zahlbereiche stets abzählbar sein.

Zahlenbeispiel: Setzt man $a_x = 3x - 1$, so bilden die Zahlen

$$a_1, a_2, a_3, \ldots a_n, \ldots$$

eine abzählbare Menge; denn jede Zahl besitzt einen Index und jedem Index n ist die Zahl $3n - 1$ zugeordnet.

Historische Notiz: Der Name „Bereich" stammt von L. Kronecker, der denselben in der Festschrift zu Kummers Doktorjubiläum [1]) seiner Zahlentheorie zugrunde legt, aber in speziellerer Bedeutung wie hier. Dedekind spricht von einem „System von Zahlen" [2]). In des Verf. Bericht [3]) ist der Bereich in dem jetzigen Sinne verwandt worden.

Die Mengentheorie ist in verschiedenen Abhandlungen durch G. Cantor geschaffen worden. Eine der ersten Arbeiten (Journal f. Math. 77. Band [1873], S. 258) bringt den Beweis, daß die Menge der Wurzeln aller algebraischen Gleichungen abzählbar ist. Allein das Wort „abzählbar" wird hier noch nicht benutzt und statt Menge Mannigfaltigkeit gesagt. Erst die Abhandlung in den Math. Annalen 15. Band (1879), S. 4 bringt die „abzählbare Menge".

Wie der Chemiker seine Wissenschaft ohne praktische Laboratoriumsarbeit nicht erlernen kann, so ist ein Eindringen in die Zahlentheorie ohne „Zahlenexperimente" unmöglich. Jedes Gesetz muß vom Anfänger an Zahlenbeispielen verfolgt werden, um wirklich verstanden zu werden. Dem Leser wird deshalb empfohlen, jeden Satz und jeden Beweis an einem einfachen Beispiele zu erproben und bei jeder Schwierigkeit im Verständnis dasselbe zur Aufklärung heranzuziehen. Das vorliegende Buch kann nur eine Einführung in die wichtigsten Begriffe der modernen Zahlentheorie sein. Wer tiefer eindringen will, muß sein Studium durch Lesen umfassenderer Werke ergänzen. Von diesen seien folgende genannt: Das klassische Lehrbuch der Zahlentheorie ist dasjenige von Dirichlet-Dedekind:

Vorlesungen über Zahlentheorie von P. G. Lejeune-Dirichlet. Herausg. und mit Zusätzen versehen von R. Dedekind. 4. Auflage. Braunschweig 1894. Vieweg & Sohn.

In seinen ersten Kapiteln atmet es noch den Geist von Gauß disquisitiones arithmeticae, die im Jahre 1801 die moderne Zahlentheorie begründeten. Im letzten Teil dagegen bringt es die durch Kummers Arbeiten notwendig gewordene Umgestaltung. Der Umstand, daß Anfang und Ende nicht sichtbar zusammenhängen, erschwert dem Anfänger das Studium.

Die Werke von P. Bachmann bilden in schöner, klarer und umfassender Weise eine Enzyklopädie der Zahlentheorie. Es fallen hier folgende Bände in Betracht:

P. Bachmann: Zahlentheorie. Versuch einer Gesamtdarstellung dieser Wiss. in ihren Hauptteilen.

---

[1]) Grundzüge einer arithm. Theorie der algebraischen Größen, Festschrift Berlin, G. Reimer 1882.

[2]) Siehe das unten zitierte Lehrbuch, S. 435.

[3]) Siehe die Angabe unten auf S. 3.

I. Teil: Die Elemente der Zahlentheorie. Leipzig (1892). B. G. Teubner.

III. Teil: Die Lehre von der Kreistheilung und ihre Beziehungen zur Zahlentheorie. Leipzig (1872). B. G. Teubner.

V. Teil: Allgemeine Arithmetik der Zahlenkörper. Leizpig (1905). B. G. Teubner.

P. Bachmann: Niedere Zahlentheorie. I. Teil. Leipzig (1902). B. G. Teubner.

P. Bachmann: Grundlehren der neueren Zahlentheorie. Leipzig (1907). Göschen.

Letzteres Buch ist eine vortreffliche Einführung.

Von etwas anderem Charakter sind die Vorlesungen Kroneckers:

L. Kronecker: Vorlesungen über Zahlentheorie. Herausg. von K. Hensel. 1. Bd. Leipzig (1901). B. G. Teubner.

Einen ganz andern Standpunkt nimmt das Buch ein:

K. Hensel: Zahlentheorie. Berlin und Leipzig (1913). Göschen, indem es in weitgehendstem Maße Analogien zur Funktionentheorie aufdeckt und dadurch Vorteil und Anregung bringt.

Ein unentbehrlicher Ratgeber für den reifen Zahlentheoretiker ist der große Bericht:

D. Hilbert: Die Theorie der algebraischen Zahlkörper. Bericht, erstattet der Deutsch. Math.-Vereinig. Jahresbericht der Deutsch. Math.-Ver. IV. Band, 1894—1895. Berlin (1897). G. Reimer. S. 175.

Dieses Buch enthält reiche Literaturangaben. Über die neuesten Arbeiten berichtet

R. Fueter: Die Klassenkörper der komplexen Multiplikation und ihr Einfluß auf die Entwicklung der Zahlentheorie. Bericht, erstattet zur Feier des 100. Geburtstages E. Kummers. Jahresber. der Deutsch. Math.-Vereinig. Band 20. Leipzig und Berlin (1911). S. 1.

Von französischen Werken seien genannt:

E. Lucas: Théorie des nombres, t. I. Paris (1891), Gauthier-Villars.

J. Tannery: Introduction à l'étude de la théorie des nombres et de l'algèbre supérieure par E. Borel et J. Drach d'après des conférences faites à l'école norm. sup. par J. Tannery. Paris. Nony et Co. (1895).

A. Châtelet: Leçons sur la théorie des nombres. Paris. Gauthier-Villars (1913).

E. Cahen: Théorie des nombres, t. I. Le premier degré. Paris. Hermann et fils (1914).

I. Kapitel.
Bereiche rationaler Zahlen.

§ 1. Die Grundoperationen.

Die Grundlage der Zahlentheorie bilden die ganzen rationalen positiven Zahlen; man nennt sie die natürlichen Zahlen:

$$1, 2, 3, 4, 5, \ldots$$

Sie sind eindeutig den Ordinalzahlen, die man durch Abzählung erhält, zugeordnet. Im folgenden wird keine axiomatische Theorie dieser Zahlen gebracht werden. Der Leser, der sich hierüber unterrichten will, greife zu dem Lehrbuch über die Grundlagen der Arithmetik der vorliegenden Sammlung. Zum systematischen Aufbau der Zahlentheorie müssen wir nur die begrifflich wesentlichsten Gesichtspunkte hervorheben.

Nach dem Vorgange von Graßmann und Helmholtz[1]) denken wir uns die Reihe der natürlichen Zahlen durch die physiologische Funktion des Abzählens erhalten. Diese Zahlenreihe besitzt zwei wesentlich verschiedene Richtungen, die durch Vorwärts- und Rückwärtsschreiten bezeichnet werden. Geht man von einer Zahl a der Reihe nach rechts, so erreicht man eine „größere" Zahl, geht man nach links, eine „kleinere" Zahl. Die natürlichen Zahlen verknüpfen sich untereinander durch vier Grundoperationen:

I. Die Addition $a + b = c$.
II. Die Multiplikation $a \cdot b = c$.
III. Die Subtraktion $c - b = a$.
IV. Die Division $\frac{c}{b} = a$.

Die beiden ersten Operationen können stets durchgeführt werden; die beiden letzteren sind die Inversen der beiden ersteren. Sie können nicht immer ausgeführt werden. Sind z. B. b und c gegeben, so kann nur dann ein a gefunden werden, sodaß

$$c - b = a$$

ist, wenn c größer als b ist, d. h. wenn c rechts neben b in der Zahlenreihe erscheint. Die Arithmetik hat hier zum erstenmal einen Grundsatz angewandt, der für ihre Entwicklung von der allergrößten Bedeutung werden sollte. Man darf sagen, daß der Fortschritt der modernen Zahlentheorie

---

[1]) H. Graßmann, Die lineale Ausdehnungslehre, 1. Auflage Leipzig 1844. H. v. Helmholtz, Zählen und Messen, Philos. Aufsätze, Ed. Zeller gewidmet, Leipzig, Fues 1887, S. 17 ff.

in nichts anderem als einer konsequenten Anwendung dieses Grundsatzes besteht. Derselbe lautet: Wenn in einem gegebenen Bereich von Symbolen (Zahlen) eine verlangte Operation nicht in jedem Falle oder nicht in jedem Falle eindeutig ausgeführt werden kann, so wird der gegebene Bereich durch Einführung von neuen Symbolen so erweitert, daß die Operation in dem erweiterten Bereich stets eindeutig ausführbar ist.

In dieser Weise führt die elementare Arithmetik die Symbole der Zahl Null und der negativen Zahlen:

$$\cdots -5,\ -4,\ -3,\ -2,\ -1,\ 0$$

ein. Damit ist die Durchführung der Subtraktion in jedem Falle gewährleistet. Um auch für die Division dasselbe zu erreichen, werden die gebrochenen rationalen Zahlen zu Hilfe genommen. Dadurch ist die Division mit alleiniger Ausnahme der Division durch die Zahl Null ermöglicht. Der so erweiterte Bereich heißt der Bereich aller rationaler Zahlen.

Die Funktionentheorie verlangt auch die Division durch Null und führt deshalb als gleichberechtigt das Symbol ∞ ein. In der Zahlentheorie ist die Division durch Null stets ausgeschlossen.

Von größter Wichtigkeit ist, daß man sich bei jeder Erweiterung des Bereiches überzeugt, ob die Rechnungsregeln der Grundoperationen erhalten bleiben oder nicht. Wir werden in der Folge auf diesen Punkt ganz besonderen Wert zu legen haben. Eine der Hauptresultate der elementaren Arithmetik ist der Beweis, daß die Rechnungsregeln der natürlichen Zahlen auch für den Bereich der rationalen Zahlen gelten. Von den Rechnungsregeln der Addition und Multiplikation wollen wir ihrer Wichtigkeit für das Weitere wegen die beiden folgenden anführen:

I. Kommutatives Gesetz: Addition $a + b = b + a$.
Multiplikation $a \cdot b = b \cdot a$.

II. Assoziatives Gesetz: Addition $(a + b) + c = a + (b + c)$.
Multiplikation $(a \cdot b) \cdot c = a \cdot (b \cdot c)$.

Addition und Multiplikation treten in diesen beiden Rechnungsregeln gleichförmig auf. Erst das distributive Gesetz bringt den Zusammenhang zwischen den beiden Operationen. Alle später zu definierenden Operationen von Symbolen werden, um die Auffassung zu erleichtern, ebenfalls als Multiplikation oder Addition bezeichnet, je nachdem ihre Rechnungsregeln denjenigen der Multiplikation oder Addition entsprechen.

1. Definition. Ein Bereich von Zahlen mit der Eigenschaft, daß die vier Grundoperationen mit Ausnahme der Division durch Null aus je zwei seiner Zahlen wieder eine Zahl des Bereiches ergeben, heißt ein Körper.

Der Bereich aller rationalen Zahlen bildet einen Körper, der mit k bezeichnet werde.

Historische Notiz: Die 2. Auflage von Dirichlets Vorlesungen über Zahlentheorie (1871) brachte im X. Supplement von Dedekind auf S. 424 zum ersten Male den Namen „Körper". Kronecker sagt Rationalitätsbereich und setzt die Gründe zur Ablehnung des Wortes Körper in seiner Festschrift (siehe S. 2) auf S. 5 auseinander.

§ 2. Der Modul.

2. Definition. Ein Bereich von Zahlen mit der Eigenschaft, daß die Summe und Differenz zweier seiner Zahlen wieder eine Zahl des Bereiches ergibt, heißt ein Modul.

Ein Modul heißt eingliedrig, wenn seine sämtlichen Zahlen aus einer einzigen Zahl a entspringen. Man erhält alle übrigen Zahlen des Moduls, indem man die Zahl a beliebig oft zu sich selbst addiert oder von sich selbst subtrahiert. Alle Zahlen dieses Moduls haben deshalb die Form xa, wo x alle positiven und negativen ganzen Zahlen $0, \pm 1, \pm 2, \cdots$ durchläuft. Diesen Modul kürzen wir durch $[a]$ ab. Somit ist

$$[a] = [0, \pm a, \pm 2a, \pm 3a, \cdots].$$

Ist $a = \pm 1$, so heißt der Modul der Einheitsmodul:

$$[1] = [0, \pm 1, \pm 2, \pm 3, \cdots];$$

derselbe enthält alle ganzen rationalen Zahlen.

Als erste Eigenschaft des Moduls erkennen wir, daß

$$[a] = [-a]$$

für jede beliebige Zahl a ist.

Beispiele:

Der Modul $[23]$ enthält alle Zahlen

$$0, \pm 23, \pm 46, \pm 69, \pm 92, \pm 115, \pm \cdots.$$

Die Zahlen

$$46 + 46 = 92$$
$$69 - 115 = -46$$

sind darum ebenfalls in $[23]$ enthalten. Der Modul $\left[-\frac{5}{3}\right]$ enthält die Zahlen

$$0, \pm \frac{5}{3}, \pm \frac{10}{3}, \pm 5, \pm \frac{20}{3}, \pm \frac{25}{3}, \pm 10, \pm \frac{35}{3}, \pm \frac{40}{3}, \pm 15, \cdots.$$

Alle Zahlen von $[5]$ liegen in $\left[-\frac{5}{3}\right]$ und ebenso die Zahlen

$$\frac{10}{3} - \frac{35}{3} = -\frac{25}{3} \text{ und } \frac{5}{3} + \frac{40}{3} = 15.$$

Die nächst kompliziertere Art von Moduln sind die zweigliedrigen Moduln $[a, b]$, wo a und b beliebige rationale Zahlen sind. Der zweigliedrige Modul $[a, b]$ ist der Bereich aller Zahlen, die man aus a und b durch fortgesetzte Addition und Substraktion der einen oder anderen Zahl erhalten kann; alle diese Zahlen sind analytisch durch

$$ax + by$$

gegeben, wo x und y alle Zahlen $0, \pm 1, \pm 2, \pm 3, \cdots$ durchlaufen.

Beispiele:

Wilhelm Fließ behauptet in seinem Buch „Zum Ablauf des Lebens“ [1]), daß alle für das menschliche Leben wichtigen Zahlen dem Modul

$$[23, 28]$$

angehören; dieser enthält beispielsweise die Zahlen

$$28 - 23 = 5;\ 3 \cdot 23 - 2 \cdot 28 = 13;$$
$$5 \cdot 23 - 4 \cdot 28 = 3;\ 5 \cdot 28 - 6 \cdot 23 = 2.$$

Allgemein liegt in $[23, 28]$ jede Zahl $23x + 28y$. Der Modul $\left[\frac{3}{2}, \frac{5}{3}\right]$ enthält die Zahlen

$$3 \cdot \frac{5}{3} - 2 \cdot \frac{3}{2} = 2;\ \frac{3}{2} + \frac{5}{3} = \frac{19}{6};\ 17 \cdot \frac{3}{2} - 15 \cdot \frac{5}{3} = \frac{1}{2};\ 2 \cdot \frac{5}{3} - 2 \cdot \frac{3}{2} = \frac{1}{3}.$$

Das Hauptresultat, dem wir in diesem Paragraphen zustreben, wird der Satz sein, daß jeder zweigliedrige Modul $[a, b]$ gleich einem eingliedrigen Modul ist.

3. Definition. Zwei Moduln heißen einander gleich, wenn jede Zahl des einen im anderen enthalten ist und umgekehrt.

Die vorhin ausgesprochene Behauptung wird sich also durch die Gleichung

$$[a, b] = [d]$$

ausdrücken lassen, wo d eine bestimmte rationale Zahl ist.

Bevor wir zum Beweise übergehen können, ist es notwendig, eine besondere Klasse von Moduln herauszugreifen.

4. Definition. Ein Modul, dessen sämtliche Zahlen ganze Zahlen sind, heißt ein Ideal.

Wir werden später sehen, daß diese Definition des Ideals nicht hinreichend ist, sobald wir höhere Bereiche wie den Bereich k der rationalen Zahlen zugrunde legen. Es tritt dann zur Definition des Ideals eine weitere Bedingung hinzu, die in unserem jetzigen Fall stets erfüllt ist.

[1]) Annalen der Naturphilosophie, Bd. 6, S. 121.

Wir werden von nun an beliebige rationale Zahlen mit $a, b, c, d, \ldots$, ganze rationale Zahlen mit $n, m, l, p, q, \ldots$ bezeichnen. Sind n und m ganze Zahlen, so sind $[n]$ und $[m]$ Ideale. Wir schreiben die Ideale zum Unterschied von den Moduln mit runden statt eckigen Klammern. Der Einheitsmodul $[1]$ ist das Einheitsideal (1), das man öfters auch als Ordnung $\mathfrak{o}$ von k bezeichnet.

1. Satz. Es gibt immer ein Ideal (r), sodaß

$$(m, n) = (r).$$

Der Satz sagt aus, daß jede Zahl $x m + y n$ sich als Vielfaches von r darstellen läßt, und daß umgekehrt jedes Vielfache $z r$ in der Form $x m + y n$ darstellbar ist, wo x, y irgendwelche ganze positive oder negative Zahlen sind. Zum Beweise des Satzes bedient man sich seit urdenklichen Zeiten des berühmten Euklidischen Algorithmus. Euklid setzt denselben im 7. Buche seiner Elemente mit großer Schärfe im geometrischen Gewande auseinander.

Wir setzen n und m als positiv voraus, was wir nach der Bemerkung Seite 6 stets tun dürfen; ferner sei $m < n$; man subtrahiert m so oft, nämlich q mal von n, bis der positive Rest r_1 kleiner als m wird:

$$n = qm + r_1,\ 0 \leqq r_1 < m.$$

Ist r_1 von Null verschieden, so subtrahiert man r_1 so oft, nämlich q_1 mal von m, bis der positive Rest $r_2 < r_1$ wird:

$$m = q_1 r_1 + r_2,\ 0 \leqq r_2 < r_1.$$

Fährt man so fort, so erhält man folgendes System von Gleichungen:

$$\begin{aligned} n &= qm + r_1,\ 0 < r_1 < m \\ m &= q_1 r_1 + r_2,\ 0 < r_2 < r_1 \\ r_1 &= q_2 r_2 + r_3,\ 0 < r_3 < r_2 \\ r_2 &= q_3 r_3 + r_4,\ 0 < r_4 < r_3 \\ & \ldots\ldots\ldots\ldots \end{aligned}$$

Die r nehmen ab; somit muß es ein endliches h geben, für das:

$$\begin{aligned} & \ldots\ldots\ldots\ldots \\ r_{h-2} &= q_{h-1} r_{h-1} + r_h \\ r_{h-1} &= q_h r_h + 0. \end{aligned}$$

Dieses Gleichungssystem bildet den Euklidischen Algorithmus. Aus ihm erkennt man, daß r_{h-1} ein Vielfaches von r_h, ebenso r_{h-2} ein Vielfaches von r_h, schließlich n und m Vielfache von r_h sind. Setzt man $r = r_h$, so wird

$$n = z_1 r,\ m = z_2 r,$$

wo z_1 und z_2 natürliche Zahlen sind.

r ist eine positive Zahl: $r > 0$. Es gibt für irgend zwei ganze Zahlen x, y eine Zahl z, sodaß

$$xn + ym = zr;$$

d. h. alle Zahlen des Ideals (n, m) sind in (r) enthalten. Es erübrigt noch, umgekehrt zu zeigen, daß auch alle Zahlen von (r) in (n, m) enthalten sind. Nehmen wir die vorletzte Gleichung:

$$r_{h-2} = q_{h-1} r_{h-1} + r_h,$$

so erkennt man aus ihr, daß

$$(r_h) = (r_{h-2}, r_{h-1});$$

denn r_{h-1} und r_{h-2} sind Vielfache von $r_h = r$ und umgekehrt ist r, also auch jedes Vielfache von r, durch r_{h-1} und r_{h-2} darstellbar. Geht man einen Schritt zurück:

$$r_{h-3} = q_{h-2} r_{h-2} + r_{h-1},$$

so erkennt man ebenso, daß auch

$$(r_{h-3}, r_{h-2}) = (r_{h-2}, r_{h-1}) = (r);$$

denn r_{h-1} und r_{h-2} sind in (r_{h-3}, r_{h-2}) enthalten. Man schließt so weiter:

$$(n, m) = (m, r_1) = (r_1, r_2) = \cdots = (r_{h-3}, r_{h-2}) = (r_{h-2}, r_{h-1}) = (r).$$

Aus dem Beweise folgt, daß auch r eine Zahl von (n, m) ist. Dies ist nur möglich, wenn es zwei ganze Zahlen x und y gibt, so daß

$$xn + ym = r$$

ist. Der Euklidische Algorithmus gibt ein Mittel, um diese Zahlen x, y zu berechnen. Man schreibt hierzu:

$$\begin{aligned} r = r_h &= r_{h-2} - q_{h-1} r_{h-1}, \\ r_{h-1} &= r_{h-3} - q_{h-2} r_{h-2}, \\ r_{h-2} &= r_{h-4} - q_{h-3} r_{h-3}, \\ &\cdots\cdots\cdots\cdots \\ r_1 &= n - qm, \end{aligned}$$

und setzt in der ersten Gleichung für r_{h-1} den Wert aus der zweiten ein; dann für r_{h-2} den Wert aus der dritten; usw. für r_1 den Wert aus der letzten.

Beispiele:

Siehe das Beispiel auf S. 7. Das Ideal (23, 28) ergibt den Algorithmus:

$$\begin{aligned} 28 &= 1 \cdot 23 + 5 \\ 23 &= 4 \cdot 5 + 3 \\ 5 &= 1 \cdot 3 + 2 \\ 3 &= 1 \cdot 2 + 1 \\ 2 &= 2 \cdot 1 + 0. \end{aligned}$$

Also ist $h = 4$, $r_h = r = 1$; $28 = 1 \cdot 28$, $23 = 1 \cdot 23$ und

$$(1) = (2, 3) = (3, 5) = (5, 23) = (23, 28).$$
$$1 = 3 - 2 = 2 \cdot 3 - 5 = 2 \cdot 23 - 9 \cdot 5 = 11 \cdot 23 - 9 \cdot 28.$$

Das Ideal (23, 28) enthält alle natürlichen Zahlen. Die Fliess'sche Behauptung ist daher trivial.

Der eben bewiesene Satz kann mit Leichtigkeit auf ein h-gliedriges Ideal ausgedehnt werden.

Unter einem h-gliedrigen Modul $[a_1, a_2, \ldots a_h]$ versteht man den Bereich aller Zahlen, die man aus $a_1, a_2, \ldots a_h$ durch Subtraktion und Addition erhält. Sind die a ganze Zahlen, so heißt der Modul wieder ein Ideal.

Alle Zahlen des h-gliedrigen Moduls lassen sich in der Form darstellen:

$$x_1 a_1 + x_2 a_2 + \cdots + x_h a_h$$

wo die x alle natürlichen positiven oder negativen Zahlen durchlaufen sollen.

Setzen wir im besonderen voraus, daß der Modul ein Ideal ist, so schreiben wir ihn $(n_1, n_2, \ldots n_h)$, wo die n ganze Zahlen sind. Da nach dem bewiesenen

$$(n_1, n_2) = (r)$$

gesetzt werden kann, so kann man für alle Zahlen von (n_1, n_2):

$$x_1 n_1 + x_2 n_2 = zr$$

schreiben, wo auch z die natürlichen Zahlen durchlaufen wird. Nach der Definition über die Gleichheit zweier Moduln darf deshalb

$$(n_1, n_2, \ldots n_h) = (r, n_3, n_4, \ldots n_h)$$

gesetzt werden. $(r_1, n_3, \ldots n_h)$ ist ein $(h-1)$-gliedriges Ideal; aus ihm macht man durch dieselbe Überlegung ein $(h-2)$-gliedriges Ideal $(r_1, n_4, \ldots n_h)$, indem man $(r, n_3) = (r_1)$ setzt, und fährt so fort, bis schließlich

$$(n_1, n_2, \ldots n_h) = (r_{h-2})$$

wird. Man sieht, daß $r, r_1, \ldots r_{h-3}$ Vielfache von r_{h-2} sein werden; da alle r positiv sind, muß

$$r \geqq r_1 \geqq r_2 \geqq \cdots \geqq r_{h-2}.$$

Die bisher betrachteten Moduln oder Ideale waren endlich-gliedrig, d. h. jede Zahl des Moduls konnte sich aus einer endlichen Anzahl von Grundelementen durch Addition und Subtraktion herleiten lassen. Bei Idealen kann man den Satz auf unendlich-gliedrige Ideale ausdehnen, d. h. auf Ideale, deren Zahlen sich nicht aus endlich vielen Zahlen durch Addition und Subtraktion ergeben, sondern deren Zahlen auf andere Weise gegeben sind. Ist nämlich das Ideal

$$(n_1, n_2, n_3, \ldots)$$

gegeben, so bestimmt man wie vorhin die Reihe der Zahlen r, von denen jede ein Vielfaches der folgenden ist. Es muß also auch jetzt:

$$r \geqq r_1 \geqq r_2 \geqq r_3 \geqq \cdots > 0.$$

Es kann nur der Fall eintreten, daß alle r von einem bestimmten $r_h \neq 0$ an gleichbleiben. Man erkennt sofort, daß das Ideal gleich ist dem Ideal, das aus dem unendlich oft auftretenden r_h gebildet wird.

2. Satz. Jedes Ideal ist ein eingliedriger Modul.

Beispiele:

Alle geraden Zahlen

$$0, \pm 2, \pm 4, \pm 6, \pm 8, \pm 10, \pm 12, \ldots$$

bilden ein unendlich-gliedriges Ideal; dasselbe ist gleich (2), da alle geraden Zahlen in (2) enthalten sind, und umgekehrt jede Zahl von (2) gerade ist.

Die das Ideal bestimmende Zahl n ist bis auf das Vorzeichen eindeutig bestimmt. Wir setzen diese Zahl stets als positiv voraus und heißen sie die Norm des Ideals.

Die Eindeutigkeit folgt daraus, daß $(n) = (m)$ aussagt: n ist ein Vielfaches von m und umgekehrt; dies ist nur möglich, wenn n gleich m ist. Wir werden im folgenden Ideale stets mit deutschen Buchstaben bezeichnen, und zwar mit demselben deutschen Buchstaben, dessen entsprechender lateinischer Buchstabe die Norm des Ideals angibt. Zum Beispiele

$$\mathfrak{n} = (n); \; \mathfrak{p} = (p); \; \mathfrak{l} = (l).$$

Um den Begriff des Ideals richtig aufzufassen, ist es nützlich, sich klarzumachen, daß der Begriff nur auf der Teilbarkeit der Zahlen fußt. Trotzdem der Begriff des Moduls einzig die Operationen Addition und Subtraktion verwendet, ist das Ideal ein Bereich, der laut obigem Satze alle durch eine bestimmte Zahl teilbaren Zahlen enthält. Dieser Wechselwirkung zwischen Bereichen, die einerseits auf Addition und Subtraktion, anderseits auf Multiplikation und Division aufgebaut sind, werden wir noch häufiger begegnen. Nachdem die elementare Theorie des Idealbegriffs hiermit erledigt ist, kann zu der entsprechenden Theorie der Moduln übergegangen werden.

3. Satz. Jeder endlich-gliedrige Modul $[a_1, a_2, \ldots a_h]$ von rationalen Zahlen ist gleich einem eingliedrigen Modul $[d]$. d ist bis auf das Vorzeichen eindeutig bestimmt. Wir setzen d stets als positiv voraus.

Beim Beweise wird genau wie vorhin vorgegangen. a ist als rationale

Zahl durch Division zweier ganzer Zahlen hervorgegangen: $a = \pm \frac{n}{m}$, wo n und m natürliche Zahlen sind, die wir außerdem als positiv voraussetzen dürfen. Alle Zahlen von $[a_1, a_2]$ sind deshalb von der Form

$$x_1 \frac{n_1}{m_1} + x_2 \frac{n_2}{m_2} = \frac{x_1 n_1 m_2 + x_2 n_2 m_1}{m_1 m_2},$$

wo x_1, x_2, natürliche Zahlen sind. Alle Zahlen des Zählers bilden das Ideal $(n_1 m_2, n_2 m_1)$, das nach dem schon bewiesenen einem Ideal (N) gleich sein muß. Setzt man $M = m_1 m_2$, so ist

$$x_1 \frac{n_1}{m_1} + x_2 \frac{n_2}{m_2} = X \frac{N}{M},$$

wo X irgendeine natürliche Zahl ist. Also darf man

$$[a_1, a_2] = \left[\frac{N}{M}\right]; \quad [a_1, a_2, a_3, \ldots a_h] = \left[\frac{N}{M}, a_3, \ldots a_h\right]$$

setzen. Fährt man so fort, so muß man nach endlich vielen Schritten zu einem $\frac{N_{h-2}}{M_{h-2}}$ kommen, so daß $X \frac{N_{h-2}}{M_{h-2}}$ $(X = 0, \pm 1, \pm 2, \ldots)$ alle weiteren Zahlen enthält:

$$[a_1, a_2, \ldots a_h] = \left[\frac{N_{h-2}}{M_{h-2}}\right], \quad d = \frac{N_{h-2}}{M_{h-2}}.$$

Die Eindeutigkeit folgt genau wie oben.

Beispiele:

In dem Modul $\left[\frac{7}{6}, \frac{5}{9}, \frac{1}{15}\right]$ ist

$$x_1 \frac{7}{6} + x_2 \frac{5}{9} = \frac{x_1 7 \cdot 9 + x_2 6 \cdot 5}{6 \cdot 9},$$

und das Ideal $(7 \cdot 9,\ 6 \cdot 5)$ besitzt die Norm 3:

$$(7 \cdot 9,\ 6 \cdot 5) = (3).$$

Also wird

$$\left[\frac{7}{6}, \frac{5}{9}\right] = \left[\frac{3}{6 \cdot 9}\right] = \left[\frac{1}{18}\right] \text{ und } \left[\frac{7}{6}, \frac{5}{9}, \frac{1}{15}\right] = \left[\frac{1}{18}, \frac{1}{15}\right].$$

Wegen $(15, 18) = (3)$ folgt weiter

$$\left[\frac{1}{18}, \frac{1}{15}\right] = \left[\frac{3}{18 \cdot 15}\right] = \left[\frac{1}{90}\right] \text{ und } \left[\frac{7}{6}, \frac{5}{9}, \frac{1}{15}\right] = \left[\frac{1}{90}\right].$$

In der Tat ist

$$\frac{7}{6} = 105 \cdot \frac{1}{90}; \quad \frac{5}{9} = 50 \cdot \frac{1}{90}; \quad \frac{1}{15} = 6 \cdot \frac{1}{90};$$

und

$$\frac{1}{90} = -\frac{7}{6} + 2\,\frac{5}{9} + \frac{1}{15}.$$

Wir haben von nun an nur noch zwischen ein- und unendlich-gliedrigen Moduln zu unterscheiden. Bemerkenswert ist, daß es unendlich-gliedrige Moduln gibt, für die der Satz nicht gilt. Die Annahme, daß der gegebene Modul endlich-gliedrig ist, ist somit beim Beweise wesentlich. Solche unendlich-gliedrigen Moduln werden in der Folge eine sehr große Rolle spielen. Als Beispiel diene der Bereich aller Zahlen $\frac{x \cdot n}{y}$, wo x jede beliebige positive oder negative ganze Zahl, y alle zu n teilerfremden (siehe S. 20) positiven oder negativen ganzen Zahlen durchläuft.

Beispiele:

Alle Zahlen mit ungeradem Nenner bilden einen unendlich-gliedrigen Modul

$$\begin{array}{l} 0, \pm 1, \pm 2, \pm 3, \pm 4, \ldots \\ \pm \frac{1}{3}, \pm \frac{2}{3}, \pm \frac{3}{3}, \pm \frac{4}{3}, \ldots \\ \pm \frac{1}{5}, \pm \frac{2}{5}, \pm \frac{3}{5}, \pm \frac{4}{5}, \ldots \\ \pm \frac{1}{7}, \pm \frac{2}{7}, \pm \frac{3}{7}, \pm \frac{4}{7}, \ldots \\ \ldots\ldots\ldots\ldots\ldots\ldots \end{array}$$

Denn die Summe und Differenz zweier Zahlen des Systems ist wieder eine Zahl mit ungeradem Nenner:

$$\frac{2}{7} - \frac{4}{9} = -\frac{10}{63};\ \frac{4}{15} + \frac{1}{3} = \frac{9}{15} = \frac{3}{5}.$$

Greift man aus dem System alle diejenigen Brüche heraus, deren Zähler gerade ist, so findet man den Modul der Zahlen $\frac{x \cdot 2}{y}$:

$$\begin{array}{l} 0, \pm 2, \pm 4, \pm 6, \pm 8, \ldots \\ \pm \frac{2}{3}, \pm \frac{4}{3}, \pm \frac{6}{3}, \pm \frac{8}{3}, \ldots \\ \pm \frac{2}{5}, \pm \frac{4}{5}, \pm \frac{6}{5}, \pm \frac{8}{5}, \ldots \\ \ldots\ldots\ldots\ldots\ldots\ldots \end{array}$$

Dieser Modul ist unendlich-gliedrig, da er sonst eingliedrig sein müßte, was unmöglich ist; denn wäre er gleich $[d]$, so müßte d alle unendlich vielen ungeraden Primzahlen im Nenner enthalten.

Historische Notiz: Der Begriff des „Moduls“ wurde durch Dedekind im Jahre 1871 im X. Supplement zu Dirichlets Vorlesungen (2. Auflage) auf Seite 442 eingeführt. In der 4. Auflage der Vorlesungen (1894) wird der Begriff vereinfacht und seine Theorie erweitert.

Der Euklidsche Algorithmus findet sich in den Elementen Euklids auseinandergesetzt. Die zur Zeit maßgebende Ausgabe des Originaltextes mit lateinischer Übersetzung ist diejenige von Heiberg: Euclidis opera omnia. Vol. II. (Lipsiae 1884). Auf S. 189 befindet sich die betreffende Stelle des Algorithmus. Die neueste Übersetzung ist die englische von T. L. Heath: The thirteen books of Euclids elements, translat. from the text of Heiberg. (Cambridge, University press 1908.) Die Darstellung des Algorithmus findet sich im 2. Band, S. 296.

§ 3. Multiplikation und Division von Moduln und Idealen.

5. Definition. Unter dem Produkt zweier Moduln versteht man den Modul, der durch alle Produkte aus einer Zahl des ersten und einer Zahl des zweiten Moduls gegeben wird.

Für die Multiplikation zweier Moduln gelten somit, wie unmittelbar ersichtlich, das kommutative und assoziative Gesetz.

Das Produkt zweier Moduln ist wieder ein Modul.

Die Multiplikation zweier Moduln wird ganz gleich bezeichnet, wie die Multiplikation zweier Zahlen; so bedeutet $[a][b]$ das Produkt der beiden Moduln $[a]$ und $[b]$.

4. Satz. Es ist

$$[a][b] = [ab],$$

d. h. das Produkt von Vielfachen von a und b ist ein Vielfaches von ab und umgekehrt.

Denn das Produkt links enthält die Zahlen der Form

$$xab, \quad x = 0, \ \pm 1, \ \pm 2, \ \pm 3, \ldots,$$

und durch Addition und Subtraktion erhält man wieder Zahlen dieser Form. Umgekehrt ist jede Zahl xab als Produkt der Zahl a des ersten Moduls und der Zahl xb des zweiten Moduls aufzufassen.

Beispiele:

Es ist

$$(2)\,(3) = (6);$$

denn in (2) liegt jede gerade Zahl, etwa 10; in (3) liegt etwa 15, also in (2) (3) die Zahl $10 \cdot 15 = 150$. Anderseits ist $150 = 6 \cdot 25$ in (6) enthalten. Ebenso ist z. B. die Zahl 30 von (6) darstellbar in der Form

$$30 = 6 \cdot 5 = 3 \cdot 10 = 2 \cdot 15,$$

also Produkt von einer Zahl von (2) und einer Zahl von (3). Es ist weiter:

$$\left[\frac{1}{5}\right][5] = [1].$$

$\frac{7}{5}$ liegt in $\left[\frac{1}{5}\right]$, 10 in [5], also $10 \cdot \frac{7}{5} = 14$ in [1]. Umgekehrt ist jede Zahl von [1], z. B. 3, in der Form darstellbar

$$3 = \frac{3}{5} \cdot 5.$$

Die Division zweier Moduln ist die inverse Operation der eben definierten Multiplikation.

6. Definition. Existiert ein Modul $[a]$, so daß

$$[b][a] = [c],$$

wo $[b]$ und $[c]$ gegebene Moduln sind, so heißt $[a]$ Quotient der beiden Moduln $[c]$ und $[b]$:

$$[a] = \frac{[c]}{[b]}.$$

Nach vorigem ist aber

$$[b][a] = [ab],$$

somit wegen der Eindeutigkeit der Grundzahl des eingliedrigen Moduls:

$$[ab] = [c];\ c = \pm\, ab;\ a = \pm \frac{c}{b}.$$

5. Satz. Es ist

$$\left[\frac{c}{b}\right] = \frac{[c]}{[b]};$$

die Division ist daher stets ausführbar. Der Quotient ist eindeutig bestimmt.

Letzteres erkennt man daraus, daß a den Wert $\pm \frac{c}{b}$ haben muß, und die beiden Brüche $\pm \frac{c}{b}$ nur einen Modul erzeugen.

Beispiele:

Die vorigen Beispiele ergeben:

$$(3) = \frac{(6)}{(2)};$$

$$\left[\frac{1}{5}\right] = \frac{[1]}{[5]}.$$

Diese Begriffe bekommen dann ihre besondere Bedeutung, wenn man sie auf Ideale anwendet. Da die Ideale Moduln sind, gelten alle Definitionen und Sätze, die wir gefunden haben, auch für die Ideale. Wir heben insbesondere den Satz hervor:

6. Satz. Das Produkt zweier Ideale $\mathfrak{n} = (n)$ und $\mathfrak{m} = (m)$ ist wieder ein Ideal:

$$\mathfrak{n} \cdot \mathfrak{m} = (nm).$$

Hieran sei folgende Bemerkung geknüpft. Der 2. Satz ordnet jedem Ideal $\mathfrak{n}$ eindeutig eine Zahl n zu. Diese Zahl n ist positiv und heißt Norm des Ideals. Jedem Ideal entspricht somit eine und nur eine positive ganze Zahl, und umgekehrt: Jeder positiven ganzen Zahl entpricht ein und nur ein Ideal. Der eben bewiesene Satz zeigt noch mehr: Dem Produkt zweier positiven ganzen Zahlen entspricht das Produkt der ihnen eindeutig zugeordneten Ideale; umgekehrt: Dem Produkt zweier Ideale entspricht das Produkt der ihnen eindeutig zugeordneten Normen.

Da eine solche umkehrbar eindeutige Zuordnung zwischen Ideal und Norm besteht, erscheint es an dieser Stelle dem Anfänger wohl überflüssig, den Begriff des Zahlbereiches (Ideal) statt der Zahl einzuführen. Die Folge wird zeigen, wie ungemein wichtig für die Entwicklung und alles weitere dieser scheinbar kleine und doch so fundamentale grundsätzliche Unterschied sein wird. Dadurch, daß das Zahlindividuum durch den Bereich von unendlich vielen, durch dasselbe teilbaren Zahlen ersetzt wird, erhält die Zahlentheorie ihre Systematik. Ein ähnlicher Vorgang spielt sich in der Weierstraßschen Funktionentheorie ab, wenn wir dieselbe nicht für die allgemeine analytische Funktion, sondern nur für die rationale Funktion einführen. Auch hier erscheint es unnötig, von dem Funktionselement und der analytischen Fortsetzung zu sprechen. Erst bei der allgemeinsten analytischen Funktion zeigt sich das grundlegende dieser Begriffe in ihrer ganzen Bedeutsamkeit.

Gehen wir zur Division der Ideale über, so ist dieselbe zwar allgemein ausführbar, aber der Quotient wird im allgemeinen ein Modul und kein Ideal mehr sein. Wir setzen deshalb einschränkend fest:

7. Definition. Zwei Ideale $\mathfrak{n} = (n)$ und $\mathfrak{m} = (m)$ heißen nur dann durch einander teilbar, wenn ihr Quotient wieder ein Ideal ist.

Hieraus ersieht man, daß notwendig und hinreichend für die Division der beiden Ideale $\mathfrak{n}$ und $\mathfrak{m}$ die Tatsache ist, daß $\frac{n}{m}$ eine ganze Zahl ist; denn im entgegengesetzten Falle würde der Quotient wenigstens eine Zahl enthalten, die gebrochen ist. Ist $\mathfrak{n}$ durch $\mathfrak{m}$ teilbar, so heißt $\mathfrak{m}$ Teiler von $\mathfrak{n}$.

Jedes Ideal ist durch das Einheitsideal teilbar. Auch hier gilt die oben schon besprochene eindeutige Beziehung zwischen Ideal und Norm. Dem Quotienten zweier Ideale entspricht eindeutig der Quotient ihrer Norm; umgekehrt dem Quotient zweier Normen ist der Quotient zweier Ideale eindeutig zugeordnet.

Aus der Definition der Division von Idealen folgt der Satz:

7. Satz. Damit ein Ideal $\mathfrak{n}$ durch ein Ideal $\mathfrak{m}$ teilbar ist, ist notwendig und hinreichend, daß alle Zahlen von $\mathfrak{n}$ in $\mathfrak{m}$ enthalten sind.

Denn ist

$$\frac{\mathfrak{n}}{\mathfrak{m}} = \mathfrak{r}; \; \mathfrak{n} = \mathfrak{m}\mathfrak{r},$$

so folgt aus $\mathfrak{m}\mathfrak{r} = (mr)$, daß alle Zahlen N von $\mathfrak{n}$ in (mr) enthalten sind, also

$$N = xmr,$$

wo x irgendeine natürliche Zahl ist. Dann ist aber auch $N = xr \cdot m$, d. h. N ist als Vielfaches von m auch in $\mathfrak{m}$ enthalten. Umgekehrt folgt aus der Annahme, daß jede Zahl N von $\mathfrak{n}$ in $\mathfrak{m}$ enthalten ist, die Beziehung $N = Rm$.

Berechnet man die ganze Zahl R für jede Zahl N von $\mathfrak{n}$, so bildet der Bereich aller R einen Modul; denn aus:

$$N_1 = R_1 m,$$
$$N_2 = R_2 m,$$

folgt:

$$N_1 \pm N_2 = (R_1 \pm R_2)\, m.$$

$N_1 \pm N_2$ liegt wieder in $\mathfrak{n}$, also gehört auch $R_1 \pm R_2$ dem Bereiche $\mathfrak{r}$ der R an. Da alle R ganz sind, ist $\mathfrak{r} = (r)$ ein Ideal, und es muß nach Definition

$$\mathfrak{n} = \mathfrak{r}\mathfrak{m}$$

sein.

Dieser Satz kann als Definition der Division aufgefaßt werden, da er auch hinreichend ist. Er zeigt das Paradoxon, daß der Teiler $\mathfrak{m}$ alle und noch viel mehr Zahlen als das Ganze $\mathfrak{n}$ enthält, also in dieser Hinsicht größer oder umfassender ist.

Hieraus ergibt sich das wichtige Resultat: Ist $\mathfrak{n}_1 \neq \mathfrak{n}$ ein Teiler von $\mathfrak{n}$, so ist die Norm von $\mathfrak{n}_1$ kleiner als die Norm von $\mathfrak{n}$: $n_1 < n$.

Denn n ist in $\mathfrak{n}$ enthalten. Wäre $n_1 = n$, so müßte $\mathfrak{n}_1 = \mathfrak{n}$ sein. Wäre $n_1 > n$, so könnte n nicht in $\mathfrak{n}_1$ enthalten sein, was dem 7. Satz widerspricht. Also muß $n_1 < n$ sein.

Beispiele:

Aus der Gleichung

$$(3) = \frac{(6)}{(2)}$$

folgt, daß (2) ein Teiler von (6) ist. Alle Zahlen von (6):

$$0, \pm 6, \pm 12, \pm 18, \pm 24, \ldots$$

sind in (2) enthalten; denn sie lassen sich so schreiben

$$0, \pm 3 \cdot 2, \pm 6 \cdot 2, \pm 9 \cdot 2, \pm 12 \cdot 2, \ldots.$$

(2) enthält außerdem die unendlich vielen Zahlen

$$\pm 2, \pm 4, \pm 8, \pm 10, \pm 14, \pm 16, \ldots,$$

die nicht in (6) auftreten.

§ 4. Eindeutige Zerlegung der Ideale. Primideale.

8. Definition. Ein Ideal, das nur durch sich selbst und das Einheitsideal teilbar ist, heißt Primideal.

Wir werden Primideale durch $\mathfrak{p} = (p)$, oder $\mathfrak{l} = (l)$ bezeichnen. Die Norm p oder l heißt Primzahl.

8. Satz. Jedes Ideal kann als Produkt von endlich vielen Primidealen dargestellt werden.

Ist nämlich $\mathfrak{n} = (n)$ ein gegebenes Ideal, so ist entweder $\mathfrak{n}$ nur durch $\mathfrak{n}$ und (1) teilbar, d. h. selbst Primideal; oder es besitzt einen anderen Teiler $\mathfrak{n}_1 = (n_1)$; dann muß

$$\mathfrak{n} = \mathfrak{n}_1 \mathfrak{n}_1',$$

wo $\mathfrak{n}_1' = (n_1')$ ist. Dabei bedeuten, wie verabredet, die Zahlen n, n_1, n_1' die betreffenden positiven Normen der Ideale. $\frac{n}{n_1}$ wird eine ganze Zahl sein, also

$$n > n_1.$$

Entweder ist $\mathfrak{n}_1$ Primideal, oder es hat einen weiteren Teiler $\mathfrak{n}_2$, so daß $\mathfrak{n}_1 = \mathfrak{n}_2 \mathfrak{n}_2'$, also $n_1 > n_2$. In dieser Weise fährt man fort. Die Zahlen $n, n_1, n_2, \ldots$ nehmen ab; man muß darum schließlich nach endlich vielen Schritten zu dem Fall kommen, daß der betrachtete Teiler selbst ein Primideal $\mathfrak{p}$ ist. Dieser Teiler $\mathfrak{p}$ ist aber zugleich Teiler von $\ldots \mathfrak{n}_2, \mathfrak{n}_1$, also auch von dem gegebenen Ideale selbst; man darf deshalb $\mathfrak{n} = \mathfrak{p}\bar{\mathfrak{n}}$ setzen. Das neue Ideal $\bar{\mathfrak{n}}$ behandelt man genau wie eben. Dadurch findet man ein neues, auch in $\bar{\mathfrak{n}}$ enthaltenes Primideal $\mathfrak{p}_1$, d. h. schließlich eine Zerlegung

$$\mathfrak{n} = \mathfrak{p}\mathfrak{p}_1\mathfrak{p}_2 \ldots.$$

Daß die Anzahl der in dem gegebenen Ideal enthaltenen Primideale endlich ist, erkennt man sehr einfach unter Zuhilfenahme der Normen; denn diese müssen kleiner sein als die Norm von $\mathfrak{n}$. Es gibt daher nur endlich viele.

Beispiele:

(30) ist durch (6) teilbar wegen (30) = (6) (5); (6) ist durch (2) und (3) teilbar; also (30) = (2) (3) (5).

9. Satz. Wenn $\mathfrak{m}\mathfrak{n}_1 = \mathfrak{m}\mathfrak{n}_2$, wo $\mathfrak{m}, \mathfrak{n}_1, \mathfrak{n}_2$ Ideale sind, so ist

$$\mathfrak{n}_1 = \mathfrak{n}_2.$$

Wäre nämlich $\mathfrak{n}_1 \neq \mathfrak{n}_2$, so gäbe es z. B. in $\mathfrak{n}_2$ eine Zahl N_2, die nicht in $\mathfrak{n}_1$ enthalten wäre. Trotzdem müßte $m N_2$ in $\mathfrak{m}\mathfrak{n}_1$ enthalten sein, d. h.

$$m N_2 = x m n_1; \quad N_2 = x n_1,$$

gegen Annahme.

10. Satz. Ein Ideal, das nur durch das Einheitsideal und keinen anderen Teiler teilbar ist, ist gleich (1).

Denn jedes Ideal $\mathfrak{n} = (n)$ ist durch sich selbst teilbar; somit muß $(n) = (1)$, $n = \pm 1$ sein.

11. Satz. Wenn das Produkt $\mathfrak{n}_1\mathfrak{n}_2$ zweier Ideale durch ein Primideal $\mathfrak{p}$ teilbar ist, so ist entweder $\mathfrak{n}_1$ oder $\mathfrak{n}_2$ durch $\mathfrak{p}$ teilbar.

Ist z. B. $\mathfrak{n}_1$ nicht durch $\mathfrak{p}$ teilbar, so bilde man das Ideal (n_1, p). Nach dem in § 2 bewiesenen 1. Satze Seite 8 ist aber $(n_1, p) = (r)$. Da p ein Vielfaches von r ist und $\mathfrak{p}$ nur durch (1) und $\mathfrak{p}$ teilbar ist, so kann (r) nur durch (1) oder $\mathfrak{p}$ teilbar sein. Wäre $r = p$, so müßte auch n_1 ein Vielfaches von p sein oder $\mathfrak{n}_1$ durch $\mathfrak{p}$ teilbar sein, was gegen die Annahme wäre. Also ist $r = \pm 1$ und $(n_1, p) = (1)$. Multipliziert man beide Seiten mit $\mathfrak{n}_2$, so wird

$$\mathfrak{n}_2 (n_1, p) = \mathfrak{n}_2 (1) = \mathfrak{n}_2.$$

Das Produkt links ist der Bereich aller Zahlen:

$$n_2 (x n_1 + y p) = x n_1 n_2 + y p n_2,$$

wo x und y alle natürlichen Zahlen durchlaufen sollen; wäre $\mathfrak{n}_1\mathfrak{n}_2 = (n_1 n_2)$ durch $\mathfrak{p}$ teilbar, so müßte $n_1 n_2$ ein Vielfaches von p sein; alle Zahlen $x n_1 n_2$ wären dann durch p teilbar. Somit wäre auch $n_2 (x n_1 + y p)$ durch p, d. h. $\mathfrak{n}_2 (n_1, p) = \mathfrak{n}_2$ durch $\mathfrak{p}$ teilbar.

Mit Hilfe dieser Sätze gelingt der Beweis des 1. Hauptsatzes.

I. Hauptsatz. Jedes Ideal $\mathfrak{n}$ läßt sich auf eine und nur auf eine Weise als Produkt von Primidealen darstellen.

Selbstverständlich werden Darstellungen als gleich betrachtet, wenn sie sich nur in der Reihenfolge der Primideale unterscheiden. Nach dem 8. Satz läßt sich das Ideal $\mathfrak{n}$ in der Form darstellen

$$\mathfrak{n} = \mathfrak{p}_1 \mathfrak{p}_2 \cdots \mathfrak{p}_h.$$

Wäre eine zweite Zerlegung möglich:

$$\mathfrak{n} = \mathfrak{p}'_1 \mathfrak{p}'_2 \cdots \mathfrak{p}'_{h'},$$

so müßte

$$\mathfrak{p}_1 \mathfrak{p}_2 \cdots \mathfrak{p}_h = \mathfrak{p}'_1 \mathfrak{p}'_2 \cdots \mathfrak{p}'_{h'}$$

sein. Das Produkt $\mathfrak{p}_1 \mathfrak{p}_2 \cdots$ wäre somit durch das Primideal $\mathfrak{p}'_1$ teilbar.

Nach dem 11. Satze ist, wenn $\mathfrak{n}_1 = \mathfrak{p}_2\mathfrak{p}_3 \cdots$, entweder $\mathfrak{p}_1$ oder $\mathfrak{n}_1$ durch $\mathfrak{p}_1'$ teilbar, da $\mathfrak{n} = \mathfrak{p}_1\mathfrak{n}_1$ ist. Im ersteren Fall ergibt sich, da $\mathfrak{p}_1$ Primideal ist, daß $\mathfrak{p}_1 = \mathfrak{p}_1'$. Im zweiten Fall schreibt man $\mathfrak{n}_1 = \mathfrak{p}_2\mathfrak{n}_2$ und schließt wie vorhin, daß entweder $\mathfrak{p}_2 = \mathfrak{p}_1'$ oder $\mathfrak{n}_2$ durch $\mathfrak{p}_1'$ teilbar ist. Im letzteren Falle fährt man in gleicher Weise fort. Da die Anzahl endlich ist, muß schließlich einmal der Fall eintreten, daß $\mathfrak{p}_1'$ einem Primideal gleich wird. Wir setzen $\mathfrak{p}_1' = \mathfrak{p}_1$. Dann folgt aus

$$\mathfrak{p}_1\mathfrak{p}_2\mathfrak{p}_3 \cdots \mathfrak{p}_h = \mathfrak{p}_1'\mathfrak{p}_2' \cdots \mathfrak{p}_{h'}',$$

nach dem 9. Satze auch

$$\mathfrak{p}_2\mathfrak{p}_3 \cdots \mathfrak{p}_h = \mathfrak{p}_2' \cdots \mathfrak{p}_{h'}'.$$

Aus dieser Gleichung schließt man in gleicher Weise, wie oben, daß z. B. $\mathfrak{p}_2 = \mathfrak{p}_2'$, dann $\mathfrak{p}_3 = \mathfrak{p}_3'$ usw., womit der Satz bewiesen ist.

Da eine umkehrbar eindeutige Zuordnung zwischen Ideal und Norm möglich ist, überträgt sich der Hauptsatz ohne weiteres auch auf die Zahlen selbst. Jede Zahl läßt sich somit eindeutig in Primzahlen zerlegen.

B e m e r k u n g. Wir heben erneut hervor, daß dies eine Spezialität der natürlichen Zahlen ist, die nicht mehr eintreten wird, sobald wir den zugrunde gelegten Bereich k durch einen allgemeineren Bereich von algebraischen Zahlen ersetzen werden. Im Gegensatz hierzu ist der Satz für Ideale von bewunderungswürdiger Allgemeinheit; auch die Beweismethoden werden im allgemeinen Fall dieselben bleiben. Die zahlentheoretische Bedeutung des Satzes liegt in seiner Formulierung für Ideale und nicht für Zahlen. Es ist auch klar, daß z. B. der Begriff „Primzahl" nicht dem einzelnen Zahlenindividuum anhaftet, sondern nur seine Stellung in bezug auf unendlich viele andere Zahlen festlegt. Der Begriff der „Primzahl" und überhaupt der Teilbarkeit schließt daher logisch den Begriff des Zahlbereiches ein. Das Ideal ist der primäre Begriff, die Norm der sekundäre.

Die Ideale sind die Bausteine, aus denen sich alles weitere, insbesondere die Theorie der Moduln und anderer Bereiche aufbaut. Sie verhalten sich zu den Moduln ebenso wie die ganzen natürlichen Zahlen zu den gebrochenen.

Zwei Ideale $\mathfrak{n}$ und $\mathfrak{m}$ heißen t e i l e r f r e m d, wenn es kein Primideal gibt, das in beiden enthalten ist. Der Ausdruck „teilerfremd" wird auch für ihre Normen gebraucht. Ist umgekehrt das Ideal $\mathfrak{r}$ in $\mathfrak{n}$ und $\mathfrak{m}$ enthalten, so heißt $\mathfrak{r}$ ein gemeinsamer Teiler von $\mathfrak{n}$ und $\mathfrak{m}$. Ist $\mathfrak{r}$ ein Teiler von $\mathfrak{n}$ und $\mathfrak{m}$ und sind die beiden Ideale $\frac{\mathfrak{n}}{\mathfrak{r}}$ und $\frac{\mathfrak{m}}{\mathfrak{r}}$ zueinander teilerfremd, so heißt $\mathfrak{r}$ der g r ö ß t e g e m e i n s a m e T e i l e r von $\mathfrak{n}$ und $\mathfrak{m}$.

12. Satz. D e r g r ö ß t e g e m e i n s a m e T e i l e r $\mathfrak{r}$ v o n z w e i I d e a l e n $\mathfrak{n} = (n)$ und $\mathfrak{m} = (m)$ i s t d a s I d e a l (n, m).

Denn (n, m) ist wegen des 7. Satzes in $\mathfrak{n}$ und $\mathfrak{m}$ enthalten. Ist anderseits $\mathfrak{r}$ irgendein Teiler von $\mathfrak{n}$ und $\mathfrak{m}$, so ist $\mathfrak{r}$ wegen Satz 7 auch in (n, m) enthalten, da alle Zahlen von (n, m) in $\mathfrak{r}$ auftreten. Somit ist (n, m) auch der größte gemeinsame Teiler. Der Satz gibt ein Mittel, um mit dem Euklidischen Algorithmus die Norm des größten gemeinsamen Teilers zweier Ideale zu berechnen. Man verwandle hierzu nach Seite 9 (n, m) in einen eingliedrigen Modul. Seine Norm heißt der größte gemeinsame Teiler der Normen n und m.

Beispiele:

Der größte gemeinsame Teiler von (216) und (90) ist (216, 90). Um die Norm dieses Ideals zu berechnen, bildet man die Gleichungen

$$\begin{aligned} 216 &= 2 \cdot 90 + 36, \\ 90 &= 2 \cdot 36 + 18, \\ 36 &= 2 \cdot 18. \end{aligned}$$

Also ist (216, 90) = (18) der größte gemeinsame Teiler von (216) und (90):

$$\frac{(90)}{(18)} = (5); \quad \frac{(216)}{(18)} = (12); \quad (12, 5) = (1), \text{ da } 5 \cdot 5 - 2 \cdot 12 = 1.$$

Ist $\mathfrak{r}$ der größte gemeinsame Teiler von $\mathfrak{n}$ und $\mathfrak{m}$, so heißt $\frac{\mathfrak{n}\mathfrak{m}}{\mathfrak{r}}$ das kleinste gemeinsame Vielfache von $\mathfrak{n}$ und $\mathfrak{m}$. $\frac{\mathfrak{n}\mathfrak{m}}{\mathfrak{r}}$ ist durch $\mathfrak{n}$ und $\mathfrak{m}$ teilbar, und es gibt kein kleineres Vielfaches, das diese Eigenschaft besitzt; denn $\frac{\mathfrak{n}}{\mathfrak{r}}$ und $\frac{\mathfrak{m}}{\mathfrak{r}}$ sind teilerfremd.

Beispiele:

Das kleinste gemeinsame Vielfache von (90) und (216) ist

$$\frac{(90)(216)}{(18)} = (5)(216) = (12)(90) = (1080).$$

Historische Notiz: Der Begriff der Primzahl war den Griechen geläufig. Ziemlich sicher haben ihn schon die Pythagoreer besessen. Euklid definiert die Primzahl in der 11. Definition des 7. Buches seiner Elemente (Heiberg, a. a. O. S. 186, Heath, a. a. O. S. 278). Der grundlegende Satz 11 ist in Euklid nur zur Hälfte enthalten; er sagt, wenn zwei Zahlen zu einer dritten teilerfremd sind, so ist auch ihr Produkt zur dritten teilerfremd, aber nicht die Umkehrung. Ebenso findet sich nicht der Satz über die eindeutige Zerlegung in Primzahlen, da diese Frage bei den Griechen ihrer schwerfälligen Zahlzeichen wegen offenbar nicht gestellt wurde. Die Tatsache der eindeutigen Zerlegung scheint überhaupt erst von Gauß in seinen disquisitiones arithmeticae[1]) formuliert und als „Theorema" ausgesprochen worden zu sein. Gauß hat damit dessen fundamentale Bedeutung bekundet.

[1]) Gauß' Werke, Band 1, 2. Abdruck, Göttingen 1870, S. 15.

§ 5. Der Strahl.

Nach dem 2. Satze im § 2 Seite 11 umfaßt ein Ideal alle durch eine bestimmte Zahl (seine Norm) teilbaren Zahlen. Es fragt sich, in welchem Verhältnis ein Ideal zu den noch übrigen unendlich vielen Zahlen steht. In bemerkenswerter Weise gibt jedes Ideal Anlaß zu neuen Bereichen, die in bezug auf die elementaren Operationen von Multiplikation und Division dieselben Eigenschaften haben wie die Moduln in bezug auf Addition und Subtraktion. Wir werden diese Bereiche als Strahlen bezeichnen.

9. Definition. *Hat ein Bereich von Zahlen die Eigenschaft, daß Produkt und Quotient von zwei seiner Zahlen wieder dem Bereich angehört, so heißt der Bereich ein Strahl.*

Bevor wir den einem Ideal zugeordneten Strahl aufstellen, ist es notwendig, dem Ideal einen unendlich-gliedrigen Modul zuzuordnen.

10. Definition. *Unter mod. $\mathfrak{n}$ verstehen wir den Modul aller Zahlen $\frac{xn}{y}$, wo x alle positiven oder negativen natürlichen Zahlen und y alle zu $\mathfrak{n}$ teilerfremden Zahlen durchlaufen soll.*

Mit Hilfe dieses neuen Begriffes ist es leicht, einen Strahl zu bilden. Jeder Strahl enthält die Einheit 1. Enthält er nämlich eine Zahl $a \neq 0$, so enthält er auch $\frac{a}{a}$. Von der Einheit ausgehend, findet man alle Zahlen eines Strahles, indem man zu 1 alle Zahlen des mod. $\mathfrak{n}$ addiert:

$$1 + \frac{xn}{y}.$$

Dabei haben x und y die obige Bedeutung.

Der Bereich aller dieser Zahlen heißt *der dem Ideal $\mathfrak{n}$ zugeordnete Strahl $\mathfrak{n}$*; $\mathfrak{n}$ heißt umgekehrt *der Führer des Strahls.*

Um zu beweisen, daß der Bereich dieser Zahlen $1 + \frac{xn}{y}$ wirklich einen Strahl bildet, greifen wir zwei beliebige Zahlen heraus:

$$1 + \frac{x_1 n}{y_1} \text{ und } 1 + \frac{x_2 n}{y_2}.$$

Dann ist

$$\left(1 + \frac{x_1 n}{y_1}\right)\left(1 + \frac{x_2 n}{y_2}\right) = 1 + \left(\frac{x_1}{y_1} + \frac{x_2}{y_2} + \frac{x_1 x_2 n}{y_1 y_2}\right) n = 1 + \frac{x_1 y_2 + x_2 y_1 + x_1 x_2 n}{y_1 y_2}\, n;$$

$$\frac{1 + \frac{x_1 n}{y_1}}{1 + \frac{x_2 n}{y_2}} = 1 + \frac{\frac{x_1}{y_1} - \frac{x_2}{y_2}}{1 + \frac{x_2 n}{y_2}}\, n = 1 + \frac{x_1 y_2 - x_2 y_1}{y_1 (y_2 + x_2 n)}\, n.$$

Die Koeffizienten von n auf den rechten Seiten haben die Form $\frac{X}{Y}$, wo Y sicher zu $\mathfrak{n}$ teilerfremd ist; denn da y_1, y_2 zu $\mathfrak{n}$ teilerfremd sind, ist es auch $y_1 y_2$.

Dieser Beweis läßt deutlich hervortreten, in welch eigenartiger Weise dem Produkt oder Quotient zweier Strahlzahlen die Summe oder Differenz der zugehörigen Zahlen des Moduls entspricht. Es tritt hierbei etwas Analoges ein wie bei dem Rechnen mit Differentialen, wo bei Vernachlässigung von Gliedern höherer Ordnung geschrieben werden kann

$$(1 + dx)\ (1 + dy) = 1 + (dx + dy).$$

Jede Zahl, die dem Strahle angehört, heißt eine Strahlzahl. Ist sie zugleich eine ganze Zahl, so heißt sie eine ganze Strahlzahl. Oben wurde jedem Ideal $\mathfrak{n}$ ein Strahl eindeutig zugeordnet. Es schließt sich hieran die interessante und wichtige Frage, ob auch jeder unserer Strahlen einen eindeutig bestimmten Führer besitzt. Zunächst sieht man leicht ein, daß, wenn ein Strahl überhaupt einen Führer besitzt, derselbe auch eindeutig bestimmt ist; denn sonst müßten die beiden durch

$$1 + \frac{x_1}{y_1} n_1 \quad \text{und} \quad 1 + \frac{x_2}{y_2} n_2$$

dargestellten Bereiche dieselben Zahlen enthalten, ohne daß $n_1 = n_2$. Andrerseits sieht man, daß es andere Strahlen gibt, die keinen Führer im obigen Sinne besitzen. Denn dem Einheitsideal (1) ist der Körper k aller rationalen Zahlen mit Ausschluß der Null zugeordnet. Faßt man dagegen alle positiven rationalen Zahlen in einem Bereich zusammen, so erhält man einen Strahl, dem sicher kein Führer $\mathfrak{n} \neq (1)$ zugeordnet ist.

Zusammenfassend können wir das bisher Erhaltene folgendermaßen beschreiben: Wir sind von einem Bereiche $\mathfrak{n}$ ausgegangen, der aus allen Vielfachen einer positiven ganzen Zahl n bestand. Diesen Bereich, das Ideal, haben wir zu einem allgemeineren Bereich mod. $\mathfrak{n}$ erweitert; letzterer enthält auch gebrochene Zahlen und besitzt die fundamentale Eigenschaft des Moduls, daß die Summe und Differenz zweier seiner Zahlen ihm wieder angehört.

Mit Hilfe des Begriffes mod. $\mathfrak{n}$, der in bezug auf Addition und Subtraktion ausgezeichnet ist, haben wir einen zweiten Bereich, den Strahl, in eindeutigen Zusammenhang gebracht. Dieser zweite Begriff hat die fundamentale Eigenschaft, daß Produkt und Quotient zweier seiner Zahlen wieder ihm angehört und ist also in bezug auf Multiplikation und Division ausgezeichnet.

Die weiteren Untersuchungen werden von den Wechselwirkungen dieser beiden Begriffe handeln.

Beispiele:

mod. (3) enthält die Zahlen:

$$\begin{array}{l} 0, \pm 3, \pm 6, \pm 9, \pm 12, \ldots \\ \pm\frac{3}{2}, \pm\frac{6}{2}, \pm\frac{9}{2}, \pm\frac{12}{2}, \ldots \\ \pm\frac{3}{4}, \pm\frac{6}{4}, \pm\frac{9}{4}, \pm\frac{12}{4}, \ldots \\ \pm\frac{3}{5}, \pm\frac{6}{5}, \pm\frac{9}{5}, \pm\frac{12}{5}, \ldots \\ \ldots\ldots\ldots\ldots\ldots\ldots ; \end{array}$$

zum Führer (3) gehört deshalb der Strahl:

$$\begin{array}{l} \ldots, -8, -5, -2, 1, 4, 7, 10, \ldots \\ \ldots, -\frac{13}{2}, -\frac{7}{2}, -\frac{1}{2}, 1, \frac{5}{2}, \frac{11}{2}, \frac{17}{2}, \ldots \\ \ldots, -\frac{11}{4}, -\frac{5}{4}, \frac{1}{4}, 1, \frac{7}{4}, \frac{13}{4}, \frac{19}{4}, \ldots \\ \ldots, -\frac{4}{5}, -\frac{1}{5}, \frac{2}{5}, 1, \frac{8}{5}, \frac{11}{5}, \frac{14}{5}, \ldots \\ \ldots\ldots\ldots\ldots\ldots\ldots\ldots\ldots\ldots . \end{array}$$

Produkt und Quotient zweier Zahlen gehören wieder zum Strahl:

$$\frac{1}{4}\cdot\frac{5}{2}=\frac{5}{8}=1-\frac{1}{8}\cdot 3; \quad -\frac{7}{2}\cdot\frac{19}{4}=-\frac{133}{8}=1-\frac{47}{8}\cdot 3;$$

$$\frac{\frac{1}{4}}{-\frac{1}{2}}=-\frac{2}{4}=1-\frac{1}{2}\cdot 3; \quad \frac{\frac{11}{2}}{\frac{7}{4}}=\frac{22}{7}=1+\frac{5}{7}\cdot 3.$$

Historische Notiz: Die Notwendigkeit, Bereiche von der Eigenschaft der Strahlen einzuführen, hat zuerst H. Weber[1]) erkannt. Er nennt dieselben Zahlgruppen. Unabhängig hiervon hat R. Fueter[2]) diese Bereiche eingeführt und Strahlen genannt. Dieser Name wird hier beibehalten, weil er sich den geometrischen Namen Körper und Ring (siehe Kap. III) gut anschließt, und weil das Wort Gruppe das kommutative Gesetz nicht involviert, das doch für den Strahl stets erfüllt ist.

---

[1]) H. Weber, Über Zahlengruppen in algebraischen Körpern, Math. Annalen, Band 48 (1897), Leipzig, S. 441.

[2]) R. Fueter, Der Klassenkörper der quadr. Körper und die komplexe Multiplikation, Inaug.-Diss. Gött. 1903, S. 15. Die Theorie der Zahlstrahlen, Crelles Journ. für Math. Band 130, Berlin 1905, S. 208.

§ 6. Einteilung in Idealklassen.

Wir werden von nun an ein bestimmtes Ideal herausgreifen und zum Führer eines Strahles machen. Wir werden es deshalb nicht mehr mit dem allgemeinen Buchstaben $\mathfrak{n}$ bezeichnen, sondern mit $\mathfrak{f}$. Die Zahlen von $\mathfrak{f}$ und die Zahlen seines ihm zugeordneten Strahles enthalten nicht alle Zahlen. Allein der Strahlbegriff wird es uns erlauben, alle übrigen Zahlen in Klassen einzuteilen. Ausgeschlossen sind hierbei nur diejenigen Zahlen, deren Nenner einen Teiler mit $\mathfrak{f}$ gemein haben. Diesem Ausnahmefall entspricht im Fall des Körpers aller rationalen Zahlen die Tatsache, daß Zahlen mit dem Nenner Null ausgeschlossen sind.

11. Definition. Zwei Ideale $\mathfrak{n}_1 = (n_1)$, $\mathfrak{n}_2 = (n_2)$, $n_1 > 0$, $n_2 > 0$, heißen äquivalent (mod. $\mathfrak{f}$), wenn die den Quotienten

$$\frac{\mathfrak{n}_2}{\mathfrak{n}_1} = \left[\frac{n_2}{n_1}\right]$$

definierende positive Zahl $\frac{n_2}{n_1}$ eine Strahlzahl ist.

Man schreibt

$$\mathfrak{n}_2 \cong \mathfrak{n}_1\,(\mathfrak{f})$$

oder in Worten $\mathfrak{n}_2$ äquivalent $\mathfrak{n}_1$ modulo $\mathfrak{f}$.

13. Satz. Wenn zwei Ideale $\mathfrak{n}_1$ und $\mathfrak{n}_2$ einem dritten $\mathfrak{n}_3$ äquivalent sind, so sind sie auch untereinander äquivalent.

In Zeichen: wenn

$$\mathfrak{n}_1 \cong \mathfrak{n}_3;\ \mathfrak{n}_2 \cong \mathfrak{n}_3\,(\mathfrak{f}),$$

so ist auch

$$\mathfrak{n}_1 \cong \mathfrak{n}_2\,(\mathfrak{f}).$$

Denn sind n_1, n_2, n_3 die Normen von $\mathfrak{n}_1, \mathfrak{n}_2, \mathfrak{n}_3$, so müssen nach Definition $\frac{n_1}{n_3}$ und $\frac{n_2}{n_3}$ Strahlzahlen sein. Nach der Grundeigenschaft des Strahles muß dann auch

$$\frac{n_1}{n_3} : \frac{n_2}{n_3} = \frac{n_1}{n_2} > 0$$

eine Strahlzahl sein.

Hieraus erkennt man, daß alle zu einem Ideale äquivalenten Ideale auch untereinander äquivalent sind. Es ist deshalb ganz gleichgültig, von welchem Ideal man ausgeht, um eine Reihe äquivalenter Ideale zu erhalten.

12. Definition. Alle einem Ideale äquivalenten Ideale bilden eine Idealklasse (mod. $\mathfrak{f}$).

Die Klasse ist durch jedes ihrer Ideale bestimmt, also von dem Ausgangsideal unabhängig.

14. Satz. Wenn ein Ideal $\mathfrak{n}$ einer Idealklasse (mod. $\mathfrak{f}$) mit $\mathfrak{f}$ den größten gemeinsamen Teiler $\mathfrak{r} = (r)$ hat, so hat jedes Ideal der Klasse von $\mathfrak{n}$ diesen größten gemeinsamen Teiler mit $\mathfrak{f}$.

Denn alle Strahlzahlen sind von der Form $1 + \frac{x}{y} f$, wo y zu $\mathfrak{f}$ teilerfremd ist. Hätte nun irgendein Ideal $\mathfrak{n}_1$ derselben Idealklasse wie $\mathfrak{n}$ nicht den größten gemeinsamen Teiler $\mathfrak{r}$ mit $\mathfrak{f}$, so gäbe es ein Primideal $\mathfrak{p} = (p)$, das in $\mathfrak{r}$, also auch in $\mathfrak{n}$ und $\mathfrak{f}$, zur u-ten Potenz, das dagegen in $\mathfrak{n}_1$ nur zur $(u-1)$-ten Potenz enthalten ist. Nun muß nach Annahme:

$$\frac{\mathfrak{n}}{\mathfrak{n}_1} = \left[\frac{n}{n_1}\right]$$

sein, wo $\frac{n}{n_1} = 1 + \frac{x}{y} f = \frac{y + xf}{y}$ ist. Der Zähler der rechten Seite läßt, durch f dividiert, den Rest y. Da y zu $\mathfrak{f}$, also auch zu $\mathfrak{p}$ teilerfremd ist (da ja $\mathfrak{p}$ ein Teiler von $\mathfrak{f}$ ist), so sind Zähler und Nenner rechts nicht durch $\mathfrak{p}$ teilbar. Links steht aber eine Zahl, deren Zähler durch $\mathfrak{p}^u$ teilbar ist, während der Nenner nur den Faktor $\mathfrak{p}^{u-1}$ enthält. Stellt man diese beiden Aussagen gegenüber, so hat man den Widerspruch gefunden, der die Hinfälligkeit der gemachten Annahme beweist. Umgekehrt sieht man entsprechend, daß jeder gemeinsame Teiler von $\mathfrak{n}$ und $\mathfrak{f}$ auch in den andern Idealen der Klasse von $\mathfrak{n}$ enthalten ist.

Aus diesem Satze erkennt man, daß es Klassen geben kann, deren sämtliche Ideale durch ein Ideal $\mathfrak{r}$ teilbar sind. Wenn umgekehrt ein Ideal der Klasse diesen Teiler $\mathfrak{r}$ als größten gemeinsamen Teiler mit $\mathfrak{f}$ besitzt, so heißt $\mathfrak{r}$ der größte gemeinsame Teiler aller Ideale der Klasse.

An diese Begriffsbildung schließen sich sehr viele Fragen, von denen wir die folgende herausgreifen wollen:

Wie viele Klassen gibt es, deren Ideale zu $\mathfrak{f}$ teilerfremd sind ($\mathfrak{r} = (1)$)? Solche Klassen werden wir als primitive Klassen bezeichnen.

Um die Frage zu beantworten, zerlegen wir den Führer in seine Primideale:

$$\mathfrak{f} = \mathfrak{p}_1^{x_1} \mathfrak{p}_2^{x_2} \cdots \mathfrak{p}_h^{x_h}.$$

Dabei setzen wir voraus, daß die Primideale $\mathfrak{p}_1, \mathfrak{p}_2, \ldots$ sämtlich voneinander verschieden sind und die Normen $p_1, p_2, \ldots$ besitzen mögen. Die Anzahl der Idealklassen (mod. $\mathfrak{f}$), deren Ideale zum Führer teilerfremd sind, wird ganz allgemein mit $\varphi(\mathfrak{f})$ bezeichnet.

Wir beweisen zunächst, daß es in jeder Klasse eines der folgenden f Ideale gibt:

$$(1), (2), (3), \ldots (f).$$

Enthält nämlich eine primitive Klasse ein Ideal $\mathfrak{n} = (n)$, wo die Norm n zu f teilerfremd ist, so bilde man durch Division mit f genau wie auf Seite 8 den Rest $r > 0$:

$$n = qf + r, \; 0 < r < f.$$

Dann ist

$$(n) \cong (r) \; (\mathfrak{f}).$$

Denn r ist ebenfalls teilerfremd zu f, also $\frac{n}{r} = 1 + \frac{q}{r} f$ eine Strahlzahl.

Andrerseits sind keine derjenigen unter den obigen f Idealen, die zu $\mathfrak{f}$ teilerfremd sind, untereinander äquivalent. Wäre nämlich

$$(r_1) \cong (r_2) \; (\mathfrak{f}),$$

wo (r_1) und (r_2) zu $\mathfrak{f}$ teilerfremd sind, so würde folgen:

$$\frac{r_1}{r_2} = 1 + \frac{x}{y} f; \; \frac{r_1 - r_2}{r_2} = \frac{xf}{y};$$

d. h. die Differenz $r_1 - r_2$ müßte durch f teilbar sein, was unmöglich ist, da die positiven Zahlen r_1 und r_2 beide kleiner als f und von einander verschieden sind. Damit ist das folgende Resultat gefunden: $\varphi(\mathfrak{f})$ ist die Anzahl aller derjenigen Ideale unter

$$(1), \; (2), \; (3), \; . \; . \; . \; (f),$$

die zu $\mathfrak{f}$ teilerfremd sind. Um somit $\varphi(\mathfrak{f})$ zu berechnen, brauchen wir nur in der Reihe dieser Ideale diejenigen auszuschalten, die mit $\mathfrak{f}$ einen gemeinsamen Teiler haben. Zunächst haben alle $\frac{f}{p_1}$ Ideale

$$(p_1), \; (2p_1), \; . \; . \; . \left(\frac{f}{p_1} p_1\right),$$

den Teiler $\mathfrak{p}_1 = (p_1)$ mit $\mathfrak{f}$ gemein. Streichen wir diese Ideale weg, so bleiben noch

$$f - \frac{f}{p_1} = f\left(1 - \frac{1}{p_1}\right)$$

Ideale übrig. Unter diesen lassen wir jetzt alle diejenigen weg, die durch $\mathfrak{p}_2 = (p_2)$ teilbar sind. Dieselben sind unter den $\frac{f}{p_2}$ Idealen

$$(p_2), \; (2p_2), \; . \; . \; . \left(\frac{f}{p_2} p_2\right)$$

zu finden. Sie müssen auch zu $\mathfrak{p}_1$ teilerfremd sein, da die durch $\mathfrak{p}_1$ teilbaren schon weggestrichen sind. Ihre Anzahl ist deshalb gleich der Anzahl der zu $\mathfrak{p}_1$ teilerfremden Faktoren $1, 2, 3, \ldots \frac{f}{p_2}$ und berechnet sich genau wie vorhin; sie ist gleich:

$$\frac{f}{p_2}\left(1 - \frac{1}{p_1}\right).$$

Läßt man diese Ideale wiederum weg, so bleiben jetzt noch

$$f\left(1-\frac{1}{p_1}\right)-\frac{f}{p_2}\left(1-\frac{1}{p_1}\right)=f\left(1-\frac{1}{p_1}\right)\left(1-\frac{1}{p_2}\right)$$

Ideale übrig. In dieser Weise fährt man fort und findet schließlich die berühmte Formel

$$\varphi(\mathfrak{f})=f\left(1-\frac{1}{p_1}\right)\left(1-\frac{1}{p_2}\right)\cdots\left(1-\frac{1}{p_h}\right);\ \mathfrak{f}=\mathfrak{p}_1^{x_1}\mathfrak{p}_2^{x_2}\cdots\mathfrak{p}_h^{x_h}.$$

Statt $\varphi(\mathfrak{f})$ schreibt man gewöhnlich $\varphi(f)$.

Beispiele:

$\mathfrak{f}=(90)$ besitzt die Primidealzerlegung:

$$(90)=(2)(3)^2(5).$$

Also wird

$$\varphi(90)=90\left(1-\frac{1}{2}\right)\left(1-\frac{1}{3}\right)\left(1-\frac{1}{5}\right)=\frac{90}{30}(2-1)(3-1)(5-1)=24.$$

Die 24 inäquivalenten, zu (90) teilerfremden Ideale sind:

(1), (7), (11), (13), (17), (19), (23), (29),
(31), (37), (41), (43), (47), (49), (53), (59),
(61), (67), (71), (73), (77), (79), (83), (89).

Alle mit Ausnahme von $(49)=(7)^2$ und $(77)=(7)(11)$ sind Primideale.

Will man weiter die Frage lösen, wie viele unter den Idealen

$$(1),\ (2),\ \ldots\ (f)$$

den größten gemeinsamen Teiler $\mathfrak{r}$ mit $\mathfrak{f}$ besitzen, so bedenke man, daß diese Anzahl gleich der Anzahl derjenigen unter den Idealen

$$(r),\ (2r),\ \ldots\left(\frac{f}{r}\,r\right),$$

ist, die einen zu $\frac{f}{r}$ teilerfremden Koeffizienten besitzen. Nach der obigen Auflösung ist diese Anzahl gleich $\varphi\left(\frac{f}{r}\right)$.

15. Satz. Die Anzahl der Ideale (1), (2), (3), ... (f), die den größten gemeinsamen Teiler $\mathfrak{r}$ mit $\mathfrak{f}$ besitzen, ist gleich $\varphi\left(\frac{f}{r}\right)$.

Man dividiere die Zahlen

$$1,\ 2,\ 3,\ \ldots\ f-1,\ f$$

durch die Zahl f, bilde also die Brüche

$$\frac{1}{f},\ \frac{2}{f},\ \frac{3}{f},\ \ldots\ \frac{f-1}{f},\ \frac{f}{f},$$

und kürze dieselben so lange, bis Zähler und Nenner jedes einzelnen teilerfremd sind. Ist r irgendein Teiler von f mit Einschluß der Teiler 1 und f, so gibt es nach dem 15. Satz $\varphi\left(\frac{f}{r}\right)$ Brüche, die durch r gekürzt wurden. Die Anzahl aller Brüche ist daher

$$\Sigma\varphi\left(\frac{f}{r}\right) \text{ oder } \Sigma\varphi(r),$$

wo r alle vorhin definierten Teiler von f durchlaufen soll. Die zweite Summe ist deswegen gleich der ersten, weil $\frac{f}{r}$ und r gleichzeitig die Teiler von f durchlaufen. Andrerseits ist f die Anzahl der Brüche; also muß

$$f = \Sigma\varphi(r).$$

16. Satz. Durchläuft r alle Teiler von f mit Einschluß von 1 und f selbst, so ist

$$\sum_{(r)}\varphi(r) = f.$$

Beispiele:

Die Zahl 90 hat die 12 Teiler 1, 2, 3, 5, 6, 9, 10, 15, 18, 30, 45, 90, und es wird $90 = 1 + 1 + 2 + 4 + 2 + 6 + 4 + 8 + 6 + 8 + 24 + 24$.

Wir wollen zum Schluß noch einen wichtigen Satz behandeln, der den multiplikativen Zusammenhang der Ideale berücksichtigt und entsprechend zum multiplikativen Zusammenhang der Klassen führt.

17. Satz. Ist $\mathfrak{n}_1' \cong \mathfrak{n}_1$ und $\mathfrak{n}_2' \cong \mathfrak{n}_2(\mathfrak{f})$, so ist auch

$$\mathfrak{n}_1'\mathfrak{n}_2' \cong \mathfrak{n}_1\mathfrak{n}_2\,(\mathfrak{f}).$$

In Worten: Ersetzt man in dem Produkt zweier Ideale letztere durch zwei äquivalente Ideale, so liegt das Produkt in beiden Fällen in derselben Idealklasse.

Denn aus der Annahme folgt, daß $\frac{n_1'}{n_1}$ und $\frac{n_2'}{n_2}$ positive Strahlzahlen (mod. $\mathfrak{f}$) sind. Also ist nach der Grundeigenschaft des Strahles

$$\frac{n_1'}{n_1}\cdot\frac{n_2'}{n_2} = \frac{n_1'n_2'}{n_1n_2} > 0$$

eine Strahlzahl, womit der Satz bewiesen ist.

Ist N eine Klasse d. h. der Inbegriff aller zu einem bestimmten Ideal äquivalenten Ideale, so ist N das Symbol für einen neuen Bereich von Dingen, und man kann auch diese Klassensymbole durch Multiplikation miteinander verbunden denken.

13. Definition. Unter dem Produkt N_1N_2 zweier Klassen N_1 und N_2 versteht man den Inbegriff aller Ideale, die den

Idealprodukten $\mathfrak{n}_1\mathfrak{n}_2$, wo $\mathfrak{n}_1$ irgendein Ideal von N_1, $\mathfrak{n}_2$ irgendein Ideal von N_2 bedeutet, äquivalent sind.

Nach dem eben bewiesenen liegen alle Idealprodukte in einer einzigen Klasse. Man darf deswegen $N_1 N_2 = N$ setzen.

18. Satz. Das Produkt zweier Klassen ist wieder eine Klasse.

Da für die Multiplikation der Ideale das kommutative Gesetz gilt, muß dasselbe auch für die Klassen gelten.

$$N_1 N_2 = N_2 N_1.$$

Damit schließen wir die allgemeine Untersuchung über Idealklassen ab; im nächsten Kapitel werden wir die Betrachtung einzig für den Fall durchführen, daß der Führer ein Primideal ist. Bevor wir dazu übergehen, müssen wir im nächsten Paragraphen ein hervorragend wichtiges und brauchbares formales Hilfsmittel kennen lernen, das uns in der Folge bei allen Beweisen gute Dienste leisten wird. Begrifflich wird es uns dagegen nichts Neues ergeben.

Beispiele:

Die primitiven Klassen des Führers (3) sind

$N_1 =$ Klasse der Ideale (1), (4), (7), (10), . . . ,
$N_2 =$ „ „ „ (2), (5), (8), (11), . . . ,

und es wird $N_1 N_2 = N_2$; $N_2 N_2 = N_1$:

$$(4)\,(5) = (20) \cong (2)\ ((3));\quad (2)\,(2) = (4).$$

Zum Führer (5) gehören 4 primitive Klassen:

$N_1 =$ Klasse der Ideale (1), (6), (11), (16), . . .
$N_2 =$ „ „ „ (2), (7), (12), (17), . . .
$N_3 =$ „ „ „ (3), (8), (13), (18), . . .
$N_4 =$ „ „ „ (4), (9), (14), (19), . . . ;

und es ist:

$$N_1 N_1 = N_1,\ N_1 N_2 = N_2,\ N_1 N_3 = N_3,\ N_1 N_4 = N_4,$$
$$N_2 N_2 = N_4,\ N_2 N_3 = N_1,\ N_2 N_4 = N_3,$$
$$N_3 N_3 = N_4,\ N_3 N_4 = N_2,\ N_4 N_4 = N_1.$$

Denn:

$$(1)^2 = (1),\ (1)\,(2) = (2),\ (1)\,(3) = (3),\ (1)\,(4) = (4).$$
$$(2)\,(2) = (4),\ (2)\,(3) = (6),\ (2)\,(4) = (8),$$
$$(3)\,(3) = (9),\ (3)\,(4) = (12),\ (4)\,(4) = (16).$$

Historische Notiz: Die Bezeichnung $\varphi(f)$ für die Anzahl der zu f teilerfremden Zahlen, kleiner als f (siehe das Resultat Seite 28), ist von Gauß in seinen „disquisitiones arithmeticae“ (Werke, Band 1, 2. Abdruck, Göttingen, 1870, S. 30 art. 38) gegeben worden. Die Berechnung von $\varphi(f)$ stammt schon von Euler (Opera omnia, Serie 1. Band, 2. Abhandl. 271, 1915, S. 531). Dagegen hat Gauß den 16. Satz selbst entdeckt (Werke, Band 1, art. 39, S. 31).

§ 7. Die Kongruenz.

Der letzte Paragraph hat die Bezeichnung für die Äquivalenz zweier Ideale in bezug auf einen gegebenen Führer eingeführt. Es ist nützlich, auch für die Normen der Ideale selbst ein Zeichen zu besitzen.

14. Definition. Für alle Zahlen a des Moduls $\mathfrak{f}$ setzt man

$$a \equiv 0 \pmod{\mathfrak{f}};$$

in Worten: a kongruent Null modulo $\mathfrak{f}$.

Wenn somit $a \equiv 0 \pmod{\mathfrak{f}}$ ist, so ist a eine Zahl von mod. $\mathfrak{f}$, d. h. von der Form $\frac{x\mathfrak{f}}{y}$, wo y zu $\mathfrak{f}$ teilerfremd ist. Diese Beziehung nennt man eine Kongruenz.

Die neue Bezeichnungsweise bekommt ihre Bedeutung dadurch, daß für dieselbe ganz analoge Rechnungsregeln gelten, wie für die Gleichungen, d. h. wie wenn das Kongruenzzeichen $\equiv$ durch das Gleichheitszeichen ersetzt wäre. Entsprechend hat etwa die Bezeichnungsweise $a + bi$ der komplexen Zahlen gegenüber der ebenso deutlichen Bezeichnungsweise (a, b) den Vorteil, daß man mit $a + bi$ die vier Grundoperationen ausführen darf, gerade als wenn wir eine reelle Summe vor uns hätten.

19. Satz. Wenn $a \equiv 0 \pmod{\mathfrak{f}}$ ist, so ist auch

$$\frac{x}{y}\, a \equiv 0 \pmod{\mathfrak{f}},$$

wenn x irgendeine natürliche Zahl und y irgendeine zum Führer $\mathfrak{f}$ teilerfremde natürliche Zahl bedeutet.

Erweiterung der 14. Definition. Wenn $a - b \equiv 0 \pmod{\mathfrak{f}}$, so schreibt man

$$a \equiv b \pmod{\mathfrak{f}}.$$

In Worten: a kongruent b modulo $\mathfrak{f}$. Diese Beziehung heißt eine Kongruenz.

Im allgemeinen wird die Kongruenz nur zwischen rationalen Zahlen a und b angewandt, die, gekürzt, einen zu f teilerfremden Nenner besitzen. Wenn a diese Eigenschaft hat, muß b sie natürlich ebenfalls erfüllen.

20. Satz. Eine Kongruenz bleibt richtig, wenn man auf ihrer rechten und linken Seite Gleiches hinzufügt oder wegnimmt.

Denn wenn $a \equiv b$ (mod. $\mathfrak{f}$), so ist $a - b$ eine Zahl von mod. $\mathfrak{f}$, also ist es auch $(a \pm c) - (b \pm c) = a - b$.

21. Satz. Wenn $a \equiv b$ (mod. $\mathfrak{f}$), $b \equiv c$ (mod. $\mathfrak{f}$), so ist auch $a \equiv c$ (mod. $\mathfrak{f}$).

Denn ist $a - b$ und $b - c$ in mod. $\mathfrak{f}$, so ist es auch $(a - b) + (b - c) = a - c$.

22. Satz. Eine Kongruenz bleibt richtig, wenn man beide Seiten mit einer ganzen Zahl multipliziert, oder durch eine zum Führer teilerfremde ganze Zahl dividiert.

Dieser Satz ergibt sich ohne weiteres aus dem obigen 19. Satz.

Die Reihe dieser Sätze bringt den Beweis, daß das Rechnen mit Kongruenzen genau in derselben Weise geschieht, wie das Rechnen mit Gleichungen. Einzig bei der Division ist darauf zu achten, daß der Divisor zum Führer teilerfremd ist.

Gewöhnlich wird der Führer in der Bezeichnungsweise der Kongruenz durch seine Norm ersetzt, d. h. mit lateinischen Buchstaben geschrieben. Dies ist vor allem bei Zahlenrechnungen von Vorteil, da es eine Klammer erspart.

Mit Hilfe des Kongruenzbegriffes nimmt auch die Definition des Strahles eine einfachere Form an:

Alle Zahlen a, die der Bedingung genügen

$$a \equiv 1 \text{ (mod. } \mathfrak{f}),$$

sind Zahlen des Strahles $\mathfrak{f}$ und umgekehrt.

Zwei Ideale $\mathfrak{n}_1$ und $\mathfrak{n}_2$ sind äquivalent, wenn für ihre Normen die Kongruenz gilt:

$$\frac{n_1}{n_2} \equiv 1 \text{ (mod. } \mathfrak{f}).$$

Beide Tatsachen ergeben sich ohne weiteres aus der Definition des Strahles und der Äquivalenz. Sie zeigen, daß Äquivalenzbegriff und Kongruenzbegriff ein und dasselbe nur in anderer Form ausdrücken.

Die Bedeutung der Kongruenz liegt in ihrer formalen Ausdrucksfähigkeit und Anschaulichkeit. Bei allen Rechnungen ist sie von nicht zu unterschätzendem Vorteil. Die Bedeutung der früheren Begriffe und Bezeichnungen werden bei dem Aufbau der Zahlentheorie dadurch nicht berührt.

15. Definition. Alle einer gegebenen Zahl (mod. $\mathfrak{f}$) kongruenten Zahlen bilden eine Kongruenzklasse (mod. $\mathfrak{f}$).

Diese Definition ist nach Satz 19 nicht nur für ganze, sondern auch für gebrochene Zahlen gültig. Die Kongruenzklasse ist wegen Satz 21 von der Ausgangszahl völlig unabhängig. Zwischen den primitiven Idealklassen und den Kongruenzklassen ihrer Normen findet eine umkehrbar eindeutige Beziehung statt.

23. Satz. Zwei primitive Idealklassen sind einander äquivalent oder nicht, je nachdem die Normen ihrer Ideale zueinander kongruent sind oder nicht. Umgekehrt: Zwei zu $\mathfrak{f}$ teilerfremde Normen sind einander kongruent oder nicht, je nachdem die zugehörigen Ideale äquivalent sind oder nicht.

Ist nämlich $\mathfrak{n}_1 \cong \mathfrak{n}_2\ (\mathfrak{f})$, so ist

$$\frac{n_1}{n_2} \equiv 1 (\text{mod. } \mathfrak{f}).$$

Da aber $\mathfrak{n}_1$ und $\mathfrak{n}_2$ zu $\mathfrak{f}$ teilerfremd sind, so folgt daraus

$$n_1 \equiv n_2 \ (\text{mod. } \mathfrak{f}).$$

Ist dagegen $\mathfrak{n}_1 \not\cong \mathfrak{n}_2\ (\mathfrak{f})$, so wird aus demselben Grunde

$$\frac{n_1}{n_2} \not\equiv 1 \ (\text{mod. } \mathfrak{f}),\ n_1 \not\equiv n_2 \ (\text{mod. } \mathfrak{f}).$$

Sind n_1 und n_2 positiv und zu $\mathfrak{f}$ teilerfremd, so folgt in entsprechender Weise

1. Aus $n_1 \equiv n_2$ (mod. $\mathfrak{f}$): $\frac{n_1}{n_2} \equiv 1$ (mod. $\mathfrak{f}$), $\mathfrak{n}_1 \cong \mathfrak{n}_2$.

2. Aus $n_1 \not\equiv n_2$ (mod. $\mathfrak{f}$): $\frac{n_1}{n_2} \not\equiv 1$ (mod. $\mathfrak{f}$), $\mathfrak{n}_1 \not\cong \mathfrak{n}_2$.

Beispiele:

$$23 \equiv -5 \ (\text{mod. } 7);\ \text{denn } 23 + 5 = 28 = 4 \cdot 7.$$
$$\frac{3}{11} \equiv \frac{2}{5} \ (\text{mod. } 7);\ \text{denn } \frac{3}{11} - \frac{2}{5} = -\frac{7}{55} = -\frac{1}{55} \cdot 7.$$
$$\frac{1}{3} \equiv 5 \ (\text{mod. } 7);\ \text{denn } \frac{1}{3} - 5 = -\frac{14}{3} = -\frac{2}{3} \cdot 7.$$
$$-2 \equiv 5 \ (\text{mod. } 7);\ \text{denn } -2 - 5 = -7 = -1 \cdot 7.$$

Aus den beiden letzten Kongruenzen folgt nach dem 21. Satze:

$$\frac{1}{3} \equiv -2 \ (\text{mod. } 7);\ \text{in der Tat ist } \frac{1}{3} + 2 = \frac{7}{3} = \frac{1}{3} \cdot 7.$$

$\mathfrak{f} = (7)$ besitzt die 6 primitiven Klassen der Ideale

$$(1),\ (2),\ (3),\ (4),\ (5),\ (6).$$

Entsprechend existieren 6 Kongruenzklassen

$$\equiv 1,\ \equiv 2,\ \equiv 3,\ \equiv 4,\ \equiv 5,\ \equiv 6 \ (\text{mod. } 7).$$

$\mathfrak{f} = (12)$ besitzt $\varphi(\mathfrak{f}) = 4$ primitive Klassen, die durch die Ideale

$$(1),\ (5),\ (7),\ (11)$$

gegeben sind und den 4 Kongruenzklassen

$$\equiv 1,\ \equiv 5,\ \equiv 7,\ \equiv 11 \pmod{12}$$

entsprechen.

Historische Notiz: Die Einführung der Kongruenz als selbständiges Rechnungssymbol ist die erste geniale Tat in Gauß' disquisitiones arithmeticae gewesen. Eulers Arbeiten zeigten das Bedürfnis nach einem neuen Symbol; denn seine Resultate ließen sich oft schwierig in Worten fassen. Erst Gauß hat den Schritt wirklich getan. Siehe a. a. O. Werke, Band 1, Seite 9.

II. Kapitel.

Der Primidealführer.

§ 1. Anzahl der Klassen.

Wir haben am Ende des letzten Kapitels betont, daß die Theorie für den Fall durchgeführt werden soll, wo der Führer $\mathfrak{f}$ ein Primideal $\mathfrak{l}$ ist. Die Norm des Primideals $\mathfrak{l}$ sei die Primzahl l. Alle Zahlen a des Strahles $\mathfrak{l}$ sind dann durch die Kongruenz charakterisiert:

$$a \equiv 1 \pmod{\mathfrak{l}}.$$

Beispiele:

Der Führer $l = 5$ besitzt den Strahl der Zahlen:

$$\cdots -9,\ -4,\ 1,\ 6,\ 11,\ 16,\ \ldots$$

$$\cdots -\frac{13}{2},\ -\frac{3}{2},\ \frac{7}{2},\ \frac{17}{2},\ \frac{27}{2},\ \frac{37}{2},\ \ldots$$

$$\cdots -\frac{7}{3},\ -\frac{2}{3},\ \frac{8}{3},\ \frac{13}{3},\ \frac{23}{3},\ \frac{28}{3},\ \ldots$$

$$\cdots\cdots\cdots\cdots\cdots\cdots\cdots$$

Die ganzen Strahlzahlen für den Führer $l = 13$ sind:

$$\ldots,\ -25,\ -12,\ 1,\ 14,\ 27,\ \ldots$$

Die Anzahl der Idealklassen ergibt sich aus der Formel von $\varphi(\mathfrak{f})$ Seite 28, falls $\mathfrak{f} = \mathfrak{l}$ gesetzt wird. Da in diesem Kapitel die Theorie der Idealklassen (mod. $\mathfrak{l}$) als Ganzes dargestellt werden soll, werden wir den Beweis für die Anzahl $\varphi(\mathfrak{l})$ noch einmal erbringen und dabei die Nützlichkeit des Kongruenzzeichens erproben.

1. Satz. Jede ganze Zahl ist einer der Zahlen $1, 2, \ldots, l$ (mod. $\mathfrak{l}$) kongruent.

Denn dividieren wir eine gegebene Zahl n durch l, so bleibt ein Rest $r < l$, der nicht negativ ist:

$$n = ql + r.$$

Daraus erkennt man, daß $n - r$ eine Zahl von $\mathfrak{l}$ ist, oder

$$n - r \equiv 0, \quad n \equiv r \pmod{\mathfrak{l}}.$$

Beispiele:

Für $l = 13$ ist beispielsweise

$$123 = 9 \cdot 13 + 6; \quad 123 \equiv 6 \pmod{13}.$$

Umgekehrt sind alle Zahlen

$$1, 2, 3, \ldots l,$$

untereinander inkongruent; denn die Differenz von je zweien ist dem absoluten Betrage nach kleiner als l, also auch nicht durch l teilbar.

Unter den l Zahlen $1, 2, 3, \ldots l$ ist nur eine einzige, nämlich l, durch l teilbar. Alle übrigen sind zu l teilerfremd. Die Ideale $(1), (2), \ldots (l-1)$, bilden daher $l - 1$ verschiedene primitive Klassen. Umgekehrt ist jedes Ideal, das zu $\mathfrak{l}$ teilerfremd ist, einem der Ideale

$$(1), (2), \ldots (l-1)$$

äquivalent (mod. $\mathfrak{l}$). Somit ist unter Berücksichtigung des 1. Satzes das folgende Resultat bewiesen.

2. Satz. Es gibt $\varphi(\mathfrak{l}) = l - 1$ primitive Idealklassen (mod. $\mathfrak{l}$).

Es wird im folgenden genügen, wenn wir uns auf primitive Klassen beschränken. Haben nämlich die Ideale einer Klasse den größten gemeinsamen Teiler $\mathfrak{l}^r$, so gibt es genau $l - 1$ Klassen, die diese Eigenschaft haben. Diese entsprechen ihrerseits den $l - 1$ primitiven Klassen; denn zwei Ideale sind äquivalent, wenn der Quotient ihrer Normen eine Strahlzahl ist. Bei der Bildung dieses Quotienten fällt aber der Faktor l^r des Zählers und Nenners fort.

Führt man statt der Idealklassen die Kongruenzklassen der Zahlen ein, so bilden alle Zahlen, die einer der l Zahlen

$$1, 2, 3, \ldots l$$

kongruent sind, eine Kongruenzklasse. Es gibt deshalb l Kongruenzklassen.

Aus dem obigen Beweise erkennt man noch eine andere Deutung der Funktion $\varphi(l)$.

3. Satz. $\varphi(l) = l - 1$ ist die Anzahl der zu l teilerfremden, positiven Zahlen kleiner als l.

Bis jetzt haben wir nur die ganzen Zahlen in Kongruenzklassen eingeteilt. Es ist bemerkenswert, daß dieselbe Einteilung auch für die gebrochenen Zahlen gilt, und daß die letzteren zu keiner neuen Klasse führen.

4. Satz. Alle rationalen Zahlen, deren Nenner zu $\mathfrak{l}$ teilerfremd sind, zerfallen (mod. $\mathfrak{l}$) in l Kongruenzklassen.

Der Beweis des Satzes beruht auf dem Umstande, daß jede gebrochene rationale Zahl $\frac{m}{n}$, deren Nenner zu $\mathfrak{l}$ teilerfremd ist, einer ganzen Zahl (mod. $\mathfrak{l}$) kongruent ist. Da die ganzen Zahlen in l Kongruenzklassen zerfallen, wird dasselbe auch für die gebrochenen Zahlen gelten müssen.

Um die erstere Behauptung zu beweisen, betrachten wir das zweigliedrige Ideal (n, l). Nach dem im ersten Kapitel bewiesenen Satz 1. gibt es einen eingliedrigen Modul $\mathfrak{r} = (r)$, für den

$$(n, l) = \mathfrak{r}$$

wird. Da n und l teilerfremd sind, muß $\mathfrak{r} = (1)$ sein. Es gibt darum zwei natürliche Zahlen y und z, für die die Beziehung existiert:

$$yl + zn = 1.$$

Diese gibt Anlaß zu folgenden Kongruenzen:

$$zn \equiv 1 \pmod{\mathfrak{l}}; \quad (mz) \cdot n \equiv m \pmod{\mathfrak{l}}.$$

Setzt man $x = mz$, so ist schließlich

$$xn \equiv m \pmod{\mathfrak{l}},$$

oder, da (n) zu $\mathfrak{l}$ teilerfremd ist, nach dem 22. Satz des vorigen Kapitels:

$$x \equiv \frac{m}{n} \pmod{\mathfrak{l}};$$

x ist die ganze Zahl mz. Damit ist der Satz bewiesen.

Der Beweis beruht auf der Lösung der Kongruenz

$$nx \equiv m \pmod{\mathfrak{l}}$$

durch eine ganze Zahl x. Führt man eine Begriffsbildung ein, die derjenigen der Algebra entspricht, so wird man die letzte Kongruenz eine Kongruenz ersten Grades oder eine lineare Kongruenz nennen müssen. x ist die entsprechende Unbekannte. Jede Kongruenzklasse, deren Zahlen die Kongruenz lösen, heißt Lösung oder Wurzel der Kongruenz. Eine Wurzel ist deshalb gleichbedeutend mit einer Kongruenzklasse.

Eine lineare Kongruenz

$$nx \equiv m \pmod{\mathfrak{l}}$$

hat stets eine und nur eine Lösung x, falls (n) zu $\mathfrak{l}$ teilerfremd ist.

Der Satz bleibt nicht mehr gültig, wenn n durch l teilbar ist. Denn dann muß auch m durch l teilbar sein. Ist diese Bedingung erfüllt, so wird jedes x die Kongruenz befriedigen. Der letzte Satz kann somit folgende Ausdehnung erhalten:

5. Satz. Die lineare Kongruenz

$$nx \equiv m \pmod{\mathfrak{l}}$$

hat eine und nur eine Lösung x, wenn n zu $\mathfrak{l}$ teilerfremd ist; keine Lösung, wenn n durch $\mathfrak{l}$ teilbar, aber m zu $\mathfrak{l}$ teilerfremd ist; $\mathfrak{l}$ Lösungen, wenn n und m durch $\mathfrak{l}$ teilbar sind.

Beispiele:

Berechnung der Wurzel von:

a) $$2x \equiv 1 \pmod{3}.$$

Der Euklidsche Algorithmus für $(2, 3) = (1)$ ergibt:

$$\begin{array}{ll} 3 = 1 \cdot 2 + 1 & 3 - 2 = 1 \\ 2 = 2 \cdot 1 & -1 \cdot 2 \equiv 1 \pmod{3} \end{array}$$
$$x \equiv -1 \pmod{3}.$$

b) $$3x \equiv 2 \pmod{5}.$$

Der Euklidsche Algorithmus für $(3, 5) = (1)$ ergibt:

$$\begin{array}{ll} 5 = 1 \cdot 3 + 2 & 2 \cdot 3 - 1 \cdot 5 = 1 \\ 3 = 1 \cdot 2 + 1 & 2 \cdot 3 \equiv 1 \pmod{5} \\ 2 = 2 \cdot 1 & 2^2 \cdot 3 \equiv 2 \pmod{5} \end{array}$$
$$x \equiv 4 \pmod{5}.$$

c) $$7x \equiv 3 \pmod{13}. \quad (7, 13) = (1),$$

$$\begin{array}{ll} 13 = 1 \cdot 7 + 6 & 2 \cdot 7 - 1 \cdot 13 = 1 \\ 7 = 1 \cdot 6 + 1 & 2 \cdot 7 \equiv 1 \pmod{13} \\ 6 = 6 \cdot 1 & 6 \cdot 7 \equiv 3 \pmod{13}. \end{array}$$
$$x \equiv 6 \pmod{13}.$$

Durch den 4. Satz sind alle gebrochenen Zahlen, deren Nenner zu $\mathfrak{l}$ teilerfremd sind, in Klassen eingeteilt; diese Klassen sind den Klassen der ganzen Zahlen umkehrbar eindeutig zugeordnet. Wir werden die Kongruenzklassen, deren Zahlen zu $\mathfrak{l}$ teilerfremde Zähler besitzen, als primitive Kongruenzklassen bezeichnen. Dann ergibt der bewiesene Satz die umkehrbar eindeutige Beziehung, die zwischen den primitiven Idealklassen und primitiven Kongruenzklassen bestehen muß. Der Zusammenhang ist im letzten Kapitel durch den 23. Satz charakterisiert. Die Idealklassen ihrerseits ersetzen die Kongruenzklassen vollständig.

Mit Absicht ist im vorhergehenden im Gegensatz zum I. Kapitel die Kongruenz und ihre Begriffsbildung an die Spitze gestellt worden. Wir kehren jetzt zum systematischen Aufbau der Zahlentheorie zurück und werden erkennen, daß die Lösung der linearen Kongruenz die formale Grundlage zur weiteren Entwicklung des Klassenbegriffes sein wird.

Auf Seite 29 wurde die Multiplikation der Ideale und Idealklassen definiert. Letzterer entsprach die Multiplikation ihrer Ideale. Wir wollen jetzt die inverse Operation, die Division, entsprechend einführen.

6. Satz. Sind $\mathfrak{n}_1$ und $\mathfrak{n}_2$ zwei zu $\mathfrak{l}$ teilerfremde Ideale, so gibt es stets ein Ideal $\mathfrak{x}$, so daß

$$\mathfrak{n}_1 \mathfrak{x} \cong \mathfrak{n}_2 \; (\mathfrak{l}).$$

Man schreibt hierfür auch:

$$\mathfrak{x} \cong \frac{\mathfrak{n}_2}{\mathfrak{n}_1} \; (\mathfrak{l}).$$

Denn es gibt stets eine ganze positive Zahl, für die die Kongruenz

$$n_1 x \equiv n_2 \pmod{\mathfrak{l}}$$

erfüllt ist. Das zugehörige Ideal $\mathfrak{x} = (x)$ genügt nach Seite 32 allen Bedingungen. Nach dem 23. Satz des vorigen Kapitels darf für $\mathfrak{x}$ auch jedes andere Ideal der Klasse eingesetzt werden.

Beispiele:

Jede Lösung der Kongruenzen auf Seite 38 ergibt eine Äquivalenz von Idealen, wenn man alle negativen Zahlen durch kongruente positive ersetzt. Im Falle a) schreibt man statt $-1 : 3 - 1 = 2$; dann ist

$$\text{a)}\quad (2)\,(2) \cong (1)\,((3)); \quad \mathfrak{x} \cong (2) \cong \frac{(1)}{(2)}\,((3)).$$

$$\text{b)}\quad (3)\,(4) \cong (2)\,((5)); \quad \mathfrak{x} \cong (4) \cong \frac{(2)}{(3)}\,((5)).$$

$$\text{c)}\quad (7)\,(6) \cong (3)\,((13)); \quad \mathfrak{x} \cong (6) \cong \frac{(3)}{(7)}\,((13)).$$

16. Definition. Sind N_1 und N_2 zwei primitive Klassen (mod. $\mathfrak{l}$), so versteht man unter ihrem Quotient $N_2 : N_1$ eine Klasse N, für die

$$N_1 N = N_2.$$

7. Satz. Für irgend zwei gegebene primitive Klassen N_1 und N_2 existiert der Quotient $N_2 : N_1$ und ist eindeutig.

Sind nämlich $\mathfrak{n}_1$ und $\mathfrak{n}_2$ Ideale von N_1 und N_2, so gibt es nach Satz 6. eine Idealklasse X, deren Ideale $\mathfrak{x}$ der Bedingung genügen

$$\mathfrak{n}_1 \mathfrak{x} \cong \mathfrak{n}_2 \, (\mathfrak{l}).$$

Für $\mathfrak{n}_1$ und $\mathfrak{n}_2$ darf man nach Satz 13, Kapitel I, alle äquivalenten Ideale einsetzen, ohne daß die Äquivalenz zu bestehen aufhört. X ist somit die Klasse, für die $N_1 X = N_2$ ist. Gäbe es zwei inäquivalente Ideale $\mathfrak{x}$ und $\mathfrak{x}'$, die beide der Bedingung genügen, so müßte

$$\mathfrak{n}_1 \mathfrak{x} \cong \mathfrak{n}_1 \mathfrak{x}' \, (\mathfrak{l}); \quad n_1 x \equiv n_1 x' \pmod{\mathfrak{l}}.$$

Da $\mathfrak{n}_1$ zu $\mathfrak{l}$ teilerfremd ist, folgt hieraus

$$x \equiv x' \pmod{\mathfrak{l}}, \quad \mathfrak{x} \stackrel{\frown}{\equiv} \mathfrak{x}'(\mathfrak{l}),$$

gegen die Annahme; also ist X eindeutig.

Aus diesem Satze kann insbesondere geschlossen werden, daß es zu jeder Klasse N eine andere Klasse N_{-1} gibt, für die das Produkt NN_{-1} diejenige Klasse ist, deren Ideale als Normen Strahlzahlen besitzen. Wir werden im § 3 auf diesen Punkt zurückkommen müssen.

Beispiele:

Die auf Seite 30 definierten Klassen für den Führer (5) ergeben

$$\frac{N_2}{N_3} = N_4; \quad \frac{N_2}{N_4} = N_3; \quad \frac{N_3}{N_4} = N_2.$$

N_1 ist die Klasse der Ideale mit Strahlzahlen als Normen; wegen

$$N_2 N_3 = N_1, \quad N_4 N_4 = N_1,$$

wird

$$(N_2)_{-1} = N_3; \quad (N_3)_{-1} = N_2; \quad (N_4)_{-1} = N_4.$$

Der Führer (13) besitzt 12 Klassen N_1 bis N_{12}; N_1 ist die Klasse mit Idealen von Strahlzahlen als Normen; N_n sei die Klasse des Ideals (n). Dann ist:

$$N_2 N_7 = N_1; \quad N_3 N_9 = N_1; \quad N_4 N_{10} = N_1; \quad H_5 N_8 = N_1; \quad N_6 N_{11} = N_1.$$

Die Klassen sind Symbole, für die eine Operation, die Multiplikation und ihre Inverse definiert ist. Die Operation befriedigt das kommutative und assoziative Gesetz. Der Anfänger tut gut, sich dies an Hand der Erläuterungen von S. 5 im einzelnen klarzulegen. Die Gesamtheit der Klassen wird eine Gruppe genannt. Der Gruppenbegriff ist von allergrößter Bedeutung für die Zahlentheorie. Wir müssen seiner Behandlung einen besonderen Paragraphen widmen.

§ 2. Gruppentheoretische Grundbegriffe.

An dieser Stelle unserer Betrachtungen tritt zum ersten Male eine andere Disziplin der Mathematik hinzu, die Gruppentheorie, die ihrerseits ein Teilgebiet der Algebra ist. Da wir ihre Grundsätze nicht voraussetzen werden, müssen wir kurz das Wesentlichste behandeln und solange den Gang der zahlentheoretischen Untersuchungen unterbrechen.

Die Gruppentheorie betrachtet endlich viele Symbole $a, b, c, \ldots$ Diese stellen entweder selbst eine gewisse Operation (z. B. eine Permutation) dar, oder sie sind ein mathematischer Begriff (Idealklasse). Jedenfalls nehmen wir an, daß je zwei Symbole a und b verknüpft werden können zu einem Symbol ab. ab bedeutet somit z. B., daß man zuerst die Operation a und dann die Operation b anwenden soll; oder daß aus a und b ein neues Symbol ab hergestellt werden kann, wie es oben bei den Idealklassen möglich war. Dabei wird ab im allgemeinen von ba verschieden sein.

Beispiele:

Permutation der drei Zahlen 1, 2, 3.
Schreibt man statt 3 die Zahl 2, statt 2 die Zahl 3 und läßt 1 ungeändert, so kann diese Permutation mit a bezeichnet und folgendermaßen geschrieben werden:

$$a = \begin{pmatrix} 1 & 2 & 3 \\ 1 & 3 & 2 \end{pmatrix}.$$

Eine andere Permutation ist

$$b = \begin{pmatrix} 1 & 2 & 3 \\ 2 & 1 & 3 \end{pmatrix}.$$

ab bedeutet dann, man ersetze 1 zuerst durch 1 und dann durch 2; 2 durch 3 und dann durch 3; 3 durch 2 und dann durch 1. Also:

$$ab = \begin{pmatrix} 1 & 2 & 3 \\ 2 & 3 & 1 \end{pmatrix}.$$

Ebenso ist

$$ba = \begin{pmatrix} 1 & 2 & 3 \\ 3 & 1 & 2 \end{pmatrix}.$$

ab und ba sind wieder Permutationen, aber voneinander verschiedene.

17. Definition. Die endlich vielen, voneinander verschiedenen Symbole $a, b, c \ldots$ bilden eine Gruppe, wenn

1. für irgendwelche unter den Symbolen, z. B. a und b, auch das zusammengesetzte ab eines der gegebenen Symbole ist;

2. das assoziative Gesetz bei der Zusammensetzung gilt

$$(ab)c = a(bc);$$

3. es unter den Symbolen ein Symbol e, das Einheitssymbol, gibt, das mit jedem Symbol $a, b, c, \ldots$ zusammengesetzt, dieses ungeändert läßt:

$$ae = a; \; ea = a;$$

4. es unter den Symbolen zu jedem Symbol a ein anderes Symbol a_{-1} gibt, für das

$$aa_{-1} = e$$

wird. a_{-1} heißt das zu a inverse Symbol.

Aus dieser bewunderungswürdig einfachen Definition der Gruppe können eine Unmenge Folgerungen gezogen werden. Wir heben folgende Sätze hervor:

8. Satz. Wenn a_{-1} das inverse Symbol von a ist, so ist a das inverse Symbol von a_{-1}.

Nach Annahme ist $aa_{-1} = e$. Man setze $a_{-1}a = b$; dann ist nach dem ersten Punkt der Definition auch

$$b a_{-1} = a_{-1} a a_{-1} = a_{-1} e$$

ein Symbol der Gruppe. Wegen des dritten Punktes ist

$$b a_{-1} = a_{-1} e = a_{-1};$$

wegen des vierten Punktes hat jedes Symbol ein inverses, also auch a_{-1}. Ist $\bar{a}$ das verlangte inverse, so wird $a_{-1}\bar{a} = e$, und somit auch

$$b a_{-1}\bar{a} = a_{-1}\bar{a}; \quad be = e; \quad b = a_{-1}a = e.$$

9. Satz. Das inverse Symbol von e ist e.

Denn nach dem dritten Punkt der Definition ist $ee = e$.

10. Satz. Aus $ba = ca$ folgt $b = c$.

Denn es ist wieder $baa_{-1} = caa_{-1}$, oder $be = ce$, d. h. $b = c$.

11. Satz. Aus $ab = ac$ folgt $b = c$.

Beweis gleich wie vorhin.

12. Satz. Sind b und c gegebene Symbole, so gibt es ein und nur ein a, für das

$$ab = c.$$

Um dies einzusehen, braucht man für a nur das Symbol cb_{-1} zu wählen. Die Eindeutigkeit folgt leicht aus den beiden letzten Sätzen.

Setzt man ein Symbol a n mal mit sich selbst zusammen, so erhält man das Symbol $a\, a \cdots a$, für das man analog wie bei der Multiplikation a^n setzt. Man nennt a^n die n. Potenz der Basis a, n den Exponenten der Potenz.

13. Satz. Es gibt stets einen Exponenten d, für den

$$a^d = e.$$

Denn da es nur endlich viele Symbole in der Gruppe gibt, muß man nach endlicher Zeit zu einer früheren Potenz kommen, wenn man den Exponenten immer größer und größer nimmt; es muß also z. B.

$$a^n = a^m,$$

wo $n > m$; d. h.

$$a^{n-m} \cdot a^m = a^m.$$

Nach Satz 10. folgt hieraus

$$a^{n-m} = e.$$

14. Satz. Ist $a^d = e$, so ist a^{d-1} die Inverse von a

$$a \cdot a^{d-1} = a^d = e.$$

Diese Sätze rechtfertigen die Einführung negativer und nullter Potenzen der Symbole. Man setzt z. B. $a_{-1} = a^{-1}$. Jede negative Potenz kann man durch ein- oder mehrmaliges Erweitern mit a^d zu einer positiven Potenz umgestalten.

18. Definition. Der kleinste positive Exponent $d > 0$, für den $a^d = e$, heißt der Grad von a. Die Anzahl n der Symbole einer Gruppe heißt die Ordnung der Gruppe.

15. Satz. Der Grad jedes Symboles ist ein Teiler der Ordnung.

Die d Symbole

$$e, a, a^2, \ldots a^{d-1} \qquad (\alpha).$$

sind voneinander verschieden; wäre nämlich $a^n = a^m$, wo $m < n < d$, so wäre

$$a^{n-m} \cdot a^m = a^m; \; a^{n-m} = e.$$

Da $n - m < d$, könnte d nicht der Grad von a sein. Das obige System enthält d verschiedene Symbole. Sind alle Symbole der Gruppe damit erledigt, so ist $n = d$. Gibt es hingegen noch weitere Symbole, z. B. b, so bilde man

$$b, ba, ba^2, \ldots ba^{d-1} \qquad (\beta).$$

Auch alle diese Symbole sind untereinander verschieden; denn aus $b\,a^n = b\,a^m$ würde folgen $a^n = a^m$ und

$$a^{n-m} = e,$$

was gegen die Annahme ist. Wäre eines der Symbole $b\,a^n$ einem der Symbole a^m gleich:

$$b\,a^n = a^m,$$

so wäre auch, da a^{-n} die Inverse von a^n ist,

$$b = a^{m-n};$$

b wäre somit in (α) enthalten, entgegen unserer Annahme. Sind durch (α) und (β) alle Symbole der Gruppe erschöpft, so ist $n = 2d$. Andernfalls gibt es ein Symbol c, das nicht in (α) und (β) enthalten ist und mit dem man eine neue Reihe

$$c, ca, ca^2, \ldots ca^{d-1} \qquad (\gamma)$$

bildet. Man beweist wie vorhin, daß (α), (β), (γ) zusammen $3d$ verschiedene Symbole der Gruppe enthalten. Fährt man so fort, so werden schließlich alle Symbole in einer Reihe aufgenommen sein, da die Gruppe nur endlich viele Symbole enthält. Das ganze System der Reihen

$$\begin{array}{l} e,\ a,\ a^2,\ \ldots\ a^{d-1} \\ b,\ ba,\ ba^2,\ \ldots\ ba^{d-1} \\ c,\ ca,\ ca^2,\ \ldots\ ca^{d-1} \\ \ldots\ldots\ldots\ldots \end{array}$$

enthält ebensovielmal d Symbole, als es Reihen gibt. Da jedes Symbol nur einmal auftritt, ist die Ordnung ein Vielfaches von d.

16. Satz. Wenn n die Ordnung der Gruppe ist, so gilt für jedes ihrer Symbole die Beziehung

$$a^n = e.$$

Ist d der Grad von a, so ist $a^d = e$ und, da d ein Teiler von n, auch $a^n = e$.

19. Definition. Sind alle Symbole einer Gruppe in einer anderen Gruppe enthalten, so heißt die Gruppe Untergruppe der anderen.

17. Satz. Der Grad einer Untergruppe ist ein Teiler des Grades der Gruppe selbst.

Der Beweis entspricht genau dem Beweise von Satz 15. Nur geht man statt von der Reihe $e,\ a,\ a^2,\ \ldots\ a^{d-1}$ von der Reihe

$$a,\ b,\ c,\ \ldots\ g \qquad (\alpha)$$

aller Symbole der Untergruppe aus. Ist A ein Symbol der Gruppe, das nicht in (α) auftritt, so sind wiederum alle in

$$Aa,\ Ab,\ Ac,\ \ldots\ Ag \qquad (\beta)$$

enthaltenen Symbole untereinander und von den Symbolen (α) verschieden. Beide Reihen zusammen ergeben deshalb $2n$ Symbole, wenn n die Ordnung der Untergruppe ist. In dieser Weise fährt man fort.

Der Satz ist eine Verallgemeinerung des vorhergehenden; denn die Symbole $e,\ a,\ a^2,\ \ldots\ a^{d-1}$ bilden, wie man sich leicht überzeugt, eine Untergruppe der gegebenen Gruppe.

20. Definition. Wenn für je zwei Symbole einer Gruppe die Beziehung besteht

$$ab = ba,$$

so heißt die Gruppe Abelsch.

Gibt es in einer Gruppe ein Symbol a, so daß die Potenzen von a alle Symbole der Gruppe erzeugen, so heißt die Gruppe zyklisch.

Jede zyklische Gruppe ist zugleich Abelsch.

Denn durch $e,\ a,\ a^2,\ \ldots\ a^{n-1}$ werden alle Symbole gegeben, und es ist

$$a^n \cdot a^m = a^m \cdot a^n = a^{n+m}.$$

Umgekehrt ist nicht jede Abelsche Gruppe zyklisch.

21. Definition. Gibt es in einer Abelschen Gruppe eine endliche Anzahl von Symbolen $a_1, a_2, \ldots a_h$, so daß durch

$$a_1^{x_1} a_2^{x_2} \cdots a_h^{x_h}$$

jedes Symbol der Gruppe einmal und nur einmal erhalten wird, wenn x_i alle möglichen Zahlen von Null bis $r_i - 1$ durchläuft ($i = 1, 2, 3, \ldots h$), so bilden $a_1, a_2, \ldots a_h$ eine Basis der Gruppe. Die Ordnung n ist gleich $r_1 r_2 \cdots r_h$.

18. Satz. Jede Abelsche Gruppe besitzt eine Basis.

Für zyklische Gruppen ist der Satz evident, da alle Potenzen eines einzigen Elementes die Symbole der Gruppe ergeben. Die Basis besteht aus diesem einen Element. Für den Beweis des allgemeinen Falles sei auf Weber, Kleines Lehrbuch der Algebra, a. a. O. S. 219 verwiesen.

Sind die m Zahlen $1, 2, 3 \ldots m$ gegeben, so kann man auf dieselben eine Permutation ausüben:

$$n_1 n_2 n_3 \cdots n_m,$$

wo die $n_1, n_2, \ldots n_m$ in anderer Reihenfolge wieder die Zahlen $1, 2, \ldots m$ bedeuten. Wir drücken die Operation des Permutierens durch das Symbol

$$\pi = \begin{pmatrix} 1 & 2 & 3 & \cdots m \\ n_1 & n_2 & n_3 & \cdots n_m \end{pmatrix}$$

aus; dieses bedeutet somit: 1 werde durch n_1, 2 durch $n_2 \ldots$, m durch n_m ersetzt.

Sind zwei verschiedene Permutationen gegeben

$$\pi = \begin{pmatrix} 1 & 2 & 3 & \cdots m \\ n_1 & n_2 & n_3 & \cdots n_m \end{pmatrix}, \quad \pi' = \begin{pmatrix} 1 & 2 & 3 & \cdots m \\ n'_1 & n'_2 & n'_3 & \cdots n'_m \end{pmatrix},$$

so erkennt man leicht die Bedeutung des Produktes $\pi\pi'$: Man nehme zuerst die Permutation π an $1, 2, \ldots m$ vor und dann die Permutation π', ersetze also zuerst 1 durch n_1, dann n_1 durch n'_{n_1}, 2 durch n_2, n_2 durch $n'_{n_2} \ldots$. Damit ist bewiesen, daß das Produkt zweier Permutationen wieder eine Permutation ist. Für die Zusammensetzung gilt das assoziative Gesetz.

Unter ε versteht man die identische Permutation

$$\varepsilon = \begin{pmatrix} 1 \, 2 \, 3 \cdots m \\ 1 \, 2 \, 3 \cdots m \end{pmatrix},$$

und unter π_{-1} die inverse Permutation

$$\pi_{-1} = \begin{pmatrix} n_1 & n_2 & \cdots n_m \\ 1 & 2 & \cdots m \end{pmatrix}.$$

Man sieht, daß π_{-1}, nach π angewandt, die identische Permutation ε ergibt, was man folgendermaßen schreibt:

$$\pi \pi_{-1} = \varepsilon.$$

Die Permutationen sind Symbole, die allen vier Bedingungen des Gruppenbegriffes genügen. Es gibt im ganzen $m!$ Permutationen. Dieselben bilden somit eine Gruppe. Wir werden später Untergruppen dieser Gruppe zu behandeln haben.

Jede Permutation kann folgendermaßen in einer neuen Weise geschrieben werden. Wenn die Permutation

$$\pi = \begin{pmatrix} 1 & 2 & 3 & \cdots & m \\ n_1 & n_2 & n_3 & \cdots & n_m \end{pmatrix}$$

gegeben ist, so heißt das, man ersetze 1 durch n_1, n_1 durch n_{n_1}, n_{n_1} durch $n_{n_{n_1}}$ ... Geht man in dieser Weise weiter, so muß man nach endlich vielen Schritten wieder zur Anfangszahl zurückkehren; denn die Permutation enthält nur endlich viele Zahlen. Wiederholt sich in der Reihe 1, n_1, n_{n_1}, $n_{n_{n_1}}$, ... eine der schon vorgefundenen Zahlen, z. B. n_1, so muß die Vorhergehende jedenfalls auch die ursprünglich Vorhergehende sein, also in unserem Falle die Zahl 1.

22. Definition. Unter dem Zyklus $(k_1, k_2, \ldots k_h)$, wo die k irgendwelche voneinander verschiedene natürliche Zahlen sind, versteht man die Vertauschung von k_1 durch k_2, k_2 durch k_3, ... k_h durch k_1.

Die Größen 1, n_1, n_{n_1}, ... bilden einen Zyklus. Sind unter diesen Zahlen alle Zahlen von 1 bis m zu finden, so wird

$$\pi = (1, n_1, n_{n_1}, \ldots)$$

sein müssen. Andernfalls bildet man mit den übrigbleibenden Zahlen einen neuen Zyklus. Alle Zahlen des neuen Zyklus müssen von denjenigen des ersteren verschieden sein. Sind auch durch diese beiden Zyklen die Zahlen 1 bis m nicht erschöpft, so fährt man so lange weiter, bis jede Zahl in einem Zyklus untergebracht ist. Die Operation des Permutierens kann somit auch ersetzt werden durch die Operationen verschiedener Zyklen. Man drückt dies durch die Formel aus:

$$\pi = (1, n_1, n_{n_1}, \ldots)\,(n', n_{n'}, n_{n_{n'}}, \ldots)\,(n'', n_{n''}, \ldots) \ldots$$

19. Satz. Jede Permutation läßt sich, von der Reihenfolge abgesehen, auf eine und nur eine Weise in eine Reihe von Zyklen zerlegen, von denen keiner eine Zahl mit einem anderen gemein hat.

Ein Zyklus von zwei Zahlen n und m wird eine Transposition genannt und mit (n, m) bezeichnet. Sie besteht somit in der Vertauschung der beiden Zahlen n und m.

20. Satz. Jede Permutation kann auf unendlich viele

verschiedene Weisen durch eine Reihe von Transpositionen ersetzt werden.

Um diesen Satz zu beweisen, genügt es, wenn wir zeigen, daß sich jeder Zyklus $(k_1, k_2, \ldots k_h)$ durch eine Reihe von Transpositionen ersetzen läßt. Da sich nach Satz 19. jede Permutation aus Zyklen zusammensetzt, ist der Satz damit auch für jede Permutation bewiesen.

Es ist aber

$$(k_1, k_2, \ldots k_h) = (k_1, k_2)(k_1, k_3)(k_1, k_4) \ldots (k_1, k_h),$$

wenn die Transpositionen der rechten Seite von links angefangen eine nach der andern vorgenommen werden. Daß es unendlich viele verschiedene Arten von Zerlegungen gibt, erkennt man daraus, daß wir zuerst an unserer Permutation beliebig viele Transpositionen vornehmen können. Dadurch erhalten wir eine andere Permutation, die wir nach Obigem in Zyklen und dann in Transpositionen auflösen können.

21. Satz. Die Anzahl der Transpositionen, in die eine gegebene Permutation aufgelöst werden kann, ist, welche Zerlegung in Transpositionen man auch wählt, stets gerade oder stets ungerade.

Ist die Anzahl gerade, so heißt die Permutation von 1. Art. Ist sie ungerade, von 2. Art.

Zum Beweise betrachten wir die Funktion

$$\begin{aligned}\Delta = (u_1 - u_2)(u_1 - u_3) & \cdots (u_1 - u_m)\\ (u_2 - u_3) & \cdots (u_2 - u_m)\\ & \cdots\cdots\\ & (u_{m-1} - u_m)\end{aligned}$$

der m Variablen $u_1, u_2, \ldots u_m$. Wenden wir auf die Indizes der Variablen die Permutation π an, so wird

$$\pi\Delta = \pm \Delta.$$

Ist $\tau = (k_r, k_s)$ eine Transposition z. B. $\tau = (1, 2)$, so ist

$$\tau\Delta = -\Delta;$$

denn alle Faktoren von Δ vertauschen sich mit Ausnahme des ersten $(u_1 - u_2)$, der bei der Anwendung der Transposition sein Zeichen wechselt. Somit ist $\pi\Delta = +\Delta$, wenn die Anzahl der Transpositionen, in die π zerlegt werden kann, gerade ist; $\pi\Delta = -\Delta$, wenn jene Anzahl ungerade ist. Für eine gegebene Permutation ist aber nur das eine der beiden Zeichen möglich; somit muß die Anzahl der Zerlegungen stets gerade oder stets ungerade ausfallen.

Historische Notiz: Abel hat zuerst, wenn auch in speziellerer Bedeutung, das Wort „Gruppe" gebraucht in seiner Abhandlung: „Mémoire sur une classe particulière d'équations résolubles algébriquement" [1]). Diese Arbeit ist auch die Ursache, warum spezielle Gruppen Abelsche genannt werden; denn sie entsprechen der speziellen Klasse von Gleichungen, die Abel in dieser Abhandlung betrachtet. Erst Galois [2]) hat die eigentliche Gruppentheorie geschaffen. Zur Ergänzung der obigen kurzen Theorie sei H. Weber: Lehrbuch der Algebra, kleine Ausgabe, Braunschweig 1912, 8. Abschnitt, S. 180 empfohlen.

§ 3. Die Gruppe der Idealklassen. Fermatscher Satz.

Wir haben im ersten Kapitel und im § 1 dieses Kapitels die Zusammensetzung von Idealklassen kennen gelernt und gesehen, daß zwei Idealklassen N_1 und N_2 durch Multiplikation oder Division der in ihnen enthaltenen Ideale verknüpft werden können; dadurch erhält man jedesmal eine und nur eine neue Klasse N:

$$N_1 N_2 = N \text{ oder } N_1 : N_2 = N.$$

Für diese Zusammensetzung gilt das kommutative und assoziative Gesetz:

$$N_1 N_2 = N_2 N_1; \quad (N_1 N_2) N_3 = N_1 (N_2 N_3).$$

Wir führen wiederum das Primideal $\mathfrak{l}$ als Führer ein und nehmen von den Klassen die $l-1$ primitiven heraus. Unter diesen ist eine Klasse ausgezeichnet, nämlich diejenige, die das Ideal (1) enthält. Alle Ideale dieser Klasse werden dadurch charakterisiert, daß ihre Normen n Strahlzahlen sind (mod. $\mathfrak{l}$). Diese Klasse wird die Haupt- oder Einheitsklasse genannt und mit E bezeichnet. Für jede andere Klasse N gelten dann die beiden Beziehungen

$$NE = N; \; EN = N;$$

denn nehmen wir irgendein Ideal $\mathfrak{n} = (n)$ von N und multiplizieren wir dasselbe mit einem Ideal $\mathfrak{e} = (e)$ von E, so folgt aus der Kongruenz

$$e \equiv 1 \pmod{\mathfrak{l}}$$

die andere

$$en \equiv n \pmod{\mathfrak{l}}.$$

Diese Kongruenz bedeutet nach dem Satz 23. von Kapitel I die Äquivalenz von $\mathfrak{e}\mathfrak{n}$ und $\mathfrak{n}$, d. h.

$$\mathfrak{e}\mathfrak{n} \cong \mathfrak{n} \; (\mathfrak{l}).$$

---

[1]) N. H. Abel, Oeuvres complètes, nouvelle édition, 1881, t. 1, S. 478.

[2]) E. Galois, Oeuvres mathématiques, Paris, Gauthier-Villars (1897), S. 33 ff.

Da diese Beziehung für jedes Ideal $\mathfrak{n}$ von N und jedes Ideal $\mathfrak{e}$ von E gilt, muß sie auch für die Klassen selbst Gültigkeit haben. Die zweite Gleichung ergibt sich aus der eben hergeleiteten durch Anwendung des kommutativen Gesetzes.

Außerdem gibt es nach Satz 7. zu jeder Klasse N eine Klasse N_{-1}, so daß

$$N N_{-1} = E.$$

Damit sind alle Bedingungen erfüllt, die in der Definition der Gruppe gefordert sind. Die $l-1$ primitiven Klassen (mod. $\mathfrak{l}$) bilden somit eine Gruppe, und zwar eine Abelsche Gruppe der Ordnung $l-1$.

22. Satz. Die primitiven Idealklassen (mod. $\mathfrak{l}$) bilden eine Abelsche Gruppe der Ordnung $l-1$.

Alle Sätze des vorigen Paragraphen gelten für die Klassen N als Symbole einer Gruppe. Insbesondere gilt Satz 16. Seite 44.

$$N^{l-1} = E.$$

Diesen Satz bezeichnet man als den Fermatschen Satz nach dem großen Zahlentheoretiker Fermat, der ihn zum erstenmal weiteren Kreisen bekanntgegeben hat. Der Satz ist für jede primitive Klasse gültig; also muß auch jedes Ideal $\mathfrak{n}$, das zu $\mathfrak{l}$ teilerfremd ist, die Äquivalenz befriedigen

$$\mathfrak{n}^{l-1} \mathrel{\underset{=}{\sim}} 1 \ (\mathfrak{l}).$$

Führt man statt der Äquivalenz die zugehörige Kongruenz ein, so lautet dieselbe

$$n^{l-1} \equiv 1 \ (\text{mod. } l);$$

sie gilt für jede zu l teilerfremde Zahl n.

23. Satz von Fermat. Die $l-1$. Potenz jedes zu $\mathfrak{l}$ teilerfremden Ideals liegt in der Einheitsklasse; die $l-1$. Potenz jeder zu l teilerfremden Zahl ist der Einheit (mod. $\mathfrak{l}$) kongruent.

Beispiele:

$l = 5;\ l-1 = 4:$

$$2^4 = 16 \equiv 1 \ (\text{mod. } 5); \quad 3^4 = 81 \equiv 1 \ (\text{mod. } 5).$$

$l = 13;\ l-1 = 12:$

$$2^{12} = (2^4)^3 = 16^3 \equiv 3^3 \equiv 27 \equiv 1 \ (\text{mod. } 13);$$
$$5^{12} = (5^2)^6 = 25^6 \equiv (-1)^6 \equiv 1 \ (\text{mod. } 13);$$
$$7^{12} = (7^2)^6 = (49)^6 \equiv 10^6 \equiv 100^3 \equiv (-4)^3 \equiv -64 \equiv 1 \ (\text{mod. } 13).$$

Historische Notiz: Fermat, der größte Zahlentheoretiker des Mittelalters, lebte von 1601 bis 1665 und war Parlamentsrat in Toulouse. Den 23. Satz hat er am 18. Okt 1640 brieflich an B. Frénicle de Bessy ausgesprochen, ohne einen Beweis hinzuzufügen (Oeuvres de Fermat, éd. P. Tannery et Ch. Henry, Paris, Gauthier-Villars, t. 2 [1894], S. 208—209). Den ersten Beweis gab Euler in den Comm. Acad. Petrop. 8 (1736), ed. 1741, S. 141 (Opera Omnia, Serie 1, Band 2, 1915, Abhandlung 54, S. 33).

Greift man aus jeder der $l-1$ primitiven Klassen (mod. $\mathfrak{l}$) ein Ideal heraus, so bilden diese ein Repräsentantensystem der Idealklassen. Jedes Ideal des Körpers, das zu $\mathfrak{l}$ teilerfremd ist, wird also einem und nur einem Ideal eines Repräsentantensystems äquivalent (mod. $\mathfrak{l}$) sein. Nach Satz 1. ist das einfachste Repräsentantensystem gegeben durch

$$(1), (2), \ldots (l-1).$$

Multiplizieren wir dieses System mit irgendeinem zu $\mathfrak{l}$ teilerfremden Ideal $\mathfrak{n} = (n)$, so erhält man wieder ein Repräsentantensystem

$$\mathfrak{n}, (2)\mathfrak{n}, (3)\mathfrak{n}, \ldots (l-1)\mathfrak{n}.$$

Wäre nämlich

$$(r)\mathfrak{n} \cong (s)\mathfrak{n}\,(\mathfrak{l}),$$

so müßte auch die Kongruenz erfüllt sein

$$rn \equiv sn \pmod{\mathfrak{l}},$$

die durch beiderseitige Division mit n die Kongruenz der beiden Zahlen r und s erforderte. Die Differenz $|r-s|$ ist kleiner als l, also nicht durch l teilbar, da $r \neq s$. Jedes Ideal $(r)\mathfrak{n}$ ist deshalb einem und nur einem Ideal des ersten Systems äquivalent; wir setzen

$$(r)\mathfrak{n} \cong (n_r)\,(\mathfrak{l}), \text{ d. h. } rn \equiv n_r \pmod{l},$$

wo n_r eine bestimmte der Zahlen von 1 bis $l-1$ bedeutet. Dieser Umstand führt zu einer neuen und wichtigen Darstellung der Gruppe der Idealklassen; sie beweist zugleich für unseren Fall den bemerkenswerten Satz, daß jede Gruppe ein-eindeutig auf eine Gruppe von Permutationen bezogen werden kann. Wie man sieht, ist durch $\mathfrak{n}$ eine gewisse Permutation der Reihe (1), (2) . . . $(l-1)$ festgesetzt, die wir folgendermaßen bezeichnen wollen

$$\pi(\mathfrak{n}) = \begin{pmatrix} 1 & 2 & 3 & \cdots & l-1 \\ n_1 & n_2 & n_3 & \cdots & n_{l-1} \end{pmatrix}.$$

24. Satz. Jedem Ideal $\mathfrak{n}$ ist eindeutig die Permutation $\pi(\mathfrak{n})$ zugeordnet.

Dem Ideal (1) ist die Einheitspermutation

$$\pi(1) = \varepsilon = \begin{pmatrix} 1\,2 \cdots l-1 \\ 1\,2 \cdots l-1 \end{pmatrix}$$

zugeordnet. Wir beweisen folgende Reihe von weiteren Sätzen:

25. Satz. Jedem Ideal einer Idealklasse ist eine und dieselbe Permutation zugeordnet.

Sind $\mathfrak{n}$ und $\mathfrak{m}$ zwei Ideale derselben Klasse,

$$\mathfrak{n} \cong \mathfrak{m}\ (\mathfrak{l}),$$

und

$$\pi(\mathfrak{n}) = \begin{pmatrix} 1 & 2 & \cdots & l-1 \\ n_1 & n_2 & \cdots & n_{l-1} \end{pmatrix}, \quad \pi(\mathfrak{m}) = \begin{pmatrix} 1 & 2 & \cdots & l-1 \\ m_1, & m_2, & \cdots & m_{l-1} \end{pmatrix}$$

die zugeordneten Permutationen, so gelten die beiden Systeme von Kongruenzen:

$$n_i \equiv n\,i \ (\text{mod. } \mathfrak{l}), \quad m_i \equiv m\,i \ (\text{mod. } \mathfrak{l}), \quad i = 1, 2, \ldots l-1.$$

Da $\mathfrak{n}$ und $\mathfrak{m}$ in derselben Klasse liegen, so sind ihre Normen n und m einander kongruent (mod. $\mathfrak{l}$). Die beiden vorigen Kongruenzen gehen somit in eine einzige über:

$$n_i \equiv n\,i \equiv m\,i \equiv m_i \ (\text{mod. } \mathfrak{l}), \quad i = 1, 2, \ldots l-1,$$

die aussagt, daß die beiden Zahlen n_i und m_i gleich sein müssen, da sie kongruent sind und beide zwischen Null und $l-1$ liegen. Somit ist auch

$$\pi(\mathfrak{n}) = \pi(\mathfrak{m}).$$

Es seien wieder $\mathfrak{n}$ und $\mathfrak{m}$ zwei beliebige Ideale und $\pi(\mathfrak{n})$ und $\pi(\mathfrak{m})$ die denselben zugeordneten Permutationen.

26. Satz. Sind $\mathfrak{n}$ und $\mathfrak{m}$ zwei Ideale, so ist

$$\pi(\mathfrak{n})\,\pi(\mathfrak{m}) = \pi(\mathfrak{n}\mathfrak{m}).$$

Wir setzen

$$\pi(\mathfrak{n}) = \begin{pmatrix} 1 & 2 & \cdots & l-1 \\ n_1 & n_2 & \cdots & n_{l-1} \end{pmatrix}; \quad \pi(\mathfrak{m}) = \begin{pmatrix} 1 & 2 & \cdots & l-1 \\ m_1 & m_2 & \cdots & m_{l-1} \end{pmatrix};$$

$$\pi(\mathfrak{n}\mathfrak{m}) = \begin{pmatrix} 1 & 2 & 3 & \cdots & l-1 \\ k_1 & k_2 & k_3 & \cdots & k_{l-1} \end{pmatrix}.$$

Nach der auf Seite 45 ff. gegebenen Theorie der Permutationen ist das Produkt $\pi(\mathfrak{n})\,\pi(\mathfrak{m})$ wieder eine Permutation:

$$\pi(\mathfrak{n})\,\pi(\mathfrak{m}) = \begin{pmatrix} 1 & 2 & \cdots & l-1 \\ k_1' & k_2' & \cdots & k_{l-1}' \end{pmatrix}.$$

Nun geht i durch $\pi(\mathfrak{n})$ in n_i über; n_i durch $\pi(\mathfrak{m})$ in m_{n_i}; also ist $k_i' = m_{n_i}$. Nach obigem muß aber

$$n_i \equiv i\,n \ (\text{mod. } \mathfrak{l}), \quad m_i \equiv i\,m \ (\text{mod. } \mathfrak{l}), \quad k_i \equiv i\,m\,n \ (\mathfrak{l}),$$

sein; somit wird:

$$k_i' = m_{n_i} \equiv n_i\,m \equiv i\,n\,m \equiv k_i \ (\text{mod. } \mathfrak{l}).$$

Da k_i' und k_i zwischen Null und $l-1$ liegen, und beide einander kongruent sind (mod. $\mathfrak{l}$), so muß wie vorhin $k_i' = k_i$ sein.

Aus dem bewiesenen Satze folgt, daß sich die Permutationen zusammensetzen wie die ihnen entsprechenden Ideale oder wie die ihnen entsprechenden Klassen.

27. Satz. Die $l-1$ Permutationen, die den $l-1$ primitiven Klassen zugeordnet sind, bilden eine Abelsche Gruppe der Ordnung $l-1$. Diese Gruppe ist, als abstrakte Gruppe aufgefaßt, mit der Gruppe der primitiven Idealklassen identisch.

Um die Richtigkeit des Satzes einzusehen, brauchen wir nur noch zu beweisen, daß auch umgekehrt durch jede Permutation $\pi(\mathfrak{n})$ die Klasse von $\mathfrak{n}$ eindeutig bestimmt ist. Man sieht ohne weiteres, daß zwei Klassen nicht derselben Permutation zugeordnet sein können; denn würden N und M dieselbe Permutation $\pi(\mathfrak{n})$ besitzen, so nehme man zwei Ideale $\mathfrak{n}$ und $\mathfrak{m}$ dieser Klassen; es müßte dann für jeden Wert von i die Kongruenz erfüllt sein

$$n i \equiv m i \pmod{\mathfrak{l}},$$

was sofort auf die Kongruenz $n \equiv m \pmod{\mathfrak{l}}$ und auf die Äquivalenz von $\mathfrak{n}$ und $\mathfrak{m}$ führen würde. Damit ist bewiesen, daß eine umkehrbar eindeutige Beziehung zwischen primitiven Idealklassen N und den Permutationen $\pi(\mathfrak{n})$ besteht. Man kann jetzt ebensogut $\pi(N)$ schreiben.

Auch für die Permutationen muß der Fermatsche Satz gelten.

28. Satz. Die $l-1$. Potenz von jeder einer Klasse zugeordneten Permutation ergibt die Einheitspermutation $\pi(1) = \varepsilon$. Durch l-malige Anwendung der Permutationen $\pi(\mathfrak{n})$ erhält man die ursprüngliche Permutation.

Beispiele:

Zum Führer $\mathfrak{l} = (3)$ gehören zwei primitive Klassen, also auch die beiden Permutationen

$$\varepsilon = \pi(1) = \begin{pmatrix}1\,2\\1\,2\end{pmatrix}; \quad \pi(2) = \begin{pmatrix}1\,2\\2\,1\end{pmatrix}.$$

Der Führer $\mathfrak{l} = (5)$ besitzt vier Permutationen:

$$\pi(1) = \varepsilon = \begin{pmatrix}1\,2\,3\,4\\1\,2\,3\,4\end{pmatrix}; \ \pi(2) = \begin{pmatrix}1\,2\,3\,4\\2\,4\,1\,3\end{pmatrix}; \ \pi(3) = \begin{pmatrix}1\,2\,3\,4\\3\,1\,4\,2\end{pmatrix}; \ \pi(4) = \begin{pmatrix}1\,2\,3\,4\\4\,3\,2\,1\end{pmatrix}.$$

$\pi(3)$ wird beispielsweise so berechnet: man nimmt die kleinsten positiven Reste der Zahlen

$$3 \cdot 1, \ 3 \cdot 2, \ 3 \cdot 3, \ 3 \cdot 4;$$

dieselben sind

$$3, \ 1, \ 4, \ 2;$$

also lautet die Permutation

$$\pi(3) = \begin{pmatrix}1&2&3&4\\3&1&4&2\end{pmatrix}.$$

Zwischen den Permutationen gelten die Beziehungen:

$$\pi(2)^2 = \begin{pmatrix}1&2&3&4\\2&4&1&3\end{pmatrix}^2 = \begin{pmatrix}1&2&3&4\\4&3&2&1\end{pmatrix} = \pi(4),$$
$$\pi(2)^3 = \begin{pmatrix}1&2&3&4\\2&4&1&3\end{pmatrix}\begin{pmatrix}1&2&3&4\\4&3&2&1\end{pmatrix} = \begin{pmatrix}1&2&3&4\\3&1&4&2\end{pmatrix} = \pi(3),$$
$$\pi(2)^4 = \begin{pmatrix}1&2&3&4\\4&3&2&1\end{pmatrix}^2 = \begin{pmatrix}1&2&3&4\\1&2&3&4\end{pmatrix} = \pi(1) = \varepsilon.$$

Entsprechend findet man für den Führer $\mathfrak{l} = (7)$:

$$\pi(3) = \begin{pmatrix}1&2&3&4&5&6\\3&6&2&5&1&4\end{pmatrix};$$
$$\pi(3)^2 = \begin{pmatrix}1&2&3&4&5&6\\2&4&6&1&3&5\end{pmatrix} = \pi(2);$$
$$\pi(3)^3 = \pi(3)\,\pi(3)^2 = \begin{pmatrix}1&2&3&4&5&6\\6&5&4&3&2&1\end{pmatrix} = \pi(6);$$
$$\pi(3)^4 = (\pi(3)^2)^2 \quad = \begin{pmatrix}1&2&3&4&5&6\\4&1&5&2&6&3\end{pmatrix} = \pi(4);$$
$$\pi(3)^5 = \pi(3)^2\pi(3)^3 = \begin{pmatrix}1&2&3&4&5&6\\5&3&1&6&4&2\end{pmatrix} = \pi(5);$$
$$\pi(3)^6 = (\pi(3)^3)^2 \quad = \begin{pmatrix}1&2&3&4&5&6\\1&2&3&4&5&6\end{pmatrix} = \pi(1) = \varepsilon.$$

Historische Notiz: Die Zuordnung von Permutation und Kongruenzklasse ist zuerst von Zolotareff in seiner „Nouvelle démonstration de la loi de réciprocité de Legendre" (Nouv. Ann. de math., 2ᵉ série [1872], t. 11, S. 354) angegeben worden. Der Verf. hat die obige Darstellung in einem Mittellehrerkurs (Zürich 1911) vorgetragen. Neuerdings hat Frobenius auf Zolotareffs Beweis zurückgegriffen (Sitzungsber. der kgl. preuß. Akad. der Wiss., Berlin 1914, S. 335).

§ 4. Primitivzahlen, Indizesrechnung.

Es sei $\mathfrak{n}$ Ideal einer primitiven Idealklasse und $\pi(\mathfrak{n})$ die zugehörige Permutation. Nach Satz 14 gibt es dann den kleinsten Exponenten d, für den

$$\pi(\mathfrak{n})^d = \pi(1) = \varepsilon$$

ist. d heißt der Grad der Permutation (18. Definition). Da $l-1$ die Ordnung der Gruppe ist, folgt nach Satz 15:

29. Satz. Der Grad d ist ein Teiler von $l-1$.

Man sagt $\mathfrak{n}$ oder die Klasse N von $\mathfrak{n}$ gehört zum Exponenten d.

30. Satz. Es gibt $\varphi(l-1)$ Idealklassen, die zum Exponenten $l-1$ gehören.

Wir nehmen an, es gebe ein Ideal $\mathfrak{n}$, das zu einem Exponenten $d > 1$ gehört:

$$\mathfrak{n}^d \cong (1)\ (\mathfrak{l}).$$

Für jede Potenz $\mathfrak{n}^u$, wo $0 < u < d$ ist, gilt dann ebenfalls

$$\mathfrak{n}^{ud} \cong (1)\ (\mathfrak{l});$$

allein $\mathfrak{n}^u$ gehört nur dann wieder zu d, wenn u zu d teilerfremd ist; denn hat u den Teiler t mit d gemein, so ist schon:

$$(\mathfrak{n}^u)^{\frac{d}{t}} \cong (1)\ (\mathfrak{l}).$$

Es gehören also nur $\varphi(d)$ Idealpotenzen $\mathfrak{n}^u$, $0 < u < d$, zum Exponenten d (siehe die Definition der φ-Funktion, S. 26). Alle diese Idealpotenzen sind inäquivalent. Denn wäre

$$\mathfrak{n}^{u_1} \cong \mathfrak{n}^{u_2}\ (\mathfrak{l}) \begin{cases} 0 < u_1 < d \\ 0 < u_2 < d, \end{cases}$$

so wäre

$$\mathfrak{n}^{u_1-u_2} \cong (1)\ (\mathfrak{l})$$

gegen unsere Annahme, daß $\mathfrak{n}$ zu d gehöre. Daher gehören auch die $\varphi(d)$ Klassen der Ideale $\mathfrak{n}^u$ zu d.

Gäbe es noch mehr Klassen, so müßte ein weiteres Ideal $\mathfrak{m}$ existieren, das keiner Potenz $\mathfrak{n}^u$ äquivalent (mod. $\mathfrak{l}$) ist, und das trotzdem zu d gehörte:

$$\mathfrak{m}^d \cong (1)\ (\mathfrak{l}).$$

Um die Unmöglichkeit dieser Annahme zu zeigen, bezeichnen wir mit x eine reelle Veränderliche und dividieren algebraisch die Funktion

$$\frac{x^d-1}{x-1} = f_1(x) = x^{d-1} + x^{d-2} + \cdots + x + 1$$

durch $x - n$, wo n die Norm von $\mathfrak{n}$ ist. Dadurch entsteht:

$$f_1(x) \equiv (x-n)\, f_2(x) + r_1$$

identisch für alle x. r_1 ist aber eine Zahl von $\mathfrak{l}$; denn für $x = n$ wird

$$\frac{n^d-1}{n-1} = f_1(n) = r_1.$$

Da $n \not\equiv 1$ (mod. $\mathfrak{l}$), weil $\mathfrak{n}$ zu $d > 1$ gehört, so ist

$$\frac{n^d-1}{n-1} \equiv 0 \ (\text{mod. } \mathfrak{l}),$$

also auch

$$r_1 \equiv 0 \ (\text{mod. } \mathfrak{l}) \text{ und } f_1(x) \equiv (x-n)\, f_2(x) \ (\text{mod. } \mathfrak{l}),$$

wo die letzte Kongruenz bedeutet, daß die Koeffizienten gleich hoher Potenzen von x rechts und links einander (mod. $\mathfrak{l}$) kongruent sind. Andrerseits sieht man, daß für $d > 2$ auch

$$\frac{n^{2d}-1}{n^2-1} = f_1(n^2) \equiv (n^2-n)\, f_2(n^2) \equiv 0 \pmod{\mathfrak{l}}$$

sein muß; und da (n^2-n) zu $\mathfrak{l}$ teilerfremd ist, so wird

$$f_2(n^2) \equiv 0 \pmod{\mathfrak{l}}.$$

Dividiert man $f_2(x)$ algebraisch durch $x-n^2$, so wird der Rest wieder durch $\mathfrak{l}$ teilbar sein, und es muß

$$\frac{x^d-1}{x-1} = f_1(x) \equiv (x-n)(x-n^2)\, f_3(x) \pmod{\mathfrak{l}}.$$

Fährt man in dieser Weise fort, indem man durch $x-n^3, \ldots, x-n^{d-1}$ dividiert, so erhält man schließlich

$$\frac{x^d-1}{x-1} = f_1(x) \equiv (x-n)(x-n^2)\cdots(x-n^{d-1})\, f_d(x) \pmod{\mathfrak{l}}.$$

Da links eine Gleichung vom $(d-1)$-ten Grade steht, muß $f_d(x)$ von x unabhängig sein. Durch Vergleichung der Koeffizienten der obersten Potenz x^{d-1} rechts und links folgt

$$f_d(x) \equiv 1 \pmod{\mathfrak{l}}$$

und

$$\frac{x^d-1}{x-1} \equiv (x-n)(x-n^2)\cdots(x-n^{d-1}) \pmod{\mathfrak{l}};$$

$$x^d-1 \equiv (x-1)(x-n)(x-n^2)\cdots(x-n^{d-1}) \pmod{\mathfrak{l}}.$$

Die Norm m jedes weiteren zum Exponenten d gehörenden Ideals $\mathfrak{m}$ würde somit die Kongruenz befriedigen:

$$m^d-1 \equiv (m-1)(m-n)(m-n^2)\cdots(m-n^{d-1}) \equiv 0 \pmod{\mathfrak{l}}.$$

$\mathfrak{l}$ müßte als Primideal einen der Faktoren des Produkts enthalten, also z. B.

$$m-n^u \equiv 0 \pmod{\mathfrak{l}} \text{ oder } \mathfrak{m} \cong \mathfrak{n}^u \;(\mathfrak{l})$$

sein, entgegen der Annahme. Somit ergibt sich das Resultat: Es gehören zu dem Exponenten d entweder $\varphi(d)$ oder keine Klasse.

d ist ein Teiler von $l-1$. Die Anzahl aller primitiven Klassen ist somit

$$\leq \sum_{(d)} \varphi(d),$$

wo die Summe über alle Teiler d von $l-1$ mit Einschluß von $d = l-1$ zu erstrecken ist. Das Kleiner-Zeichen tritt nur auf, wenn zu einem Teiler d keine Klasse gehört. Andrerseits ist die Anzahl aller primitiven Klassen $l-1$; also müßte

$$l - 1 \leqq \sum_{(d)} \varphi(d).$$

Nach dem 16. Satz des vorigen Kapitels ist die Summe rechts gleich $l-1$; also kann das Kleiner-Zeichen unmöglich auftreten; es gibt daher keinen Teiler von $l-1$, zu dem keine Klasse gehört, und zu $d = l - 1$ gehören $\varphi(l-1)$ Klassen, womit der Satz bewiesen ist.

II. Hauptsatz. Die Gruppe der primitiven Idealklassen (mod. $\mathfrak{l}$) ist zyklisch; ebenso: die Gruppe der Permutationen $\pi(\mathfrak{n})$ ist zyklisch.

Denn es gibt ein Ideal $\mathfrak{r}$, dessen $l-1$ erste Potenzen die sämtlichen primitiven Idealklassen ergeben. Jedes der $\varphi(l-1)$ zum Exponenten $l-1$ gehörenden Ideale, die nach Satz 30 existieren, muß diese Eigenschaft besitzen. Nach Satz 27 sind die Gruppe der Idealklassen und die Gruppe der Permutationen identisch.

Ein zu $l-1$ gehörendes Ideal werden wir stets mit $\mathfrak{r} = (r)$ bezeichnen. Es heißt ein Primitivideal, seine Norm r Primitivzahl in bezug auf $\mathfrak{l}$.

Beispiele:

Die Rechnungen von Seite 52 illustrieren bereits das Resultat. Für $\mathfrak{l} = (3)$ ist (2) Primitivideal, für $\mathfrak{l} = (5)$ ist es (2), und für $\mathfrak{l} = (7)$ ist es (3). Im letztern Fall ist $\varphi(7-1) = \varphi(6) = 2$. Es gibt noch ein weiteres Primitivideal. In der Tat ist (5) wegen

$$\pi(5) = \pi(3)^5$$

ein solches, weil der Exponent von $\pi(3)$ zu 6 teilerfremd ist. $\pi(3)^2 = \pi(2)$ gehört zu $\frac{6}{2} = 3$; $\pi(3)^3 = \pi(6)$ zu $\frac{6}{3} = 2$ und $\pi(3)^4 = \pi(4)$ zu $\frac{6}{2} = 3$.

Ist wiederum $\mathfrak{r}$ ein Primitivideal (mod. $\mathfrak{l}$), so läßt sich nach dem eben bewiesenen Satz jede Permutation $\pi(\mathfrak{n})$ eines von $\mathfrak{r}$ verschiedenen Ideales $\mathfrak{n}$ als Potenz der Permutation $\pi(\mathfrak{r})$ darstellen:

$$\pi(\mathfrak{n}) = \pi(\mathfrak{r})^k;$$

k heißt der Index von $\mathfrak{n}$ in bezug auf die Basis $\mathfrak{r}$. Nach dieser Definition ist der Exponent nicht eindeutig bestimmt; denn aus Satz 28 folgt, daß

$$\pi(\mathfrak{r})^{l-1} = \pi(1) = \varepsilon;$$

somit können wir die Permutation $\pi(\mathfrak{r})$ auch immer durch die Permutation $\pi(\mathfrak{r})^{1+u(l-1)}$ ersetzen; d. h. wenn wir zum Exponenten k ein beliebiges Vielfaches von $l-1$ addieren oder subtrahieren, so bleibt die Beziehung $\pi(\mathfrak{n}) = \pi(\mathfrak{r})^k$ bestehen. Dabei fügen wir wieder die Festsetzung hinzu, daß die 0. Potenz jeder Permutation die Einheitspermutation selbst ist. Um den Index eindeutig zu machen, wollen wir im speziellen voraussetzen, daß er immer eine der Zahlen 0, 1, 2, usf. $l-2$ sei. Diesen speziell gewählten Index werden wir mit ind. $\mathfrak{n}$ abkürzen; ind. $\mathfrak{n}$ genügt also stets den Bedingungen: $\pi(\mathfrak{n}) = \pi(\mathfrak{r})^{\text{ind.}\,\mathfrak{n}}$ und $0 \leqq \text{ind.}\,\mathfrak{n} < l-1$. Mit den Indizes kann man wie mit Logarithmen rechnen. Ihre Rechnungsregeln entsprechen genau denjenigen der Logarithmen. Nur ist dabei zu beobachten, daß die Rechnungsregeln keine Gleichungen, sondern Kongruenzen mit dem Modul $(l-1)$ sind. Dies entspringt aus dem:

31. Satz. Zwei Potenzen von $\pi(\mathfrak{r})$ sind einander gleich, wenn die Exponenten einander (mod. $(l-1)$) kongruent sind.

Denn aus

$$\pi(\mathfrak{r})^n = \pi(\mathfrak{r})^m$$

folgt für $n > m$:

$$\pi(\mathfrak{r})^{n-m} = \varepsilon.$$

Es sei $(t) = (l-1, n-m)$ der größte gemeinsame Teiler von $l-1$ und $n-m$. Dann gibt es zwei ganze rationale Zahlen x, y, für die

$$t = x(l-1) + y(n-m).$$

Also wird

$$\pi(\mathfrak{r})^t = \pi(\mathfrak{r})^{x(l-1)}\,\pi(\mathfrak{r})^{y(n-m)} = \varepsilon.$$

Wäre $t < l-1$, so würde $\mathfrak{r}$ nicht zum Exponenten $l-1$ gehören. Also ist $t = l-1$ und

$$n - m \equiv 0 \ (\text{mod.}\ l-1).$$

1. Rechnungsregel. Der Index des Produktes zweier Ideale ist der Summe der Indizes der beiden Ideale (mod. $l-1$) kongruent.

Denn es wird

$$\pi(\mathfrak{n}\mathfrak{m}) = \pi(\mathfrak{n})\,\pi(\mathfrak{m}) = \pi(\mathfrak{r})^{\text{ind.}\,\mathfrak{n}} \cdot \pi(\mathfrak{r})^{\text{ind.}\,\mathfrak{m}} = \pi(\mathfrak{r})^{\text{ind.}\,\mathfrak{n} + \text{ind.}\,\mathfrak{m}},$$

oder nach Satz 31:

$$\text{ind.}\,\mathfrak{n}\mathfrak{m} \equiv \text{ind.}\,\mathfrak{n} + \text{ind.}\,\mathfrak{m} \ (\text{mod.}\ l-1).$$

2. Rechnungsregel. Der Index des Quotienten zweier Ideale ist der Differenz der Indizes der beiden Ideale (mod. $l-1$) kongruent.

$$\pi\left(\frac{\mathfrak{n}}{\mathfrak{m}}\right) = \frac{\pi(\mathfrak{n})}{\pi(\mathfrak{m})} = \frac{\pi(\mathfrak{r})^{\text{ind.}\,\mathfrak{n}}}{\pi(\mathfrak{r})^{\text{ind.}\,\mathfrak{m}}} = \pi(\mathfrak{r})^{\text{ind.}\,\mathfrak{n} - \text{ind.}\,\mathfrak{m}}.$$

3. Rechnungsregel. Der Index der s-Potenz eines Ideals ist dem s-fachen Index des Ideals (mod. $l-1$) kongruent.

$$\pi(\mathfrak{n}^s) = \pi(\mathfrak{n})^s = \pi(\mathfrak{r})^{s\,\text{ind.}\,\mathfrak{n}}.$$

Beispiele:

Die Berechnungen von Seite 53 lassen für den Führer (5) und das Primitivideal $(2) = \mathfrak{r}$ folgende Tabelle erkennen:

Zahl	Index	
1	0	
2	1	{Primitivideal (2).}
3	3	
4	2	

Daraus ergibt sich z. B. der Index von 72 auf folgende Weise:

$$\text{ind.}(72) = \text{ind.}(2^3 \cdot 3^2) \equiv \text{ind.}(2^3) + \text{ind.}(3^2) \equiv 3\,\text{ind.}(2) + 2\,\text{ind.}(3)$$
$$\equiv 3 \cdot 1 + 2 \cdot 3 \equiv 1 \pmod{4}; \text{ also ind. } (72) = 1.$$

Der Führer (7) ergibt für $\mathfrak{r} = (3)$:

Zahl	Index	
1	0	
2	2	
3	1	{Primitivideal (3).}
4	4	
5	5	
6	3	

Also:

$$\text{ind.}(2) + \text{ind.}(3) = \text{ind.}(6) = 3; \quad 2\,\text{ind.}(2) = \text{ind.}(4) = 4.$$

Anwendungen:

Der Führer $\mathfrak{l} = (2)$ besitzt nur die Einheitsklasse als primitive Idealklasse. Wir setzen daher von nun an l von 2 verschieden, d. h. als ungerade voraus.

32. Satz. Der Index von $(l-1)$ ist $\frac{l-1}{2}$:

$$\pi(l-1) = \pi(\mathfrak{r})^{\frac{l-1}{2}}.$$

Denn die Permutation $\pi(l-1)$ ist gegeben durch

$$\pi(l-1) = \begin{pmatrix} 1 & 2 \cdots l-1 \\ l-1 & l-2 \cdots 1 \end{pmatrix} = (1, l-1)(2, l-2) \cdots \left(\frac{l-1}{2}, \frac{l+1}{2}\right),$$

also durch $\frac{l-1}{2}$ Transpositionen bestimmt. Somit ist nach den vorigen Rechnungsregeln:

$$\pi(l-1)^2 = \pi(\mathfrak{r})^{2\,\text{ind.}(l-1)} = \varepsilon,$$

also $2\,\text{ind.}(l-1)$ durch $l-1$ teilbar, weil $\mathfrak{r}$ zum Exponenten $l-1$ gehört. Da ind. $(l-1)$ zwischen Null und $l-2$ liegt, kann ind. $(l-1)$ nur Null oder $\frac{l-1}{2}$ sein. Im ersteren Falle wäre $\pi(l-1) = \varepsilon$, was ausgeschlossen ist, da sonst zwei Klassen dieselbe Permutation ε zugeordnet wäre. Also ist nur noch ind. $(l-1) = \frac{l-1}{2}$ möglich.

Beispiele:

Für $\mathfrak{l} = (5)$ und (7) erläutern die beiden vorigen Tabellen den Satz. Für $\mathfrak{l} = (13)$ wird

$$\pi(2) = \begin{pmatrix} 1 & 2 & 3 & 4 & 5 & 6 & 7 & 8 & 9 & 10 & 11 & 12 \\ 2 & 4 & 6 & 8 & 10 & 12 & 1 & 3 & 5 & 7 & 9 & 11 \end{pmatrix}; \quad \pi(2)^4 = \begin{pmatrix} 1 & 2 & 3 & 4 & 5 & 6 & 7 & 8 & 9 & 10 & 11 & 12 \\ 4 & 8 & 12 & 3 & 7 & 11 & 2 & 6 & 10 & 1 & 5 & 9 \end{pmatrix};$$

$$\pi(2)^6 = \begin{pmatrix} 1 & 2 & 3 & 4 & 5 & 6 & 7 & 8 & 9 & 10 & 11 & 12 \\ 12 & 11 & 10 & 9 & 8 & 7 & 6 & 5 & 4 & 3 & 2 & 1 \end{pmatrix}; \quad \pi(12) = \begin{pmatrix} 1 & 2 & 3 & 4 & 5 & 6 & 7 & 8 & 9 & 10 & 11 & 12 \\ 12 & 11 & 10 & 9 & 8 & 7 & 6 & 5 & 4 & 3 & 2 & 1 \end{pmatrix};$$

$$\frac{l-1}{2} = \frac{13-1}{2} = 6; \; \pi(12) = \pi(2)^6.$$

Daraus kann gefolgert werden, daß (2) Primitivideal sein muß.

Es ist ferner:

$$\text{ind.}(1) + \text{ind.}(2) + \cdots + \text{ind.}(l-1) = 0 + 1 + 2 + \cdots + l - 2$$
$$= (l-2)\frac{l-1}{2} = \left(1 + 2\frac{l-3}{2}\right)\frac{l-1}{2}.$$

Nach den Rechnungsregeln 1 und 3 und Satz 32 folgt hieraus

$$\pi(l-1!) = \pi(\mathfrak{r})^{\frac{l-1}{2}\cdot\left(1+2\frac{l-3}{2}\right)} = \pi\,(l-1)^{1+2\frac{l-3}{2}} = \pi\,(l-1),$$

da ja nach Satz 32 $\pi\,(l-1)^2 = \varepsilon$ ist. Somit liegen die beiden Ideale $(l-1!)$ und $(l-1)$ in derselben Klasse und es muß die Kongruenz bestehen

$$(l-1)! \equiv -1 \pmod{l}.$$

33. Satz von Wilson. Für jede ungerade Primzahl l gilt die Kongruenz

$$(l-1)! \equiv -1 \pmod{l}.$$

Beispiele:

$$4! = 24 \equiv -1 \pmod{5}; \; 6! = 720 \equiv -1 \pmod{7}.$$

Historische Notiz: Der Cambridger Professor E. Waring hat in seinen „meditationes algebraicae" (Cambridge 1770, S. 218) den Satz als von J. Wilson herrührend ohne Beweis veröffentlicht. Lagrange las ihn dort und veröffentlichte den ersten Beweis: „Démonstration d'un théorème nouveau concernant les nombres premiers" (lu à l'acad. le 13 Juin 1771) (Œuvres, t. 3, Paris, Gauthier-Villars [1869], S. 425).

Die Indizesrechnung dient zur raschen Auflösung der linearen Kongruenz. Sind n und m zu l teilerfremd, und hat man die Kongruenz

$$nx \equiv m \pmod{l}$$

zu lösen, so wird

$$\text{ind.}(n) + \text{ind.}(x) \equiv \text{ind.}(m) \pmod{l-1},$$

also

$$\text{ind.}\ (x) \equiv \text{ind.}\ (m) - \text{ind.}\ (n)\ (\text{mod.}\ l-1)$$

sein. Ist aber der Index einer Zahl x gefunden, so ergibt sich daraus umgekehrt aus der Tabelle ohne weiteres die Zahl selbst.

Beispiele:

Die Tabellen von S. 58 ergeben folgende Lösungen:

a) $3x \equiv 2\ (\text{mod.}\ 5);\ \mathfrak{r} = (2)$.
$\text{ind.}\ (x) \equiv \text{ind.}\ (2) - \text{ind.}\ (3) \equiv 1 - 3 \equiv 2 \equiv \text{ind.}\ (4)\ (\text{mod.}\ 4)$.
$x \equiv 4\ (\text{mod.}\ 5)$.

b) $2x \equiv 5\ (\text{mod.}\ 7);\ \mathfrak{r} = (3)$.
$\text{ind.}\ (x) \equiv \text{ind.}\ (5) - \text{ind.}\ (2) \equiv 5 - 2 \equiv 3 \equiv \text{ind.}\ (6)\ (\text{mod.}\ 6)$.
$x \equiv 6\ (\text{mod.}\ 7)$.

c) $7x \equiv 9\ (\text{mod.}\ 13);\ \mathfrak{r} = (2)$. Die zugehörige Tabelle lautet:

Zahl	Index
1	0
2	1
3	4
4	2
5	9
6	5
7	11
8	3
9	8
10	10
11	7
12	6

{Primitivideal (2).}

$\text{ind.}\ (x) \equiv \text{ind.}\ (9) - \text{ind.}\ (7) \equiv 8 - 11 \equiv 9 \equiv \text{ind.}\ (5)\ (\text{mod.}\ 12)$
$x \equiv 5\ (\text{mod.}\ 13)$.

§ 5. Quadratische Reste.

Wir haben im zweiten Paragraphen die Einteilung der Permutationen in solche von erster und zweiter Art durchgeführt. Wendet man dieses Resultat auf die den Idealklassen zugeordneten Permutationen an, so erhalten wir eine entsprechende Einteilung der Idealklassen.

23. Definition. Das Ideal $\mathfrak{n}$ heißt quadratischer Rest oder Nichtrest, je nachdem die ihm zugeordnete Permutation von erster oder zweiter Art ist.

Da die Permutationen für alle Ideale einer Klasse dieselben sind, kann eine Klasse entweder nur quadratische Reste oder nur quadratische Nichtreste enthalten.

34. Satz. Eine Klasse N enthält entweder nur quadratische Reste oder nur quadratische Nichtreste. Im ersteren Fall heißt sie quadratische Restklasse, im anderen quadratische Nichtrestklasse.

Um Folgerungen aus dieser Definition zu ziehen, müssen wir die Permutationen $\pi(\mathfrak{n})$ genauer studieren; wir werden sie zu diesem Zwecke in Zyklen zerlegen. Greifen wir das Primitivideal $\mathfrak{r}$ heraus, das nach Satz 30 immer existiert, und bezeichnen wir die ihm zugeordnete Permutation mit $\pi(\mathfrak{r})$, so ergibt die Reihe der Ideale $(1), \mathfrak{r}, \mathfrak{r}^2, \ldots \mathfrak{r}^{l-2}$ alle Idealklassen (mod. $\mathfrak{l}$). Ihre Normen ergeben alle primitiven Kongruenzklassen $1, r, r^2, \ldots r^{l-2}$. Wir schreiben

$$\begin{aligned} r &\equiv r_1 \pmod{\mathfrak{l}} \\ r^2 &\equiv r_2 \pmod{\mathfrak{l}} \\ &\ldots\ldots\ldots\ldots \\ r^{l-2} &\equiv r_{l-2} \pmod{\mathfrak{l}}. \end{aligned}$$

Die Zahlen $1, r_1, r_2, \ldots r_{l-2}$ liegen zwischen 0 und l und sind eine besondere Anordnung der Zahlen $1, 2, 3, \ldots l-1$. Nun ist aber

$$\begin{aligned} r \cdot 1 &\equiv r_1 \pmod{\mathfrak{l}}, \\ r \cdot r_1 &\equiv r_2 \pmod{\mathfrak{l}}, \\ r \cdot r_2 &\equiv r_3 \pmod{\mathfrak{l}}, \\ &\ldots\ldots\ldots\ldots \\ r\, r_{l-2} &\equiv 1 \pmod{\mathfrak{l}}. \end{aligned}$$

Daraus ersieht man ohne weiteres, daß die gesuchte Permutation $\pi(\mathfrak{r})$ folgendermaßen in einen Zyklus aufgelöst werden kann:

$$\pi(\mathfrak{r}) = \begin{pmatrix} 1 & r_1 \cdots r_{l-2} \\ r_1 & r_2 \cdots 1 \end{pmatrix} = (1, r_1, r_2, \ldots r_{l-2}).$$

Dieser Zyklus zerfällt in $l-2$ Transpositionen:

$$(1, r_1, r_2, \ldots r_{l-2}) = (1, r_1)\,(1, r_2) \ldots (1, r_{l-2}).$$

Wenn l ungerade ist, ist diese Anzahl ebenfalls ungerade; nach der Definition ist $\mathfrak{r}$ daher quadratischer Nichtrest. Jede ungerade Potenz $\mathfrak{r}^k$ von $\mathfrak{r}$ ist ebenfalls quadratischer Nichtrest, da ihre zugehörige Permutation in $k(l-2)$ Transpositionen zerlegt werden kann. Dagegen sind alle geraden Potenzen $\mathfrak{r}^k$ von $\mathfrak{r}$ quadratische Reste; denn für gerades k ist auch die Anzahl $k(l-2)$ der gefundenen Transpositionen gerade.

35. Satz. Für jedes ungerade l gibt es $\frac{l-1}{2}$ quadratische

Restklassen und ebenso viele quadratische Nichtrestklassen. Die Ideale der Restklassen haben in bezug auf ein Primitivideal geraden, die Nichtrestklassen ungeraden Index.

Für $l = 2$ gibt es nur eine Klasse, nämlich diejenige von (1), die Restklasse ist. Wir setzen, wie bisher, l stets als ungerade voraus.

Ist das Ideal $\mathfrak{n}$ quadratischer Rest, so muß es wenigstens eine Klasse geben, deren Quadrat die Klasse von $\mathfrak{n}$ ergibt. Denn da der Index von $\mathfrak{n}$ gerade ist, wird die Potenz $\mathfrak{r}^{\frac{1}{2}\text{ind.}\,\mathfrak{n}}$ des Primitivideals die betreffende Klasse festlegen müssen. Ist $\mathfrak{x} = (x)$ irgendein Ideal dieser Klasse, so wird deshalb

$$\mathfrak{x}^2 \cong \mathfrak{n}\,(\mathfrak{l}) \text{ und } x^2 \equiv n \;(\text{mod. } \mathfrak{l})$$

sein. Die Kongruenz stellt eine quadratische Kongruenz (mod. $\mathfrak{l}$) mit der Unbekannten x dar. Eine Auflösung derselben kann somit stets gefunden werden, wenn $\mathfrak{n}$ quadratischer Rest ist. Da $\pi\,(l-1)^2 = \varepsilon$, so ist auch

$$(\mathfrak{x}\,(l-1))^2 \cong \mathfrak{n}\,(\mathfrak{l}) \text{ und } (l-x)^2 \equiv n \;(\text{mod. } \mathfrak{l}).$$

Nun bestimmen aber $\mathfrak{x}$ und $(l-1)\,\mathfrak{x}$ zwei verschiedene primitive Klassen, da im entgegengesetzten Falle

$$x \equiv l - x,\; 2x \equiv 0,\; x \equiv 0 \;(\text{mod. } \mathfrak{l})$$

wäre.

36. Satz. Die Kongruenz

$$x^2 \equiv n \;(\text{mod. } \mathfrak{l})$$

hat stets zwei Lösungen, falls n quadratischer Rest ist.

Ist dagegen das Ideal $\mathfrak{n}$ quadratischer Nichtrest, so ist der Index von $\mathfrak{n}$ in bezug auf ein Primitivideal ungerade; also gibt es auch sicher keine Klasse, deren Quadrat die Klasse des Ideals $\mathfrak{n}$ ergibt. Denn es müßte nach Definition des Primitivideals auch

$$\mathfrak{x} \cong \mathfrak{r}^{\text{ind}\,\mathfrak{x}}\,(\mathfrak{l}), \text{ und } \mathfrak{n} \cong \mathfrak{x}^2 \cong \mathfrak{r}^{2\,\text{ind}\,\mathfrak{x}}\,(\mathfrak{l})$$

sein. Also nach Satz 31:

$$2 \text{ ind. } \mathfrak{x} \equiv \text{ind. } \mathfrak{n} \;(\text{mod. } l - 1).$$

Nun ist $l - 1$ gerade, somit

$$2 \text{ ind. } \mathfrak{x} - \text{ind. } \mathfrak{n}$$

nur dann eine Zahl von mod. $(l - 1)$, wenn sie gerade ist; also muß ind. $\mathfrak{n}$ gerade sein.

In der Definition der quadratischen Reste und Nichtreste kann man an Stelle der Ideale auch die Normen derselben setzen. Dies ist besonders bei Zahlenbeispielen von Vorteil.

Man kann auf folgende Weise rasch entscheiden, ob ein Ideal $\mathfrak{n}$ quadratischer Rest oder Nichtrest ist. Aus

$$\pi(\mathfrak{n}) = \pi(\mathfrak{r})^{\text{ind.}\,\mathfrak{n}}$$

folgt nach Satz 32:

$$\pi(\mathfrak{n})^{\frac{l-1}{2}} = \left(\pi(\mathfrak{r})^{\frac{l-1}{2}}\right)^{\text{ind.}\,\mathfrak{n}} = \pi(l-1)^{\text{ind.}\,\mathfrak{n}},$$

oder in Kongruenzform:

$$n^{\frac{l-1}{2}} \equiv (-1)^{\text{ind.}\,\mathfrak{n}} \pmod{\mathfrak{l}}.$$

Man kürzt $(-1)_l^{\text{nd.}\,\mathfrak{n}}$ mit $\left(\frac{n}{l}\right)$ ab und nennt $\left(\frac{n}{l}\right)$ das Legendresche Symbol. Da $\mathfrak{n}$ quadratischer Rest oder Nichtrest ist, je nachdem ind. $\mathfrak{n}$ gerade oder ungerade ist, kann man mit Hilfe dieses Symboles folgendes Kriterium aussprechen:

Kriterium. $\mathfrak{n} = (n)$ ist quadratischer Rest oder Nichtrest, je nachdem $\left(\frac{n}{l}\right) = +1$ oder -1 ist.

Der Wert von $\left(\frac{n}{l}\right)$ heißt der Restcharakter von n. Derselbe kann mit Hilfe der Kongruenz

$$n^{\frac{l-1}{2}} \equiv \left(\frac{n}{l}\right) \pmod{\mathfrak{l}}$$

rasch berechnet werden.

Beispiele:

$\mathfrak{l} = (7)$, $\frac{l-1}{2} = 3$; es wird:

$$2^3 \equiv +1 \pmod{7};$$

also:

$$\left(\frac{2}{7}\right) = +1.$$

Dagegen:

$$5^3 = 125 \equiv -1 \pmod{7};$$

also:

$$\left(\frac{5}{7}\right) = -1.$$

Über das Legendresche Symbol gelten bemerkenswerte Sätze, von denen wir den folgenden hervorheben wollen.

37. Satz. Sind $\mathfrak{n}$ und $\mathfrak{m}$ zwei äquivalente zu $\mathfrak{l}$ teilerfremde Ideale, so gilt für ihre Normen die Beziehung $\left(\frac{n}{l}\right) = \left(\frac{m}{l}\right)$.

Dieser Satz ist nur eine andere Form des im Satz 34 ausgesprochenen Resultates. Statt äquivalente Ideale kann man kongruente ganze Zahlen setzen. Er definiert dann zugleich das Legendresche Symbol für negative Zahlen.

Wir werden im folgenden das Symbol $\left(\frac{n}{l}\right)$ für verschiedene Werte von n berechnen:

a) $\mathfrak{n} = (l-1)$; $n = l-1$,

$$\pi(l-1) = \begin{pmatrix} 1 & 2 \cdots l-1 \\ l-1 & l-2 \cdots 1 \end{pmatrix} = (1, l-1)(2, l-2) \cdots \left(\frac{l-1}{2}, \frac{l+1}{2}\right).$$

Die Anzahl der Transpositionen ist $\frac{l-1}{2}$. Also ist $l-1$ quadratischer Rest oder Nichtrest, je nachdem $\frac{l-1}{2}$ gerade oder ungerade ist. Das letztere wird eintreten, je nachdem $l \equiv 1 \pmod{4}$ oder $l \equiv 3 \pmod{4}$ ist. Man darf deshalb setzen:

$$\left(\frac{l-1}{l}\right) = \left(\frac{-1}{l}\right) = (-1)^{\frac{l-1}{2}}.$$

Nach Satz 32 ist $\frac{l-1}{2}$ außerdem der Index von $l-1$. Man erkennt hieraus die Übereinstimmung von Berechnung und Definition von $\left(\frac{-1}{l}\right)$.

b) $\mathfrak{n} = (2)$, $n = 2$; $\pi(2) = \begin{pmatrix} 1 & 2 & 3 \cdots \frac{l-1}{2} & \frac{l+1}{2} & \frac{l+3}{2} & \cdots l-2, l-1 \\ 2 & 4 & 6 \cdots l-1 & 1 & 3 & \cdots l-4, l-2 \end{pmatrix}$.

Man führt diese Permutation folgendermaßen auf eine Reihe von Transpositionen zurück. Zuerst läßt man $l-2$ nach rechts um eine Stelle wandern, bis es seinen neuen Platz erhält; dies geschieht durch die eine Transposition

$$(l-2,\ l-1).$$

Nun läßt man $l-4$ um zwei Stellen nach rechts rücken, was durch die beiden Transpositionen

$$(l-4,\ l-3)\,(l-4,\ l-1)$$

erreicht wird. Jetzt wird $l-6$ um drei Stellen mittels dreier Transpositionen nach rechts gerückt; so läßt man schließlich jede ungerade Zahl nach rechts wandern, bis man bei der Zahl 1 angelangt ist, die durch $\frac{l-1}{2}$ Transpositionen nach rechts verschoben werden muß. Die Gesamtanzahl der ausgeführten Transpositionen beträgt

$$1 + 2 + 3 + \cdots + \frac{l-1}{2} = \frac{l-1}{2} \cdot \frac{l+1}{4} = \frac{l^2-1}{8}.$$

38. Satz. Die Zahl 2 ist quadratischer Rest oder Nichtrest, je nachdem $\frac{l^2-1}{8}$ gerade oder ungerade ist:

$$\left(\frac{2}{l}\right) = (-1)^{\frac{l^2-1}{8}}.$$

c) $\mathfrak{n} = (3)$, $n = 3$;

$$\pi(3) = \begin{pmatrix} 1\,2\,3 \cdots \frac{l-e}{3}\;\frac{l-e+3}{3} \cdots 2\,\frac{l-e}{3} \cdots l-1 \\ 3\,6\,9 \quad l-e \quad 3-e \quad \cdots l-2e \cdots l-3 \end{pmatrix},$$

wo $e = 1$ ist, wenn $l \equiv 1 \pmod{3}$, und $e = 2$, wenn $l \equiv 2 \pmod{3}$ ist. Man verfahre genau wie vorhin; man rückt zunächst $l-3$ um zwei Stellen nach rechts, was durch die beiden Transpositionen $(l-3,\ l-2)$ $(l-3,\ l-1)$ erreicht wird. Dann $l-6$ um vier Stellen nach rechts, was wiederum vier Transpositionen erfordert, usf. Schließlich $3-e$ um $2\,\frac{l-e}{3}$ Stellen nach rechts, was $2\,\frac{l-e}{3}$ Transpositionen verlangt. Die Gesamtanzahl der bisherigen Transpositionen ist:

$$2 + 4 + 6 + \cdots + 2\,\frac{l-e}{3} = 2 \cdot \frac{l-e}{3} \cdot \frac{l-e+3}{2 \cdot 3}.$$

Diese Anzahl ist auf jeden Fall gerade, fällt also nicht in Betracht. Allein wir haben durch obige Transpositionen auch noch nicht die verlangte Permutation ausgeführt. Wir rücken jetzt 3 nach links um eine Stelle, was eine Transposition ausmacht, dann 6 um 2 Stellen nach links usf., schließlich $l-e$ um $\frac{l-e}{3}$ Stellen nach links. Dies gibt zusammen

$$1 + 2 + \cdots + \frac{l-e}{3} = \frac{l-e}{3} \cdot \frac{l-e+3}{2 \cdot 3}$$

Transpositionen.

Ist nun $l \equiv 1 \pmod{3}$, $e = 1$, so ist

$$\frac{l-1}{2 \cdot 3} \cdot \frac{l+2}{3}$$

nur dann gerade, wenn $\frac{l-1}{2 \cdot 3}$ gerade oder $l \equiv 1 \pmod{12}$ ist. Für $l \equiv 7$ (12) ist die Anzahl ungerade.

Ist dagegen $l \equiv 2 \pmod{3}$, $e = 2$, so ist

$$\frac{l-2}{3} \cdot \frac{l+1}{2 \cdot 3}$$

nur dann gerade, wenn $\frac{l+1}{2 \cdot 3}$ gerade oder $l \equiv -1 \pmod{12}$. Im Fall $l \equiv 5 \pmod{12}$ ist sie ungerade.

39. Satz. 3 ist quadratischer Rest jeder Primzahl der Form $12x \pm 1$, quadratischer Nichtrest der Primzahlen von den beiden Formen $12x + 5$ und $12x + 7$.

Beispiele:

a) $\mathfrak{l} = (5)$. Die Tabelle auf Seite 58 läßt erkennen, daß

(1), (4) quadratische Reste
(2), (3) quadratische Nichtreste

sind; denn ihre Indizes sind gerade, resp. ungerade. In der Tat ist:

$\pi(1) = \varepsilon = \begin{pmatrix} 1\,2\,3\,4 \\ 1\,2\,3\,4 \end{pmatrix}$; Anzahl der Transpositionen: 0,

$\pi(4) = \begin{pmatrix} 1\,2\,3\,4 \\ 4\,3\,2\,1 \end{pmatrix} = (1, 4)\,(2, 3)$; „ „ „ : 2,

$\pi(2) = \begin{pmatrix} 1\,2\,3\,4 \\ 2\,4\,1\,3 \end{pmatrix} = (1, 2, 4, 3)$
$= (1, 2)\,(1, 4)\,(1, 3)$; „ „ „ : 3,

$\pi(3) = \begin{pmatrix} 1\,2\,3\,4 \\ 3\,1\,4\,2 \end{pmatrix} = (1, 3, 4, 2)$
$= (1, 3)\,(1, 4)\,(1, 2)$; „ „ „ : 3.

Die Kongruenz

$$x^2 \equiv 4 \pmod{5}$$

besitzt die beiden Wurzeln

$$x \equiv 2 \text{ und } \equiv 3 \pmod{5}.$$

b) $\mathfrak{l} = (13)$. Die Tabelle Seite 60 ergibt, daß die Ideale

(1), (3), (4), (9), 10), (12) quadratische Reste,
(2), (5), (6), (7), (8), (11) quadratische Nichtreste

sind. In der Tat ist z. B.

$$\pi(3) = \begin{pmatrix} 1\;2\;3\;\;4\;5\;6\;7\;\;8\;9\;10\;11\;12 \\ 3\;6\;9\;12\;2\;5\;8\;11\;1\;\;4\;\;7\;10 \end{pmatrix} = (1, 3, 9)\,(2, 6, 5)\,(4, 12, 10)\,(7, 8, 11)$$
$$= (1, 3)\,(1, 9)\,(2, 6)\,(2, 5)\,(4, 12)\,(4, 10)\,(7, 8)\;7, 11).$$

Anzahl der Transpositionen: 8.

$$\pi(5) = \begin{pmatrix} 1\;\;2\;3\;4\;\;5\;6\;7\;8\;9\;10\;11\;12 \\ 5\;10\;2\;7\;12\;4\;9\;1\;6\;11\;\;3\;\;8 \end{pmatrix} = (1, 5, 12, 8)\,(2, 10, 11, 3)\,(4, 7, 9, 6)$$
$$= (1, 5)\,(1, 12)\,(1, 8)\,(2, 10)\,(2, 11)\,(2, 3)\,(4, 7)\,(4, 9)\,(4, 6).$$

Anzahl der Transpositionen: 9.

Um die Kongruenz

$$x^2 \equiv 3 \pmod{13}$$

aufzulösen, setzt man

$$2\,\text{ind.}\,(x) \equiv \text{ind.}\,(3) \equiv 4 \pmod{12};\ \text{ind.}\,x \equiv \tfrac{1}{2}\cdot\text{ind.}\,4 \equiv 2 \pmod{6};$$

somit:

$$\text{ind.}\,(x) \equiv 2 \text{ oder } \equiv 8 \pmod{12} \text{ und } x \equiv 4 \text{ oder } \equiv 9 \pmod{13}.$$

-1 ist quadratischer Rest von 13; denn

$$\left(\frac{-1}{13}\right) = (-1)^{\frac{13-1}{2}} = (-1)^6 = +1.$$

2 ist quadratischer Nichtrest, weil

$$\left(\frac{2}{13}\right) = (-1)^{\frac{13^2-1}{8}} = (-1)^{21} = -1.$$

3 ist quadratischer Rest; denn

$$13 = 12x + 1,\ x = 1.$$

Historische Notiz: Die Theorie der quadratischen Reste ist von Euler begonnen (opera omnia, Serie 1, Band 2, Abhandlung 242, S. 338 und Abhandlung 262, S. 493) und von Gauß systematisiert worden (disquis. arith. Werke, Band 1, Göttingen 1870, 2. Abdruck, S. 74). Doch hat schon Fermat den Restcharakter von -1 gekannt; er schreibt nämlich im August 1640 an Roberval (Œuvres, a. a. O., S. 203 u. ff.), daß die Summe von zwei teilerfremden Quadraten nur durch Primzahlen der Form $4x + 1$ teilbar sei, daß sie aber niemals durch eine Primzahl der Form $4x + 3$ teilbar sei. Euler führte den Beweis hierfür (a. a. O., Abhandlung 241, S. 328). Lagrange bestimmte in seinen „Recherches d'arithmétique (Œuvres, a. a. O., S. 707 u. ff.) den Restcharakter von 2.

Sein Symbol hat Legendre zum erstenmal in der Erstausgabe seiner Zahlentheorie: „Essai sur la théorie des nombres, Paris, an VI." auf S. 186 benutzt.

III. Kapitel.

Die l. Einheitswurzel.

Um tiefer in die Theorie der Kongruenzklassen einzudringen, muß der Grundbereich erweitert werden; wir wenden damit das auf Seite 5 ausgesprochene Prinzip aufs neue an und befinden uns in einer folgerichtigen Entwicklung der Zahlentheorie. Die Erweiterung geschieht dadurch, daß zu dem bisherigen Bereich der rationalen Zahlen geeignet gewählte Irrationalzahlen hinzugefügt werden. Diese werden sich auf die l. Einheitswurzel zurückführen lassen, deren Theorie aufs Innigste mit der Theorie der Idealklassen vom Führer $\mathfrak{l}$ verwachsen ist. Durch die Einführung der l. Einheitswurzel gelingt die Aufstellung und der Beweis von neuen und interessanten Gesetzen, wie des Reziprozitätsgesetzes, sowie die Erledigung von neuen Fragestellungen wie nach der Anzahl von Primidealen, die in einer Idealklasse auftreten. Die l. Einheitswurzel, als komplexe Irrationalzahl aufgefaßt, wird funktionentheoretisch durch die Exponentialfunktion gegeben. Während die Zahlentheorie Eigenschaften der Zahlbereiche entwickelt, liefert die Funktionentheorie die Existenz der Zahlen des Bereiches. Dieser merkwürdige Umstand, der hier zum erstenmal auftritt, ist bei höheren als dem Bereich der rationalen Zahlen von entscheidender Bedeutung.

Zu leichterm Verständnis dieses und der folgenden Kapitel wird dem Leser empfohlen, alle Beweise und Überlegungen zuerst für den Spezialfall $l = 3$ durchzuführen.

§ 1. Die Exponentialfunktion.

Bisher haben wir uns mit dem Bereich der abzählbar vielen rationalen Zahlen beschäftigt. Sobald wir uns zur Funktionentheorie wenden, muß der Begriff der Stetigkeit, von dem wir bisher nur in beschränktem Maße Gebrauch zu machen hatten, zu Hilfe genommen werden. Alle Entwickelungen, die diesen neuen Begriff benutzen, bedienen sich als ausgezeichnetes Hilfsmittel der geometrischen Anschauung; dies werden wir in ausgiebiger Weise auch hier tun. Wie zu Beginn des I. Kapitels setzen wir die Definition und die Axiomatik der komplexen Irrationalzahlen als bekannt voraus und verweisen auf die Lehrbücher der Arithmetik und Funktionentheorie. Ebenso werden wir einige Elemente der analytischen Funktionentheorie anzuwenden haben und dieselben als bekannt annehmen.

Wir bezeichnen mit $i = \sqrt{-1}$ die imaginäre Einheit und mit $z = x + iy$ die komplexe Variable. Ist $\varkappa$ eine willkürliche positive reelle Zahl, so wird durch die unendliche Reihe

$$w = f(z) = 1 + \frac{2\varkappa i z}{1!} + \frac{(2\varkappa i z)^2}{2!} + \frac{(2\varkappa i z)^3}{3!} + \cdots + \frac{(2\varkappa i z)^n}{n!} + \cdots$$

jedem Werte von z ein Funktionswert $w = u + iv$ zugeordnet. Die Reihe konvergiert in jedem endlichen Intervall von z und für jede Zahl $\varkappa$ gleichmäßig; sie stellt eine analytische Funktion dar, deren Real- und Imaginärteil u und v stetige Funktionen von x und y sind. Geometrisch vermittelt die Reihe eine konforme Abbildung der Gaußschen Ebene z auf die Gaußsche Ebene w.

1. Satz. Sind z_1 und z_2 irgend zwei endliche Werte der Variabeln und w_1 und w_2 die zugehörigen Funktionswerte, so ist

$$w_1 w_2 = f(z_1) f(z_2) = f(z_1 + z_2).$$

Den Beweis wird man so führen, daß man $f(z_1)$ und $f(z_2)$ gliedweise ausmultipliziert; dies ist erlaubt, da die Reihen absolut und gleichmäßig konvergieren. Als Folgerung ergibt sich der

2. Satz. Für jede positive natürliche Zahl n ist

$$f(z)^n = f(nz).$$

Die Sätze 1 und 2 geben die Berechtigung, die Funktion $f(z)$ als Exponentialfunktion aufzufassen und symbolisch mit $e^{2\varkappa i z}$ zu bezeichnen. Es gelten dann die Formeln:

$$w = u + iv = e^{2\varkappa i z} = 1 + \frac{2\varkappa i z}{1!} + \frac{(2\varkappa i z)^2}{2!} + \cdots,$$

$$e^{2\varkappa i z_1} \cdot e^{2\varkappa i z_2} = e^{2\varkappa i (z_1 + z_2)}; \quad (e^{2\varkappa i z})^n = e^{2\varkappa i n z}.$$

Es wurde oben hervorgehoben, daß durch w eine konforme Abbildung der z-Ebene auf die w-Ebene erzielt wird. Umgekehrt fragt es sich, wie die Abbildung der w-Ebene auf die z-Ebene beschaffen sein wird, d. h. welche Punkte der z-Ebene einem bestimmten Punkte $w = c$ entsprechen werden. Wir wählen speziell den Punkt $w = 1$. Alle zugehörigen Werte von z genügen der Bedingungsgleichung

$$e^{2\varkappa i z} = 1,$$

und ein erster Wert wird jedenfalls $z = 0$ sein.

3. Satz. Ist z_0 ein Wert, für den

$$e^{2\varkappa i z_0} = 1$$

ist, so ist auch jedes Vielfache nz_0 ein solcher Wert.

Denn

$$e^{2\varkappa i n z_0} = (e^{2\varkappa i z_0})^n = 1^n = 1.$$

4. Satz. Alle Werte z_0, für die

$$e^{2\varkappa i z_0} = 1$$

ist, sind reell.

Wäre nämlich $z_0 = x + iy$, wo $y \neq 0$ ist, so wäre

$$e^{2\varkappa i z_0} = e^{2\varkappa i (x+iy)} = e^{2\varkappa i x - 2\varkappa y},$$

$$e^{2\varkappa i x - 2\varkappa y} = 1 + \frac{(2\varkappa i x - 2\varkappa y)}{1!} + \frac{(2\varkappa i x - 2\varkappa y)^2}{2!} + \cdots = 1,$$

also auch

$$\frac{2\varkappa i x - 2\varkappa y}{1!} + \frac{(2\varkappa i x - 2\varkappa y)^2}{2!} + \cdots = 0.$$

Dies ist nur möglich, wenn Real- und Imaginärteil der unendlichen Reihe für sich Null werden. Somit wird auch:

$$\left(\frac{-2i\varkappa x - 2\varkappa y}{1!}\right) + \frac{(-2i\varkappa x - 2\varkappa y)^2}{2!} + \cdots = 0,$$

$$e^{-2\varkappa i x - 2\varkappa y} = 1 + \frac{-2i\varkappa x - 2\varkappa y}{1!} + \frac{(-2i\varkappa x - 2\varkappa y)^2}{2!} + \cdots = 1$$

sein. Daraus ersieht man, daß die beiden folgenden Gleichungen erfüllt sein müssen:

$$e^{-2\varkappa i x - 2\varkappa y} \cdot e^{+2\varkappa i x - 2\varkappa y} = e^{-4\varkappa y} = 1;$$

$$e^{4\varkappa y} = e^{4\varkappa y} \cdot e^{-4\varkappa y} = e^0 = 1.$$

Setzt man den absoluten Betrag von y gleich y_1, so ist jedenfalls

$$e^{4\varkappa y_1} = 1,$$

oder

$$\frac{4\varkappa y_1}{1!} + \frac{(4\varkappa y_1)^2}{2!} + \cdots = 0.$$

Dies ist deswegen für $y_1 \neq 0$ unmöglich, da wegen $\varkappa > 0$, $y_1 > 0$ links nur positive Glieder stehen; also ist $y_1 = 0$.

Aus dem Beweis ergibt sich das weitere Resultat.

5. Satz. Wenn z_0 ein reeller Wert ist, für den

$$e^{2\varkappa i z_0} = 1$$

ist, so ist auch $-z_0$ ein solcher Wert.

$$e^{-2\varkappa i z_0} = e^{-2\varkappa i z_0} \cdot e^{2\varkappa i z_0} = e^0 = 1.$$

Es gibt wenigstens ein reelles $z_0 > 0$, für das

$$e^{2\varkappa i z_0} = 1.$$

Denn aus der gleichmäßigen Konvergenz der Exponentialreihe folgt ohne Mühe, daß der Imaginärteil von e^i größer, der von e^{4i} kleiner als Null ist. Wegen der Stetigkeit des Imaginärteiles muß es zwischen

$$z = \frac{1}{2\varkappa} \text{ und } \frac{4}{2\varkappa}$$

ein z_0 geben, für das derselbe Null wird. Aus Satz 1 folgt dann:

$$e^{2\varkappa i z_0} = e^{-2\varkappa i z_0}; \ (e^{2\varkappa i z_0})^2 = e^{2\varkappa i z_0} \cdot e^{-2\varkappa i z_0} = e^0 = 1; \ e^{2\varkappa i 2 z_0} = 1.$$

$2\,z_0$ liegt zwischen $\frac{1}{\varkappa}$ und $\frac{4}{\varkappa}$, ist daher > 0.

Da alle gesuchten Werte z_0 reell sein müssen, wird es für jede Zahl $\varkappa$ eine absolut genommene kleinste, von Null verschiedene geben. Denn es gibt keine reelle Zahl, in deren Umgebung unendlich viele Werte $z = x + iy$ liegen, für die die Funktion $w - 1 = f(z) - 1$ zu Null wird. Wir bezeichnen das kleinste $z_0 \neq 0$ mit ω und dürfen nach Satz 5 $\omega > 0$ voraussetzen. Jedes Vielfache $n\omega$ ist unter den z_0 zu finden. Es müssen damit aber auch alle z erschöpft sein.

6. Satz. Jede Zahl z_0, für die

$$e^{2\varkappa i z_0} = 1$$

ist, wird durch $\pm\, n\omega$ gegeben, wo n alle natürlichen Zahlen durchläuft, $n = 1, 2, 3, \ldots$.

Wäre nämlich ein $z_0 > 0$ nicht in dieser Form enthalten, so müßte es ein positives n geben, für das

$$n\omega < z_0 < (n+1)\,\omega$$

ist. Die Zahl $z_0 - n\omega$ hat dann die Eigenschaften:

$$e^{2\varkappa i (z_0 - n\omega)} = e^{2\varkappa i z_0} \cdot e^{-2\varkappa i n \omega} = 1; \ 0 < z_0 - n\omega < \omega;$$

dies ist gegen die Voraussetzung, daß ω die kleinste Zahl unter den z_0 sei.

Da

$$e^{2\varkappa i \omega} = 1$$

ist, können wir die Zahl $\varkappa\omega$ mit π abkürzen. Es ist dann

$$e^{2\pi i} = 1;$$

π wird von der ursprünglichen Wahl von $\varkappa$ vollständig unabhängig sein und die kleinste positive Zahl bedeuten, für die diese Bedingungsgleichung erfüllt ist. Auf die Berechnung der Zahl π kann hier nicht eingegangen werden; sie ist die bekannte Zahl 3, 1 4 1 5 9 . . . . Wir setzen von jetzt an stets voraus, daß auch das ursprünglich gewählte x den Wert π hat. Wir können dann alles Bisherige folgendermaßen zusammenfassen:

7. Satz. Jst $\pi = 3,14159\ldots$, so sind alle Werte z_0, für die die Funktion

$$w = e^{2\pi i z} = 1 + \frac{2\pi i z}{1!} + \frac{(2\pi i z)^2}{2!} + \cdots + \frac{(2\pi i z)^n}{n!} + \cdots$$

der Einheit gleich wird, die natürlichen positiven oder negativen Zahlen $z_0 = 0, \pm 1, \pm 2, \pm 3, \ldots \pm n, \pm \cdots$.

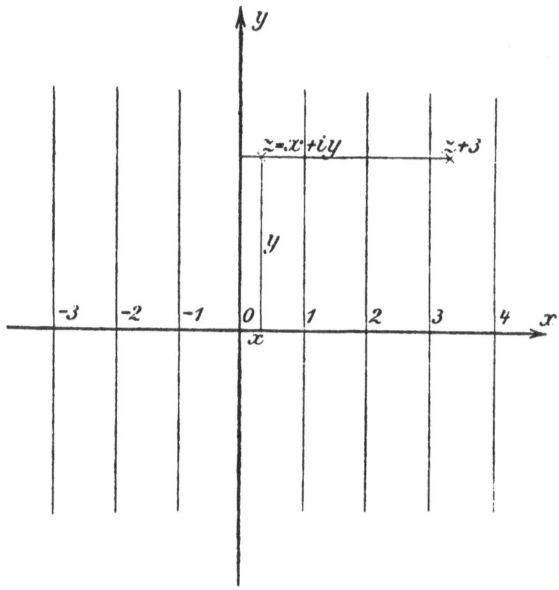

Fig. 1. z-Ebene.

Jetzt kann die Abbildung der w-Ebene auf die z-Ebene durchgeführt werden. Wir ziehen zu diesem Zwecke durch die Punkte $x = \pm 1, \pm 2, \pm 3, \ldots$ die Parallelen zur y-Achse. Dadurch wird die Gaußsche Ebene in lauter Streifen von der Breite 1 zerlegt. Ist z irgendein Wert der Veränderlichen, so wird für alle Werte $z + n$, wo n irgendeine natürliche Zahl ist, die Funktion denselben Wert annehmen; denn es ist

$$f(z + n) = e^{2\pi i(z+n)} = e^{2\pi i z} \cdot e^{2\pi i n} = e^{2\pi i z} = f(z).$$

Umgekehrt werden jedem Punkte w unendlich viele Punkte z entsprechen, die alle in verschiedenen Streifen der z-Ebene liegen. Es genügt somit, wenn wir die Abbildung der w-Ebene auf einem Streifen, z. B. den Streifen zwischen $x = 0$ und $x = 1$, studieren. In jedem anderen Streifen wird sich die Abbildung genau ebenso verhalten. Wir verstehen deshalb von jetzt an unter z eine Zahl, für die $0 \leqq x < 1$ ist. Die Gerade $x = 1$ ist aus dem Streifen ausgeschlossen; denn sie entspricht der Geraden $x = 0$, da die Funktion $f(z)$ auf beiden dieselben Werte annimmt. Die Funktionentheorie lehrt, daß w jeden Wert mit Ausnahme von Null in dem betrachteten Streifen ein und nur einmal annimmt. Der Streifen wird ein Fundamentalbereich genannt. Seine Abbildung ist die ganze w-Ebene mit Ausnahme des Nullpunktes.

Nimmt man den einfachsten Fall $n = 1$ der Funktionalgleichung, nämlich

$$f(z+1) = f(z),$$

so läßt sich dieselbe folgendermaßen ausdrücken:

8. Satz. $f(z) = e^{2\pi i z}$ ist eine periodische Funktion mit der Periode 1.

Der Übergang von einem Streifen zu einem andern kann deswegen auch durch eine ganze lineare Substitution mit ganzen rationalen Koeffizienten ausgedrückt werden:

$$z_1 = z + n.$$

Dieselbe vermittelt geometrisch eine kongruente Abbildung, und es ist

$$f(z_1) = f(z).$$

Eine Funktion, die bei Anwendung einer linearen Substitution ungeändert bleibt, heißt automorph.

9. Satz. Die Exponentialfunktion ist eine automorphe Funktion, die bei Anwendung von jeder Substitution $z_1 = z + n$ ungeändert bleibt, falls n ganz und rational ist.

§ 2. Die Einheitswurzel.

Es bedeute wieder $\mathfrak{l} = (l)$ ein Primideal, l eine ungerade Primzahl. Wir ziehen in dem im ersten Paragraphen betrachteten Streifen die $l-1$ Geraden

$$x = \frac{1}{l}, \frac{2}{l}, \frac{3}{l}, \ldots \frac{l-1}{l},$$

und vergleichen die Funktionswerte untereinander, die in den verschiedenen Teilstreifen angenommen werden. Ist $z = x + iy$ ein Punkt des ersten Teilstreifens, wo also $0 \leqq x < \frac{1}{l}$ angenommen wird, so wird

$$z_n = z + \frac{n}{l}$$

ein Punkt des n. Teilstreifens sein. Nun folgt aber aus den Sätzen des vorigen Paragraphen

$$f(z_n) = e^{2\pi i\left(z+\frac{n}{l}\right)} = e^{2\pi i z} \cdot e^{2\pi i \frac{n}{l}} = e^{2\pi i z} \cdot \left(e^{\frac{2\pi i}{l}}\right)^n = f(z)\,\zeta^n,$$

wenn für den Funktionswert $e^{\frac{2\pi i}{l}}$: ζ geschrieben wird. Es ist

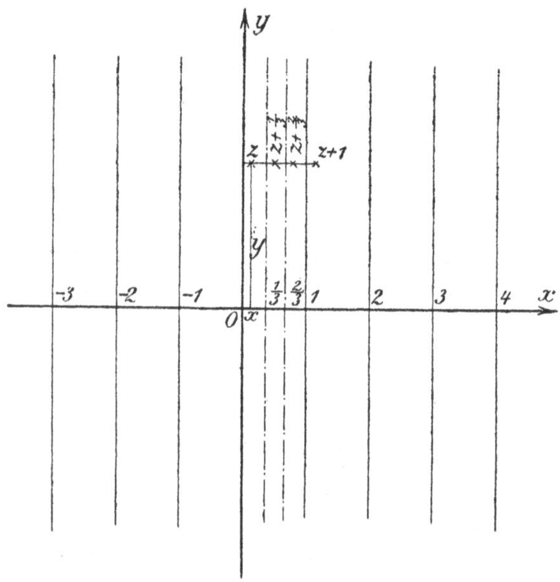

Fig. 2. $l = 3$.

$$\zeta = e^{\frac{2\pi i}{l}} = 1 + \frac{\frac{2\pi i}{l}}{1!} + \frac{\left(\frac{2\pi i}{l}\right)^2}{2!} + \cdots,$$

und kann durch diese Reihe mit beliebiger Genauigkeit berechnet werden.

10. Satz. Man findet die Funktionswerte des 2., 3. usf. l. Teilstreifens, indem man die Funktionswerte des 1. Teilstreifens mit $\zeta, \zeta^2, \zeta^3, \ldots \zeta^{l-1}$ multipliziert, wo diese Faktoren von der Wahl von z völlig unabhängig sind und nur von dem betreffenden Teilstreifen abhängen.

Schreitet man von einem Teilstreifen um eine Stufe nach rechts zu dem nächsten, so drückt sich dies analytisch dadurch aus, daß man die sämtlichen Funktionswerte des erstern Teilstreifens mit ζ multipliziert. Nehmen wir speziell den Wert $z = 0$, so werden dem Wert $e^0 = 1$ die Werte $\zeta, \zeta^2, \ldots \zeta^{l-1}$ in den $l - 1$ anderen Teilstreifen entsprechen. Da $e^{2\pi i z}$ jeden

Wert im ganzen Streifen als einem Fundamentalbereich nur einmal annimmt, müssen die sämtlichen Werte

$$1, \zeta, \zeta^2, \ldots \zeta^{l-1}$$

l voneinander verschiedene komplexe Zahlen sein. Um die arithmetische Natur dieser Zahlen zu ergründen, bedenken wir zunächst, daß wegen Satz 2 und 7 die Beziehung existieren muß

$$\left(e^{\frac{2\pi i n}{l}}\right)^l = e^{\frac{2\pi i n}{l}\cdot l} = e^{2\pi i n} = 1;$$

daraus folgt

$$\zeta^{nl} = 1.$$

Alle Zahlen $\zeta, \zeta^2, \ldots \zeta^{l-1}$ sind Wurzeln der algebraischen Gleichung

$$x^l - 1 = 0.$$

Die Wurzeln algebraischer Gleichungen bilden einen besondern Bereich von Zahlen; sie werden durch einen besondern Namen ausgezeichnet.

24. Definition. Alle Zahlen, die Wurzeln einer algebraischen Gleichung mit ganzen rationalen Koeffizienten sind, heißen algebraische Zahlen.

11. Satz. Die Zahlen $1, \zeta, \zeta^2, \ldots \zeta^{l-1}$ sind algebraische Zahlen, die der Gleichung

$$x^l - 1 = 0$$

genügen. Dieselbe besitzt l voneinander verschiedene Wurzeln.

Es sei darauf aufmerksam gemacht, daß wir alle diese Tatsachen, ohne Kenntnis der allgemeinen algebraischen Sätze, rein funktionentheoretisch gefolgert haben.

25. Definition. Die Zahlen ζ^n heißen l. Einheitswurzeln.

Den Zusammenhang mit dem letzten Kapitel erhalten wir durch den

12. Satz. Eine l. Einheitswurzel ζ^n bleibt unverändert, wenn man ihren Exponenten n durch irgendeine andere ganze Zahl der Kongruenzklasse mit dem Modul l ersetzt.

Dieser Satz ist eine Folge des Satzes 9, wie man durch folgende Gleichung erkennt

$$\zeta^{n+rl} = \zeta^n \cdot \zeta^{rl} = \zeta^n.$$

Beispiele:

Für $l = 3$ wird der Fundamentalbereich, wie Figur 2 zeigt, in drei Teilstreifen zerlegt, und die drei Zahlen

$$1, \zeta = e^{\frac{2\pi i}{3}}, \zeta^2 = e^{\frac{4\pi i}{3}}$$

genügen der Gleichung

$$x^3 - 1 = 0.$$

Für $l = 5$ wird der Fundamentalbereich in 5 gleiche Teilstreifen zerlegt. Die 5. Einheitswurzeln

$$1, \zeta = e^{\frac{2\pi i}{5}}, \zeta^2 = e^{\frac{4\pi i}{5}}, \zeta^3 = e^{\frac{6\pi i}{5}}, \zeta^4 = e^{\frac{8\pi i}{5}}$$

genügen der Gleichung

$$x^5 - 1 = 0.$$

Es gibt noch einen zweiten Weg, auf dem man zu den Einheitswurzeln geführt wird. Statt wie bisher die Teilung des Streifens in l Teile vorzunehmen, kann durch Multiplikation mit $l + 1$ nach dem Funktionswert

$$f((l+1)z) = e^{2\pi i (l+1) z} = f(z)^{l+1}$$

gefragt werden. Hierbei interessieren speziell die Werte von z, für die der ursprüngliche Funktionswert bei der Multiplikation erhalten bleibt:

$$f(z)^{l+1} = f((l+1)z) = f(z).$$

$f(z)$ wird dann eine algebraische Zahl. Da $f(z)$ wegen der Periodizität gleich $f(z+n)$ ist, wird dies dann und nur dann eintreten, wenn

$$z + n = (l+1)z \text{ oder } lz = n,\ z = \frac{n}{l}$$

ist, wo n irgendeine ganze rationale Zahl ist.

§ 3. Geometrische Darstellung und algebraische Theorie der Einheitswurzeln.

Aus der Definition der l. Einheitswurzel und aus dem Additionstheorem der Exponentialfunktion erkennt man, daß

$$e^{\frac{2\pi i n}{l}} \cdot e^{-\frac{2\pi i n}{l}} = e^0 = 1;\ \zeta^n \cdot \zeta^{-n} = 1;$$

wird. Für den absoluten Betrag der Einheitswurzeln erhält man, da $e^{\frac{2\pi i n}{l}}$ und $e^{-\frac{2\pi i n}{l}}$ nach der Definition konjugiert imaginär sein müssen:

$$|\zeta^n| = 1;\ n = 1, 2, \ldots l-1.$$

Der absolute Betrag eines Punktes der Gaußschen Ebene ist sein Radiusvektor; alle Punkte, die das geometrische Bild einer Einheitswurzel in der w-Ebene der Funktion $e^{2\pi i z} = w = u + iv$ sind, haben daher die Entfernung 1 vom Nullpunkte und liegen auf dem Einheitskreis um den Nullpunkt. Die Bildpunkte entsprechender Punkte der Teilstreifen liegen auf den gleichen Kreisen um den Nullpunkt.

13. Satz. Alle Zahlen $\zeta, \zeta^2, \ldots \zeta^{l-1}$ sind komplex.

Denn der Einheitskreis schneidet die reelle Achse nur in den beiden Punkten $x = +1$ und $x = -1$, die beide nach Satz 11 von ζ^n verschieden sind.

Ist φ der Winkel, den der Radiusvektor von ζ mit der positiven Richtung der u-Achse bildet, so wird $n\varphi$ der Winkel sein, den der Radius-

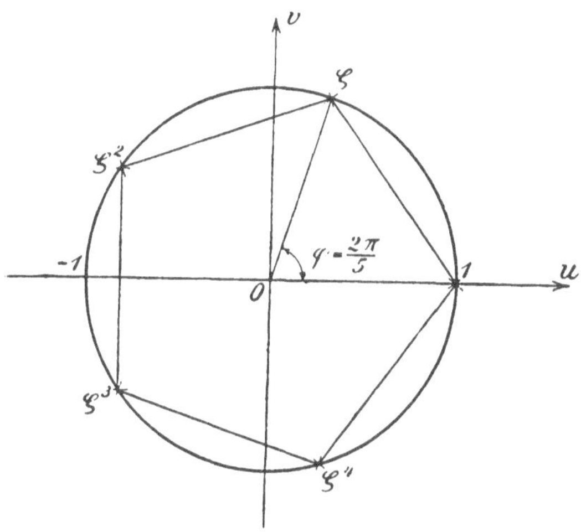

Fig. 3. $l = 5$.

vektor von ζ^n mit der positiven u-Achse bildet; dabei haben wir diesen Winkel durch positive Umdrehung aus der positiven u-Achse entstanden zu denken. Nun ist aber $\zeta^l = 1$; also muß, da sich die Winkel bei Multiplikation der Zahlen addieren:

$$l\varphi = 2\pi, \quad \varphi = \frac{2\pi}{l},$$

sein. Daß $l\varphi$ kein anderes Vielfaches von 2π ist, erkennt man daraus, daß π die kleinste Zahl ist, für die $e^{2\pi i} = 1$ wird. Dadurch sieht man, daß die Punkte 1, $\zeta, \zeta^2, \ldots \zeta^{l-1}$ dem Kreis ein reguläres l-Eck einschreiben.

Beispiele:

Für $l = 3$ wird $\varphi = \frac{2\pi}{3}$; da 2π der Umfang des Einheitskreises ist, so entspricht φ einem Winkel von 120°. ζ liegt im 2. Quadranten, ζ^2 im

3. Quadranten, spiegelbildlich bezüglich der x-Achse. Statt durch unendliche Reihen kann man ζ und ζ^2 auch algebraisch durch Wurzelzeichen ausdrücken; letztere müssen dann ihrerseits durch Näherungsverfahren berechnet werden. Wegen

$$x^3 - 1 \equiv (x-1)(x^2+x+1)$$

genügt ζ der Gleichung

$$x^2 + x + 1 = 0,$$

die die beiden Wurzeln

$$\frac{-1 \pm i\sqrt{3}}{2}$$

besitzt. Da ζ im 2. Quadranten liegt, muß

$$\zeta = \frac{-1 + i\sqrt{3}}{2}, \quad \zeta^2 = \frac{-1 - i\sqrt{3}}{2}$$

sein.

Im Fall $l = 5$ wird das zugehörige reguläre Fünfeck durch Figur 3 dargestellt. $\varphi = \frac{2\pi}{5}$ entspricht dem Winkel von 72^0; $\zeta = e^{\frac{2\pi i}{5}}$ liegt daher im 1. Quadranten, $\zeta^2 = e^{\frac{4\pi i}{5}}$ im 2. Quadranten. ζ^3 und ζ^4 liegen spiegelbildlich in bezug auf die x-Achse. ζ genügt der Gleichung

$$x^4 + x^3 + x^2 + x + 1 = 0,$$

die man folgendermaßen algebraisch lösen kann: Man dividiere durch x^2:

$$\left(x^2 + \frac{1}{x^2}\right) + \left(x + \frac{1}{x}\right) + 1 = 0,$$

und setze $y = x + \frac{1}{x}$. Wegen

$$y^2 = x^2 + 2 + \frac{1}{x^2}, \quad y^2 - 2 = x^2 + \frac{1}{x^2},$$

lautet die Gleichung in y:

$$y^2 + y - 1 = 0;$$

diese besitzt die Wurzeln

$$y = x + \frac{1}{x} = \frac{-1 \pm \sqrt{5}}{2},$$

woraus folgt:

$$x^2 - \frac{-1 \pm \sqrt{5}}{2}x + 1 = 0.$$

Die erneute Auflösung der Gleichung läßt für x die Form

$$x = \frac{1}{2}\left\{\frac{-1 \pm \sqrt{5}}{2} \pm \sqrt{\left(\frac{-1 \pm \sqrt{5}}{2}\right)^2 - 4}\right\} = \frac{1}{2}\left\{\frac{-1 \pm \sqrt{5}}{2} \pm i\sqrt{\frac{5 \pm \sqrt{5}}{2}}\right\}$$

erkennen. Um zu bestimmen, welche der 4 Wurzeln man ζ zuordnen muß, bedenkt man, daß ζ und ζ^2 jedenfalls positiven Imaginärteil haben. Damit ist das Vorzeichen von i gegeben. Ein Blick in Figur 5 zeigt, daß ζ die größere Ordinate und absolut kleinere Abszisse gegenüber ζ^2 hat. Daher wird:

$$\zeta = \frac{1}{2}\left\{\frac{-1+\sqrt{5}}{2} + i\sqrt{\frac{5+\sqrt{5}}{2}}\right\} \quad \zeta^2 = \frac{1}{2}\left\{\frac{-1-\sqrt{5}}{2} + i\sqrt{\frac{5-\sqrt{5}}{2}}\right\}$$

$$\zeta^3 = \frac{1}{2}\left\{\frac{-1-\sqrt{5}}{2} - i\sqrt{\frac{5-\sqrt{5}}{2}}\right\} \quad \zeta^4 = \frac{1}{2}\left\{\frac{-1+\sqrt{5}}{2} - i\sqrt{\frac{5+\sqrt{5}}{2}}\right\}.$$

Die Gleichung, der ζ genügt, lautet

$$x^l - 1 = 0;$$

sie hat eine rationale Wurzel $x = 1$, von der wir im folgenden absehen werden. Die noch übrigbleibende Gleichung wird dann die Gestalt annehmen:

$$\frac{x^l - 1}{x - 1} = x^{l-1} + x^{l-2} + \cdots + x + 1 = 0;$$

sie ist vom $l-1$. Grade und hat $l-1$ Wurzeln $\zeta, \zeta^2, \ldots \zeta^{l-1}$. Wir bezeichnen dieselben mit $x_1, x_2, \ldots x_{l-1}$, ordnen somit jeder Wurzel einen Index zu:

$$\begin{aligned} x_1 &= \zeta, \\ x_2 &= \zeta^2, \\ &\cdots\cdots \\ x_{l-1} &= \zeta^{l-1}. \end{aligned}$$

Wir wollen jetzt auf der rechten Seite dieser Gleichung eine Substitution vornehmen; wir ersetzen ζ durch ζ^n, wo n irgendeine der Zahlen $1, 2, 3, \ldots l-1$ ist. Diese Substitution bezeichnen wir mit $s_n = (\zeta : \zeta^n)$. Die rechten Seiten der Gleichungen gehen hierdurch über in

$$\zeta^n, \zeta^{2n}, \zeta^{3n}, \ldots \zeta^{(l-1)n}.$$

Da aber $\zeta^l = 1$ ist, so können wir nach Satz 12 für die Exponenten $n, 2n, 3n, \ldots (l-1)n$ die kleinsten positiven Reste (mod. l) setzen. Letztere sollen mit $n_1, n_2, n_3, \ldots n_{l-1}$ bezeichnet werden. Die Zahlen $\zeta^n, \zeta^{2n}, \ldots \zeta^{(l-1)n}$ nehmen jetzt die Form an

$$\zeta^{n_1}, \zeta^{n_2}, \ldots \zeta^{n_{l-1}}.$$

Nun ist aber, da $n_1, n_2, \ldots n_{l-1}$ zwischen 0 und l liegen:

$$\begin{aligned} \zeta^{n_1} &= x_{n_1}, \\ \zeta^{n_2} &= x_{n_2}, \\ &\cdots\cdots \\ \zeta^{n_{l-1}} &= x_{n_{l-1}}. \end{aligned}$$

Wir können deshalb die Ausführung der Substitution eindeutig mit einer Permutation der Indizes in Verbindung bringen. Setzen wir $\mathfrak{n} = (n)$, so ist die dem Ideal $\mathfrak{n}$ zugeordnete Permutation $\pi(\mathfrak{n})$ nichts anderes, wie die Permutation der Indizes der Wurzeln. Wegen Satz 12 ändert sich s_n nicht, wenn n durch eine andere ganze Zahl seiner Kongruenzklasse (mod. $\mathfrak{l}$) ersetzt wird. Dasselbe geschieht mit $\pi(\mathfrak{n})$, das der Idealklasse von $\mathfrak{n}$ zugeordnet ist. Man erkennt daraus, daß n nicht nur einen der Zahlwerte $1, 2, \ldots l-1$, sondern jeden zu l teilerfremden ganzen positiven Zahlwert annehmen kann. Hieraus ergibt sich der

14. Satz. Statt auf den rechten Seiten der Gleichungen

$$\begin{aligned} x_1 &= \zeta, \\ x_2 &= \zeta^2, \\ &\cdots\cdots \\ x_{l-1} &= \zeta^{l-1} \end{aligned}$$

auf die Einheitswurzel ζ die Substitution $s_n = (\zeta : \zeta^n)$ $(n > 0$ und zu l teilerfremd) vorzunehmen, kann man auf den Indizes der linken Seiten die dem Ideale $\mathfrak{n} = (n)$ zugeordnete Permutation $\pi(\mathfrak{n})$ ausführen.

Es gilt auch die Umkehrung dieses Satzes.

Statt auf die Indizes der Wurzeln $x_1, x_2, \ldots x_{l-1}$ die Permutation $\pi(\mathfrak{n})$ vorzunehmen, kann die Substitution $s_n = (\zeta : \zeta^n)$ auf der rechten Seite ausgeführt werden, wo n die Norm von $\mathfrak{n}$ ist.

Denn jede Permutation $\pi(\mathfrak{n})$ entsteht dadurch, daß man die Zahlen $1, 2, 3, \ldots l-1$ mit n multipliziert und die kleinsten positiven Reste n_k nimmt. Ist also

$$\pi(\mathfrak{n}) = \begin{pmatrix} 1 & 2 & 3 & \cdots l-1 \\ n_1 & n_2 & n_3 & \cdots n_{l-1} \end{pmatrix},$$

so muß

$$n_k \equiv kn \pmod{\mathfrak{l}}$$

sein. Nun ist aber

$$x_{n_k} = \zeta^{n_k} = \zeta^{kn} = (\zeta^n)^k;$$

also entspricht jeder Permutation die Substitution $s_n = (\zeta : \zeta^n)$, die von dem betreffenden k ganz unabhängig ist.

Speziell wird der Einheitspermutation ε die Substitution s_1 entsprechen.

Beispiele:

Der Primzahl $l = 3$ sind die beiden Permutationen:

$$\varepsilon = \pi(1) = \begin{pmatrix} 1 & 2 \\ 1 & 2 \end{pmatrix}; \quad \pi(2) = \begin{pmatrix} 1 & 2 \\ 2 & 1 \end{pmatrix};$$

zugeordnet (siehe Seite 52). Denselben entsprechen die zwei Substitutionen

$$x_1 = \zeta;\quad x_2 = \zeta^2;$$
$$x_2 = \zeta^2;\quad x_1 = \zeta^4 = \zeta.$$

Bei $l = 5$ ergeben sich die vier Permutationen (siehe Seite 52—53):

$$\varepsilon = \pi(1) = \begin{pmatrix}1\,2\,3\,4\\1\,2\,3\,4\end{pmatrix};\quad \pi(2) = \begin{pmatrix}1\,2\,3\,4\\2\,4\,1\,3\end{pmatrix};$$
$$\pi(3) = \begin{pmatrix}1\,2\,3\,4\\3\,1\,4\,2\end{pmatrix};\quad \pi(4) = \begin{pmatrix}1\,2\,3\,4\\4\,3\,2\,1\end{pmatrix};$$

und diesen entsprechen die Vertauschungen:

$$\begin{array}{llll} x_1 = \zeta\,; & x_2 = \zeta^2; & x_3 = \zeta^3; & x_4 = \zeta^4; \\ x_2 = \zeta^2; & x_4 = \zeta^4; & x_1 = \zeta^6 = \zeta; & x_3 = \zeta^8 = \zeta^3; \\ x_3 = \zeta^3; & x_1 = \zeta^6 = \zeta; & x_4 = \zeta^9 = \zeta^4; & x_2 = \zeta^{12} = \zeta^2; \\ x_4 = \zeta^4; & x_3 = \zeta^8 = \zeta^3; & x_2 = \zeta^{12} = \zeta^2; & x_1 = \zeta^{16} = \zeta. \end{array}$$

Durch das erhaltene Resultat ist gezeigt, daß jeder Substitution s_n eine Permutation $\pi(\mathfrak{n})$ der Gruppe der Idealklassen mit dem Führer $\mathfrak{l}$ eineindeutig zugeordnet ist. Der Zusammenhang geht aber noch weiter. Wir wollen unter dem Produkt $s_n s_m$ folgende Substitution verstehen: Man nehme zunächst die Vertauschung $(\zeta : \zeta^n)$ vor und dann die Vertauschung $(\zeta : \zeta^m)$. In Zeichen ist daher

$$s_n s_m = (\zeta : \zeta^{nm}).$$

15. Satz. Sind s_n und $\pi(\mathfrak{n})$, s_m und $\pi(\mathfrak{m})$ einander zugeordnete Operationen, so ist die Substitution $s_n s_m$ der Permutation $\pi(\mathfrak{n})\pi(\mathfrak{m})$ zugeordnet.

Denn es ist:

$$\pi(\mathfrak{n})\pi(\mathfrak{m}) = \pi(\mathfrak{n}\mathfrak{m});\quad s_n s_m = (\zeta : \zeta^{nm}) = s_{nm},$$

woraus sich ohne weiteres die Richtigkeit des Satzes ergibt.

III. Hauptsatz. Die Substitutionen s_n, $n = 1, 2, \ldots l - 1$, bilden eine zyklische Gruppe von der Ordnung $l - 1$.

Zwei Gruppen, deren Operationen sich eineindeutig aufeinander beziehen lassen, sind als abstrakte Gruppe aufgefaßt identisch, falls auch noch die dem Satze 15 entsprechende Eigenschaft erfüllt ist. Man sagt hierfür, die Gruppen seien holoedrisch isomorph. In dieser Beziehung stehen die Gruppe der Permutationen $\pi(\mathfrak{n})$ und der Substitutionen s_n. Daraus folgt der III. Hauptsatz wegen des II.

Wir bezeichnen die Gruppe der s_n mit G.

26. Definition. G heißt die Gruppe der algebraischen Gleichung

$$\frac{x^l-1}{x-1} = x^{l-1} + x^{l-2} + \cdots + x + 1 = 0.$$

Ist $\mathfrak{r}$ ein Primitivideal (mod. $\mathfrak{l}$), und setzen wir $s = s_r$, so erkennt man, daß die Potenzen von s alle Operationen von G ergeben. Dies ist in Übereinstimmung mit dem Hauptsatz.

16. Satz. Die $l-1$ Potenzen von s

$$s, s^2, s^3, \ldots s^{l-1} = s_1$$

erzeugen alle Operationen der Gruppe G.

Wir werden das Zeichen s oft vor eine Zahl z. B. ζ setzen. Das soll bedeuten, daß man die Operation s auf die betreffende Zahl auszuführen hat; z. B.

$$s\zeta = \zeta^r; \quad s(1 + \zeta^2 - \zeta^4) = 1 + \zeta^{2r} - \zeta^{4r};$$
$$s^k\zeta = \zeta^{r^k}; s^k(\zeta - 1) = \zeta^{r^k} - 1; \quad k = 1, 2 \ldots l-1.$$

Letzteres ergibt sich daher, weil s^2 die Substitution $(\zeta : \zeta^{r^2})$, s^k die Substitution $(\zeta : \zeta^{r^k})$ bedeutet. Da $\mathfrak{r}$ Primitivideal ist, wird keine niedrigere Potenz als die $l-1$. von r kongruent 1 (mod. $\mathfrak{l}$) sein; man erkennt daraus, daß auch keine kleinere Potenz als die $l-1$. Potenz von s die Einheitssubstitution s_1 ergeben kann. Der letzteren entspricht die Einheitspermutation ε. Man setzt zuweilen für s_1 die Zahl 1 ein und faßt s_1 als die nullte Potenz von s auf. Dies entspricht der Bezeichnungsweise $s^k\zeta$, da ja in der Tat

$$s_1\zeta = \zeta$$

ist. Außerdem ist es oft bequem, negative Potenzen von s (wie auf Seite 43) einzuführen; dies ist erlaubt, da der Exponent von s nur (mod. $l-1$) bestimmt ist; jede negative Potenz kann durch ein- oder mehrmalige Multiplikation mit der Einheits-Substitution $s_1 = s^{l-1}$ in eine Potenz mit positivem Exponenten verwandelt werden. So ist z. B.

$$s^{-1} = s^{l-2}, \; s^{-2} = s^{l-3}, \; \ldots \; s^{-k} = s^{l-k-1}.$$

Die inverse Operation von s^n ist mittelst dieser Bezeichnungsweise sehr einfach durch s^{-n} gegeben; denn es ist $s^n s^{-n} = s^{n-n} = s_1$, wo wiederum s^{-n} für s^{l-n-1} gesetzt ist.

Beispiele:

$\mathfrak{r} = (2)$ ist Primitivideal der Primzahl $l = 5$; daher wird:

$$\begin{aligned} s &= (\zeta : \zeta^2) &&= s_2, \\ s^2 &= (\zeta : \zeta^{2^2}) = (\zeta : \zeta^4) &&= s_4, \\ s^3 &= (\zeta : \zeta^{2^3}) = (\zeta : \zeta^3) &&= s_3, \\ s^4 &= (\zeta : \zeta^{2^4}) = (\zeta : \zeta) &&= s_1, \end{aligned} \quad \text{und} \quad s^3(2 - \zeta + \zeta^2) = 2 - \zeta^3 + \zeta.$$

$\mathfrak{r} = (3)$ ist Primitivideal von $l = 7$, und

$$\begin{aligned} s &= (\zeta : \zeta^3) &&= s_3, \\ s^2 &= (\zeta : \zeta^{3^2}) = (\zeta : \zeta^2) &&= s_2, \\ s^3 &= (\zeta : \zeta^{3^3}) = (\zeta : \zeta^6) &&= s_6, \\ s^4 &= (\zeta : \zeta^{3^4}) = (\zeta : \zeta^4) &&= s_4, \\ s^5 &= (\zeta : \zeta^{3^5}) = (\zeta : \zeta^5) &&= s_5, \\ s^6 &= (\zeta : \zeta^{3^6}) = (\zeta : \zeta) &&= s_1, \end{aligned} \quad \text{und } s^2(\zeta^2 - \zeta^3 + \zeta^5) = \zeta^4 - \zeta^6 + \zeta^3.$$

Betrachten wir noch einmal die Figur der regulären Polygone, so sieht man, daß ζ^{r^k} und ζ^{-r^k} spiegelbildlich zueinander in bezug auf die reelle Achse liegen. Dabei denkt man sich nach Satz 12 für r^k und $-r^k$ die kleinsten positiven Reste (mod. $\mathfrak{l}$) gesetzt. Die beiden Zahlen müssen also konjugiert imaginär sein. In unserer Bezeichnungsweise drücken sie sich folgendermaßen aus:

$$\zeta^{r^k} = s^k \zeta; \quad \zeta^{-r^k} = s^{k+\frac{l-1}{2}} \zeta;$$

denn wegen $r^{\frac{l-1}{2}} \equiv -1$ (mod. $\mathfrak{l}$) (Seite 58) wird die Substitution $s^{\frac{l-1}{2}}$ stets die folgende sein:

$$s^{\frac{l-1}{2}} = (\zeta : \zeta^{l-1}).$$

17. Satz. Die beiden Zahlen $s^k\zeta$ und $s^{k+\frac{l-1}{2}}\zeta$ sind konjugiert imaginär für jeden Wert von k.

Die Gruppe G spielt sowohl in der algebraischen Theorie der Gleichung wie in der zahlentheoretischen Theorie ihrer Wurzeln eine fundamentale Rolle. Sie wird den Mittelpunkt der folgenden Durchführung bilden.

Es ist notwendig, an dieser Stelle einige Hauptresultate der sogenannten Galoisschen Theorie der algebraischen Gleichungen zu formulieren. Auf die Beweise soll verzichtet werden, da diese uns zu weit abseits führen würden, falls wir sie vollständig durchführten. Ein andeutungsweise verkürztes Verfahren würde dagegen keinesfalls dem Leser dienlich sein. Wir verweisen zur Vervollständigung auf die Lehrbücher der Algebra. Die folgenden Sätze und Definitionen werden wir nur für ganz einfache Fälle und teilweise erst viel später zu gebrauchen haben. Der Anfänger tut deshalb gut, sie erst an Hand der einzelnen Fälle sich klarzulegen.

27. Definition. Eine Gleichung $f(x) = 0$ heißt irreduzibel in dem Bereiche, dem ihre Koeffizienten angehören, wenn sie nicht in ganze rationale Faktoren $\varphi(x)$ und $\psi(x)$ identisch in x zerlegt werden kann:

$$f(x) \equiv \varphi(x)\psi(x),$$

wobei die Faktoren von größerem als nulltem Grade sind und Koeffizienten aus dem angenommenen Bereiche besitzen.

28. Definition. Unter den elementarsymmetrischen Funktionen der Größen $x_1, x_2, \ldots x_n$ versteht man die symmetrischen Funktionen

$$S_1 = x_1 + x_2 + \cdots + x_n$$
$$S_2 = x_1 x_2 + x_1 x_3 + \cdots + x_2 x_3 + \cdots + x_{n-1} x_n$$
$$\cdots\cdots\cdots\cdots\cdots\cdots\cdots\cdots$$
$$S_n = x_1 x_2 x_3 \cdots x_n.$$

Dieselben sind die Koeffizienten der Potenzen von t in $(t + x_1)(t + x_2) \cdots (t + x_n)$.

18. Satz. Jede ganze rationale Funktion der Größen $x_1, x_2 \cdots x_n$ mit natürlichen Zahlkoeffizienten, die symmetrisch ist, ist eine ganze rationale Funktion der elementarsymmetrischen Funktionen $S_1, S_2, \ldots S_n$ mit natürlichen Zahlkoeffizienten.

Alle Wurzeln einer Gleichung können als rationale Funktionen einer einzigen algebraischen Zahl ϱ dargestellt werden, wobei alle auftretenden Koeffizienten dem Grundbereich angehören. In unserem früheren Fall ist $\varrho = \zeta$ selbst. ϱ genügt einer irreduzibeln algebraischen Gleichung, deren übrige Wurzeln $\varrho', \varrho'', \ldots$ seien. Setzt man in den Funktionen statt ϱ der Reihe nach $\varrho', \varrho'', \ldots$, so vertauschen sich die Wurzeln der ursprünglichen Gleichung. Diese Permutationen bilden eine Gruppe, die die Gruppe der gegebenen Gleichung heißt.

19. Satz. Wenn eine rationale Funktion der Wurzeln einer in einem Bereich irreduzibeln Gleichung bei jeder Substitution der Gruppe der Gleichung ungeändert bleibt, so ist die Funktion eine Zahl des zugrunde gelegten Bereiches.

Umgekehrt wenn eine rationale Funktion der Wurzeln eine Zahl des Bereiches ist, so wird sie bei jeder Substitution der Gruppe dieselbe Zahl des Bereiches darstellen.

29. Definition. Eine Gleichung, deren Gruppe zyklisch ist, heißt eine zyklische Gleichung. Bildet man aus einer ihrer Wurzeln nach Definition 1 einen Körper, so heißt derselbe zyklisch.

20. Satz. Alle Wurzeln einer zyklischen Gleichung sind rationale Funktionen von einer der Wurzeln, wobei die auftretenden Koeffizienten dem Grundbereich angehören.

Daraus folgt das Resultat:

21. Satz. Eine Gleichung von Primzahlgrad, deren Gruppe Untergruppe einer zyklischen Gruppe ist, ist entweder zyklisch oder sie zerfällt in lauter lineare Faktoren mit Koeffizienten aus dem Grundbereich.

Denn wegen Satz 17 des vorhergehenden Kapitels hat eine zyklische Gruppe nur zyklische Untergruppen; also ist die Gruppe der Gleichung entweder eine zyklische Gruppe von Primzahlgrad oder eine Untergruppe derselben. Sie enthält aber nur eine einzige Untergruppe, die aus der Einheitssubstitution besteht. Dann gehören alle Wurzeln dem Grundbereich an.

Definition 27 erlaubt das folgende Resultat auszusprechen:

22. Satz. Die l. Einheitswurzeln sind Wurzeln der im Bereiche der rationalen Zahlen irreduzibeln Gleichung:

$$x^{l-1} + x^{l-2} + \cdots + x + 1 = 0.$$

Die l. Einheitswurzeln sind wegen Satz 11 und der Bemerkung S. 79 jedenfalls Wurzeln dieser Gleichung. Ist sie reduzibel, also identisch:

$$x^{l-1} + x^{l-2} + \cdots + x + 1 \equiv \varphi(x)\,\psi(x),$$

so haben $\varphi(x)$ und $\psi(x)$ nach dem Gaußschen Satz[1]) ganze rationale Koeffizienten. Setzt man $x = 1$, so wird

$$l = \varphi(1)\,\psi(1).$$

l ist Primzahl; also muß $\varphi(1)$ oder $\psi(1)$ gleich ± 1 sein; z. B.

$$\varphi(1) = \pm 1.$$

Bildet man

$$F(x) \equiv \varphi(x)\,\varphi(x^2)\,\varphi(x^3)\cdots\varphi(x^{l-1}),$$

und ist ζ^n eine Wurzel von $\varphi(x)$, so sind ζ^{nk}, $k = 1, 2, \ldots l-1$ Wurzeln von $F(x)$. Nach Satz 12 stimmen die ζ^{nk} in anderer Reihenfolge mit den ζ^k überein. Also besitzt $F(x)$ alle Wurzeln von $x^{l-1} + x^{l-2} + \cdots + x + 1$ und muß durch letztere Funktion algebraisch teilbar sein:

$$F(x) = \varphi(x)\,\varphi(x^2)\cdots\varphi(x^{l-1}) = (x^{l-1} + x^{l-2} + \cdots + x + 1)\,\Phi(x).$$

Auch $\Phi(x)$ besitzt ganze rationale Koeffizienten. Also wird für $x = 1$ wegen $\varphi(1) = \pm 1$:

$$1 = l\Phi(1),$$

was unmöglich ist.

Historische Notiz: Evariste Galois (1811—1832) hat die wesentlichen Gesichtspunkte seiner Theorie 1830 erkannt (Oeuvres math.

[1]) Weber, a. a. O., S. 74.

Paris, 1897). Die Irreduzibilität der Gleichung der l. Einheitswurzeln ist von Gauß bewiesen worden (Werke, a. a. O. Band 1, S. 417). Der obige Beweis stammt von Kronecker (Crelle's Journal, Band 29, 1845, Berlin, S. 280).

§ 4. Der Körper der l. Einheitswurzel.

Aus der Einheitswurzel ζ können wir mit Hilfe der rationalen Rechnungsoperationen neue Zahlen bilden. Für diese komplexen Zahlen gelten, genau wie für die rationalen Zahlen, die in § 1 des ersten Kapitels aufgestellten Rechnungsregeln. Alle so erhaltenen Zahlen fassen wir von nun an in den Bereich unserer Betrachtung, was eine naturgemäße Anwendung des auf Seite 5 ausgesprochenen Prinzipes ist.

Zunächst bilden wir durch fortgesetzte Ausübung der Addition, Subtraktion und Multiplikation aus ζ und den rationalen Zahlen neue Zahlen, die sich analytisch als ganze rationale Funktionen von ζ mit rationalen Koeffizienten ergeben werden:

$$a_0 + a_1\zeta + a_2\zeta^2 + \cdots + a_n\zeta^n.$$

Da nach Satz 22

$$\zeta^{l-1} = -1 - \zeta - \zeta^2 - \cdots - \zeta^{l-2},$$

so darf man den höchsten Exponenten n immer kleiner als $l-1$ voraussetzen. Alle bisher erhaltenen Zahlen besitzen also die Form:

$$a_0 + a_1\zeta + \cdots + a_{l-2}\zeta^{l-2},$$

wo die $a_0, a_1, a_2, \ldots a_{l-2}$ die rationalen Zahlen durchlaufen sollen. Dividieren wir zwei solche Zahlen durcheinander unter der Voraussetzung, daß der Nenner von Null verschieden ist, so erhalten wir Zahlen der Form

$$\alpha = \frac{a_0 + a_1\zeta + \cdots + a_{l-2}\zeta^{l-2}}{b_0 + b_1\zeta + \cdots + b_{l-2}\zeta^{l-2}},$$

wo wiederum die a und b alle möglichen rationalen Zahlen durchlaufen werden. Dabei ist einzig vorausgesetzt worden, daß die Zahl

$$\nu = b_0 + b_1\zeta + \cdots + b_{l-2}\zeta^{l-2}$$

von Null verschieden ist. Das System aller dieser Zahlen bildet nach der ersten Definition einen Körper, den wir den Körper K der l. Einheitswurzel nennen werden. Die Zahlen von K sollen im folgenden stets mit kleinen griechischen Buchstaben bezeichnet werden; die früheren Festsetzungen über die Bezeichnung der rationalen Zahlen werden wir beibehalten. Alle Zahlen α von K haben die Form

$$\alpha = \frac{a_0 + a_1\zeta + a_2\zeta^2 + \cdots + a_{l-2}\zeta^{l-2}}{b_0 + b_1\zeta + b_2\zeta^2 + \cdots + b_{l-2}\zeta^{l-2}}; \quad b_0 + b_1\zeta + \cdots + b_{l-2}\zeta^{l-2} \neq 0.$$

Wir behaupten den Satz:

23. Satz. Alle Zahlen des Körpers K sind algebraische Zahlen. Sie genügen Gleichungen von $l-1$. Grade mit rationalen Koeffizienten.

Da es in K wenigstens eine Zahl gibt, nämlich ζ, die nach Satz 22 keiner Gleichung von niedrigerem Grade als dem $l-1$. genügt, so heißt $l-1$ der Grad des Körpers.

30. Definition. Jeder Körper, der nur algebraische Zahlen enthält, heißt ein algebraischer Körper.

Wir können den behaupteten Satz 23 daher so formulieren:

24. Satz. Der Körper K ist algebraisch und besitzt den Grad $l-1$.

Um den Satz zu beweisen, müssen wir den Begriff der konjugierten Zahlen einführen.

31. Definition. Ist

$$\alpha = \frac{a_0 + a_1\zeta + \cdots + a_{l-2}\zeta^{l-2}}{b_0 + b_1\zeta + \cdots + b_{l-2}\zeta^{l-2}}, \quad b_0 + b_1\zeta + \cdots + b_{l-2}\zeta^{l-2} \neq 0$$

eine Zahl von K, so heißt $s\alpha$ konjugiert zu α.

$s\alpha$ entsteht dadurch, daß ζ in α durch ζ^r ersetzt wird:

$$s\alpha = \frac{a_0 + a_1\zeta^r + a_2\zeta^{2r} + \cdots + a_{l-2}\zeta^{r(l-2)}}{b_0 + b_1\zeta^r + b_2\zeta^{2r} + \cdots + b_{l-2}\zeta^{r(l-2)}}.$$

Diese Zahl ist stets definiert; denn wäre ihr Nenner gleich Null

$$\nu = b_0 + b_1\zeta^r + \cdots + b_{l-2}\zeta^{r(l-2)} = 0,$$

so müßte nach Satz 19 auch

$$s^{-1}\nu = b_0 + b_1\zeta + \cdots + b_{l-2}\zeta^{l-2} = 0$$

sein, was gegen die gemachte Annahme ist. Die konjugierten Zahlen sind somit definiert, und daraus folgt entsprechend der Definition, daß auch die Zahlen $s^2\alpha, s^3\alpha, \ldots s^{l-2}\alpha$ bestimmt sind.

32. Definition. Die Zahlen

$$s\alpha, s^2\alpha, \cdots s^{l-2}\alpha,$$

heißen die $l-2$ zu α konjugierten Zahlen.

Jede der Zahlen $\alpha, s\alpha, s^2\alpha, \cdots s^{l-2}\alpha$ hat somit wegen $s^{l-1} = s_1$ die übrigen zu konjugierten.

Betrachten wir die elementarsymmetrischen Funktionen von α und seinen Konjungierten:

$$\begin{aligned} e_1 &= \alpha + s\alpha + \cdots + s^{l-2}\alpha \\ e_2 &= \alpha\, s\alpha + \alpha\, s^2\alpha + \cdots + s^{l-3}\alpha \cdot s^{l-2}\alpha \\ &\cdots\cdots\cdots\cdots\cdots\cdots \\ e_{l-1} &= \alpha \cdot s\alpha \cdot s^2\alpha \cdots s^{l-2}\alpha, \end{aligned}$$

so sind $e_1, e_2, \ldots e_{l-1}$ Zahlen, die bei den Substitutionen s^n von G ungeändert bleiben:

$$s^n e_k = e_k,\ k = 1, 2, \ldots l-1.$$

Nach dem Satze 19 sind sie daher rationale Zahlen. Die Zahl α genügt der Gleichung $l-1$. Grades:

$$(x-\alpha)(x-s\alpha)\cdots(x-s^{l-2}\alpha) = x^{l-1} - e_1 x^{l-2} + e_2 x^{l-3} - \cdots + e_{l-1} = 0.$$

Damit sind die Sätze 23 und 24 vollständig bewiesen.

33. Definition. Die elementarsymmetrische Funktion $e_{l-1} = \alpha s\alpha \cdots s^{l-2}\alpha$ heißt die Norm, die elementarsymmetrische Funktion $e_1 = \alpha + s\alpha + \cdots + s^{l-2}\alpha$ die Spur der Zahl α.

25. Satz. Spur und Norm einer Zahl sind rationale Zahlen. Konjugierte Zahlen haben gleiche Spur und Norm.

Die Spur einer Zahl α werden wir mit $S(\alpha)$, die Norm mit $N(\alpha)$ bezeichnen. Wir erkennen ohne weiteres die Richtigkeit der beiden Formeln

$$N(\alpha\beta) = N(\alpha)\,N(\beta);\ N\left(\frac{\alpha}{\beta}\right) = \frac{N(\alpha)}{N(\beta)}.$$

Die konjugierten Zahlen dürfen nicht mit den konjugiert imaginären verwechselt werden. Über die letzteren erhalten wir Aufschluß, wenn wir den Satz 17 auf den Fall der allgemeinen Zahlen α des Körpers K ausdehnen. Es ergibt sich ohne weiteres das Resultat:

26. Satz. Die Zahlen α und $s^{\frac{l-1}{2}}\alpha$ sind konjugiert imaginär.

Durch die Einführung des Körpers K ist eine neue Grundlage für die zahlentheoretische Betrachtung geschaffen. Diese wird sich genau so entwickeln lassen, wie diejenige des Körpers k der rationalen Zahlen. Wir werden erkennen, daß sich alle Begriffe und logischen Folgerungen auf den jetzigen Fall übertragen lassen werden. Die Aufgabe des folgenden Kapitels wird darin bestehen, dies durchzuführen. Bevor wir jedoch dazu übergehen, muß noch ein formales Hilfsmittel geschaffen werden, durch das es gelingen wird, eine besondere Klasse von algebraischen Zahlen, die sogenannten ganzen algebraischen Zahlen, zu definieren.

§ 5. Die Basis und die ganze Zahl.

Jede Zahl des Körpers K hat die Gestalt

$$\alpha = \frac{a_0 + a_1\zeta + a_2\zeta^3 + \cdots + a_{l-2}\zeta^{l-2}}{b_0 + b_1\zeta + b_2\zeta^2 + \cdots + b_{l-2}\zeta^{l-2}},$$

und ihr Nenner unterliegt der Bedingung:

$$\nu = b_0 + b_1\zeta + \cdots + b_{l-2}\zeta^{l-2} \neq 0.$$

Daraus folgt wie früher, daß die Konjugierten des Nenners

$$s\nu,\ s^2\nu,\ \ldots\ s^{l-2}\nu$$

von Null verschieden sein müssen. Deshalb wird die Norm des Nenners

$$N = N(\nu) = \nu \cdot s\nu \cdot s^2\nu \cdots s^{l-2}\nu$$

ebenfalls nicht Null sein können. Die Norm ist aber eine rationale Zahl. Erweitern wir den Bruch α mit $s\nu \cdot s^2\nu \cdots s^{l-2}\nu$, so wird man den Zähler wieder als ganze rationale Funktion von $l-2$. Grade in ζ darstellen können. Der Nenner dagegen ist nun die rationale Zahl N. Dividieren wir jeden einzelnen Summand des Zählers durch N, so ergibt sich für α die neue Darstellung

$$\alpha = u_0 + u_1\zeta + u_2\zeta^2 + \cdots + u_{l-2}\zeta^{l-2},$$

wo die $u_0, u_1, u_2, \ldots u_{l-2}$ irgendwelche rationalen Zahlen sind.

27. Satz. Jede Zahl des Körpers K läßt sich in der Form darstellen

$$\alpha = u_0 + u_1\zeta + \cdots + u_{l-2}\zeta^{l-2},$$

wo die u_k irgendwelche rationalen Zahlen sind.

34. Definition. Wenn es $l-1$ Zahlen $\alpha_1, \alpha_2, \ldots \alpha_{l-1}$ gibt, so daß jede Zahl des Körpers sich in der Form darstellen läßt

$$\alpha = u_0\alpha_1 + u_1\alpha_2 + \cdots + u_{l-2}\alpha_{l-1},$$

so heißt $\alpha_1, \alpha_2, \ldots \alpha_{l-2}$ eine Basis aller Zahlen des Körpers.

Die Zahlen $1, \zeta, \zeta^2, \ldots \zeta^{l-2}$ bilden eine solche Basis des Körpers K. Man erkennt, daß die Koeffizienten $u_0, u_1, \ldots, u_{l-2}$ für jede Zahl α eindeutig bestimmt sind, da ζ^n nach Satz 22 einer irreduzibeln Gleichung $l-1$. Grades genügt.

Beispiele:

Alle Zahlen des Körpers der 3. Einheitswurzel haben die Form

$$u_0 + u_1\zeta = u_0 + u_1\frac{-1 + i\sqrt{3}}{2};$$

diejenigen des Körpers der 5. Einheitswurzel:

$$u_0 + u_1 \frac{1}{2}\left\{\frac{-1+\sqrt{5}}{2} + i\sqrt{\frac{5+\sqrt{5}}{2}}\right\}$$
$$+ u_2 \frac{1}{2}\left\{\frac{-1-\sqrt{5}}{2} + i\sqrt{\frac{5-\sqrt{5}}{2}}\right\} + u_3 \frac{1}{2}\left\{\frac{-1-\sqrt{5}}{2} - i\sqrt{\frac{5-\sqrt{5}}{2}}\right\}.$$

u_0, u_1, u_2, u_3 sind rationale Zahlen. (Siehe hierzu Seite 79.)

Der Begriff der Basis führt zu demjenigen der ganzen algebraischen Zahl. Um denselben zu verstehen, müssen wir uns klar sein, was im Falle der rationalen Zahlen das Charakteristische der ganzen gegenüber den gebrochenen Zahlen ausmacht. Die ganzen Zahlen werden aus der Einheit durch fortgesetzte Anwendung der Addition, Subtraktion und Multiplikation erhalten. Dagegen ist die Division im allgemeinen ausgeschlossen. Außerdem wird sich jede gebrochene Zahl als Quotient von zwei ganzen Zahlen ergeben.

35. Definition. Hat ein Bereich von Zahlen die Eigenschaft, daß durch Addition, Subtraktion und Multiplikation zweier seiner Zahlen wieder eine Zahl des Bereiches erhalten wird, so heißt der Bereich ein Ring.

Der einfachste Ring ist der Bereich der ganzen rationalen Zahlen.

Um einen entsprechenden Bereich des Körpers K zu finden, ist sicherlich erforderlich, daß derselbe ein Ring ist. Ein Ring kann aber auf unendlich viele Weisen aus den Zahlen gebildet werden. Schon im Falle des Körpers k bilden z. B. alle rationalen Zahlen mit dem Nenner 2 oder alle durch 2 teilbaren ganzen Zahlen einen Ring. Die charakteristische Eigenschaft des Bereiches der ganzen Zahlen ist daher durch diese Bedingung noch nicht erschöpft, sondern muß ergänzt werden.

36. Definition. Ein Bereich von algebraischen Zahlen eines Körpers heißt der Bereich der ganzen Zahlen des Körpers, wenn er folgenden 5 Bedingungen genügt:

1. seine Zahlen bilden einen Ring;
2. unter seinen Zahlen finden sich alle ganzen rationalen, aber keine gebrochenen rationalen Zahlen;
3. die Konjugierten seiner Zahlen gehören ihm ebenfalls an;
4. jede Zahl des Körpers ist ein Quotient zweier seiner Zahlen;
5. es gibt keinen anderen Bereich des Körpers, der den Bedingungen 1, 2, 3 und 4 genügt und dessen Zahlen nicht sämtlich in dem gegebenen Bereich enthalten sind.

Die Frage, wie weit die 5 Bedingungen dieser Definition sich gegenseitig enthalten, soll hier nicht erörtert werden. Dieselben sind so gewählt, daß aus ihnen leicht die nötigen Resultate hergeleitet werden können.

Die 5. Bedingung zeigt, daß der Bereich der ganzen Zahlen in gewissem Sinne der größtmögliche ist.

28. Satz. Der Bereich der ganzen Zahlen des Körpers K wird durch alle Zahlen

$$\omega = u_0 + u_1 \zeta + \cdots + u_{l-2} \zeta^{l-2}$$

gebildet, für die $u_0, u_1, u_2, \ldots u_{l-2}$ ganze rationale Zahlen sind.

Um die Übereinstimmung dieses Satzes mit der 36. Definition zu beweisen, sehen wir zunächst, daß die Zahlen sicherlich einen Ring bilden. Man multipliziere z. B. für $l = 5$ die beiden Zahlen

$$u_0 + u_1 \zeta + u_2 \zeta^2 + u_3 \zeta^3 \quad \text{und} \quad v_0 + v_1 \zeta + v_2 \zeta^2 + v_3 \zeta^3$$

miteinander und berücksichtige, daß für ζ^4 die Zahl $(-1 - \zeta - \zeta^2 - \zeta^3)$ gesetzt werden kann.

Die Zahlen ω enthalten ferner die ganzen rationalen Zahlen in sich; denn für $u_1 = u_2 = \cdots = u_{l-2} = 0$ wird $\omega = u_0$. Die Konjugierten von ω haben die Form

$$s^k \omega = u_0 + u_1 \zeta^{r^k} + u_2 \zeta^{2r^k} + \cdots + u_{l-2} \zeta^{(l-2)r^k}, \quad k = 1, 2, 3, \ldots l-1,$$

sind also wieder in dem Bereich enthalten. Ferner ist jede Zahl von K nach Seite 86 als Quotient von zwei Zahlen ω darstellbar.

Schließlich kann es auch keine gebrochene rationale Zahl a geben, die sich in der Form

$$a = u_0 + u_1 \zeta + \cdots + u_{l-2} \zeta^{l-2}$$

bilden läßt; denn da ζ der irreduzibeln Gleichung

$$\zeta^{l-1} + \zeta^{l-2} + \cdots + \zeta + 1 = 0$$

genügt, ist obige Beziehung nur möglich, wenn

$$a = u_0, \; u_1 = 0, \; u_2 = 0, \; \ldots \; u_{l-2} = 0$$

wird. u_0 ist aber nach Annahme eine ganze Zahl. Damit ist bewiesen, daß unser Bereich der Zahlen ω jedenfalls den Bedingungen 1, 2, 3 und 4 genügt. Es erübrigt einzig noch zu zeigen, daß auch Bedingung 5 erfüllt ist, d. h. daß es keinen Ring gibt, der den Bedingungen 1—4 genügt, und in dem eine Zahl α nicht zu den ω gehört.

Gäbe es einen solchen Ring, der den Bedingungen 1—5 genügte und dessen Zahl α nicht unter den ω zu finden wäre, so müßte derselbe wegen Bedingung 5 jedenfalls alle Zahlen ω enthalten; ferner wären auch die Zahlen $s\alpha, s^2\alpha, \ldots s^{l-2}\alpha$ in diesem Ringe enthalten; daher auch die Spur

$$S(\alpha) = e_1 = \alpha + s\alpha + \cdots + s^{l-2}\alpha.$$

Diese ist rational und muß wegen Bedingung 2 eine ganze rationale Zahl sein.

Berücksichtigen wir, daß für jedes $n = 1, 2, 3, \ldots l-1$:

$$\zeta^n + s\zeta^n + \cdots + s^{l-2}\zeta^n = \zeta^n + \zeta^{rn} + \cdots + \zeta^{r^{l-2}n}$$
$$= \zeta + \zeta^2 + \cdots + \zeta^{l-1} = -1$$

ist, und setzen wir in $S(\alpha)$ für α seinen Wert $u_0 + u_1\zeta + \cdots + u_{l-2}\zeta^{l-2}$ ein, wo die u nicht alle ganz sind, so muß

$$S(\alpha) = (l-1)\,u_0 - u_1 - u_2 - \cdots - u_{l-2}.$$

Da ζ^{-n} und α für jedes $n = 1, 2, \ldots l-2$ ganze Zahlen sind, muß auch ihr Produkt $\alpha\zeta^{-n}$ eine ganze Zahl sein; dasselbe besitzt die ganze Spur

$$S(\zeta^{-n}\alpha) = \zeta^{-n}\alpha + s(\zeta^{-n}\alpha) + \cdots + s^{l-2}(\zeta^{-n}\alpha)$$
$$= \zeta^{-n}\alpha + \zeta^{-rn}s\alpha + \cdots + \zeta^{-r^{l-2}n}s^{l-2}\alpha$$
$$= -u_0 - u_1 - \cdots - u_{n-1} + (l-1)\,u_n - u_{n+1} - \cdots - u_{l-2},$$
$$(n = 1, 2, \ldots l-2),$$

wie man genau auf dieselbe Weise wie eben erkennt. Wir betrachten die $l-1$ linearen Gleichungen:

$$\begin{aligned}
S(\alpha) &= (l-1)\,u_0 - u_1 - u_2 - \cdots - u_{l-2}\\
S(\zeta^{-1}\alpha) &= -u_0 + (l-1)\,u_1 - u_2 - \cdots - u_{l-2}\\
&\cdots\cdots\cdots\cdots\cdots\cdots\\
S(\zeta^{-(l-2)}\alpha) &= -u_0 - u_1 - u_2 - \cdots + (l-1)\,u_{l-2}
\end{aligned}$$

Jede Spur ist ganz und rational. Durch Addition aller findet man:

$$S(\alpha) + \cdots + S(\zeta^{-(l-2)}\alpha) = u_0 + u_1 + \cdots + u_{l-2} = g.$$

g ist eine ganze Zahl, also ist es auch $g + S(\zeta^{-n}\alpha)$; nun ist aber

$$g + S(\zeta^{-n}\alpha) = l\,u_n;$$

u_n hat daher die Form $\frac{v_n}{l}$, wo v_n eine ganze rationale Zahl bedeutet. Man setzt jetzt

$$\alpha = \frac{v_0 + v_1\zeta + \cdots + v_{l-2}\zeta^{l-2}}{l},$$

wo die $v_0, v_1, \ldots v_{l-2}$ ganze rationale Zahlen sind, und nimmt folgende Umformung vor: Es sei

$$\zeta - 1 = \lambda,\ \zeta = 1 + \lambda;$$

dann ist nach dem binomischen Satze:

$$\zeta^n = (1+\lambda)^n = 1 + \binom{n}{1}\lambda + \binom{n}{2}\lambda^2 + \cdots + \binom{n}{n}\lambda^n.$$

Führt man in α statt ζ die ganze Zahl λ ein, so wird

$$\alpha = \frac{w_0 + w_1 \lambda + w_2 \lambda^2 + \cdots + w_{l-2} \lambda^{l-2}}{l}$$

sein, und die $w_0, w_1, \ldots w_{l-2}$ sind ebenfalls ganze rationale Zahlen. Ist w_k der erste Koeffizient, der zu l teilerfremd ist, d. h.

$$w_0 \equiv 0,\ w_1 \equiv 0,\ w_2 \equiv 0,\ \ldots w_{k-1} \equiv 0,\ w_k \not\equiv 0 \pmod{l},$$

so ist

$$\alpha_1 = \frac{w_0}{l} + \frac{w_1}{l} \lambda + \cdots + \frac{w_{k-1}}{l} \lambda^{k-1}$$

sicherlich unter den ω zu finden, also eine ganze Zahl. Auch die Differenz von α und α_1:

$$\alpha_2 = \alpha - \alpha_1 = \frac{w_k \lambda^k + \cdots + w_{l-2} \lambda^{l-2}}{l}$$

muß daher ganz sein. Nun ist identisch für jede Zahl x:

$$(x - \zeta)(x - \zeta^2) \cdots (x - \zeta^{l-1}) = x^{l-1} + x^{l-2} + \cdots + x + 1.$$

Für $x = 1$ ergibt sich hieraus die Formel

$$N(1 - \zeta) = (1 - \zeta)(1 - \zeta^2) \cdots (1 - \zeta^{l-1}) = l.$$

Jeder Faktor $1 - \zeta^n$ der Norm ist durch $1 - \zeta = -\lambda$ algebraisch teilbar; der Quotient

$$\frac{1 - \zeta^n}{1 - \zeta} = 1 + \zeta + \zeta^2 + \cdots + \zeta^{n-1} \quad (n = 1, 2, \ldots l - 2)$$

ist wieder eine ganze Zahl. Somit läßt sich $N(1 - \zeta)$ auch in der Form darstellen

$$N(1 - \zeta) = l = \lambda^{l-1} \omega,$$

wo ω ganz ist. Diese Darstellung benutzen wir, um die Zahl α_2 auf die Form zu bringen:

$$\alpha_2 = \frac{w_k \lambda^k + \cdots + w_{l-2} \lambda^{l-2}}{\lambda^{l-1} \omega}.$$

Nach der ersten Bedingung ist auch $\alpha_2 \omega$ eine ganze Zahl:

$$\alpha_2 \omega = \frac{w_k \lambda^k + \cdots + w_{l-2} \lambda^{l-2}}{\lambda^{l-1}},$$

woraus folgt,

$$\lambda^{l-2-k} \alpha_2 \omega = \frac{w_k}{\lambda} + w_{k+1} + w_{k+2} \lambda + \cdots + w_{l-2} \lambda^{l-3-k}.$$

Diese Gleichung enthält links eine ganze Zahl, da $k \leqq l - 2$; rechts sind ebenfalls alle Zahlen mit Ausnahme von $\frac{w_k}{\lambda}$ ganz. Daraus folgt, daß auch die letztere ganz sein muß. Jede ganze Zahl besitzt aber eine ganze Norm; es muß somit, wegen $l = N(\lambda)$:

$$N\left(\frac{w_k}{\lambda}\right) = \frac{w_k^{l-1}}{l}$$

ganz sein, was nur möglich ist, wenn w_k durch l teilbar ist. Letzteres ist gegen unsere Annahme, womit bewiesen ist, daß alle w_k durch l teilbar sind, und Bedingung 5 für unser ursprüngliches System der ω gelten muß.

Beispiele:

Die ganzen Zahlen des Körpers der 3. Einheitswurzel sind

$$u_0 + u_1\zeta = u_0 + u_1\frac{-1+i\sqrt{3}}{2},$$

wo u_0, u_1 ganze rationale Zahlen sind. Somit sind

$$\frac{-1+i\sqrt{3}}{2};\ \frac{3+i\sqrt{3}}{2} = 2 + \frac{-1+i\sqrt{3}}{2};\ 5 + \frac{-7+3i\sqrt{3}}{2} = 3 + 3\frac{-1+i\sqrt{3}}{2}$$

ganze,

$$\frac{6+i\sqrt{3}}{2} = \frac{7}{2} + \frac{-1+i\sqrt{3}}{2},\ \frac{5-4i\sqrt{3}}{2} = \frac{1}{2} - 4\frac{-1+i\sqrt{3}}{2}$$

gebrochene Zahlen des Körpers.

Die Bedingungen 1 bis 5 der ganzen Zahlen lassen eine sehr bequeme neue Definition der ganzen algebraischen Zahlen erkennen.

37. Definition. Eine Zahl des Körpers K heißt dann und nur dann ganz, wenn sie einer Gleichung

$$x^{l-1} - m_1 x^{l-2} + m_2 x^{l-3} - \cdots + m_{l-1} = 0$$

genügt, wo $m_1, m_2, \ldots m_{l-1}$ ganze rationale Zahlen sind.

Zunächst genügt jede unserer Zahlen ω einer Gleichung der verlangten Form; denn die elementarsymmetrischen Funktionen von ω, $s\omega$, $s^2\omega, \ldots s^{l-2}\omega$ sind rationale Zahlen, und da sie zum Bereiche der ω gehören, auch ganze rationale Zahlen. Bezeichnen wir sie mit e_1, e_2, $e_3, \ldots e_{l-1}$, so genügt ω der Gleichung

$$x^{l-1} - e_1 x^{l-2} + e_2 x^{l-3} \cdots + e_{l-1} = 0.$$

Umgekehrt befriedigen aber alle Wurzeln von solchen Gleichungen die

Bedingungen 1, 2, 3 und 4, müssen also wegen Bedingung 5 zu den Zahlen ω gehören.

In der Tat bilden zunächst alle Zahlen, die die jetzige Bedingung erfüllen, einen Ring; denn nach Satz 18, Kapitel III sind die elementarsymmetrischen Funktionen aus den $(l-1)^2$ Größen, die Produkt, Summe oder Differenz zweier Zahlen erzeugt, falls man für die letztern irgend zwei Konjugierte einsetzt, ganze rationale Funktionen der elementarsymmetrischen Funktionen beider Zahlen, wobei die Koeffizienten ebenfalls ganze Zahlen sind. Alle Teiler vom $(l-1)$. Grade der Gleichung, der diese Größen genügen, müssen daher die verlangte Form besitzen.

Außerdem genügen alle ganzen rationalen Zahlen einer Gleichung der obigen Art, dagegen niemals die gebrochenen. Letzteren Beweis zu führen, soll dem Leser überlassen bleiben.

Der dritte Punkt der Bedingung ist selbstverständlich. Der vierte folgt daraus, daß Zähler und Nenner der allgemeinen Zahl

$$\alpha = \frac{a_0 + a_1\zeta + \cdots + a_{l-2}\zeta^{l-2}}{b_0 + b_1\zeta + \cdots + b_{l-2}\zeta^{l-2}},$$

wo die a und b als ganze rationale Zahlen vorausgesetzt werden dürfen, ganze Zahlen sind und nach dem soeben Bewiesenen einer Gleichung der verlangten Art genügen. Damit ist die völlige Übereinstimmung der Definitionen 36 und 37 gezeigt.

Beispiele:

Die Gleichung der ganzen Zahl

$$\omega = u_0 + u_1\zeta = u_0 + u_1\frac{-1 + i\sqrt{3}}{2}$$

des Körpers der 3. Einheitswurzeln wird so gefunden: es folgt aus

$$\zeta = \frac{\omega - u_0}{u_1}$$

wegen $\zeta^2 + \zeta + 1 = 0$:

$$\frac{(\omega - u_0)^2}{u_1^2} + \frac{\omega - u_0}{u_1} + 1 = 0;$$

$$\omega^2 - (2u_0 - u_1)\,\omega + (u_0^2 - u_0u_1 + u_1^2) = 0.$$

Die Koeffizienten sind dann und nur dann ganz, wenn u_0 und u_1 ganz sind.

Wir werden im nächsten Kapitel die folgende Verallgemeinerung des eben Bewiesenen benutzen müssen.

29. Satz. Ist α keine ganze Zahl des Körpers K, so kann α keiner Gleichung genügen

$$f(x) = x^n - \nu_1 x^{n-1} + \nu_2 x^{n-2} - \cdots \mp \nu_n = 0,$$

in der die Koeffizienten ν ganze Zahlen von K sind.

Wir können nämlich $f(x)$ mit den Konjugierten $s f(x)$, $s^2 f(x)$, ... $s^{l-2} f(x)$ erweitern; dabei verstehen wir unter der symbolischen Darstellung $s f(x)$, daß man jeden Koeffizient ν durch seinen Konjugierten $s \nu$ ersetzt, dagegen die Variable ungeändert läßt. Das Produkt aller wird die folgende Gleichung ergeben:

$$F(x) = x^m - n_1 x^{m-1} + n_2 x^{m-2} - \cdots \mp n_m = 0,$$

in der die Koeffizienten ganze rationale Zahlen sein müssen. Dieselbe besitzt ebenfalls die Wurzel α. Andrerseits zerfällt sie in lauter Faktoren, deren Grad Teiler von $l - 1$ ist, und deren Koeffizienten ganz und rational sind. Diese Faktoren haben dieselbe Gestalt wie die Gleichung $F(x)$. Ihre Wurzeln sind ganz; denn ist d der Grad eines Faktors, so ist die $\frac{l-1}{d}$. Potenz eine Funktion, wie sie in Definition 37 verlangt wird. Dies widerspricht der Annahme, α sei eine gebrochene Zahl.

Damit ist der wichtigste Bereich des Körpers K gefunden und die Grundlage für eine Zahlentheorie desselben gegeben. Das nächste Kapitel wird weitere Bereiche von K zu studieren haben.

Historische Notiz: Während die Einheitswurzeln in andern Disziplinen der Mathematik schon längst eine große Rolle gespielt haben, wurden sie erst durch Gauß in den „disquisitiones arithmeticae" in die Zahlentheorie eingeführt. Ein eigentliches Recht auf zahlentheoretische Behandlung erlangten die Einheitswurzeln, als sie von Gauß auch seinen Betrachtungen über biquadratische Reste zugrunde gelegt wurden. Allerdings trat dort der Fall der 4. Einheitswurzel $i = \sqrt{-1}$ auf (Werke, 2. Bd. 2. Auflage, S. 171); aber aus Gauß' Nachlaß wissen wir, daß er auch den Körper der 3. Einheitswurzel betrachtet hat (Werke, 8. Band, Teubner Leipzig, 1900, S. 5 u. ff.). Eisenstein hat letztern Körper zu seinem „Beweis des Reziprozitätssatzes für die kubischen Reste in der Theorie der aus dritten Wurzeln der Einheit zusammengesetzten komplexen Zahlen" (Crelle's Journ. f. Math., Berlin (1844) Band 27, S. 289) benutzt. Der allgemeine Körper der l. Einheitswurzel wurde in den Arbeiten Kummers studiert, der in seiner Abhandlung: „Zur Theorie der komplexen Zahlen" (Crelle's Journ. f. Math., Berlin (1847), Band 35, S. 319) feststellte, daß nur mittels „idealer Faktoren" die eindeutige Zerlegung in Primfaktoren möglich sei. Man bezeichnete damals jede Zahl eines Körpers der Einheitswurzeln als „komplexe Zahl", und als „ganze komplexe Zahl" den gleichen Bereich, wie oben, ohne sich über dessen volle Bedeutung Rechenschaft zu geben.

IV. Kapitel.

Die Zahlentheorie des Körpers der l. Einheitswurzel.

§ 1. Der Modul.

In schönster Weise wird sich die im ersten Kapitel aufgestellte Begriffsbildung auf den Fall des Körpers K übertragen lassen. Die zweite und dritte Definition legen auch jetzt den Begriff des Moduls fest. Der Vollständigkeit halber sollen sie hier wiederholt werden.

2. Definition. Ein Bereich von Zahlen mit der Eigenschaft, daß die Summe und Differenz zweier seiner Zahlen wieder eine Zahl des Bereichs ergibt, heißt ein Modul.

3. Definition. Zwei Moduln heißen einander gleich, wenn jede Zahl des einen im anderen enthalten ist und umgekehrt.

Wir werden den Modul wiederum durch eckige Klammern, zwischen die wir seine Zahlen schreiben, bezeichnen:

$$[\alpha_1, \alpha_2, \alpha_3, \ldots].$$

Ein wesentlicher Unterschied besteht zwischen endlich- und unendlichgliedrigen Moduln. Ein endlich-gliedriger Modul ist durch

$$[\alpha_1, \alpha_2, \ldots \alpha_n]$$

gegeben, wobei zwischen den Klammern nur diejenigen Zahlen $\alpha_1, \alpha_2 \ldots \alpha_n$ geschrieben zu werden brauchen, aus denen alle übrigen Zahlen durch Addition und Subtraktion erhalten werden. Alle Zahlen des Moduls haben daher die Gestalt

$$x_1 \alpha_1 + x_2 \alpha_2 + \cdots + x_n \alpha_n,$$

wo die $x_1, x_2, \ldots x_n$ die positiven und negativen natürlichen Zahlen durchlaufen.

38. Definition. Die Zahlen $\alpha_1, \alpha_2, \ldots \alpha_n$ heißen eine Basis des n-gliedrigen Moduls $[\alpha_1, \alpha_2, \ldots \alpha_n]$.

Das wichtigste Resultat des I. Kapitels lautete, daß in k alle Moduln eingliedrig sind. Dieses findet in K nicht mehr statt. Ein einfaches Beispiel wird uns davon überzeugen. Nehmen wir alle ganzen Zahlen von K

$$\omega = u_0 + u_1 \zeta + u_2 \zeta^2 + \cdots + u_{l-2} \zeta^{l-2},$$

wo $u_0, u_1, u_2, \ldots u_{l-2}$ ganz und rational sind, so bilden die Zahlen den $(l-1)$-gliedrigen Modul

$$\mathfrak{O} = [1, \zeta, \zeta^2, \ldots \zeta^{l-2}].$$

Gäbe es einen n-gliedrigen Modul $[\alpha_1, \alpha_2, \ldots \alpha_n]$, der alle Zahlen des Moduls und nur diese enthielte, so müßte es ein System von ganzen rationalen Zahlen x geben, für die

$$\begin{aligned} 1 &= x_1^{(1)} \alpha_1 + x_2^{(1)} \alpha_2 + \cdots + x_n^{(1)} \alpha_n, \\ \zeta &= x_1^{(2)} \alpha_1 + x_2^{(2)} \alpha_2 + \cdots + x_n^{(2)} \alpha_n, \\ &\cdots\cdots\cdots\cdots\cdots\cdots \\ \zeta^{l-2} &= x_1^{(l-1)} \alpha_1 + x_2^{(l-1)} \alpha_2 + \cdots + x_n^{(l-1)} \alpha_n. \end{aligned}$$

Umgekehrt müßten sich die α durch ein entsprechendes System von Gleichungen aus $1, \zeta, \ldots \zeta^{l-2}$ bestimmen lassen. Wäre $n < l-1$, so gäbe es wenigstens ein System von natürlichen Zahlen $y_0, y_1, y_2, \ldots y_{l-2}$, für das das System von n linearen Gleichungen

$$\begin{aligned} x_1^{(1)} y_0 + x_1^{(2)} y_1 + x_1^{(3)} y_2 + \cdots + x_1^{(l-1)} y_{l-2} &= 0 \\ x_2^{(1)} y_0 + x_2^{(2)} y_1 + x_2^{(3)} y_2 + \cdots + x_2^{(l-1)} y_{l-2} &= 0 \\ \cdots\cdots\cdots\cdots\cdots\cdots\cdots\cdots \\ x_n^{(1)} y_0 + x_n^{(2)} y_1 + x_n^{(3)} y_2 + \cdots + x_n^{(l-1)} y_{l-2} &= 0 \end{aligned}$$

erfüllt wäre, ohne daß alle y Null wären [1]). Multiplizieren wir jede Gleichung des ersten Systems mit dem entsprechenden Faktor $y_0, y_1 \cdots y_{l-2}$ und addieren alle so erweiterten Gleichungen, so entsteht

$$y_0 + y_1 \zeta + y_2 \zeta^2 + \cdots + y_{l-2} \zeta^{l-2} = 0.$$

ζ würde einer Gleichung $l-2$. Grades genügen, was gegen den 22. Satz des III. Kapitels ist, der aussagt, daß die Gleichung

$$x^{l-1} + x^{l-2} + \cdots + x + 1 = 0$$

in k irreduzibel ist.

1. Satz. Der Modul $\mathfrak{O}$ aller ganzen Zahlen ist $l-1$-gliedrig und läßt sich nicht durch einen Modul von wenigern Gliedern ausdrücken.

Bei dem Beweis des Satzes achte man darauf, daß der springende Punkt in der Irreduzibilität der Gleichung von ζ liegt. Da letztere Gleichung den Grad von K besitzt, kann der Beweis kurz so zusammengefaßt werden:

---

1) H. Weber, Lehrbuch der Algebra. Kleine Ausgabe. Braunschweig, Vieweg u. Sohn. 1912. S. 14 u. ff.

$\mathfrak{O}$ ist ein $(l-1)$-gliedriger Modul, weil $l-1$ der Grad des Körpers K ist. Der Körper k besaß den Grad 1 und hatte nur eingliedrige Moduln. Wir sehen, wie einfach sich der frühere Satz auf den jetzigen Fall übertragen läßt. Dabei ist von unendlich-gliedrigen Moduln ganz abgesehen worden. Wir werden dieselben auch in den folgenden Betrachtungen ausschließen.

2. Satz. Jeder n-gliedrige Modul, $n > l-1$,

$$\mathfrak{A} = [\alpha_1, \alpha_2, \ldots \alpha_n]$$

von K kann durch einen anderen ersetzt werden, in dem $n \leqq l-1$ ist.

Der Satz sagt aus, daß es keine höheren wie $(l-1)$-gliedrige Moduln in K gibt (abgesehen von unendlich-gliedrigen). Beim Beweise des Satzes nehmen wir zunächst an, es gebe einen l-gliedrigen Modul

$$\mathfrak{A} = [\alpha_1, \alpha_2, \ldots \alpha_{l-1}, \alpha_l];$$

alle seine Zahlen besitzen die Form,

$$x_1 \alpha_1 + x_2 \alpha_2 + \cdots + x_{l-1} \alpha_{l-1} + x_l \alpha_l,$$

in der die Zahlen $x_1, x_2, \ldots x_{l-1}, x_l$ natürliche Zahlen sind. Der Beweisgang zerfällt in 2 Abschnitte:

a) Es gibt l ganze rationale nicht sämtlich verschwindende Zahlen $n_1, n_2, \ldots n_l$, für die

$$n_1 \alpha_1 + n_2 \alpha_2 + \cdots + n_l \alpha_l = 0.$$

Denn es ist

$$\begin{aligned} \alpha_1 &= u_0^{(1)} + u_1^{(1)} \zeta + \cdots + u_{l-2}^{(1)} \zeta^{l-2}, \\ \alpha_2 &= u_0^{(2)} + u_1^{(2)} \zeta + \cdots + u_{l-2}^{(2)} \zeta^{l-2}, \\ &\cdots\cdots\cdots\cdots\cdots\cdots \\ \alpha_l &= u_0^{(l)} + u_1^{(l)} \zeta + \cdots + u_{l-2}^{(l)} \zeta^{l-2}; \end{aligned}$$

also muß die Determinante des Systems Null sein:

$$\begin{vmatrix} -\alpha_1 & u_0^{(1)} & u_1^{(1)} & \cdots & u_{l-2}^{(1)} \\ -\alpha_2 & u_0^{(2)} & u_1^{(2)} & \cdots & u_{l-2}^{(2)} \\ \cdots & \cdots & \cdots & \cdots & \cdots \\ -\alpha_l & u_0^{(l)} & u_1^{(l)} & \cdots & u_{l-2}^{(l)} \end{vmatrix} = 0.$$

Löst man die Determinante nach den Zahlen der ersten Kolonne in Unterdeterminanten $d_1, d_2, \ldots d_l$ auf:

$$-\alpha_1 d_1 + \alpha_2 d_2 - \cdots - \alpha_l d_l = 0,$$

so sind die $\pm d$ rationale Zahlen, die einen kleinsten Generalnenner n^0

besitzen mögen. Setzen wir $\pm d_k = \frac{n_k}{n_0}$, so ist auch

$$n_1 \alpha_1 + n_2 \alpha_2 + \cdots + n_l \alpha_l = 0;$$

die Behauptung ist erwiesen, wenn nicht alle d_k null sind. In letzterm Fall führt der gleiche Gedankengang wie im Beweise von Satz 1 zum Ziele.

b) Aus a) erkennt man, daß, falls z. B. $n_l \neq 0$, alle Zahlen α von $\mathfrak{A}$ in der Form darstellbar sind,

$$\alpha = u_1 \alpha_1 + u_2 \alpha_2 + \cdots + u_{l-1} \alpha_{l-1},$$

wo die u rational, aber im allgemeinen nicht ganze Zahlen sein werden. Der Generalnenner der u ist $n_l = n$. Ist $n = 1$, so bilden $\alpha_1, \alpha_2 \ldots \alpha_{l-1}$ eine Basis von $\mathfrak{A}$, und der Satz ist bewiesen. Ist dagegen $n > 1$, so setze man $u_k = \frac{v_k}{n}$ und lasse die v_k alle diejenigen ganzen Zahlwerte zwischen $-n_k$ und $+n_k$ und $-n$ und $+n$ durchlaufen, für die α eine Zahl von $\mathfrak{A}$ ist. Die Zahlen $\alpha_1, \ldots \alpha_{l-1}, \alpha_l$ sind unter den Werten, die α annehmen kann, enthalten. Unter allen den so erhaltenen Werten α wähle man dasjenige aus, dessen v_{l-1} den absolut kleinsten, von 0 verschiedenen Wert hat; diese Zahl werde mit

$$\beta_{l-1} = \frac{1}{n} (v_1^* \alpha_1 + v_2^* \alpha_2 + \cdots + v_{l-1}^* \alpha_{l-1})$$

bezeichnet. Die Zahlen v_{l-1} aller übrigen α sind dann Vielfache von v_{l-1}^*. Denn wäre für ein bestimmtes α etwa $(v_{l-1}, v_{l-1}^*) = (r)$, wo $0 < r < |v_{l-1}^*|$, so gäbe es zwei natürliche Zahlen x und y, für die

$$x v_{l-1} + y v_{l-1}^* = r$$

ist, und die Zahl $x\alpha + y\beta_{l-1}$ von $\mathfrak{A}$ besäße dann ein $\bar{v}_{l-1} = x v_{l-1} + y v_{l-1}^* = r$. Subtrahiert man von $x\alpha + y\beta$ gewisse ganzzahlige Vielfache von α_1, $\alpha_2, \ldots \alpha_{l-2}$, so erhält man eine der oben betrachteten Zahlen α, für die $0 < v_{l-1} < |v_{l-1}^*|$ ist, entgegen unserer Annahme.

Andrerseits ist jedes Vielfache $y_{l-1}\beta_{l-1}$ von β_{l-1} eine Zahl des Moduls $\mathfrak{A}$. Alle Zahlen $\alpha - y_{l-1}\beta_{l-1}$ gehören demselben ebenfalls an, und es kann y_{l-1} so bestimmt werden, daß:

$$\alpha' = \alpha - y_{l-1}\beta_{l-1} = \frac{1}{n} (v_1' \alpha_1 + v_2' \alpha_2 + \cdots + v_{l-2}' \alpha_{l-2}).$$

Dabei darf α irgend eine der oben definierten Zahlen, insbesondere die Zahlen $\alpha_1, \alpha_2, \ldots \alpha_{l-1}, \alpha_l$ sein. Wir behandeln jetzt $\alpha' = \alpha - y_{l-1}\beta_{l-1}$ genau wie oben die Zahl α. Dazu wählen wir unter allen α' dasjenige mit absolut kleinstem von Null verschiedenem Wert v_{l-2}' aus. Es sei

$$\beta_{l-2} = \frac{1}{n}(v_1^{*\prime}\alpha_1 + v_2^{*\prime}\alpha_2 + \cdots + v_{l-2}^{*\prime}\alpha_{l-2})$$

diese Zahl; alle anderen v'_{l-2} sind dann Vielfache von $v^{*\prime}_{l-2}$, und für jedes α gilt eine Darstellung

$$\alpha'' = \alpha - y_{l-1}\beta_{l-1} - y_{l-2}\beta_{l-2} = \frac{1}{n}(v_1''\alpha_1 + v_2''\alpha_2 + \cdots + v_{l-3}''\alpha_{l-3}).$$

Für α darf man wiederum die früheren Werte, insbesondere $\alpha_1, \alpha_2, \ldots \alpha_{l-1}, \alpha_l$ setzen. Fährt man mit diesem Verfahren fort, so ergibt sich schließlich

$$\alpha = y_{l-1}\beta_{l-1} + y_{l-2}\beta_{l-2} + \cdots + y_2\beta_2 + y_1\beta_1.$$

In dieser Darstellung ist auch jede der Zahlen $\alpha_1, \alpha_2, \ldots \alpha_{l-1}, \alpha_l$ enthalten. Es wird deshalb der Modul

$$[\beta_1, \beta_2, \ldots \beta_{l-1}]$$

jede Zahl von $\mathfrak{A}$ umfassen müssen. Umgekehrt ist jedes β eine Zahl von $\mathfrak{A}$ nach seiner Definition, daher

$$\mathfrak{A} = [\beta_1, \beta_2, \ldots \beta_{l-1}].$$

Ist allgemein $\mathfrak{A} = [\alpha_1, \alpha_2, \ldots \alpha_{l-1}, \alpha_l, \ldots \alpha_n]$, so ersetzt man den Modul

$$\mathfrak{A}_1 = [\alpha_1, \alpha_2, \ldots \alpha_{l-1}, \alpha_l]$$

nach dem Bewiesenen durch einen Modul

$$\mathfrak{A}_1 = [\beta_1, \beta_2, \ldots \beta_{l-1}].$$

Nach der Definition des Moduls ist dann auch

$$\mathfrak{A} = [\beta_1, \beta_2, \ldots \beta_{l-1}, \alpha_{l+1}, \ldots \alpha_n].$$

Jetzt reduziert man

$$\mathfrak{A}_2 = [\beta_1, \beta_2, \ldots \beta_{l-1}, \alpha_{l+1}]$$

und fährt in dieser Weise fort, bis $\mathfrak{A}$ durch einen $(l-1)$-gliedrigen Modul ausgedrückt ist.

Aus dem eben durchgeführten Beweise können wir eine weitere interessante Tatsache ablesen, die dem zweiten Satz des I. Kapitels entspricht.

3. Satz. Jeder Modul, der nur ganze Zahlen des Körpers K enthält, ist endlich-gliedrig.

Der Satz stimmt für den Modul $\mathfrak{O}$ aller ganzen Zahlen. Jede ganze Zahl hat die Form:

$$\omega = u_0 + u_1 \zeta + \cdots + u_{l-2} \zeta^{l-2}.$$

Ist u_{l-2} nicht für alle Zahlen des Moduls null, und ω_{l-1} diejenige Zahl des gegebenen Moduls, für die u_{l-2} den absolut kleinsten, von Null verschiedenen Wert hat, so ist für jede andere Zahl ω des Moduls

$$\omega = u_0 + u_1 \zeta + \cdots + u_{l-3} \zeta^{l-3} + v_{l-1} \omega_{l-1}.$$

Jetzt nimmt man, falls u_{l-3} nicht stets null ist, diejenige Zahl ω_{l-2} des Moduls, für die u_{l-3} den absolut kleinsten von Null verschiedenen Wert hat und sieht leicht, daß in dieser Weise das frühere Beweisverfahren zum Ziele führen wird.

Beispiele:

Im Körper der 3. Einheitswurzel sind alle endlich-gliedrigen Moduln zweigliedrig. Zur Erläuterung des Beweises sei die Reduktion des dreigliedrigen Moduls

$$\mathfrak{A} = [3, 1-\zeta, 1-\zeta^2]$$

auf einen zweigliedrigen durchgeführt. Es ist

$$\begin{aligned} 3 &= 3, \\ 1-\zeta &= 1-\zeta, \\ 1-\zeta^2 &= 2+\zeta. \end{aligned}$$

Die Determinante des Systems lautet:

$$\begin{vmatrix} -3 & 3 & 0 \\ -(1-\zeta) & 1 & -1 \\ -(1-\zeta^2) & 2 & 1 \end{vmatrix} = -3\begin{vmatrix} 1 & -1 \\ 2 & 1 \end{vmatrix} + (1-\zeta)\begin{vmatrix} 3 & 0 \\ 2 & 1 \end{vmatrix} - (1-\zeta^2)\begin{vmatrix} 3 & 0 \\ 1 & -1 \end{vmatrix} = 0$$

oder

$$-1 \cdot 3 + (1-\zeta) + (1-\zeta^2) = 0.$$

Daraus folgt:

$$\begin{aligned} 1-\zeta^2 &= 3-(1-\zeta), \\ \mathfrak{A} &= [3, 1-\zeta]. \end{aligned}$$

Definition und Bezeichnung der Multiplikation zweier Moduln lassen sich unmittelbar auf den Körper K übertragen. Wir wiederholen die Definition:

5. Definition. Unter dem Produkt zweier Moduln versteht man den Modul, der durch alle Produkte aus einer Zahl des ersten und einer Zahl des zweiten Moduls gegeben wird.

Das Produkt von zwei endlich-gliedrigen Moduln ist daher stets wieder ein endlich-gliedriger Modul; denn aus

$$\mathfrak{A} = [\alpha_1, \ \alpha_2, \ldots \alpha_{l-1}]; \ \mathfrak{B} = [\beta_1, \ \beta_2, \ldots \beta_{l-1}];$$

folgt

$$\mathfrak{A}\,\mathfrak{B} = [\alpha_1\beta_1, \ \alpha_1\beta_2, \ldots \alpha_1\beta_{l-1}, \ \alpha_2\beta_1, \ldots\ldots \alpha_{l-1}\beta_{l-1}].$$

Letzterer Modul läßt sich nach Satz 2 auf einen $(l-1)$-gliedrigen Modul

$$\mathfrak{C} = [\gamma_1, \gamma_2, \ldots \gamma_{l-1}]$$

reduzieren. Assoziatives und kommutatives Gesetz gelten selbstverständlich für die Multiplikation der Moduln.

Beispiele:

Im Körper der 5. Einheitswurzel ist das Produkt der beiden Moduln

$$\mathfrak{A} = [5, \ 1-\zeta]; \quad \mathfrak{B} = [5, \ 1-\zeta^2];$$

der neue Modul:

$$\mathfrak{C} = \mathfrak{A}\,\mathfrak{B} = [25, \ 5\,(1-\zeta), \ 5\,(1-\zeta^2), \ 1-\zeta-\zeta^2+\zeta^3].$$

Im Körper der 3. Einheitswurzel ergibt sich aus

$$\mathfrak{A} = [7, 3+\zeta]; \ \mathfrak{B} = [2, 1+\zeta],$$

das Produkt:

$$\mathfrak{C} = \mathfrak{A}\,\mathfrak{B} = [14, 7\,(1+\zeta), \ 2\,(3+\zeta), \ (3+\zeta)\,(1+\zeta)].$$

Wir reduzieren $\mathfrak{C}$ schrittweise, indem wir zuerst

$$[14, 7\,(1+\zeta), \ 2\,(3+\zeta)]$$

betrachten. Wie auf Seite 99 schließen wir:

$$\begin{aligned} 14 &= 14, \\ 7\,(1+\zeta) &= 7+7\zeta, \\ 2\,(3+\zeta) &= 6+2\zeta, \end{aligned}$$

$$\begin{vmatrix} -14 & 14 & 0 \\ -7\,(1+\zeta) & 7 & 7 \\ -2\,(3+\zeta) & 6 & 2 \end{vmatrix} = -14 \begin{vmatrix} 7 & 7 \\ 6 & 2 \end{vmatrix} + 7\,(1+\zeta) \begin{vmatrix} 14 & 0 \\ 6 & 2 \end{vmatrix} - 2\,(3+\zeta) \begin{vmatrix} 14 & 0 \\ 7 & 7 \end{vmatrix} = 0,$$

oder:

$$2 \cdot 14 + 2 \cdot 7\,(1+\zeta) - 7 \cdot 2\,(3+\zeta) = 0,$$

woraus:

$$2(3+\zeta) = \frac{2}{7}\cdot 14 + \frac{2}{7}\cdot 7(1+\zeta),$$

$$\gamma = x_1 14 + x_2 7(1+\zeta) + x_3 2(3+\zeta)$$
$$= \frac{7x_1 + 2x_3}{7}\cdot 14 + \frac{7x_2 + 2x_3}{7} 7(1+\zeta).$$

Für $x_1 = x_2 = 1$, $x_3 = -3$ erhält man ein $\gamma = \delta$ mit kleinstem Koeffizient von $7(1+\zeta)$:

$$\delta = \frac{1}{7}\cdot 14 + \frac{1}{7}\cdot 7(1+\zeta) = 3+\zeta.$$

Dann wird

$$[14, 7(1+\zeta), 2(3+\zeta)] = [14, 3+\zeta]; \mathfrak{C} = [14, 3+\zeta, (3+\zeta)(1+\zeta)];$$

denn:

$$\begin{aligned} 14 &= 14, \\ 7(1+\zeta) &= -14 + 7(3+\zeta), \\ 2(3+\zeta) &= \,2(3+\zeta), \end{aligned} \qquad \begin{aligned} 14 &= 14, \\ 3+\zeta &= 14 + 7(1+\zeta) - 3\cdot 2(3+\zeta). \end{aligned}$$

Um $\mathfrak{C}$ nochmals zu reduzieren, bedenkt man, daß wegen $(3+\zeta)(1+\zeta) = 2 + 3\zeta$ auch

$$7 = 3(3+\zeta) - (3+\zeta)(1+\zeta),$$
$$\mathfrak{C} = [7, 3+\zeta].$$

Denn es wird umgekehrt:

$$\begin{aligned} 14 &= 2\cdot 7, \\ 3+\zeta &= (3+\zeta), \\ (3+\zeta)(1+\zeta) &= -7 + 3(3+\zeta). \end{aligned}$$

Auch jetzt zeigt sich, daß für die Moduln, die auf dem Begriff von Addition und Subtraktion aufgebaut sind, die beiden anderen Operationen, nämlich Multiplikation und Division, eine Hauptrolle spielen. Die der Addition und Subtraktion entsprechenden Operationen könnten ebenfalls für die Moduln definiert werden, wie es durch Dedekind [1]) geschehen ist. Allein sie haben mehr formale Bedeutung. Es rührt dies daher, daß beide Operationen, Multiplikation und Addition, nicht so definiert werden können, daß alle Axiome, denen die gewöhnlichen Zahlen genügen, erfüllt sind.

Historische Notiz: Die erstmalige Verwendung des Modulbegriffes ist schon auf S. 13 angegeben worden. Zu der letzten Bemerkung ver-

---

[1]) Dirichlet-Dedekind, a. a. O. S. 496 und S. 498.

gleiche den Satz, daß es im wesentlichen nur das System der Zahlen gibt, das allen Axiomen genügt (Encycl. des Sciences math. édit. franç. t. I, vol. 1, fasc. 3, S. 360, Frobenius, Crelle's Journ. f. Math. Bd. 84 (1878) S. 59).

Gehen wir schließlich zur Division von Moduln über, so erkennt man leicht, daß bei Übertragung der 6. Definition auf den jetzigen Fall der Quotient zweier Moduln nicht mehr eindeutig bestimmt sein wird. Es gibt im allgemeinen unendlich viele Moduln $\mathfrak{C}$, für die bei gegebenen $\mathfrak{A}$ und $\mathfrak{B}$

$$\mathfrak{B}\,\mathfrak{C} = \mathfrak{A}$$

ist; z. B. ist für den Modul $\mathfrak{O}$:

$$\mathfrak{O} \cdot \mathfrak{O} = \mathfrak{O};\; [1]\,\mathfrak{O} = \mathfrak{O};\; [1, \zeta]\,\mathfrak{O} = \mathfrak{O}.$$

Diese Tatsache trat im I. Kapitel beim Körper k nicht hervor. Dort war jeder Modul eingliedrig und für eingliedrige Moduln gilt auch jetzt die Eindeutigkeit. Der Grund liegt wesentlich darin, daß es im Falle des Körpers k keinen Teilmodul von $\mathfrak{o} = (1)$ gibt, der von (1) verschieden ist. Dies ist jetzt anders, da die Moduln $[1]$, $[1, \zeta]$, $[1, 3\,\zeta]$ wesentlich von $\mathfrak{O}$ verschiedene Moduln sind.

4. Satz. Sind $\mathfrak{A} = [\alpha]$ und $\mathfrak{B} = [\beta]$ zwei eingliedrige Moduln, so gibt es einen und nur einen eingliedrigen Modul $\mathfrak{C} = [\gamma] = \left[\frac{\alpha}{\beta}\right]$, für den

$$\mathfrak{B}\,\mathfrak{C} = \mathfrak{A}.$$

Zunächst sieht man durch Ausmultiplizieren, daß laut Definition des Moduls

$$\mathfrak{B}\,\mathfrak{C} = [\beta]\left[\frac{\alpha}{\beta}\right] = \left[\beta\,\frac{\alpha}{\beta}\right] = [\alpha]$$

ist. Gäbe es noch einen zweiten Modul $\mathfrak{C}' = [\gamma']$, für den

$$\mathfrak{B}\,\mathfrak{C}' = [\beta]\,[\gamma'] = [\beta\gamma'] = \mathfrak{A}$$

wäre, so müßte $\beta\gamma'$ in $\mathfrak{A}$ und α in $[\beta\gamma']$ auftreten oder

$$\beta\gamma' = x\,\alpha;\; \alpha = y\,\beta\,\gamma'$$

sein, wo x und y natürliche Zahlen sind. Daraus würde

$$\frac{\beta\gamma'}{x} = \alpha = y\beta\gamma';\; \frac{1}{x} = y$$

folgen, was nur die Lösungen $x = \pm 1$, $y = \pm 1$ zuläßt. Also muß $\gamma' = \pm \frac{\alpha}{\beta}$ sein.

Beispiele:

Im Körper der 5. Einheitswurzel besteht die Beziehung

$$\left[\frac{\zeta-\zeta^4}{2}\right]\left[\frac{\zeta^2-\zeta^3}{2}\right]=\left[\frac{\zeta-\zeta^4}{2}\cdot\frac{\zeta^2-\zeta^3}{2}\right]=\left[\frac{+1+2\zeta^2+2\zeta^3}{4}\right];$$

$$[\zeta-\zeta^4]^2=[\zeta^2-2+\zeta^3].$$

Im Körper der 3. Einheitswurzel wird;

$$[1-\zeta]\ [1-\zeta^2]=[(1-\zeta)\ (1-\zeta^2)]=[3].$$

Wir haben bis jetzt im Gegensatz zum I. Kapitel den Begriff des Ideals noch nicht beigezogen. Es liegt dies in dem oben hervorgehobenen Umstande begründet, daß die Moduln nicht eindeutig durcheinander dividiert werden können. Für die Ideale muß aber letzteres gefordert werden. Die 4. Definition ist im jetzigen Falle, wie schon auf Seite 7 hervorgehoben wurde, nicht ohne weiteres anwendbar. Sie muß so ergänzt werden, daß für die Klasse von Moduln, die Ideale genannt werden, die Division eindeutig ausführbar ist.

§ 2. Das Ideal.

Wir betrachten in diesem Paragraphen die Moduln, deren sämtliche Zahlen ganz sind; dieselben seien kurz als ganzzahlige Moduln bezeichnet. Der allgemeinste dieser Moduln ist der Modul $\mathfrak{O}$ aller ganzen Zahlen. Alle ganzzahligen Moduln sind nach Satz 3 endlich-gliedrig.

39. Definition. Ein Modul $\mathfrak{N}$ heißt ein Ideal, wenn alle seine Zahlen ganz sind, und wenn er als Produkt eines ganzzahligen Moduls $\mathfrak{A}$ und des Moduls $\mathfrak{O}$ dargestellt werden kann:

$$\mathfrak{N}=\mathfrak{A}\,\mathfrak{O}.$$

Aus dieser Definition folgt, daß $\mathfrak{O}$ ein Ideal ist: $\mathfrak{O}=\mathfrak{O}^2$.

5. Satz. Das Produkt zweier Ideale $\mathfrak{N}_1$ und $\mathfrak{N}_2$ ist wieder ein Ideal.

Denn ist $\mathfrak{N}_1=\mathfrak{A}_1\,\mathfrak{O}$, $\mathfrak{N}_2=\mathfrak{A}_2\,\mathfrak{O}$, so wird

$$\mathfrak{N}_1\,\mathfrak{N}_2=\mathfrak{A}_1\,\mathfrak{A}_2\,\mathfrak{O}^2=\mathfrak{A}_1\,\mathfrak{A}_2\,\mathfrak{O}.$$

Da $\mathfrak{N}_1\,\mathfrak{N}_2$, $\mathfrak{A}_1\,\mathfrak{A}_2$ und $\mathfrak{O}$ wieder ganzzahlige Moduln sind, so ist der Satz bewiesen. Wir werden Moduln in K von jetzt an stets mit den Anfangsbuchstaben des großen deutschen Alphabetes $\mathfrak{A}$, $\mathfrak{B}$, $\mathfrak{C}$, ..., Ideale dagegen mit den mittleren Buchstaben desselben Alphabetes $\mathfrak{N}$, $\mathfrak{M}$, $\mathfrak{L}$, $\mathfrak{P}$, ... bezeichnen. Bei Idealen schreiben wir die Klammern rund statt eckig.

Beispiele:

Die 39. Definition läßt leicht erkennen, ob ein vorgelegter Modul ein Ideal ist.

Im Körper der 3. Einheitswurzel ist

$$\mathfrak{A} = [2, 1 + \zeta]$$

kein Ideal. Denn sonst wäre

$$\mathfrak{A} = \mathfrak{A}\,\mathfrak{O} = [2, 1 + \zeta]\,[1, \zeta] = [2, 2\zeta, 1 + \zeta, -1].$$

Rechts tritt die Zahl $2 - 1 = 1$ auf, eine Zahl, die sicherlich nicht in $\mathfrak{A}$ vorkommt. Also ist.

$$\mathfrak{A} \neq \mathfrak{A}\,\mathfrak{O},$$

und $\mathfrak{A}$ kein Ideal.

Die Definition des Ideals kann durch eine neue Bedingung ersetzt werden. Dazu müssen wir uns klar machen, welchen Bereich von Zahlen das Ideal umfaßt. Da jedes Ideal ein Modul ist, so reproduzieren sich seine Zahlen sicherlich durch Addition und Multiplikation. Ist $\mathfrak{N} = \mathfrak{A}\,\mathfrak{O}$ und ν eine Zahl von $\mathfrak{A}$, so ist, da $\mathfrak{O}$ jede ganze Zahl enthält, auch $\omega\nu$ in $\mathfrak{N}$ enthalten, z. B. ν selbst. Umgekehrt ist jede Zahl ν von $\mathfrak{N}$ auf die Form

$$\omega_1 \nu_1 + \omega_2 \nu_2 + \cdots + \omega_{l-1} \nu_{l-1}$$

zu bringen, in der $\omega_1, \omega_2, \ldots \omega_{l-1}$ irgend welche ganzen Zahlen und $\nu_1, \nu_2, \ldots \nu_{l-1}$ eine Basis von $\mathfrak{A}$ ist. Die Zahlen $\nu_1, \nu_2, \ldots \nu_{l-1}$ sind ebenfalls in $\mathfrak{N}$ enthalten. Somit gilt der Satz:

6. Satz. Sind $\nu_1, \nu_2, \nu_3, \ldots$ Zahlen des Ideals $\mathfrak{N}$, so sind auch alle Zahlen

$$\omega_1 \nu_1 + \omega_2 \nu_2 + \omega_3 \nu_3 + \cdots$$

in demselben enthalten, falls $\omega_1, \omega_2, \omega_3, \ldots$ die ganzen Zahlen von K durchlaufen.

Jedes Ideal $\mathfrak{N}$ ist ein Modul, und zwar, da es nur ganze Zahlen enthält, ein endlicher Modul. Es kann also höchstens $(l - 1)$-gliedrig sein. Es seien $\nu_1, \nu_2, \ldots \nu_{l-1}$ die $l - 1$ Basiszahlen des Moduls. Wir bezeichnen die Ideale zum Unterschied von den Moduln mit runden Klammern, setzen also

$$\mathfrak{N} = (\nu_1, \nu_2, \ldots \nu_{l-1}).$$

Die Zahlen $\nu_1, \nu_2, \ldots \nu_{l-1}$ heißen dann eine Basis des Ideals. Dieselbe wird genau wie bei jedem Modul berechnet.

Beispiele:

Das oben betrachtete Ideal $\mathfrak{A}\,\mathfrak{O} = \mathfrak{N}$ des Körpers der 3. Einheitswurzel:

$$\mathfrak{A}\mathfrak{O} = (2,\ 2\zeta,\ 1+\zeta,\ -1)$$

besitzt die Basisdarstellung

$$\mathfrak{A}\mathfrak{O} = (1, \zeta).$$

Denn:

$$\begin{aligned} 1 &= 2 - 1 \\ \zeta &= \quad -1 + (1+\zeta). \end{aligned}$$

Das Ideal des Körpers der 5. Einheitswurzel:

$$\mathfrak{N} = [5, 1-\zeta]\,\mathfrak{O} = [5, 5\zeta, 5\zeta^2, 5\zeta^3, 1-\zeta, \zeta-\zeta^2, \zeta^2-\zeta^3, \zeta^3-\zeta^4]$$

besitzt die Basisdarstellung

$$\mathfrak{N} = (5,\ 1-\zeta,\ 1-\zeta^2,\ 1-\zeta^3).$$

Denn es wird:

$$\begin{aligned} 1-\zeta^2 &= (1-\zeta) + (\zeta-\zeta^2), \\ 1-\zeta^3 &= (1-\zeta) + (\zeta-\zeta^2) + (\zeta^2-\zeta^3); \\ 5\zeta &= 5 - 5(1-\zeta), \\ 5\zeta^2 &= 5 - 5(1-\zeta^2), \\ 5\zeta^3 &= 5 - 5(1-\zeta^3), \\ \zeta-\zeta^2 &= -(1-\zeta) + (1-\zeta^2), \\ \zeta^2-\zeta^3 &= -(1-\zeta^2) + (1-\zeta^3), \\ \zeta^3-\zeta^4 &= 5 - (1-\zeta) - (1-\zeta^2) - 2(1-\zeta^3). \end{aligned}$$

7. Satz. Jedes Ideal ist $(l-1)$-gliedrig und kann auf keinen Modul von wenigern Gliedern zurückgeführt werden.

Denn jedes Ideal $\mathfrak{N}$ enthält natürliche Zahlen, nämlich wegen Satz 6 die Normen seiner Zahlen, in sich. Man setze nur $\omega_2 = \omega_3 = \cdots = 0$ und $\omega_1 = s\nu_1\, s^2\nu_1 \ldots s^{l-2}\nu_1$. Ist n eine solche Zahl, so müssen wegen Satz 6 alle Zahlen von

$$(n)\,\mathfrak{O} = (n, n\zeta, n\zeta^2, \ldots n\zeta^{l-2})$$

in $\mathfrak{N}$ enthalten sein. $(n)\,\mathfrak{O}$ ist nach dem Beweise zu Satz 1 Seite 98 sicher ein $(l-1)$-gliedriger Modul, der sich nicht reduzieren läßt. Somit muß es auch $\mathfrak{N}$ sein, da $\mathfrak{N}$ alle Zahlen von $(n)\,\mathfrak{O}$ enthält.

8. Satz. Jedes Ideal, das die Zahl 1 enthält, ist gleich $\mathfrak{O}$.

Denn wenn 1 in $\mathfrak{N}$ auftritt, so werden auch alle Zahlen von $\mathfrak{O}$ in $\mathfrak{N}$ auftreten müssen, d. h. überhaupt alle ganzen Zahlen; also ist $\mathfrak{N} = \mathfrak{O}$.

Wir wollen noch die Frage beantworten, wann zwei Ideale, die durch verschiedene Basen gegeben sind, einander gleich sein werden:

$$(\nu_1, \nu_2, \ldots \nu_{l-1}) = (\mu_1, \mu_2, \ldots \mu_{l-1})?$$

Nach Definition 3 muß hierzu:

$$\begin{aligned}\nu_1 &= x_1^{(1)}\mu_1 + x_2^{(1)}\mu_2 + \cdots + x_{l-1}^{(1)}\mu_{l-1},\\ \nu_2 &= x_1^{(2)}\mu_1 + x_2^{(2)}\mu_2 + \cdots + x_{l-1}^{(2)}\mu_{l-1},\\ &\cdots\cdots\cdots\cdots\cdots\cdots\\ \nu_{l-1} &= x_1^{(l-1)}\mu_1 + x_2^{(l-1)}\mu_2 + \cdots + x_{l-1}^{(l-1)}\mu_{l-1},\end{aligned}$$

wo alle x natürliche Zahlen sind. Umgekehrt muß sich jedes μ ebenso durch die ν ausdrücken lassen. Die Determinante des Systems ist deshalb von Null verschieden und hat den Wert ± 1:

$$\begin{vmatrix} x_1^{(1)} & x_2^{(1)} & \dots & x_{l-1}^{(1)} \\ x_1^{(2)} & x_2^{(2)} & \dots & x_{l-1}^{(2)} \\ \dots & \dots & \dots & \dots \\ x_1^{(l-1)} & x_2^{(l-1)} & \dots & x_{l-1}^{(l-1)} \end{vmatrix} = \pm 1.$$

Man nennt den Übergang von den μ zu den ν eine lineare Substitution, und zwar eine unimodulare, weil die Determinante den Wert ± 1 hat.

9. Satz. Die Ideale $(\nu_1, \nu_2, \dots \nu_{l-1})$ und $(\mu_1, \mu_2, \dots \mu_{l-1})$, die durch ihre Basen $\nu_1, \dots \nu_{l-1}$ und $\mu_1, \dots \mu_{l-1}$ gegeben sind, werden einander gleich, wenn die μ durch eine unimodulare, lineare Substitution mit natürlichen Zahlkoeffizienten in die ν übergeführt werden können.

Beispiele:

Im Falle des Körpers der 3. Einheitswurzel ist

$$\mathfrak{N} = (\nu_1, \nu_2) = (\mu_1, \mu_2),$$

wenn

$$\left.\begin{aligned}\mu_1 &= x_1'\nu_1 + x_2'\nu_2\\ \mu_2 &= x_1''\nu_1 + x_2''\nu_2\end{aligned}\right\},\quad \text{wo}\quad \begin{vmatrix} x_1' & x_2' \\ x_1'' & x_2'' \end{vmatrix} = x_1' x_2'' - x_2' x_1'' = \pm 1.$$

μ_1 und μ_2 lassen sich in besonderer Weise auswählen: ν_1, ν_2 werden sich als ganze Zahlen in der Form darstellen

$$\begin{aligned}\nu_1 &= u_1 + v_1\zeta,\\ \nu_2 &= u_2 + v_2\zeta.\end{aligned}$$

Da ν_1, ν_2 eine Basis von $\mathfrak{N}$ ist, müssen wegen Satz 6 auch $\zeta\nu_1, \zeta\nu_2$ durch ν_1, ν_2 darstellbar sein:

$$\begin{aligned}\zeta\nu_1 &= x_1\nu_1 + x_2\nu_2,\\ \zeta\nu_2 &= x_3\nu_1 + x_4\nu_2.\end{aligned}$$

Setzt man hier für ν_1, ν_2 die obigen Ausdrücke ein und schreibt für ζ^2: $-\zeta - 1$, so ergibt die Vergleichung der Koeffizienten von ζ und 1:

$$-v_1 = x_1 u_1 + x_2 u_2, \qquad u_1 = (x_1 + 1) v_1 + x_2 v_2,$$
$$-v_2 = x_3 u_1 + x_4 u_2; \qquad u_2 = (x_3 + 1) v_1 + x_4 v_2.$$

Der größte gemeinsame Teiler t von u_1 und u_2 ist daher auch in v_1 und v_2, und derjenige von v_1 und v_2 in u_1 und u_2 enthalten. Also ist

$$u_1 = t\,\bar{u}_1,\ u_2 = t\,\bar{u}_2,\ v_1 = t\,\bar{v}_1,\ v_2 = t\,\bar{v}_2;$$

und $\bar{u}_1$ und $\bar{u}_2$, $\bar{v}_1$ und $\bar{v}_2$ sind teilerfremd. Somit gibt es zwei ganze rationale Zahlen x, y, für die

$$x\,\bar{v}_1 + y\,\bar{v}_2 = 1.$$

Man setzt jetzt:

$$\mu_1 = \bar{v}_2 \nu_1 - \bar{v}_1 \nu_2 = t\,(\bar{v}_2 \bar{u}_1 - \bar{v}_1 \bar{u}_2) \qquad = t\,n,$$
$$\mu_2 = x\ \nu_1 + y\ \nu_2 = t\,(x\ \bar{u}_1 + y\ \bar{u}_2) + t\,\zeta = t(n_0 + \zeta).$$

Dann ist nach obigem wegen

$$\begin{vmatrix} \bar{v}_2 & -\bar{v}_1 \\ x & y \end{vmatrix} = 1$$

auch

$$\mathfrak{N} = (\nu_1, \nu_2) = (\mu_1, \mu_2) = (t n, t\,(n_0 + \zeta)),$$

wo n, n_0 bestimmte natürliche Zahlen sind. Man kann auch schreiben:

$$\mathfrak{N} = (t, t\,\zeta)\,(n, n_0 + \zeta).$$

Da n, $n_0 + \zeta$ eine Basis des 2. Faktors rechts ist, so muß

$$(n_0 + \zeta)\,(n_0 + \zeta^2) = n_0^2 - n_0 + 1$$

ein Vielfaches von n sein.

Damit ist der Begriff des Ideals völlig festgelegt. Es fragt sich, ob für denselben die Division eindeutig ausgeführt werden kann. Den Beweis dafür können wir nicht sogleich erbringen, sondern wir bedürfen dazu einer Reihe von Sätzen, die vielfach den Sätzen des I. Kapitels entsprechen werden. Zunächst muß ein Begriff eingeführt werden, der eine ähnliche Rolle wie derjenige des eingliedrigen Moduls spielen wird.

40. Definition. Jedes Ideal, das die Form $[\nu]\,\mathfrak{O}$ hat, wo $[\nu]$ ein eingliedriger ganzzahliger Modul ist, heißt Hauptideal.

Wir bezeichnen die Hauptideale mit (ν), denken uns also den Faktor $\mathfrak{O}$ als selbstverständlichen Faktor jedes Ideals hinzu. Wenn jedes Ideal ein Hauptideal wäre, so könnte alles weitere sehr einfach hergeleitet werden, da ja für eingliedrige Moduln nach Satz 4 die Division eindeutig ausführbar ist. Allein dies wird nur für gewisse Körper K eintreten und im allgemeinen nicht erfüllt sein.

Beispiele:

Es gibt schon in k Bereiche, die bei geeignet gewählter Definition der Division auf die Einführung zweigliedriger Moduln führen, wobei letztere sich nicht auf eingliedrige zurückführen lassen. Wir wollen ein Beispiel solcher Bereiche kurz besprechen, da es zur Erläuterung und zum Verständnis des Folgenden sehr gute Dienste tut.

Der gegebene Bereich sei der Bereich derjenigen positiven Zahlen a, die die Kongruenz

$$a \equiv 1 \pmod 3$$

befriedigen. Für diese Zahlen kann man die Theorie des I. Kapitels durchführen; es sollen dabei nur Moduln mit Basiszahlen des Bereichs auftreten dürfen. Die zweigliedrigen ganzzahligen Moduln (Ideale):

$$(4,\ 10) = (4,\ 22),\ (10,\ 55),\ (22,\ 55)$$

lassen sich dann nicht auf eingliedrige Moduln mit den verlangten Basiszahlen $\equiv 1 \pmod{3}$ zurückführen. Anderseits ist die Einführung zweigliedriger Moduln erforderlich, da für eingliedrige Moduln die ganze Zahlentheorie, vor allem die eindeutige Zerlegung in Primmoduln, nicht gilt. Denn es ist z. B.

$$(220) = (4)\,(55) = (10)\,(22)$$

in zwei verschiedenen Weisen in eingliedrige Moduln zerlegt, die sich nicht weiter in eingliedrige, wohl aber in zweigliedrige Moduln zerlegen lassen. In der Tat ist

$$(220) = (4,\ 10)\,(4,\ 22)\,(10,\ 55)\,(22,\ 55),$$

und die vier Moduln sind Primmoduln. Nicht alle Moduln sind daher Hauptmoduln.

Historische Notiz: Über die Entstehungsgeschichte der Ideale gibt Hensel in der „Festschrift zur Feier des 100. Geburtstages Eduard Kummers“ (herausg. vom Vorstand der Berliner Math. Ges., Abhandl. zur Geschichte der math. Wiss. Heft 29, Leipzig, Berlin, Teubner, 1910) auf S. 22 interessante Aufschlüsse. Kummer benötigte die Theorie des Körpers der l. Einheitswurzel zum Beweise der Fermatschen Behauptung, daß die Summe zweier nicht verschwindender l. Potenzen von natürlichen Zahlen niemals die l. Potenz einer natürlichen Zahl ergibt. Er glaubte zunächst an die eindeutige Zerlegbarkeit der Zahlen in unzerlegbare Zahlen des Körpers. Es ist das Verdienst von Dirichlet, ihn auf die Hinfälligkeit dieser Annahme aufmerksam gemacht zu haben. Dies führte Kummer zur Einführung „idealer Primfaktoren“. Dedekind veröffentlichte die erste allgemeine, einwandfreie Theorie. Siehe die weiteren Ausführungen auf Seite 124.

Die Ideale können in derselben Weise, wie es der § 6. des I. Kapitels getan hat, durch Äquivalenz miteinander verbunden werden. Der wesentliche Unterschied ist einzig, daß kein Führer dazu notwendig ist. Wir finden somit eine Analogie zwischen dem Körper K und dem Strahl des Führers $\mathfrak{f}$ im Bereiche des Körpers k. Die jetzige Einteilung würde der Einteilung der rationalen Zahlen durch einen Führer $\mathfrak{f} = (1)$ entsprechen, was keinen Sinn hätte; denn jedes Ideal von k ist eingliedrig, würde also dem entsprechen, was wir jetzt als Hauptideal bezeichnen, und alle Ideale wären einander äquivalent. Erst dadurch, daß der Körper k durch den Strahl $\mathfrak{f}$ ersetzt wurde, erkannten wir, daß nicht mehr jedes Ideal durch eine Strahlzahl charakterisiert wird, sondern daß die Ideale auch inäquivalent sein können und im ganzen $l-1$ Klassen bilden. Etwas Analoges wird jetzt für K eintreten.

41. Definition. Zwei Ideale $\mathfrak{N}_1$ und $\mathfrak{N}_2$ heißen äquivalent, wenn es einen eingliedrigen Modul $[\alpha]$ gibt, für den

$$\mathfrak{N}_2 = [\alpha]\,\mathfrak{N}_1$$

ist; in Zeichen schreibt man:

$$\mathfrak{N}_1 \sim \mathfrak{N}_2.$$

Vergleiche hierzu die 11. Definition Seite 25. Die Definition ist nur scheinbar für $\mathfrak{N}_1$ und $\mathfrak{N}_2$ unsymmetrisch; denn wegen Satz 4 ist

$$\frac{[1]}{[\alpha]} = \left[\frac{1}{\alpha}\right],$$

also

$$\mathfrak{N}_1 = \left[\frac{1}{\alpha}\right]\mathfrak{N}_2.$$

Man schreibt oft

$$\frac{\mathfrak{N}_2}{\mathfrak{N}_1} = [\alpha]\,\mathfrak{O} = (\alpha).$$

Auch jetzt gilt das folgende wesentliche Resultat:

10. Satz. Wenn zwei Ideale einem dritten äquivalent sind, so sind sie auch untereinander äquivalent. (Siehe Satz 13 Seite 25.)

Denn ist

$$\mathfrak{N}_1 \sim \mathfrak{N}_3;\ \mathfrak{N}_2 \sim \mathfrak{N}_3;$$

so sagt das aus, es gibt zwei Zahlen α_1 und α_2, für die

$$\mathfrak{N}_3 = \mathfrak{N}_1 [\alpha_1], \; \mathfrak{N}_3 = \mathfrak{N}_2 [\alpha_2]$$

wird. Also ist auch

$$[\alpha_2] \mathfrak{N}_2 = [\alpha_1] \mathfrak{N}_1;$$

wegen der Eindeutigkeit der Division von eingliedrigen Moduln gibt es eine Zahl $\frac{\alpha_1}{\alpha_2}$, so daß

$$[\alpha_2] \left[\frac{\alpha_1}{\alpha_2}\right] = [\alpha_1]$$

ist. Somit schreibt sich die obige Gleichung

$$[\alpha_2] \mathfrak{N}_2 = [\alpha_2] \left[\frac{\alpha_1}{\alpha_2}\right] \mathfrak{N}_1,$$

woraus sich folgern läßt

$$\mathfrak{N}_2 = \left[\frac{\alpha_1}{\alpha_2}\right] \mathfrak{N}_1 \text{ oder } \mathfrak{N}_2 \sim \mathfrak{N}_1.$$

Denn ist ν_2 eine beliebige Zahl von $\mathfrak{N}_2$, so wird $\nu_2 \alpha_2$ in $[\alpha_2] \left[\frac{\alpha_1}{\alpha_2}\right] \mathfrak{N}_1$ enthalten sein, also die Form $\alpha_2 \cdot \frac{\alpha_1}{\alpha_2} \cdot \nu_1$ haben, wobei ν_1 eine Zahl von $\mathfrak{N}_1$ ist. Daraus folgt

$$\alpha_2 \nu_2 = \alpha_2 \frac{\alpha_1}{\alpha_2} \nu_1; \; \nu_2 = \frac{\alpha_1}{\alpha_2} \nu_1.$$

ν_2 ist somit stets in $\left[\frac{\alpha_1}{\alpha_2}\right] \mathfrak{N}_1$ enthalten. Auf gleiche Weise wird umgekehrt gezeigt, daß jede Zahl $\frac{\alpha_1}{\alpha_2} \nu_1$ in $\mathfrak{N}_2$ enthalten ist.

Alle einem Ideale äquivalenten Ideale sind somit untereinander äquivalent, und es ist gleichgültig, von welchem der Ideale man ausgegangen ist.

42. Definition. Alle einem Ideale äquivalenten Ideale bilden eine Klasse; dieselbe ist von dem Ausgangsideal unabhängig.

Nach diesen Vorbereitungen gehen wir zum Beweise von folgenden Sätzen über. Der erste wird uns beim künftigen Beweise den Euklidischen Algorithmus ersetzen.

11. Satz. Ist ξ irgend eine ganze oder gebrochene Zahl von K, so gibt es eine positive natürliche Zahl $m < l^{l-1}$ und eine ganze Zahl λ_m von K, so daß der absolute Betrag der Norm von $\mu = m\xi - \lambda_m$ kleiner als 1 ist:

$$|N(\mu)| < 1.$$

Wir betrachten alle Zahlen

$$0 \cdot \xi - \lambda_0,\ 1 \cdot \xi - \lambda_1,\ 2 \cdot \xi - \lambda_2,\ \ldots,\ l^{l-1} \cdot \xi - \lambda_{l^{l-1}}.$$

Dabei werden λ_0, λ_1, ... $\lambda_{l^{l-1}}$ als ganze Zahlen von K folgendermaßen berechnet: Es sei

$$\xi = u_0 + u_1 \zeta + \cdots + u_{l-2} \zeta^{l-2},$$

wo die u bestimmte rationale Zahlen bedeuten. Für jedes $n = 0, 1, 2, \ldots, l^{l-1}$ sei $v_k^{(n)}$ die größte ganze rationale Zahl, die der Bedingung

$$v_k^{(n)} \leqq n\, u_k,\ n = 0, 1, 2, \ldots\ l^{l-1}$$

genügt. Dann ist

$$\lambda_n = v_0^{(n)} + v_1^{(n)} \zeta + \cdots + v_{l-2}^{(n)} \zeta^{l-2}.$$

Setzt man diese Werte in der obigen Reihe von Zahlen ein, so wird die $(n+1)^{\text{te}}$ den Wert

$$\varrho_n = n\,\xi - \lambda_n = w_0^{(n)} + w_1^{(n)} \zeta + \cdots + w_{l-2}^{(n)} \zeta^{l-2} \quad (n = 0, 1, \ldots\ l^{l-1})$$

annehmen, und alle Zahlen $w^{(n)}$ werden nicht negativ und kleiner als 1 sein. Die Anzahl der Zahlen ϱ_n ist $l^{l-1} + 1$. Man teilt jetzt das Intervall (0, 1) in l gleichgroße Teilintervalle

$$\left(0, \frac{1}{l}\right), \left(\frac{1}{l}, \frac{2}{l}\right), \left(\frac{2}{l}, \frac{3}{l}\right), \ldots \left(\frac{l-1}{l}, 1\right),$$

ein, wobei zu jedem Teilintervall die untere, nicht aber die obere Grenze mitgezählt werde. Jede der $(l-1)$ Zahlen $w^{(n)}$ liegt in einem Intervall; für jedes ϱ_n sind l^{l-1} Möglichkeiten, wie seine $w^{(n)}$ in die Intervalle sich verteilen. Da es aber $l^{l-1} + 1$ Zahlen ϱ_n gibt, so müssen wenigstens zwei ϱ, etwa ϱ_k und ϱ_h vorhanden sein, für die die sämtlichen sich entsprechenden $w^{(k)}$ und $w^{(h)}$ in denselben Teilintervallen liegen, d. h. es muß

$$|w_i^{(k)} - w_i^{(h)}| < \frac{1}{l},\ i = 0, 1, \ldots l-2,$$

sein. Setzt man, falls $k > h$ ist,

$$\varrho_k - \varrho_h = \mu;\ k - h = m;\ \lambda_k - \lambda_h = \bar{\lambda}_m;$$

so wird somit

$$\mu = m\,\xi - \bar{\lambda}_m = (w_0^{(k)} - w_0^{(h)}) + (w_1^{(k)} - w_1^{(h)})\,\zeta + \cdots + (w_{l-2}^{(1)} - w_{l-2}^{(h)})\,\zeta^{l-2},$$

wo m sicherlich kleiner als l^{l-1} und größer als 0 ist. Von dieser Zahl und ihren Konjugierten berechnen wir den absoluten Betrag durch Abschätzung:

$$0 \leqq | s^n \mu | = | (w_0^{(k)} - w_0^{(h)}) + (w_1^{(k)} - w_1^{(h)}) \zeta^{r^n} + (w_2^{(k)} - w_2^{(h)}) \zeta^{2r^n} + \cdots + (w_{l-2}^{(k)} - w_{l-2}^{(h)}) \zeta^{(l-2)r^n} |$$

$$< | w_0^{(k)} - w_0^{(h)} | + | (w_1^{(k)} - w_1^{(h)}) \zeta^{r^n} | + | (w_2^{(k)} - w_2^{(h)}) \zeta^{2r^n} | + \cdots + | (w_{l-2}^{(k)} - w_{l-2}^{(h)}) \zeta^{(l-2)r^n} |.$$

Der Punkt ζ^{r^n} liegt nach der Betrachtung von Seite 76 auf dem Einheitskreis, hat also den absoluten Betrag 1. Somit folgt, wegen $| \zeta^{r^n}| = 1$ und $|w^{(k)} - w^{(h)}| < \frac{1}{l}$, die weitere Abschätzung:

$$0 \leqq |s^n \mu | < \frac{1}{l} + \frac{1}{l} + \cdots + \frac{1}{l} = \frac{l-1}{l}. \qquad (n = 0, 1, 2, \ldots l-2)$$

Es gilt somit auch für das Produkt:

$$0 \leqq |\mu \cdot s\mu \ldots s^{l-2}\mu| = | N(\mu) | < \left(\frac{l-1}{l}\right)^{l-1} < 1$$

die geforderte Ungleichung. Der nächste Satz entspricht dem Satz 2 des II. Kapitels.

12. Satz. Die Anzahl der Klassen, in die die Ideale zerfallen, ist endlich (siehe Satz 2 Seite 36).

Es sei $\mathfrak{N}$ das gegebene Ideal, und die Zahl ν in $\mathfrak{N}$ so beschaffen, daß ihre Norm absolut genommen den kleinsten von Null verschiedenen Wert besitzt. Für jede andere der Zahlen ν' von $\mathfrak{N}$ ist somit

$$| N(\nu')| \geqq | N(\nu) |.$$

Setzt man im vorigen Satz $\xi = \frac{\nu'}{\nu}$, so muß es ein $m < l^{l-1}$ geben, für das die Norm der Zahl $\frac{\nu'}{\nu} m - \lambda_m$ kleiner als 1 ist. Somit wird:

$$\left| N\left(\frac{m\nu' - \lambda_m \nu}{\nu}\right)\right| < 1,$$

oder wegen der Bemerkung zu Satz 25 Seite 88:

$$|N(m\nu' - \lambda_m \nu)| < |N(\nu)|.$$

Die Zahlen ν, ν', λ_m, m sind alle ganz und nach Satz 6 ist $m\nu' - \lambda_m \nu$ auch eine Zahl von $\mathfrak{N}$. Nun soll ν eine Zahl mit absolut kleinster Norm $\neq 0$ sein. Dies ist nur möglich, wenn

$$N(m\nu' - \lambda_m \nu) = 0,$$
$$m\nu' - \lambda_m \nu = 0;\; m\nu' = \lambda_m \nu;$$

m ist irgend eine der Zahlen $1, 2, \ldots l^{l-1} - 1$.

Erweitern wir die letztere Gleichung mit $\frac{l^{l-1}!}{m}$, so wird auch

$$l^{l-1}!\, \nu' = \lambda'_m \nu$$

sein, wo λ'_m ganz ist. Dieses Resultat gilt für jede Zahl ν' von $\mathfrak{N} = (\nu, \nu', \nu'', \nu''', \ldots)$, was sich folgendermaßen ausdrücken läßt:

$$(l^{l-1}!)\,\mathfrak{N} = (\lambda'_m, \lambda''_m, \ldots)\,(\nu).$$

$\mathfrak{M} = (\lambda'_m, \lambda''_m, \ldots)$ ist wieder als Ideal aufzufassen; denn wir können beide Seiten mit $\mathfrak{O}$ erweitern, ohne daß sich hierbei die linke Seite verändert:

$$(l^{l-1}!)\,\mathfrak{N} = \mathfrak{M}\,(\nu).$$

Im Ideal $\mathfrak{M}$ ist sicher $l^{l-1}!$ enthalten, da ν in $\mathfrak{N}$ und $l^{l-1}!\,\nu$ in $\mathfrak{M}\,(\nu)$ enthalten sein muß. Außerdem folgt genau wie in dem Beweise Seite 113 von Satz 10

$$\mathfrak{N} \sim \mathfrak{M}.$$

Jedes Ideal $\mathfrak{N}$ ist daher einem Ideal $\mathfrak{M}$ äquivalent, das die Zahl $l^{l-1}!$ enthalten muß. Es gibt nur endlich viele solche Ideale $\mathfrak{M}$. Denn ist $\mathfrak{M} = (\mu_1, \mu_2, \ldots \mu_{l-1})$ ein solches, durch seine Basis definiertes Ideal, so darf man wegen $\mathfrak{M} = (\mu_1, \mu_2, \ldots \mu_{l-1}, l^{l-1}!)$ in jedem $\mu = u_0 + u_1\zeta + \cdots + u_{l-2}\zeta^{l-2}$ für u_k die Bedingung voraussetzen:

$$0 \leqq u_k < l^{l-1}!,$$

weil zu jedem μ_k ein beliebiges Vielfaches von $l^{l-1}!\,\zeta^h$ hinzugefügt oder weggenommen werden darf. Es gibt somit nur endlich viele verschiedene Möglichkeiten für die Zahlen μ.

Es seien $\mathfrak{M}_1, \mathfrak{M}_2, \ldots \mathfrak{M}_h$ alle Ideale, die die Zahl $l^{l-1}!$ enthalten und außerdem zueinander inäquivalent sind:

$$\mathfrak{M}_k \not\sim \mathfrak{M}_h.$$

Dann folgt aus obigem Beweise, daß für jedes Ideal $\mathfrak{N}$ von K eine Äquivalenz existieren muß

$$\mathfrak{N} \sim \mathfrak{M}_k,$$

wodurch unser Satz bewiesen ist.

Die endliche Anzahl der Klassen wollen wir mit h bezeichnen und die Klassenzahl von K nennen. h wird im VII. Kapitel berechnet werden.

Der nächste Satz wird uns das entsprechende Hilfsmittel in die Hand geben, wie im I. Kapitel der Satz, daß in k jeder endliche Modul eingliedrig ist.

13. Satz. Zu jedem Ideal $\mathfrak{N}$ läßt sich ein zweites Ideal $\mathfrak{N}_1$ angeben, so daß das Produkt der beiden Hauptideal wird:

$$\mathfrak{N}\,\mathfrak{N}_1 = (\nu).$$

Denn betrachten wir die Potenzen

$$\mathfrak{N}, \mathfrak{N}^2, \mathfrak{N}^3, \ldots \mathfrak{N}^n, \ldots,$$

so werden, da es nur endlich viele Klassen gibt, wenigstens zwei derselben einander äquivalent sein müssen, z. B.

$$\mathfrak{N}^k \sim \mathfrak{N}^i,$$

wo $0 < k < i$ sei; das sagt nichts anderes aus, als daß es einen eingliedrigen Modul geben muß mit ganzem μ_1 und μ_2, für den

$$\left[\frac{\mu_2}{\mu_1}\right] \mathfrak{N}^k = \mathfrak{N}^i = \mathfrak{N}^{i-k} \cdot \mathfrak{N}^k$$

wird. Erweitern wir beide Seiten mit $[\mu_1]$, so ist

$$[\mu_2]\,\mathfrak{N}^k = [\mu_1]\,\mathfrak{N}^{i-k} \cdot \mathfrak{N}^k.$$

Es sei

$$\mathfrak{N}^k = (\nu_1, \nu_2, \ldots \nu_{l-1});\; \mathfrak{N}^{i-k} = (\nu_1', \nu_2, \ldots \nu_{l-1}');$$

so können wir die obige Gleichung auch so schreiben:

$$[\mu_2\nu_1, \mu_2\nu_2, \ldots \mu_2\nu_{l-1}] = [\mu_1\nu_1, \mu_1\nu_2, \ldots \mu_1\nu_{l-1}]\,[\nu_1', \nu_2' \ldots \nu_{l-1}'].$$

Nach den Definitionen 3 und 5 des Moduls muß es deshalb ganze Zahlen ξ von $\mathfrak{N}^{i-k}$ geben, so daß

$$\mu_2\nu_1 \;=\; \xi_1^{(1)}\mu_1\nu_1 + \xi_2^{(1)}\mu_1\nu_2 + \cdots + \xi_{l-1}^{(1)}\mu_1\nu_{l-1},$$

$$\ldots\ldots\ldots\ldots\ldots\ldots\ldots\ldots\ldots$$

$$\mu_2\nu_{l-1} = \xi_1^{(l-1)}\mu_1\nu_1 + \xi_2^{(l-1)}\mu_1\nu_2 + \cdots + \xi_{l-1}^{(l-1)}\mu_1\nu_{l-1},$$

oder

$$0 = \left(\xi_1^{(1)} - \frac{\mu_2}{\mu_1}\right)\nu_1 + \xi_2^{(1)}\nu_2 + \cdots + \xi_{l-1}^{(1)}\nu_{l-1},$$

$$\ldots\ldots\ldots\ldots\ldots\ldots\ldots\ldots\ldots$$

$$0 = \xi_1^{(l-1)}\nu_1 + \xi_2^{(l-1)}\nu_2 + \cdots + \left(\xi_{l-1}^{(l-1)} - \frac{\mu_2}{\mu_1}\right)\nu_{l-1},$$

wird. Daraus folgt, daß die Determinante des Systems Null sein muß:

$$\begin{vmatrix} \xi_1^{(1)} - \frac{\mu_2}{\mu_1} & \xi_2^{(1)} & \dots & \xi_{l-1}^{(1)} \\ \dots & \dots & \dots & \dots \\ \xi_1^{(l-1)} & \xi_2^{(l-1)} & \dots & \xi_{l-1}^{(l-1)} - \frac{\mu_2}{\mu_1} \end{vmatrix} = 0;$$

d. h. $\frac{\mu_2}{\mu_1}$ genügt einer Gleichung mit ganzen Koeffizienten, deren erster eins ist, ist also nach Satz 29, Kapitel III, selbst eine ganze Zahl, die wir mit ϱ bezeichnen. Die obige Gleichung lautet jetzt:

$$[\varrho]\,\mathfrak{N}^k = \mathfrak{N}^{i-k} \cdot \mathfrak{N}^k;$$
$$[\varrho\,\nu_1, \varrho\,\nu_2, \dots \varrho\,\nu_{l-1}] = [\nu_1', \nu_2' \dots \nu_{l-1}']\,[\nu_1, \nu_2 \dots \nu_{l-1}].$$

Wir wiederholen die vorige Überlegung und zeigen in gleicher Weise, daß für jedes $i = 1, 2, \dots l-1$ Gleichungssysteme der folgenden Art bestehen müssen:

$$\begin{aligned} \nu_h\,\nu_i' &= \varrho\,(\eta_1^{(h)}\,\nu_1 + \eta_2^{(h)}\,\nu_2 + \dots + \eta_{l-1}^{(h)}\,\nu_{l-1}), \\ 0 &= \eta_1^{(h)}\,\nu_1 + \dots + \left(\eta_h^{(h)} - \frac{\nu_i'}{\varrho}\right)\nu_h + \dots + \eta_{l-1}^{(h)}\,\nu_{l-1}, \end{aligned} \qquad (h = 1, 2, \dots l-1)$$

wo die $\eta^{(h)}$ ganze Zahlen von K sind; darum ist $\frac{\nu_i'}{\varrho}$ eine ganze Zahl; letzteres drückt sich so aus:

$$\mathfrak{N}^{i-k} = [\varrho]\;(\nu_1'', \nu_2'' \dots \nu_{l-1}'').$$

Also:

$$[\varrho]\,\mathfrak{N}^k = [\varrho]\,\mathfrak{N}^k\,(\nu_1'', \nu_2'' \dots \nu_{l-1}''),$$

oder wie früher:

$$\mathfrak{N}^k = \mathfrak{N}^k\,(\nu_1'', \nu_2'' \dots \nu_{l-1}'').$$

Setzt man für $\mathfrak{N}^k$ die Darstellung $(\nu_1, \nu_2, \dots \nu_{l-1})$ ein, so folgt in gleicher Weise:

$$\begin{aligned} \nu_h &= \tau_1^{(h)}\,\nu_1 + \tau_2^{(h)}\,\nu_2 + \dots + \tau_{l-1}^{(h)}\,\nu_{l-1}; \quad (h = 1, 2, \dots l-1) \\ 0 &= \tau_1^{(h)}\,\nu_1 + \dots + (\tau_h^{(h)} - 1)\,\nu_h + \dots + \tau_{l-1}^{(h)}\,\nu_{l-1}; \end{aligned}$$

$$\begin{vmatrix} \tau_1^{(1)} - 1, & \tau_2^{(1)} & \dots & \tau_{l-1}^{(1)} \\ \tau_1^{(2)} & \tau_2^{(2)} - 1 & \dots & \tau_{l-1}^{(2)} \\ \dots & \dots & \dots & \dots \\ \tau_1^{(l-1)} & \tau_2^{(l-1)} & \dots & \tau_{l-1}^{(l-1)} - 1 \end{vmatrix} = 0.$$

Die τ sind Zahlen von $(\nu_1'', \nu_2'', \ldots \nu_{l-1}'')$. Multipliziert man die Determinante aus, so ergibt das Diagonalglied die Zahl 1, vermehrt um eine ganze rationale Funktion der τ; 1 ist deshalb eine ganze rationale Funktion der Zahlen τ ohne konstantes Glied. Diese Zahlen sind aber lineare homogene Funktionen der Zahlen ν_1'', ν_2'', ... ν_{l-1}'' mit ganzen Koeffizienten. Nach Satz 6 ist 1 deshalb in $(\nu_1'', \nu_2'', \ldots \nu_{l-1}'')$ enthalten und letzteres Ideal nach Satz 8 gleich $\mathfrak{O}$:

$$(\nu_1'', \nu_2'' \ldots \nu_{l-1}'') = \mathfrak{O}.$$

Berücksichtigt man dieses Resultat, so wird

$$\mathfrak{N}^{i-k} = [\varrho]\,\mathfrak{O} = (\varrho)$$

und

$$\mathfrak{N} \cdot \mathfrak{N}^{i-k-1} = (\varrho).$$

Wir haben somit das in unserem Satze definierte Ideal $\mathfrak{N}_1$ gleich $\mathfrak{N}^{i-k-1}$ zu setzen, um das Produkt zu einem Hauptideal zu machen.

Beispiele:

Im Körper der 3. Einheitswurzel sei

$$\mathfrak{N} = (7, 5 + \zeta).$$

$7, 5 + \zeta$ ist eine Basis nach Seite 110, weil

$$(5 + \zeta)(5 + \zeta^2) = 25 - 5 + 1 = 21$$

durch 7 teilbar ist. Dann ist

$$(7, 5 + \zeta)(7, 5 + \zeta^2) = (7)$$

Hauptideal. Denn:

$$(7, 5 + \zeta)(7, 5 + \zeta^2) = (49, 7(5 + \zeta), 7(5 + \zeta^2), 21)$$

und

$$49 - 2 \cdot 21 = 7.$$

14. Satz. Wenn $\mathfrak{N}_1, \mathfrak{N}_2, \mathfrak{M}$ Ideale sind, für die $\mathfrak{M}\mathfrak{N}_1 = \mathfrak{M}\mathfrak{N}_2$, so ist auch

$$\mathfrak{N}_1 = \mathfrak{N}_2.$$

(Siehe Satz 9 Seite 19 des I. Kapitels.)

Es sei $\mathfrak{M}_1$ ein solches Ideal, daß $\mathfrak{M}\mathfrak{M}_1 = (\mu)$ Hauptideal wird; dann folgt aus der Bedingungsgleichung:

$$\mathfrak{M}\,\mathfrak{M}_1\,\mathfrak{N}_1 = \mathfrak{M}\,\mathfrak{M}_1\,\mathfrak{N}_2 \text{ oder } (\mu)\,\mathfrak{N}_1 = (\mu)\,\mathfrak{N}_2,$$

was nur möglich ist, wenn

$$\mathfrak{N}_1 = \mathfrak{N}_2.$$

Damit ist der entscheidende Grund gefunden, warum die Ideale eine eindeutige Division zulassen. Wir lassen zunächst die Definition der Division selbst folgen. (Siehe die 7. Definition im I. Kapitel.)

43. Definition. Gibt es ein Ideal $\mathfrak{R}$, so daß bei vorgegebenen Idealen $\mathfrak{N}$ und $\mathfrak{M}$:

$$\mathfrak{N} = \mathfrak{M}\,\mathfrak{R}$$

wird, so heißt $\mathfrak{R}$ der Quotient $\frac{\mathfrak{N}}{\mathfrak{M}}$ der beiden Ideale $\mathfrak{N}$ und $\mathfrak{M}$. $\mathfrak{N}$ ist der Zähler, $\mathfrak{M}$ der Nenner des Quotienten. $\mathfrak{N}$ wird durch $\mathfrak{M}$ teilbar genannt. $\mathfrak{M}$ und $\mathfrak{R}$ sind Teiler von $\mathfrak{N}$.

15. Satz. Ist $\mathfrak{M}$ ein Teiler von $\mathfrak{N}$, so gibt es ein und nur ein Ideal $\mathfrak{R}$, für das

$$\mathfrak{N} = \mathfrak{M}\,\mathfrak{R}.$$

Gäbe es nämlich zwei Ideale $\mathfrak{R}$ und $\mathfrak{R}'$, so wäre

$$\mathfrak{M}\,\mathfrak{R} = \mathfrak{M}\,\mathfrak{R}'$$

oder nach dem vorhergehenden Satze $\mathfrak{R} = \mathfrak{R}'$.

Damit ist das Ziel dieses Paragraphen, die Eindeutigkeit der Division zu beweisen, erreicht.

§ 3. Eindeutige Zerlegung der Ideale. Primideale.

Im letzten Paragraph ist der weitaus schwierigste Teil der Beweisführung erledigt worden. Die Zerlegung in Primideale wird uns jetzt wie eine reife Frucht in die Hand fallen. Ein Ideal, das nur durch sich selbst und das Ideal $\mathfrak{O}$ teilbar ist, heißt nach der 8. Definition Seite 18 ein Primideal. Um zu entscheiden, in welcher Weise ein gegebenes Ideal durch Primideale teilbar ist, müssen wir notwendigerweise den Begriff der Teilbarkeit, deren Definition wir formal festgelegt haben, seinem inneren Wesen nach zu verstehen suchen.

16. Satz. Damit ein Ideal $\mathfrak{N}$ einen Teiler $\mathfrak{M}$ besitzt, ist notwendig und hinreichend, daß alle Zahlen von $\mathfrak{N}$ in $\mathfrak{M}$ enthalten sind. (Siehe Satz 7 Seite 17 im I. Kapitel.)

Zunächst der Beweis der Notwendigkeit! Da nach Annahme

$$\mathfrak{N} = \mathfrak{M}\,\mathfrak{R},$$

so läßt sich jede Zahl ν von $\mathfrak{N}$ in der Form

$$\nu = \mu_1 \varrho_1 + \mu_2 \varrho_2 + \cdots + \mu_{l-1} \varrho_{l-1}$$

darstellen, wenn $\mathfrak{M} = (\mu_1, \mu_2, \ldots \mu_{l-1})$ ist, und die ϱ Zahlen von $\mathfrak{R}$ bedeuten. Nach Satz 6 enthält dann $\mathfrak{M}$ die Zahl ν.

Umgekehrt seien alle Zahlen von $\mathfrak{N}$ in $\mathfrak{M}$ enthalten. Ist dann $\mathfrak{M}\,\mathfrak{M}_1 = (\mu)$ Hauptideal, so sind alle Zahlen vom $\mathfrak{N}\,\mathfrak{M}_1$ in (μ) enthalten; d. h. es muß für jede Zahl ν' von $\mathfrak{N}\,\mathfrak{M}_1$:

$$\nu' = \mu' \mu$$

sein, wo μ' jedesmal eine gewisse ganze Zahl ist; man kann daher setzen

$$\mathfrak{N}\,\mathfrak{M}_1 = (\mu)\,\mathfrak{R} = \mathfrak{M}\,\mathfrak{M}_1\,\mathfrak{R},$$

wenn das Ideal $(\mu', \ldots)$ mit $\mathfrak{R}$ abgekürzt wird. Nach dem Satze 14 folgt daraus

$$\mathfrak{N} = \mathfrak{M}\,\mathfrak{R}.$$

Beispiele:

Im Körper der 3. Einheitswurzel enthält das durch eine Basis dargestellte Ideal

$$\mathfrak{N} = (3, 1 - \zeta)$$

alle Zahlen des Hauptideals (3). Also ist

$$(3) = \mathfrak{N}\,\mathfrak{M}.$$

Um $\mathfrak{M}$ zu bestimmen, denken wir uns dieses Ideal durch eine spezielle Basis $(m, m_0 + \zeta)$ gegeben. Das dürfen wir nach den Entwicklungen von Seite 109—110; denn t muß gleich 1 gesetzt werden. Dann wird:

$$(3) = (3, 1 - \zeta)\,(m, m_0 + \zeta) = (3\,m, 3\,(m_0 + \zeta), m\,(1 - \zeta), (m_0 + \zeta)\,(1 - \zeta)).$$

Daraus folgt, daß $m\,(1 - \zeta)$, also auch m ein Vielfaches von 3 sein muß:

$$m = 3\,m';$$

ebenso $(m_0 + \zeta)\,(1 - \zeta) = (m_0 + 1) + \zeta\,(-m_0 + 2)$, was nur möglich ist, wenn

$$m_0 + 1 \equiv 0 \pmod 3;\; m_0 \equiv -1 \pmod 3$$

ist. Setzt man

$$\mathfrak{M} = (3, -1 + \zeta) = \mathfrak{N},$$

so ist allen diesen Bedingungen Genüge geleistet, und außerdem wird

$$\mathfrak{M}\,\mathfrak{N} = \mathfrak{N}^2 = (3^2, 3\,(1 - \zeta), (1 - \zeta)^2) = (3^2, 3\,(1 - \zeta), -3\,\zeta) = (3).$$

Das bewiesene Kriterium gibt ein Mittel in die Hand, um die Teiler eines gegebenen Ideals aufzustellen. Zunächst beweisen wir noch folgende Sätze:

17. Satz. Jede Zahl ν eines Ideals $\mathfrak{N}$ ist, als Hauptideal aufgefaßt, durch $\mathfrak{N}$ teilbar.

Denn alle seine Zahlen haben die Form $\omega\nu$, wo ω jede ganze Zahl bedeutet, und alle diese Zahlen müssen nach dem Satz 6 in $\mathfrak{N}$ enthalten sein.

18. Satz. Ein Ideal kann nur in endlich viele von $\mathfrak{O}$ verschiedene Teiler zerlegt werden.

Wäre $\mathfrak{N}$ in unendlich viele Teilideale zerlegbar, so müßte auch $\mathfrak{N}\mathfrak{N}_1 = (\nu)$, und um so mehr $(N(\nu)) = (n)$ diese Eigenschaft besitzen. Die Zahl n würde nach Satz 16 in allen unendlich vielen Teilidealen auftreten. Es gibt aber nur endlich viele von einander verschiedene Ideale, die eine gegebene Zahl n enthalten; dies wurde auf Seite 116 für die spezielle Zahl $n = l^{l-1}!$ bewiesen. Im allgemeinen Falle ist der Beweis genau derselbe. Somit müßte es ein von $\mathfrak{O}$ verschiedenes Ideal geben, das unendlich oft in (n) enthalten wäre. Nach dem Beweise zum Satze 13 Seite 119 wird eine gewisse kleinste Potenz des Ideales Hauptideal (ϱ). Also müßte

$$(n) = (\varrho)^x\,\mathfrak{R},$$

für jeden noch so großen Exponenten x. Dies ist nur möglich, wenn $|\varrho| = 1$, oder $\varrho\, s^{\frac{l-1}{2}}\varrho = 1$ ist. Es wäre also $(\varrho) = \mathfrak{O}$ und somit das Teilideal selbst gleich $\mathfrak{O}$.

Es ist vorteilhaft, $\mathfrak{O}$ nicht als Teiler aufzufassen; denn jedes Ideal ist durch $\mathfrak{O}$ teilbar; $\mathfrak{O}$ spielt die Rolle der Zahl 1 bei den natürlichen Zahlen.

Wir führen jetzt die Zerlegung des Ideales $\mathfrak{N}$ aus. Ist $\mathfrak{M}_1$ ein Teiler von $\mathfrak{N}$, so wird

$$\mathfrak{N} = \mathfrak{M}_1\,\mathfrak{R}_1.$$

Entweder sind beide Teiler Primideale, oder einer, z. B. $\mathfrak{R}_1$, ist wieder zerlegbar:

$$\mathfrak{R}_1 = \mathfrak{M}_2\,\mathfrak{R}_2;\quad \mathfrak{N} = \mathfrak{M}_1\,\mathfrak{M}_2\,\mathfrak{R}_2.$$

Auch jetzt müssen entweder beide Ideale Primideale sein, oder eines, z. B. $\mathfrak{R}_2$, läßt sich weiter zerlegen:

$$\mathfrak{R}_2 = \mathfrak{M}_3\,\mathfrak{R}_3,\quad \mathfrak{N} = \mathfrak{M}_1\,\mathfrak{M}_2\,\mathfrak{M}_3\,\mathfrak{R}_3.$$

Fährt man so fort, so ergibt sich schließlich die Darstellung

$$\mathfrak{N} = \mathfrak{M}_1\,\mathfrak{M}_2\ldots\mathfrak{M}_k\,\mathfrak{R}_k.$$

k bleibt stets unter einer bestimmten, nur von $\mathfrak{N}$ abhängigen Grenze. Ist dieselbe erreicht, so dürfen alle Teiler nicht weiter zerlegt werden können; sie sind daher Primideale.

19. Satz. Jedes Ideal kann als Produkt von endlich vielen Primidealen dargestellt werden. (Siehe den 8. Satz des I. Kapitels Seite 18.)

Wir bezeichnen Primideale stets mit den Buchstaben $\mathfrak{P}$, $\mathfrak{Q}$ oder $\mathfrak{L}$.

Zahlenbeispiele können erst berechnet werden, wenn wir die Aufstellung der Primideale durchführen können. Dieselbe wird uns erlauben, praktisch jedes Ideal in seine Faktoren zu zerlegen. Jetzt ist das Problem noch nicht so weit gediehen.

20. Satz. Wenn das Produkt $\mathfrak{N}_1 \mathfrak{N}_2$ zweier Ideale durch ein Primideal $\mathfrak{P}$ teilbar ist, so ist entweder $\mathfrak{N}_1$ oder $\mathfrak{N}_2$ durch $\mathfrak{P}$ teilbar. (Siehe den 11. Satz des I. Kapitels Seite 19.)

Denn ist $\mathfrak{N}_1$ nicht durch $\mathfrak{P}$ teilbar, so bilde man das Ideal $\mathfrak{R}$, das aus allen Zahlen von $\mathfrak{N}_1$ und $\mathfrak{P}$ besteht. Nach Satz 16 ist $\mathfrak{R}$ Teiler von $\mathfrak{N}_1$ und $\mathfrak{P}$. Da $\mathfrak{P}$ ein Primideal ist, kann $\mathfrak{R}$ nur gleich $\mathfrak{O}$ oder $\mathfrak{P}$ selbst sein. Letzteres ist ausgeschlossen, da $\mathfrak{N}_1$ nicht durch $\mathfrak{P}$ teilbar sein soll. Also ist $\mathfrak{R} = \mathfrak{O}$. Alle Zahlen von $\mathfrak{R}$ haben die Form

$$\omega_1 \nu_1 + \omega_2 \pi,$$

wenn ω_1, ω_2 irgend welche ganze Zahlen, ν_1 eine Zahl von $\mathfrak{N}_1$, und π eine solche von $\mathfrak{P}$ ist. Alle Zahlen ϱ von $\mathfrak{R}\mathfrak{N}_2$ haben die Gestalt:

$$\varrho = \nu_2 (\omega_1 \nu_1 + \omega_2 \pi) = \omega_1 \nu_1 \nu_2 + \omega_2 \pi \nu_2 ,$$

falls ν_2 irgend eine Zahl von $\mathfrak{N}_2$ ist. Nun ist aber

$$\mathfrak{R}\mathfrak{N}_2 = \mathfrak{O}\mathfrak{N}_2 = \mathfrak{N}_2;$$

also ergibt ϱ auch jede Zahl von $\mathfrak{N}_2$. $\nu_1 \nu_2$ ist eine Zahl von $\mathfrak{N}_1 \mathfrak{N}_2$, $\nu_2 \pi$ eine solche von $\mathfrak{P}$. Da $\mathfrak{P}$ in $\mathfrak{N}_1 \mathfrak{N}_2$ enthalten sein soll, so muß $\nu_1 \nu_2$ in $\mathfrak{P}$ auftreten, und die Summe

$$\varrho = \omega_1 \nu_1 \nu_2 + \omega_2 \pi \nu_2$$

wird nach der Definition des Ideals ebenfalls in $\mathfrak{P}$ sein. Alle Zahlen ϱ von $\mathfrak{N}_2$ sind daher Zahlen von $\mathfrak{P}$ und $\mathfrak{N}_2$ ist durch $\mathfrak{P}$ teilbar.

Damit gelingt der Beweis des Hauptsatzes.

IV. Hauptsatz. Jedes Ideal läßt sich auf eine und nur auf eine Weise als Produkt von Primidealen darstellen. (Siehe den Satz I im I. Kapitel.)

Denn nach Satz 19 läßt sich jedes Ideal $\mathfrak{N}$ in der Form darstellen:

$$\mathfrak{N} = \mathfrak{P}_1 \mathfrak{P}_2 \ldots \mathfrak{P}_k.$$

Wäre eine zweite Zerlegung möglich:

$$\mathfrak{N} = \mathfrak{P}_1' \mathfrak{P}_2' \ldots \mathfrak{P}_{k'}',$$

so müßte

$$\mathfrak{P}_1 \mathfrak{P}_2 \ldots \mathfrak{P}_k = \mathfrak{P}_1' \mathfrak{P}_2' \ldots \mathfrak{P}_{k'}'$$

sein. Das Produkt links wäre somit durch das Primideal $\mathfrak{P}_1'$ teilbar. Nach dem Satz 20 ist entweder $\mathfrak{P}_1$ oder $\mathfrak{N}_1 = \mathfrak{P}_2 \ldots \mathfrak{P}_k$ durch $\mathfrak{P}_1'$ teilbar. Im ersteren Fall ergibt sich, da $\mathfrak{P}_1$ Primideal ist, daß auch $\mathfrak{P}_1 = \mathfrak{P}_1'$. Im zweiten Fall schreibt man $\mathfrak{N}_1 = \mathfrak{P}_2 \mathfrak{N}_2$ und schließt wie vorhin, daß entweder $\mathfrak{P}_2$ oder $\mathfrak{N}_2$ durch $\mathfrak{P}_1'$ teilbar ist. Im letzteren Falle fährt man in gleicher Weise fort; da die Anzahl der Teiler endlich ist, muß schließlich der Fall eintreten, daß $\mathfrak{P}_1'$ einem Primideal $\mathfrak{P}$ gleich wird. Wir setzen $\mathfrak{P}_1 = \mathfrak{P}_1'$. Dann folgt aus

$$\mathfrak{P}_1 \mathfrak{P}_2 \ldots \mathfrak{P}_k = \mathfrak{P}_1 \mathfrak{P}_2' \ldots \mathfrak{P}_{k'}',$$

nach dem Satz 14 auch

$$\mathfrak{P}_2 \ldots \mathfrak{P}_k = \mathfrak{P}_2' \ldots \mathfrak{P}_{k'}'.$$

Man folgert in gleicher Weise wie oben, daß auch diese Gleichung nur möglich ist, wenn z. B. $\mathfrak{P}_2 = \mathfrak{P}_2'$, dann $\mathfrak{P}_3 = \mathfrak{P}_3'$, und so weiter, wird, womit der Satz bewiesen ist.

Historische Notiz: Man kann in ganz verschiedener Weise die Idealtheorie begründen. Die älteste stammt von Dedekind, der dieselbe in seinem X. Supplement der schon öfters zitierten 2. Auflage der Vorlesungen Dirichlet's veröffentlichte. Eine neue, das Wesen der Zahlentheorie in viel höherem Maße berührende Theorie brachte die 4. Auflage im XI. Supplement (siehe S. 2). Kronecker hat in seiner Festschrift (siehe S. 2, Anmerkung[1])) mit Hilfe des „methodischen Hilfsmittel der unbestimmten Koeffizienten" eine andere Auffassung durchgeführt. Hurwitz hat in den Jahren 1894—95 zwei weitere Begründungen veröffentlicht (Nachrichten von der Königl. Ges. der Wiss. zu Göttingen, Math.-physik. Klasse, 1894, Göttingen „Über die Theorie der Ideale" S. 291; 1895, Göttingen „Zur Theorie der algebraischen Zahlen" S. 324.) Die erstere ist von Dedekind (ebenda, 1895, S. 106) kritisiert worden. Die zweite ist hier der Betrachtung zugrunde gelegt worden.

An den Hauptsatz schließen sich die gleichen Definitionen und Begriffe an, wie im Falle des rationalen Körpers k. Zwei Ideale heißen teilerfremd, wenn sie keinen gemeinsamen Teiler haben. Ein Ideal, das in gegebenen Idealen enthalten ist, heißt ein gemeinsamer Teiler derselben; derjenige gemeinsame Teiler, der alle übrigen selbst als Teiler besitzt, heißt der größte gemeinsame Teiler der Ideale. Ein Ideal, in dem gegebene Ideale enthalten sind, heißt ein Vielfaches der letzteren. Dasjenige Vielfache, das Teiler aller übrigen ist, heißt kleinstes gemeinsames Vielfache der Ideale.

Wir beweisen noch folgende, für das Weitere wichtigen Sätze.

21. Satz. In jedem Ideal $\mathfrak{N}$ gibt es eine Zahl ϱ von der Beschaffenheit, daß das Ideal $\frac{(\varrho)}{\mathfrak{N}} = \mathfrak{R}$ zu einem gegebenen Ideal $\mathfrak{M}$ teilerfremd ist.

Es sei $\mathfrak{P}$ irgend ein Primidealteiler von $\mathfrak{M}$. Dann gibt es in $\mathfrak{N}$ sicher eine Zahl ν, für die $\frac{(\nu)}{\mathfrak{N}}$ zu $\mathfrak{P}$ teilerfremd ist; denn sonst wären alle Zahlen, als Hauptideale aufgefaßt, also auch $\mathfrak{N}$ selbst, durch $\mathfrak{N}\,\mathfrak{P}$ teilbar. Ebenso kann man eine Zahl μ angeben, die durch alle übrigen von $\mathfrak{P}$ verschiedenen Primideale, die in $\mathfrak{M}$ enthalten sind, teilbar ist; dagegen soll μ zu $\mathfrak{P}$ teilerfremd sein. Dann ist $\frac{(\mu\,\nu)}{\mathfrak{N}}$ zu $\mathfrak{P}$ teilerfremd, aber durch jedes andere Primideal von $\mathfrak{M}$ teilbar. Jedem Primideal von $\mathfrak{M}$ werde eine solche Zahl zugeordnet; wir bilden die Summe

$$\varrho = \Sigma\,\mu\,\nu\,;$$

ϱ gehört sicherlich wieder dem Ideal $\mathfrak{N}$ an, d. h. (ϱ) ist durch $\mathfrak{N}$ teilbar. Dagegen ist $\frac{(\varrho)}{\mathfrak{N}}$ zu $\mathfrak{P}$ teilerfremd; denn jede Zahl der Summe liegt in $\mathfrak{P}\,\mathfrak{N}$, mit Ausnahme der Zahl $\mu\,\nu$, die sicherlich nicht darin auftritt. Also ist $\frac{(\varrho)}{\mathfrak{N}}$ zu jedem in $\mathfrak{M}$ enthaltenen Primideal teilerfremd, also auch zu $\mathfrak{M}$ selbst.

22. Satz. In jedem Ideal $\mathfrak{N}$ kann man zwei Zahlen ϱ und λ angeben, für die

$$\frac{(\varrho)}{\mathfrak{N}} \text{ und } \frac{(\lambda)}{\mathfrak{N}}$$

untereinander und zu einem gegebenen Ideal $\mathfrak{M}$ teilerfremd sind.

Man wähle ϱ in $\mathfrak{N}$ so, daß das Ideal $\frac{(\varrho)}{\mathfrak{N}} = \mathfrak{R}$ zu $\mathfrak{M}$ teilerfremd ausfällt. Jetzt bestimme man λ in $\mathfrak{N}$ so, daß $\frac{(\lambda)}{\mathfrak{N}}$ zu $\mathfrak{R}\,\mathfrak{M}$ teilerfremd ist. ϱ und λ erfüllen alle Bedingungen.

Aus diesem Satze kann man speziell das Resultat entnehmen:

23. Satz. Jedes Ideal $\mathfrak{N}$ läßt sich durch zwei Zahlen ϱ und λ definieren:

$$\mathfrak{N} = (\varrho, \lambda) = [\varrho, \lambda]\,\mathfrak{O}.$$

Diese Tatsache erklärt die Redewendung, jedes Ideal sei größter gemeinsamer Teiler zweier Zahlen. Man ersetze die beiden Zahlen durch die Hauptideale, die sie festlegen. Dann ist das Ideal tatsächlich der größte gemeinsame Teiler der beiden Hauptideale. Im Falle des Körpers k ist jedem Ideal eindeutig eine und nur eine positive natürliche Zahl, die Norm, zugeordnet, und umgekehrt entspricht jeder Zahl ein und nur ein Ideal. Im Körper K ist der erste Teil dieser Aussage im allgemeinen nicht mehr gültig, sondern nur seine Umkehrung. Jeder Zahl ω von K ist eindeutig ein Hauptideal (ω) zugeordnet. Durch die Hauptideale (ω) sind, wenn die Klassenzahl h größer als Eins ist, nicht mehr alle Ideale erschöpft. Der letzte Satz zeigt, daß in diesem Falle zwei Zahlen ϱ und λ stets ein und nur ein Ideal (ϱ, λ) bestimmen und umgekehrt. Das Ideal ist der größte gemeinsame Teiler von (ϱ) und (λ). Dieser letztere Ausdruck ist sehr unbequem und wird gewöhnlich in nicht mißzuverstehender Weise durch den kürzeren des größten gemeinsamen Teilers der Zahlen ϱ und λ ersetzt. Man spricht kurz vom größten gemeinsamen Teiler zweier Zahlen und denkt sich dabei die Zahlen durch die zugehörigen Hauptideale ersetzt.

44. Definition. Werden in einem Ideal $\mathfrak{N}$ alle Zahlen ν durch die Konjugierten $s^k \nu$ ersetzt, so erhält man wieder ein Ideal, das ein zu $\mathfrak{N}$ konjugiertes Ideal heißt und mit $s^k\,\mathfrak{N}$ oder $\mathfrak{N}^{(k)}$ bezeichnet wird.

Im ganzen gibt es $l-1$ konjugierte Ideale:

$$\mathfrak{N},\ s\,\mathfrak{N} = \mathfrak{N}',\ s^2\,\mathfrak{N} = \mathfrak{N}'',\ \ldots\ s^{l-2}\,\mathfrak{N} = \mathfrak{N}^{(l-2)}.$$

Die Konjugierten von $\mathfrak{O}$ sind alle einander gleich. Dies ist auch der Grund, warum die konjugierten Ideale $\mathfrak{N}', \ldots \mathfrak{N}^{(l-2)}$ wieder Ideale sind. Es gilt die Rechnungsregel:

$$s^k\,(\mathfrak{N}_1\,\mathfrak{N}_2) = s^k\,\mathfrak{N}_1\,s^k\,\mathfrak{N}_2 \text{ oder } (\mathfrak{N}_1\,\mathfrak{N}_2)^{(k)} = \mathfrak{N}_1^{(k)}\,\mathfrak{N}_2^{(k)}.$$

Denn ist ν_1 in $\mathfrak{N}_1$, ν_2 in $\mathfrak{N}_2$ enthalten, so ist entsprechend:

$$s^k\,(\nu_1\,\nu_2) = s^k\,\nu_1 \cdot s^k\,\nu_2.$$

In jedem Ideal $\mathfrak{N}$ gibt es ganze rationale Zahlen, zum Beispiel die Normen seiner Zahlen. Man bilde ein Ideal aus den Normen $N(\nu)$ aller Zahlen ν von $\mathfrak{N}$:

$$\mathfrak{G} = (N(\nu),\ N(\nu'),\ \ldots).$$

Faßt man $\mathfrak{G}$ zunächst als Ideal des Körpers k auf, so folgt nach dem I. Kapitel, daß $\mathfrak{G}$ einem eingliedrigen Modul $[n]$ gleich wird; also ist in K:

$$\mathfrak{G} = (n) = [n]\,\mathfrak{O}.$$

$\mathfrak{G}$ ist Hauptideal.

45. Definition. Die positive Zahl n heißt die Norm des Ideals und wird mit $N(\mathfrak{N})$ bezeichnet.

24. Satz. Alle konjugierten Ideale besitzen dieselbe Norm.

Denn ist ν eine Zahl in $\mathfrak{N}$, so haben ν und $s\nu$ dieselbe Norm. $\mathfrak{G}$ enthält daher für alle Konjugierten dieselben Zahlen.

Daraus erkennt man, daß $\mathfrak{G}$ durch $\mathfrak{N}\mathfrak{N}' \ldots \mathfrak{N}^{(l-2)}$ teilbar ist. Denn jede Zahl von $\mathfrak{G}$ ist durch dieses Produkt teilbar, also auch das Ideal selbst. Wir setzen

$$(N(\mathfrak{N})) = (n) = \mathfrak{N}\mathfrak{N}' \ldots \mathfrak{N}^{(l-2)}\mathfrak{M}.$$

Ist $\mathfrak{N}$ ein gegebenes Ideal, so wähle man in $\mathfrak{N}$ irgend eine Zahl ϱ, für die $\frac{(\varrho)}{\mathfrak{N}} = \mathfrak{R}$ sei, und hierauf eine zweite Zahl λ gemäß Satz 21, für die $\frac{(\lambda)}{\mathfrak{N}}$ zu $\mathfrak{R}\mathfrak{R}' \ldots \mathfrak{R}^{(l-2)}$ teilerfremd ist. Dann sind auch

$$\frac{(\lambda)}{\mathfrak{N}} \text{ und } \frac{(N(\varrho))}{\mathfrak{N}\mathfrak{N}' \ldots \mathfrak{N}^{(l-2)}} = \mathfrak{R}\mathfrak{R}' \ldots \mathfrak{R}^{(l-2)}$$

zueinander teilerfremd, und dasselbe gilt für

$$s^k \frac{(\lambda)}{\mathfrak{N}} \text{ und } \frac{(N(\varrho))}{\mathfrak{N}\mathfrak{N}' \ldots \mathfrak{N}^{(l-2)}};$$

denn hätten letztere einen Primteiler $\mathfrak{P}$ gemein, so besäßen die oberen beiden Zahlen den Primteiler $s^{-k}\mathfrak{P}$. Somit sind auch

$$\frac{(N(\lambda))}{\mathfrak{N}\mathfrak{N}' \ldots \mathfrak{N}^{(l-2)}} \text{ und } \frac{(N(\varrho))}{\mathfrak{N}\mathfrak{N}' \ldots \mathfrak{N}^{(l-2)}}$$

ohne gemeinsamen Teiler. Nach dem vorigen Resultat ist

$$(N(\mathfrak{N})) = (n) = \mathfrak{N}\mathfrak{N}' \ldots \mathfrak{N}^{(l-2)}\mathfrak{M}.$$

$(N(\lambda))$ und $(N(\varrho))$ sind nach Definition Zahlen von (n), treten also in $\mathfrak{N}\mathfrak{N}' \ldots \mathfrak{N}^{(l-2)}\mathfrak{M}$ auf. Die Ideale

$$\frac{(N(\lambda))}{\mathfrak{N}\mathfrak{N}' \ldots \mathfrak{N}^{(l-2)}} \text{ und } \frac{(N(\varrho))}{\mathfrak{N}\mathfrak{N}' \ldots \mathfrak{N}^{(l-2)}}$$

sind darum beide durch $\mathfrak{M}$ teilbar; sie sollen aber auch teilerfremd sein; also ist $\mathfrak{M} = \mathfrak{O}$:

$$(N(\mathfrak{N})) = \mathfrak{N}\mathfrak{N}' \ldots \mathfrak{N}^{(l-2)}.$$

25. Satz. Die Norm, als Ideal aufgefaßt, ist gleich dem Produkt aller konjugierten Ideale:

$$(N(\mathfrak{N})) = \mathfrak{N}\mathfrak{N}' \ldots \mathfrak{N}^{(l-2)}.$$

Beispiele:

Im Falle des Körpers der 3. Einheitswurzel kann die Norm eines durch seine Basis gegebenen Ideals

$$\mathfrak{N} = (n, n_0 + \zeta) \qquad (n > 0)$$

leicht bestimmt werden. $\mathfrak{N}$ besitzt nur das konjugierte Ideal $s\,\mathfrak{N} = (n, n_0 + \zeta^2)$. Also wird

$$\mathfrak{N}\, s\, \mathfrak{N} = (n^2, n\,(n_0 + \zeta),\; n\,(n_0 + \zeta^2),\; n_0^2 - n_0 + 1).$$

Dieses Ideal enthält die Zahl

$$n\,(n_0 + \zeta) - n\,(n_0 + \zeta^2) = n\,(\zeta - \zeta^2),$$

also auch

$$n\,(\zeta - \zeta^2)\,(\zeta^2 - \zeta) = 3\,n.$$

Ist n zu 3 teilerfremd, so ist

$$\mathfrak{N}\, s\, \mathfrak{N} = (n)$$

und n die Norm von $\mathfrak{N}$. Ist n durch drei teilbar und wäre $\mathfrak{N}\, s\, \mathfrak{N} = (3\,n)$, so müßte $3n$ durch 9 teilbar sein und daher:

$$n_0^2 - n_0 + 1 \equiv 0 \;(\text{mod. } 9).$$

Dies ist unmöglich, da n_0 die Gestalt $-1 + 3\,x$ haben muß, und

$$(-1 + 3\,x)^2 - (-1 + 3\,x) + 1 = 3 - 9\,x + 9\,x^2 \equiv 3 \not\equiv 0 \;(\text{mod. } 9)$$

wird. Also ist n in jedem Fall die Norm von $\mathfrak{N}$.

26. Satz. Die Norm eines Produktes zweier Ideale ist gleich dem Produkt der Normen der Ideale:

$$N\,(\mathfrak{N}_1\, \mathfrak{N}_2) = N\,(\mathfrak{N}_1) \cdot N\,(\mathfrak{N}_2).$$

Denn es ist

$$(N\,(\mathfrak{N}_1\, \mathfrak{N}_2)) = \mathfrak{N}_1\, \mathfrak{N}_1' \ldots \mathfrak{N}_1^{(l-2)}\, \mathfrak{N}_2\, \mathfrak{N}_2' \ldots \mathfrak{N}_2^{(l-2)} = (N\,(\mathfrak{N}_1))\,(N\,(\mathfrak{N}_2)).$$

§ 4. Strahl, Kongruenz, Klasse.

Bevor wir den Strahl definieren, wollen wir festlegen, was wir unter mod. $\mathfrak{N}$ verstehen (sprich modul $\mathfrak{N}$). Jedes Ideal $\mathfrak{N}$ ist ein Modul, der nur ganze Zahlen enthält, und gibt Anlaß zu einem Modul, der auch gebrochene Zahlen besitzt und mit mod. $\mathfrak{N}$ bezeichnet wird.

46. Definition. Unter mod. $\mathfrak{N}$ verstehen wir den Bereich aller Zahlen

$$\frac{\nu}{\omega},$$

wo ν alle Zahlen von $\mathfrak{N}$ und ω alle diejenigen ganzen Zahlen von K durchläuft, die nicht in einem Teiler von $\mathfrak{N}$ auftreten (siehe die 10. Definition im I. Kapitel Seite 22).

mod. $\mathfrak{N}$ ist ein Modul, da durch Addition und Subtraktion von zwei seiner Zahlen wieder eine Zahl des Moduls entsteht:

$$\frac{\nu_1}{\omega_1} \pm \frac{\nu_2}{\omega_2} = \frac{\nu_1 \omega_2 \pm \nu_2 \omega_1}{\omega_1 \omega_2};$$

$\nu_1 \omega_2 \pm \nu_2 \omega_1$ ist eine Zahl von $\mathfrak{N}$, und $\omega_1 \omega_2$ ist zu $\mathfrak{N}$ teilerfremd.

Der Strahl wurde durch die 9. Definition Seite 22 festgelegt.

27. Satz. Alle Zahlen $1 + \alpha$, wo α die Zahlen von mod. $\mathfrak{N}$ durchläuft, bilden einen Strahl, der dem Ideal $\mathfrak{N}$ zugeordnet ist. $\mathfrak{N}$ heißt Führer des Strahls (siehe die Ausführungen im I. Kapitel Seite 22).

Sind α_1 und α_2 Zahlen von mod. $\mathfrak{N}$, so ist

$$(1 + \alpha_1)(1 + \alpha_2) = 1 + (\alpha_1 + \alpha_2 + \alpha_1 \alpha_2),$$

$$\frac{1 + \alpha_1}{1 + \alpha_2} = 1 + \frac{\alpha_1 - \alpha_2}{1 + \alpha_2},$$

und man sieht, daß $\alpha_1 + \alpha_2 + \alpha_1 \alpha_2$ und $\frac{\alpha_1 - \alpha_2}{1 + \alpha_2}$ wieder Zahlen von mod. $\mathfrak{N}$ sind.

Jede Zahl des Strahls heißt Strahlzahl. Ist $\mathfrak{N} = \mathfrak{O}$, so ist der zugehörige Strahl der Körper K selbst.

Auch hier ist es praktisch, für die Zahlen von mod. $\mathfrak{N}$ eine Bezeichnung einzuführen, die Kongruenz genannt wird.

47. Definition. Wenn α eine Zahl von mod. $\mathfrak{N}$ ist, so schreibt man

$$\alpha \equiv 0 \ (\text{mod. } \mathfrak{N}),$$

in Worten: α kongruent Null modulo $\mathfrak{N}$.

Erweiterung der 47. Definition. Wenn $\alpha - \beta \equiv 0$ (mod. $\mathfrak{N}$), so schreibt man

$$\alpha \equiv \beta \ (\text{mod. } \mathfrak{N}).$$

(Siehe die 14. Definition und Erweiterung derselben im I. Kapitel Seite 31.)

28. Satz. Wenn $\alpha \equiv \beta$, $\beta \equiv \gamma$ (mod. $\mathfrak{N}$), so ist auch $\alpha \equiv \gamma$ (mod. $\mathfrak{N}$). Wenn $\alpha \equiv \beta$ (mod. $\mathfrak{N}$), so ist auch $\xi\alpha \equiv \xi\beta$ (mod. $\mathfrak{N}$), wo ξ eine beliebige Zahl ist, deren Nenner zu $\mathfrak{N}$ teilerfremd sein muß (siehe die Sätze 19 und 21 des I. Kapitels Seite 31—32).

29. Satz. Eine Kongruenz bleibt richtig, wenn man ihre beiden Seiten mit einer ganzen Zahl multipliziert, oder durch eine ganze Zahl dividiert, die zum Führer teilerfremd ist.

Alle diese Sätze werden genau in derselben Weise wie im I. Kapitel bewiesen. Auch jetzt darf man mit Kongruenzen wie mit Gleichungen rechnen. Dabei seien ein für allemal die Zahlen, deren Nenner nicht zu $\mathfrak{N}$ teilerfremd sind, ausgeschlossen. Alle nicht ausgeschlossenen sind „erlaubte Zahlen".

Die Definition der Strahlzahlen lautet jetzt folgendermaßen: Alle Zahlen ξ, die der Bedingung

$$\xi \equiv 1 \pmod{\mathfrak{N}}$$

genügen, sind Strahlzahlen und umgekehrt.

Zwei Zahlen α und β, deren Differenz nicht in mod. $\mathfrak{N}$ liegt, heißen inkongruent (mod. $\mathfrak{N}$) oder $\alpha \not\equiv \beta \pmod{\mathfrak{N}}$.

30. Satz. Die Anzahl der mod. $\mathfrak{N}$ inkongruenten Zahlen ist endlich.

Denn es sei n die Norm von $\mathfrak{N}$; unterzieht man im allgemeinen Ausdruck der Zahlen in K:

$$\alpha = u_0 + u_1 \zeta + u_2 \zeta^2 + \cdots + u_{l-2} \zeta^{l-2}$$

die u der Bedingung, daß sie ganz sind, und daß $0 \leq u < n$, so erhält man n^{l-1} verschiedene Werte ω von α. Jede erlaubte, ganze oder gebrochene Zahl ist aber einem dieser Werte ω (mod. $\mathfrak{N}$) kongruent, da n in $\mathfrak{N}$ enthalten ist und jede Zahl, deren Nenner zu $\mathfrak{N}$ teilerfremd ist, in der Form α so darstellbar ist, daß die Nenner der u zu n teilerfremd sind. Zum Beweise benutzt man den auf den Fall eines beliebigen Moduls (n) verallgemeinerten Satz 4, Seite 37, im Kapitel II.

Alle zueinander kongruenten Zahlen bilden eine Kongruenzklasse (siehe Definition 15 Seite 32), die von der Ausgangszahl wegen des 28. Satzes unabhängig ist. Die Anzahl der Kongruenzklassen ist demnach endlich.

Für jeden gegebenen Führer können die Ideale von K in Klassen eingeteilt werden. Zu dem Zwecke sei der Führer durch ein neues besonderes Zeichen $\mathfrak{F}$ ausgezeichnet. Er lege den Strahl $\mathfrak{F}$ fest. Wir gehen aus von der auf Seite 112 definierten Äquivalenz zweier Ideale $\mathfrak{N}_1$ und $\mathfrak{N}_2$. Es sei

$$\mathfrak{N}_1 \backsim \mathfrak{N}_2;\ \text{also}\ \mathfrak{N}_1 = [\alpha]\,\mathfrak{N}_2,$$

und wir schreiben die Gleichung folgendermaßen:

$$\frac{\mathfrak{N}_1}{\mathfrak{N}_2} = [\alpha]\,\mathfrak{O}.$$

Wir beschränken uns im folgenden auf die Definition der primitiven Klassen, deren Ideale zum Führer teilerfremd sind.

48. Definition. Die zu $\mathfrak{F}$ teilerfremden Ideale $\mathfrak{N}_1$ und $\mathfrak{N}_2$ heißen äquivalent (mod. $\mathfrak{F}$):

$$\mathfrak{N}_1 \underset{\equiv}{\backsim} \mathfrak{N}_2 \ (\mathfrak{F}),$$

wenn:

1. $\mathfrak{N}_1 \backsim \mathfrak{N}_2$, d. h. $\dfrac{\mathfrak{N}_1}{\mathfrak{N}_2} = [\alpha]\,\mathfrak{O}$,

2. der Modul $[\alpha]\,\mathfrak{O}$ gleich $[\xi]\,\mathfrak{O}$ gesetzt werden kann, wo ξ eine Strahlzahl ist mit dem Führer $\mathfrak{F}$:

$$\xi \equiv 1 \ (\text{mod. } \mathfrak{F}).$$

(Siehe die 11. Definition des I. Kapitels Seite 25.)

31. Satz. Sind zwei Ideale $\mathfrak{N}_1$ und $\mathfrak{N}_2$ einem dritten $\mathfrak{N}_3$ (mod. $\mathfrak{F}$) äquivalent, so sind sie auch untereinander (mod. $\mathfrak{F}$) äquivalent.

Denn wenn

$$\frac{\mathfrak{N}_1}{\mathfrak{N}_3} = [\xi]\,\mathfrak{O}, \quad \frac{\mathfrak{N}_2}{\mathfrak{N}_3} = [\eta]\,\mathfrak{O}, \ \xi \equiv \eta \equiv 1 \ (\text{mod. } \mathfrak{F}),$$

so ist

$$\frac{\mathfrak{N}_1}{\mathfrak{N}_2} = \frac{[\xi]}{[\eta]}\,\mathfrak{O} = \left[\frac{\xi}{\eta}\right]\mathfrak{O}; \ \frac{\xi}{\eta} \equiv 1 \ (\text{mod. } \mathfrak{F}).$$

Da ξ und η Zahlen des Strahls sind, muß auch $\dfrac{\xi}{\eta}$ eine Strahlzahl sein.

49. Definition. Alle einander in bezug auf den Führer $\mathfrak{F}$ äquivalenten Ideale bilden eine Idealklasse (mod. $\mathfrak{F}$).

Ist $\mathfrak{F} = \mathfrak{O}$, so fällt der Begriff mit dem früheren (Seite 113) zusammen, da der zweite Punkt der Definition fortfällt. Die Anzahl der primitiven Idealklassen (mod. $\mathfrak{F}$) heißt die Klassenzahl (mod. $\mathfrak{F}$).

32. Satz. Die Klassenzahl (mod. $\mathfrak{F}$) ist endlich.

Denn die Anzahl der äquivalenten Ideale ist nach dem Satze 12, Seite 115 endlich. Jede dieser Klassen zerfällt wegen des zweiten Punktes in weniger primitive Klassen (mod. $\mathfrak{F}$), als es inkongruente Zahlen (mod. $\mathfrak{F}$) gibt. Da auch diese Anzahl nach Satz 30 endlich ist, und die Klassenzahl (mod. $\mathfrak{F}$) das Produkt der beiden besprochenen Zahlen ist, so ist sie ebenfalls endlich.

Alle auf den Seiten 29 bis 30 des I. Kapitels hergeleiteten Resultate gelten wörtlich für die neuen Klassen. Diejenige Klasse, die die Hauptideale (α) enthält, für die α eine Strahlzahl ist, heißt die Hauptklasse (mod. $\mathfrak{F}$).

Damit ist die Zahlentheorie in ihren Elementen für K soweit entwickelt, wie sie für k im I. Kapitel durchgeführt worden ist. Wir kennen die allgemeinen Regeln und Begriffe. Allein wir haben noch kein Mittel, um die Ideale von K selbst wirklich aufzustellen, so daß wir mit ihnen wie mit den gewöhnlichen Zahlen rechnen können. Diese Fragestellung hatte in k eine einfache Lösung, da jeder natürlichen Zahl umkehrbar eindeutig ein Ideal zugeordnet war, und jeder natürlichen Primzahl ein Primideal entsprach. Jetzt hört diese Zuordnung auf, da wir im allgemeinen nicht jedes Ideal durch eine ganze Zahl charakterisieren können. Die Aufgabe, alle Ideale von K zu finden, läßt sich auf die Aufstellung der Primideale zurückführen, da sich jedes Ideal eindeutig aus solchen zusammensetzt. Kennen wir die Primideale, so beherrschen wir jedes Ideal. Damit ist das Ziel des nächsten Kapitels bestimmt. Erst dann wird es möglich sein, zu Zahlenbeispielen überzugehen.

V. Kapitel.

Die Aufstellung der Primideale.

§ 1. Allgemeines.

Die Aufstellung der Primideale gelingt mit Hilfe der im II. Kapitel entwickelten Begriffe und Sätze. Damit wird die enge Verwandtschaft zwischen den Körpern K und k bezeugt; jeder Eigenschaft des einen Körpers entspricht eine solche des andern. Einen ersten Aufschluß über die Art der Primideale erhalten wir durch folgende Tatsache:

1. Satz. Die kleinste natürliche positive Zahl, die ein Primideal enthält, ist eine rationale Primzahl.

Wäre nämlich $n = n_1 n_2$ $(0 < n_1 < n, 0 < n_2 < n)$ die kleinste natürliche Zahl, die in einem Primideale $\mathfrak{P}$ enthalten ist, so tritt jede Zahl ωn in $\mathfrak{P}$ auf, falls ω die ganzen Zahlen von K durchläuft. Also ist $\mathfrak{P}$ ein Teiler von $(n) = (n_1)(n_2)$, und es muß nach Satz 20 des vorigen Kapitels Seite 123 entweder (n_1) oder (n_2) durch $\mathfrak{P}$ teilbar sein. Wäre z. B. (n_1) durch $\mathfrak{P}$ teilbar, so wäre auch die Zahl $n_1 < n$ in $\mathfrak{P}$ enthalten, entgegen der gemachten Voraussetzung. Somit ist n eine Primzahl. Die in einem Primideal enthaltene kleinste Zahl bezeichnen wir stets mit demselben Buchstaben wie das Primideal selbst, nur in dem kleinen lateinischen Alphabete. In $\mathfrak{P}$ ist somit die Primzahl p enthalten, und umgekehrt ist wegen Satz 16, Kapitel IV, $\mathfrak{P}$ ein Teiler von (p).

2. Satz. Alle natürlichen Zahlen in $\mathfrak{P}$ sind Vielfache von p.

Wäre nämlich n in $\mathfrak{P}$ nicht durch p teilbar, so gäbe es zwei natürliche Zahlen x und y, für die $px + ny = 1$ ist, d. h. die Zahl 1 wäre in $\mathfrak{P}$ enthalten, was unmöglich ist.

3. Satz. Zahlen, die einander (mod. p) kongruent sind, sind es um so mehr (mod. $\mathfrak{P}$).

Ist $\alpha - \beta \equiv 0$ (mod. p), so ist $\alpha - \beta$ in mod. p enthalten, und da alle Zahlen von (p) auch in $\mathfrak{P}$ sind, muß $\alpha - \beta$ in mod. $\mathfrak{P}$ auftreten.

Beispiele:

Durch diese Sätze kommt man dem Problem der Zerlegung eines

Ideals in Primideale bedeutend näher. Ist im Körper der 5. Einheitswurzel das Ideal

$$\mathfrak{N} = (341, 4 - \zeta)$$

gegeben, so erkennt man, daß wegen $341 = 11 \cdot 31$ nur Primideale von (11) und (31) in $\mathfrak{N}$ enthalten sein können. Denn jedes in $\mathfrak{N}$ enthaltene Primideal muß 11 oder 31 enthalten, da $\mathfrak{N}$ nur die Vielfachen dieser Zahlen besitzt. In der Tat ist

$$\mathfrak{N} = (11, 4 - \zeta)\,(31, 4 - \zeta) = (341, 11\,(4 - \zeta), 31\,(4 - \zeta), (4 - \zeta)^2);$$

denn:

$$4 - \zeta = 5\,[31\,(4 - \zeta)] - 14\,[11\,(4 - \zeta)].$$

Entsprechend besitzt das Ideal

$$\mathfrak{N} = (42, -8 + 2\,\zeta)$$

des Körpers der 3. Einheitswurzel wegen $42 = 2 \cdot 3 \cdot 7$ nur Primteiler von 2, 3 und 7 als Teiler. Es ist

$$\mathfrak{N} = (2)\,(3, -4 + \zeta)\,(7, -4 + \zeta).$$

Ob diese Ideale noch weiter zerlegbar oder Primideale sind, werden wir erst später erkennen können.

Die Konjugierten des Hauptideals (p) sind sämtlich gleich (p). Die Norm von p ist daher p^{l-1}. Da die Norm des Ideals $\mathfrak{P}$ der größte gemeinsame Teiler der Normen seiner Zahlen ist, und p in $\mathfrak{P}$ auftritt, so muß $N(\mathfrak{P})$ in p^{l-1} enthalten sein, also selbst eine Potenz von p werden.

4. Satz. Die Norm eines Primideals $\mathfrak{P}$ ist eine Potenz p^f der in ihm enthaltenen rationalen Primzahl p:

$$N(\mathfrak{P}) = p^f.$$

50. Definition. Wenn

$$N(\mathfrak{P}) = p^f,$$

so heißt f der Grad des Primideals $\mathfrak{P}$.

Beispiele:

a) $l = 3$. Jedes durch eine Basis gegebene Ideal

$$\mathfrak{N}' = (n, n_0 + \zeta)$$

hat nach Seite 128 die Norm n; das allgemeine Ideal

$$\mathfrak{N} = (t\,n, t\,n_0 + t\,\zeta) = (t)\,\mathfrak{N}'$$

die Norm $t^2\,n$. (Siehe Satz 25 und 26 Seite 127—128.) Das Ideal $\mathfrak{P}_7 = (7, \zeta - 2)$ ist in (7) enthalten, und es muß

$$N\,(\mathfrak{P}_7) = 7.$$

Anderseits gehört (7) zum Exponenten 1 (mod. 3) (siehe Seite 53). Das Ideal $(2,\ 2\,\zeta) = \mathfrak{P}_2$ hat die Norm 2^2:

$$N\,(\mathfrak{P}_2) = 2^2,$$

und (2) gehört zum Exponenten 2 (mod. 3).

Der erste Schritt zur Aufstellung der Primideale ist damit getan. Man stellt die sämtlichen natürlichen Primzahlen auf und untersucht dieselben auf ihre Teiler. Auf diese Weise müssen alle Primideale gefunden werden. Die Aufgabe besteht also jetzt nur noch darin, jede rationale Primzahl p in ihre Primideale zu zerlegen. Man nennt die Lösung der Aufgabe die Zerfällung der Primzahlen in ihre Primideale.

Bevor wir die Aufgabe durchführen, müssen wir noch verschiedene auf ein Primideal $\mathfrak{P}$ bezügliche Sätze beweisen. Wir betrachten den Strahl mit dem Führer $\mathfrak{P}$ und bestimmen die Anzahl der Klassen, in die die Hauptideale von K in bezug auf den Führer $\mathfrak{P}$ zerfallen. Wir bedienen uns dazu vorteilhaft des Kongruenzbegriffes und sprechen statt von der Einteilung der Hauptideale von derjenigen der Zahlen selbst.

5. Satz. Die Anzahl der Kongruenzklassen (mod. $\mathfrak{P}$), die durch die Zahlen von K, deren Nenner zu $\mathfrak{P}$ teilerfremd ist, gebildet werden, ist eine Potenz p^{f_1} von p.

Man bestimme die höchste Potenz ζ^m, $m < l - 1$, von ζ, für die

$$\alpha = u_0 + u_1\zeta + \cdots + u_m\,\zeta^m$$

nur dann kongruent Null (mod. $\mathfrak{P}$) wird, wenn alle $u_0, u_1, u_2, \ldots u_m$ durch p teilbar sind. m wird so berechnet: Man sehe, ob eine Zahl

$$u_0 + u_1\,\zeta$$

in $\mathfrak{P}$ auftritt, für die u_1 nicht durch p teilbar ist. Gibt es eine solche, so ist $m = 0$; andernfalls sieht man, ob es eine Zahl

$$u_0 + u_1\,\zeta + u_2\,\zeta^2$$

in $\mathfrak{P}$ gibt, für die u_2 zu p teilerfremd ist. Kann eine solche angegeben werden, so ist $m = 1$; andernfalls geht man in gleicher Weise einen Schritt weiter. Schließlich gelangt man zu dem Ausdruck

$$u_0 + u_1\,\zeta + \cdots + u_m\,\zeta^m,$$

für den es keine Zahl in $\mathfrak{P}$ mit zu p teilerfremden u_m geben soll. Dagegen soll es, falls $m < l-2$, in $\mathfrak{P}$ eine Zahl

$$u_0' + u_1'\zeta + \cdots + u_m'\zeta^m + u_{m+1}'\zeta^{m+1}$$

geben, für die u_{m+1}' nicht durch p teilbar ist. m ist hiermit gefunden. Man erkennt, daß für $m < l-2$:

$$u_0' + u_1'\zeta + \cdots + u_m'\zeta^m + u_{m+1}'\zeta^{m+1} \equiv 0 \pmod{\mathfrak{P}},$$
$$u_{m+1}'\zeta^{m+1} \equiv -u_0' - u_1'\zeta - \cdots - u_m'\zeta^m \pmod{\mathfrak{P}}$$

ist; da u_{m+1}' zu p teilerfremd ist, kann nach Satz 5 des II. Kapitels die Kongruenz

$$x\,u_{m+1}' \equiv 1 \pmod{p}$$

gelöst werden. Dann wird wegen Satz 3:

$$\zeta^{m+1} \equiv x\,u_{m+1}'\zeta^{m+1} \equiv -x\,u_0' - x\,u_1'\zeta - \cdots - x\,u_m'\zeta^m \pmod{\mathfrak{P}}.$$

Ebenso ist jede höhere Potenz $\zeta^{m+2}, \ldots \zeta^{l-2}$ in dieser Weise einem Ausdruck der Form $u_0 + u_1\zeta + \cdots + u_m\zeta^m \pmod{\mathfrak{P}}$ kongruent; z. B.

$$\begin{aligned}\zeta^{m+2} = \zeta\zeta^{m+1} &\equiv -x\,u_0'\zeta - x\,u_1'\zeta^2 - \cdots - x\,u_{m-1}'\zeta^m - x\,u_m'\zeta^{m+1}\\ &\equiv -x\,u_0'\zeta - x\,u_1'\zeta^2 - \cdots - x\,u_{m-1}'\zeta^m\\ &\qquad - x\,u_m'(-x\,u_0' - x\,u_1'\zeta - \cdots - x\,u_m'\zeta^m)\\ &\equiv x^2u_0'u_m' + (x^2u_1'u_m' - x\,u_0')\zeta + \cdots + (x^2u_m'^2 - x\,u_{m-1}')\zeta^m\\ &\qquad\qquad \pmod{\mathfrak{P}}.\end{aligned}$$

Nachdem dies feststeht, folgt weiter, daß überhaupt jede erlaubte Zahl α von K einer Kongruenz genügt:

$$\alpha \equiv u_0 + u_1\zeta + \cdots + u_m\zeta^m \pmod{\mathfrak{P}},$$

wobei die u rationale Zahlen sind, deren Nenner zu p teilerfremd sein müssen. Die übrigen Zahlen sind selbstverständlich ausgeschlossen. Nach dem Satz 4 des II. Kapitels ist jede solche Zahl u einer der Zahlen 0, 1, 2, ... $(p-1)$ (mod. (p)), also auch (mod. $\mathfrak{P}$) kongruent. Man darf deshalb die u der Bedingung unterwerfen, daß sie ganz sind und daß:

$$0 \leqq u_k < p, \quad k = 0, 1, 2, \ldots m.$$

Erteilt man dem System u alle möglichen Kombinationen im Bereich der so eingeschränkten Werte, so erhält man p^{m+1} inkongruente Zahlen. Denn wenn zwei Werte kongruent wären, so müßte ihre Differenz, da sie ganz ist, in $\mathfrak{P}$ auftreten; $\mathfrak{P}$ enthielte also einen Ausdruck

$$u_0 + u_1\zeta + \cdots + u_m\zeta^m,$$

ohne daß alle $u_0, u_1, \ldots u_m$ durch p teilbar wären. Das ist gegen die Konstruktion von m. Jede erlaubte Zahl α ist aber einer solchen Zahl kongruent; also gibt es genau p^{m+1} inkongruente Zahlen in K.

Alle zueinander kongruenten Zahlen bilden eine Kongruenzklasse. Wegen der Gültigkeit des kommutativen Gesetzes der Multiplikation bleibt dasselbe auch bei der Zusammensetzung von Kongruenzklassen, deren Anzahl endlich ist, bestehen. Alle Zahlen von $\mathfrak{P}$ bilden eine Kongruenzklasse, nämlich diejenige der Zahlen $\equiv 0 \pmod{\mathfrak{P}}$. Alle anderen Klassen enthalten Zahlen, die sämtlich zu $\mathfrak{P}$ teilerfremd sind. Hätte nämlich der Zähler einer Zahl $\alpha \not\equiv 0 \pmod{\mathfrak{P}}$ einen Teiler mit $\mathfrak{P}$ gemein, so müßte derselbe gleich $\mathfrak{P}$ sein, da $\mathfrak{P}$ ein Primideal ist. Also wäre $\alpha \equiv 0 \pmod{\mathfrak{P}}$ entgegen der Annahme. Wir nennen die Klassen, die zu $\mathfrak{P}$ teilerfremde Zahlen enthalten, primitive Klassen und bezeichnen ihre Anzahl mit $\varphi(\mathfrak{P})$.

6. Satz. Die Anzahl aller Kongruenzklassen (mod. $\mathfrak{P}$) ist

$$\varphi(\mathfrak{P}) + 1 = p^{f_1}.$$

Beispiele:

a) $l = 3$. Für das Ideal $\mathfrak{P}_7 = (7, \zeta - 2)$ ist wegen

$$\zeta \equiv 2 \pmod{\mathfrak{P}_7}$$

$m = 0$. Es gibt 7 (mod. $\mathfrak{P}_7$) inkongruente Zahlen:

$$0, 1, 2, 3, 4, 5, 6.$$

Davon sind $\varphi(\mathfrak{P}_7) = 6$ zu 7, also auch zu $\mathfrak{P}_7$ teilerfremd:

$$1, 2, 3, 4, 5, 6.$$

Für das Ideal $\mathfrak{P}_2 = (2, 2\zeta)$ ist $m = 1$; also gibt es $2^2 = 4$ (mod. $\mathfrak{P}_2$) inkongruente Zahlen:

$$0, 1; \zeta, 1 + \zeta.$$

Davon sind $\varphi(\mathfrak{P}_2) = 3$ zu $\mathfrak{P}_2$ teilerfremd:

$$1; \zeta, 1 + \zeta.$$

b) $l = 5$. Für das Ideal $\mathfrak{P}_{11} = (11, \zeta + 2)$ ist wegen

$$\zeta \equiv -2 \pmod{\mathfrak{P}_{11}}$$

$m = 0$, und die 11 Zahlen

$$0, 1, 2, 3, 4, 5, 6, 7, 8, 9, 10$$

sind (mod. $\mathfrak{P}_{11}$) alle inkongruent. $\varphi(\mathfrak{P}_{11}) = 10$ dieser Zahlen sind zu $\mathfrak{P}_{11}$ teilerfremd. Für das Ideal $\mathfrak{P}_{19} = (19, 5 + \zeta^2 + \zeta^3) = (19, 4 - \zeta - \zeta^4)$ ist

$$\zeta(4 - \zeta - \zeta^4) = 4\zeta - \zeta^2 - 1 \equiv 0 \pmod{\mathfrak{P}_{19}}$$

oder

$$\zeta^2 \equiv 4\zeta - 1;$$

also $m = 1$. Es gibt 19^2 inkongruente Zahlen (mod. $\mathfrak{P}_{19}$):

$$\begin{array}{lllll}
0, 1, & 2, & 3, \ldots & 18, \\
\zeta, 1+\zeta, & 2+\zeta, & 3+\zeta, \ldots & 18+\zeta, \\
2\zeta, 1+2\zeta, & 2+2\zeta, & 3+2\zeta, \ldots & 18+2\zeta, \\
\ldots\ldots & \ldots\ldots & \ldots\ldots & \ldots\ldots \\
18\zeta, 1+18\zeta, & 2+18\zeta, & 3+18\zeta, \ldots & 18+18\zeta.
\end{array}$$

Davon sind alle mit Ausnahme von 0, also $\varphi(\mathfrak{P}_{19}) = 19^2 - 1 = 360$ zu $\mathfrak{P}_{19}$ teilerfremd.

In fast wörtlicher Übertragung können für die Kongruenzklassen (mod. $\mathfrak{P}$) die im II. Kapitel Seite 48 und 49 für die Idealklassen entwickelten Sätze und Begriffe aufgestellt werden. Hierbei ist es geboten, sich auf die primitiven Klassen zu beschränken, die nur Zahlen enthalten, deren Zähler und Nenner zu $\mathfrak{P}$ teilerfremd sind. Die primitiven Klassen bilden eine Abelsche Gruppe, deren Ordnung $\varphi(\mathfrak{P})$ ist. Dem Einheitssymbol E der Gruppe wird die Klasse der Strahlzahlen

$$\xi \equiv 1 \pmod{\mathfrak{P}}$$

entsprechen; in der Tat ändert sich die Klasse einer Zahl nicht, wenn man letztere mit ξ multipliziert. Ist C eine beliebige Klasse, so ist nach dem Satze 16 des II. Kapitels:

$$C^{\varphi(\mathfrak{P})} = E.$$

Für jede Zahl α von K, deren Nenner und Zähler zu $\mathfrak{P}$ teilerfremd sind, gilt deshalb die Kongruenz

$$\alpha^{\varphi(\mathfrak{P})} \equiv 1 \pmod{\mathfrak{P}},$$

die man wieder nach Fermat bezeichnet.

7. (Fermatscher) Satz. Ist α eine beliebige Zahl von K, deren Zähler und Nenner zu einem beliebigen Primideal $\mathfrak{P}$ teilerfremd sind, so gilt die Kongruenz:

$$\alpha^{p^{f_1}-1} \equiv \alpha^{\varphi(\mathfrak{P})} \equiv 1 \pmod{\mathfrak{P}},$$

wo p^{f_1} die Anzahl der (mod. $\mathfrak{P}$) inkongruenten Zahlen bedeutet, deren Nenner zu $\mathfrak{P}$ teilerfremd ist.

Beispiele:

a) $l = 3$; $\mathfrak{P}_7 = (7, \zeta - 2)$; alle $\varphi(\mathfrak{P}_7) = 6$ zu $\mathfrak{P}_7$ teilerfremden inkongruenten Zahlen genügen den Kongruenzen:

$$1^6 \equiv 2^6 \equiv 3^6 \equiv 4^6 \equiv 5^6 \equiv 6^6 \equiv 1 \pmod{7} \equiv 1 \pmod{\mathfrak{P}_7}.$$

Der Fermatsche Satz sagt nicht mehr aus, als im Körper k.

$\mathfrak{P}_2 = (2, 2\zeta)$; $\varphi(\mathfrak{P}_2) = 3$. Es wird:

$$1^3 = 1,$$
$$\zeta^3 = 1,$$
$$(1 + \zeta)^3 = 1 + 3\zeta + 3\zeta^2 + 1 = -1 \equiv +1 \pmod{\mathfrak{P}_2}.$$

b) $l = 5$; $\mathfrak{P}_{11} = (11, \zeta + 2)$; alle $\varphi(\mathfrak{P}_{11}) = 10$ zu $\mathfrak{P}_{11}$ teilerfremden inkongruenten Zahlen befriedigen die Kongruenzen:

$$1^{10} \equiv 2^{10} \equiv 3^{10} \equiv 4^{10} \equiv 5^{10} \equiv 6^{10} \equiv 7^{10} \equiv 8^{10} \equiv 9^{10} \equiv 10^{10} \equiv 1 \pmod{11}$$
$$\equiv 1 \pmod{\mathfrak{P}_{11}}.$$

Der Fermatsche Satz sagt dasselbe aus, wie im Falle des Körpers k.

$\mathfrak{P}_{19} = (19, 5 + \zeta^2 + \zeta^3)$; alle $\varphi(\mathfrak{P}_{19}) = 360 = 19^2 - 1$ inkongruenten, zu $\mathfrak{P}_{19}$ teilerfremden Zahlen befriedigen die Kongruenzen:

$$n^{360} \equiv 1 \pmod{19} \equiv 1 \pmod{\mathfrak{P}_{19}} \qquad (n = 1, 2, \ldots 18)$$
$$(n + m\zeta)^{19^2} \equiv (n^{19} + m^{19}\zeta^4)^{19} \equiv (n + m\zeta^4)^{19} \equiv n^{19} + m^{19}\zeta \equiv (n + m\zeta) \pmod{19}$$
$$(n + m\zeta)^{19^2 - 1} = (n + m\zeta)^{360} \equiv 1 \pmod{19} \equiv 1 \pmod{\mathfrak{P}_{19}}$$
$$(n, m = 0, 1, 2, \ldots 18;\ \text{ausgeschlossen } n = 0, m = 0).$$

Sehr wichtig ist, daß auch die entgegengesetzte Formulierung gilt:

8. Satz. Ist m die kleinste Zahl, so daß für alle Zahlen α von K, deren Zähler und Nenner zu $\mathfrak{P}$ teilerfremd sind, die Kongruenz gilt

$$\alpha^m \equiv 1 \pmod{\mathfrak{P}},$$

so ist $m = \varphi(\mathfrak{P}) = p^{f_1} - 1$.

Mit anderen Worten, $\varphi(\mathfrak{P})$ ist auch die kleinste Zahl, für die die Kongruenz in jedem Falle gilt. Zum Beweise bedürfen wir des folgenden Satzes:

9. Satz. Wenn $f(x)$ eine ganze rationale Funktion von x ist, deren Koeffizienten ganze Zahlen von K sind, und wenn für $x = \alpha$:

$$f(\alpha) \equiv 0 \pmod{\mathfrak{P}}$$

ist, so gibt es eine ganze rationale Funktion $f_1(x)$ mit ganzen Koeffizienten in K, so daß die Koeffizienten von $f(x)$ den entsprechenden Koeffizienten von $(x-\alpha) f_1(x)$ (mod. $\mathfrak{P}$) kongruent sind. Man schreibt hierfür kurz:

$$f(x) \equiv (x-\alpha) f_1(x) \pmod{\mathfrak{P}}.$$

Denn nach dem Taylorschen Satze ist

$$f(x) = f(\alpha) + (x-\alpha) f'(\alpha) + \frac{(x-\alpha)^2}{2!} f''(\alpha) + \cdots,$$

wo die rechte Seite nach einer endlichen Anzahl Summanden abbricht. Man setze

$$f_1(x) = f'(\alpha) + \frac{x-\alpha}{2!} f''(\alpha) + \frac{(x-\alpha)^2}{3!} f'''(\alpha) + \cdots;$$

da $f(\alpha) \equiv 0 \pmod{\mathfrak{P}}$, so wird

$$f(x) \equiv (x-\alpha) f_1(x).$$

Die Koeffizienten von $f_1(x)$ sind ganze Zahlen. Damit ist der Satz 9 bewiesen.

Wäre in der Kongruenz des 8. Satzes $m < \varphi(\mathfrak{P})$, so wäre

$$f(x) \equiv x^m - 1 \equiv 0 \pmod{\mathfrak{P}}$$

durch die $\varphi(\mathfrak{P})$ inkongruenten Zahlen, die zu $\mathfrak{P}$ teilerfremd sind, erfüllt; ist $\alpha_1, \alpha_2, \ldots \alpha_{\varphi(\mathfrak{P})}$ ein System von solchen Zahlen, so ist

$$\alpha_1^m - 1 \equiv 0, \quad \alpha_2^m - 1 \equiv 0, \ldots \pmod{\mathfrak{P}};$$

also nach dem vorigen Satze:

$$x^m - 1 \equiv (x-\alpha_1) f_1(x) \pmod{\mathfrak{P}}; \quad \alpha_2^m - 1 \equiv (\alpha_2 - \alpha_1) f_1(\alpha_2) \equiv 0 \pmod{\mathfrak{P}}.$$

Da α_1 und α_2 inkongruent sind, muß nach Satz 20, Kapitel IV,

$$\alpha_1 - \alpha_2 \not\equiv 0 \pmod{\mathfrak{P}}, \text{ also } f_1(\alpha_2) \equiv 0 \pmod{\mathfrak{P}},$$
$$f_1(x) \equiv (x-\alpha_2) f_2(x); \quad x^m - 1 \equiv (x-\alpha_1)(x-\alpha_2) f_2(x) \pmod{\mathfrak{P}}$$

sein.

Fährt man so fort, so ergibt sich schließlich

$$x^m - 1 \equiv (x-\alpha_1)(x-\alpha_2) \ldots (x-\alpha_m) f_m(x) \pmod{\mathfrak{P}},$$

wo $f_m(x)$ eine ganze rationale Funktion von $m-m$. d. h. nulltem Grade ist. Also ist $f_m(x)$ eine Zahl β von K, die zu $\mathfrak{P}$ teilerfremd ist, da sonst $x^m - 1$ auch für $x = p$ kongruent null (mod. $\mathfrak{P}$) wäre. Somit wird:

$$x^m - 1 \equiv (x - \alpha_1)(x - \alpha_2) \ldots (x - \alpha_m)\,\beta \pmod{\mathfrak{P}}.$$

Nun ist aber auch $\alpha_{m+1}^m - 1 \equiv 0$)mod. $\mathfrak{P}$) und

$$(\alpha_{m+1} - \alpha_1)(\alpha_{m+1} - \alpha_2) \ldots (\alpha_{m+1} - \alpha_m)\,\beta \equiv 0 \pmod{\mathfrak{P}};$$

dies ist unmöglich; also muß $m = \varphi(\mathfrak{P})$ sein, und der Satz 8 ist bewiesen.

Beispiele (Fortsetzung von S. 139):

a) $l = 3$. $\mathfrak{P}_7 = (7, \zeta - 2)$; (3) ist Primitivideal (mod. 7), also ist 3^6 die kleinste Potenz von 3, die $\equiv 1$ (mod. 7) und $\equiv 1$ (mod. $\mathfrak{P}_7$) wird. $\mathfrak{P}_2 = (2, 2\,\zeta)$; die Potenzen von $1 + \zeta$ sind

$$1 + \zeta;\ 1 + 2\,\zeta + \zeta^2 = \zeta;\ 1 + 3\,\zeta + 3\,\zeta^2 + 1 = -1;$$

und enthalten alle primitiven Kongruenzklassen (mod. $\mathfrak{P}_2$).

b) $l = 5$. $\mathfrak{P}_{11} = (11, 2 + \zeta)$; (2) ist Primitivideal (mod. 11); also ergeben die Potenzen von 2 auch (mod. $\mathfrak{P}_{11}$) alle Kongruenzklassen.

$$\mathfrak{P}_{19} = (19, 5 + \zeta^2 + \zeta^3) = (19, 4 - \zeta - \zeta^4);$$

wir berechnen:

$$(2 + \zeta)^{19} \equiv 2^{19} + \zeta^{19} \equiv 2 + \zeta^4 \pmod{19},$$
$$(2 + \zeta)^{20} \equiv (2 + \zeta^4)(2 + \zeta) \equiv 5 + 2\,\zeta + 2\,\zeta^4 \pmod{19} \equiv 13 \pmod{\mathfrak{P}_{19}}$$

(da $4 \equiv \zeta + \zeta^4$ (mod. $\mathfrak{P}_{19}$)). 13 gehört zum Exponenten 18 und daher $2 + \zeta$ zum Exponenten $18 \cdot 20 = 360$; die Potenzen von $2 + \zeta$ erzeugen alle Kongruenzklassen (mod. $\mathfrak{P}_{19}$).

Die beiden letzten Sätze lassen noch folgende Tatsachen erkennen.

10. Satz. Jede Kongruenz

$$f(x) \equiv 0 \pmod{\mathfrak{P}},$$

wo $f(x)$ eine ganze rationale Funktion vom n. Grade in x ist, deren Koeffizienten ganze Zahlen in K sind, hat höchstens n inkongruente Wurzeln.

Dieser Satz folgt aus einer Zerlegung von $f(x)$, die genau derjenigen von $x^m - 1$ im obigen Beweise entspricht.

11. Satz. Die Gruppe der primitiven Kongruenzklassen (mod. $\mathfrak{P}$) ist zyklisch, d. h. es gibt eine Zahl ϱ in K, deren Potenzen $\varrho^0 = 1, \varrho, \varrho^2, \ldots \varrho^{p^{f_1}-2}$ ein vollständiges System inkongruenter, zu $\mathfrak{P}$ teilerfremder Zahlen mod. $\mathfrak{P}$ ergeben. Die Zahl ϱ heißt Primitivzahl, (ϱ) Primitivideal in bezug auf $\mathfrak{P}$.

Zum Beweis nehmen wir das Gegenteil an. Ist dann α eine Zahl, die zum Exponenten $m < p^{f_1} - 1$ gehört, d. h. ist m die kleinste Zahl, für die:

$$\alpha^m \equiv 1 \pmod{\mathfrak{P}},$$

und gibt es keine Zahl, die zu einem größeren Exponenten als m gehört, so muß es eine weitere Zahl α_1 geben, die laut dem eben bewiesenen Satze 8 und der Definition von p^{f_1} nicht derselben Kongruenz wie α genügen darf. Es sei

$$\alpha_1^{m_1} \equiv 1 \pmod{\mathfrak{P}}.$$

m_1 ist kein Teiler von m; also wird das kleinste gemeinsame Vielfache m_2 der beiden Zahlen größer als m sein. Die Zahl $\alpha_2 = \alpha\alpha_1$ genügt dann der Kongruenz

$$\alpha_2^{m_2} \equiv 1 \pmod{\mathfrak{P}}$$

und keiner anderen Kongruenz derselben Art mit niedrigerem Exponenten. Das ist gegen die Annahme, daß es keine Zahl gäbe, die zu einem größeren Exponenten als m gehört, womit der Satz bewiesen ist.

Beispiele:

a) $l = 3$. Die Beispiele von Seite 141 zeigen, daß (3) Primitivideal (mod. $\mathfrak{P}_7$) und $(1 + \zeta)$ Primitivideal (mod. $\mathfrak{P}_2$) ist.

b) $l = 5$. (2) ist Primitivideal (mod. $\mathfrak{P}_{11}$) und $(2 + \zeta)$ (mod. $\mathfrak{P}_{19}$).

Wir werden später noch den folgenden Satz gebrauchen:

12. Satz. Sind n_1 und n_2 die Anzahlen der mod. $\mathfrak{N}_1$ und mod. $\mathfrak{N}_2$ inkongruenten Zahlen in K, so ist $n_1 n_2$ die Anzahl der mod. $\mathfrak{N}_1 \mathfrak{N}_2$ inkongruenten Zahlen.

Der Satz soll nur für den Fall bewiesen werden, daß $\mathfrak{N}_1$ und $\mathfrak{N}_2$ teilerfremd sind; denn wir werden ihn nur in diesem Falle brauchen. Es gibt dann in $\mathfrak{N}_1$ eine zu $\mathfrak{N}_2$ teilerfremde Zahl ν_1. Bildet $\alpha_1, \alpha_2, \ldots \alpha_{n_2}$ ein mod. $\mathfrak{N}_2$ inkongruentes System, so muß auch

$$1 + \nu_1 \alpha_1,\ 1 + \nu_1 \alpha_2,\ \ldots\ 1 + \nu_1 \alpha_{n_2}$$

ein solches System sein. Alle diese Zahlen sind zu $\mathfrak{N}_1$ teilerfremd. In derselben Weise bilden wir für $\mathfrak{N}_1$ das System

$$1 + \nu_2 \beta_1,\ 1 + \nu_2 \beta_2,\ \ldots\ 1 + \nu_2 \beta_{n_1},$$

das lauter zu $\mathfrak{N}_2$ teilerfremde Zahlen enthält. Wir multiplizieren jede Zahl des einen mit jeder Zahl des anderen Systems, und finden $n_1 n_2$ Zahlen, die sämtlich mod. $\mathfrak{N}_1 \mathfrak{N}_2$ inkongruent sind. Wäre nämlich

$$(1 + \nu_2 \beta_k)(1 + \nu_1 \alpha_h) \equiv (1 + \nu_2 \beta_{k_1})(1 + \nu_1 \alpha_{h_1}) \pmod{\mathfrak{N}_1 \mathfrak{N}_2},$$

so müßte:

$$1 + \nu_1 \alpha_h \equiv 1 + \nu_1 \alpha_{h_1} \pmod{\mathfrak{N}_2},$$
$$1 + \nu_2 \beta_k \equiv 1 + \nu_2 \beta_{k_1} \pmod{\mathfrak{N}_1},$$

was auf die Gleichheit der Indizes führte.

Beispiele:

$l = 3$. Es sei $\mathfrak{N}_1 = \mathfrak{P}_7 = (7, \zeta - 2)$, $\mathfrak{N}_2 = \mathfrak{P}_2 = (2, 2\zeta)$. Die Zahlen

$$0,\ 1,\ 2,\ 3,\ 4,\ 5,\ 6$$

bilden ein System (mod. $\mathfrak{P}_7$) inkongruenter Zahlen, die Zahlen

$$0,\ 1,\ \zeta,\ 1 + \zeta$$

ein solches (mod. $\mathfrak{P}_2$). 7 ist teilerfremd zu $\mathfrak{P}_2$ und 2 teilerfremd zu $\mathfrak{P}_7$. Also kann man die beiden Systeme durch folgende ersetzen:

$1 + 2 \cdot 0$		$1 + 7 \cdot 0$
$1 + 2 \cdot 1$		$1 + 7 \cdot 1$
$1 + 2 \cdot 2$		$1 + 7 \cdot \zeta$
$1 + 2 \cdot 3$	und	$1 + 7(1 + \zeta)$.
$1 + 2 \cdot 4$		
$1 + 2 \cdot 5$		
$1 + 2 \cdot 6$		

Die Produkte einer Zahl links und einer rechts ergeben alle Kongruenzklassen (mod. $\mathfrak{P}_2\, \mathfrak{P}_7$).

§ 2. Die Primzahlen $p \neq l$.

Zwischen den Primzahlen $p \neq l$ und l zeigt sich ein tiefgreifender Unterschied. Wir werden deshalb beide Fälle getrennt behandeln müssen und bis auf weiteres p als von l verschieden annehmen. Die Zerfällung der Primzahl p hängt aufs innigste mit dem Strahl $\mathfrak{l}$ in k zusammen. Für das folgende tut man gut, sich an die Entwicklungen des II. Kapitels zu erinnern. Das Ideal $(p) = \mathfrak{p}$ von k liegt in einer Idealklasse (mod. $\mathfrak{l}$). $\mathfrak{p}$ gehöre zum Exponenten d; dann ist d Teiler von $l - 1$ und

$$\mathfrak{p}^d \simeq (1)\ (\mathfrak{l}) \text{ oder } p^d \equiv 1 \pmod{\mathfrak{l}};$$

es gibt keinen kleineren Exponenten als d, für den dies eintritt. Es sei $\mathfrak{r}$ ein Primitivideal (mod. $\mathfrak{l}$), r die zugehörige Primitivzahl; dann muß, wenn $m = \text{ind.}\ p$,

$$p \equiv r^m \pmod{\mathfrak{l}};\quad p^d \equiv r^{md} \equiv 1 \pmod{\mathfrak{l}};$$

und es wird $(m, l-1) = \left(\frac{l-1}{d}\right)$, da r zum Exponenten $l-1$ gehört; denn m ist durch $\frac{l-1}{d}$ teilbar; hätten aber m und $l-1$ den Teiler $d_1 \frac{l-1}{d}$ gemeinsam, so wäre $\frac{d}{d_1}$ ganz und $p^{\frac{d}{d_1}} \equiv r^{m \cdot \frac{d}{d_1}} \equiv 1 \pmod{\mathfrak{l}}$, gegen die Annahme, daß p zu $d > \frac{d}{d_1}$ gehöre. Wir beweisen die beiden folgenden Sätze:

13. Satz. Die Zahl d ist kleiner, höchstens gleich f_1, wo p^{f_1} die Anzahl der (mod. $\mathfrak{P}$) inkongruenten Zahlen bedeutet.

Zum Beweise betrachten wir die Zahlen

$$\zeta^{p^k-1} \text{ für } k = 1, 2, \ldots d.$$

Wegen der Definition von d ist sicherlich

$$\zeta^{p^d-1} = 1.$$

Es fragt sich, ob für ein positives k kleiner als d die Kongruenz

$$\zeta^{p^k-1} \equiv 1 \pmod{\mathfrak{P}}$$

möglich ist. Für ein solches k wird $p^k - 1$ nicht durch l teilbar sein, muß also einer zwischen Null und l liegenden Zahl n_k kongruent sein:

$$p^k - 1 \equiv n_k \pmod{\mathfrak{l}}.$$

Somit würde auch

$$\zeta^{n_k} \equiv 1 \pmod{\mathfrak{P}}.$$

Nun genügen aber die Größen $\zeta, \zeta^2, \ldots \zeta^{l-1}$ der algebraischen Gleichung:

$$x^{l-1} + x^{l-2} + \cdots + x + 1 = 0,$$

und nach dem Beweis von Seite 93 muß

$$x^{l-1} + x^{l-2} + \cdots + x + 1 = (x-\zeta)(x-\zeta^2)\ldots(x-\zeta^{l-1})$$

identisch für alle x sein. Für $x = 1$ ergibt sich die Relation

$$l = (1-\zeta)(1-\zeta^2)\ldots(1-\zeta^{l-1}).$$

Wäre nun $\zeta^{n_k} - 1$ durch $\mathfrak{P}$ teilbar, also in $\mathfrak{P}$ enthalten, so wäre auch l in $\mathfrak{P}$ enthalten, was unmöglich ist wegen $p \neq l$. Somit ist $k = d$ die kleinste positive Zahl, für die die Kongruenz gilt:

$$\zeta^{p^k-1} \equiv 1 \pmod{\mathfrak{P}}.$$

Andrerseits ist nach dem Fermatschen Satze 7:

$$\zeta^{p^{f_1}-1} \equiv 1 \pmod{\mathfrak{P}};$$

also muß sicher f_1 größer, höchstens gleich d sein.

14. Satz. Die Zahl d ist größer, höchstens gleich f_1, wo f_1 dieselbe Bedeutung wie im 13. Satze hat.

Man setze $ed = l - 1$, $p \equiv r^m \pmod{l}$. Der größte gemeinsame Teiler von m und $l - 1$ ist dann e. Wir betrachten die m. Potenz der Substitution $s = (\zeta : \zeta^r)$:

$$s^m = (\zeta : \zeta^{r^m}).$$

Dann muß s^{md} nach Früherem die Einheitssubstitution werden. Ist

$$\alpha = u_0 + u_1 \zeta + \cdots + u_{l-2} \zeta^{l-2}$$

eine beliebige Zahl in K, deren Nenner zu $\mathfrak{P}$ teilerfremd ist, so wird wegen $r^m \equiv p \pmod{l}$:

$$\begin{aligned} s^m \alpha &= u_0 + u_1 \zeta^{r^m} + u_2 \zeta^{2r^m} + \cdots + u_{l-2} \zeta^{(l-2)r^m} \\ &= u_0 + u_1 \zeta^p \;\; + u_2 \zeta^{2p} \;\; + \cdots + u_{l-2} \zeta^{(l-2)p}. \end{aligned}$$

Andrerseits ist nach dem polynomischen Satze:

$$\alpha^p = (u_0 + u_1 \zeta + \cdots + u_{l-2} \zeta^{l-2})^p \equiv u_0^p + u_1^p \zeta^p + \cdots + u_{l-2}^p \zeta^{(l-2)p} \pmod{p}.$$

Nach dem Fermatschen Satz von Seite 49 genügt u der Kongruenz

$$u^p \equiv u \pmod{p},$$

und zwar auch in dem Falle, wo der Zähler von u durch p teilbar ist. Es wird:

$$\alpha^p \equiv u_0 + u_1 \zeta^p + u_2 \zeta^{2p} + \cdots + u_{l-2} \zeta^{(l-2)p} \pmod{p}.$$

Vergleicht man beide Resultate, so folgt

$$s^m \alpha \equiv \alpha^p \pmod{p}$$

für jede erlaubte Zahl α. Daraus schließt man weiter:

$$\begin{aligned} s^{2m} \alpha &= s^m (s^m \alpha) &&\equiv s^m \alpha^p &&\equiv (s^m \alpha)^p &&\equiv \alpha^{p^2} \pmod{p}, \\ s^{3m} \alpha &= s^m (s^{2m} \alpha) &&\equiv s^m \alpha^{p^2} &&\equiv (s^m \alpha)^{p^2} &&\equiv \alpha^{p^3} \pmod{p}, \\ &\cdots\cdots\cdots\cdots\cdots\cdots \\ \alpha = s^{dm} \alpha &= s^m (s^{(d-1)m} \alpha) &&\equiv s^m \alpha^{p^{d-1}} &&\equiv (s^m \alpha)^{p^{d-1}} &&\equiv \alpha^{p^d} \pmod{p}. \end{aligned}$$

Ist Zähler und Nenner von α zu $\mathfrak{P}$ teilerfremd, so wird deshalb

$$\alpha^{p^d-1} \equiv 1 \pmod{\mathfrak{P}}.$$

Nun ist aber p^{f_1} die kleinste Potenz von p, für die diese Kongruenz nach Satz 8 stets erfüllt sein kann; also muß d größer oder gleich f_1 sein.

Die Sätze 13 und 14 lassen sofort erkennen, daß

$$f_1 = d$$

wird.

15. Satz. Ist f_1 die kleinste Zahl, für die das Primideal $\mathfrak{p} = (p)$ von k der Bedingung genügt

$$\mathfrak{p}^{f_1} \cong (1)\ (\mathfrak{l}),$$

so gibt es (mod. $\mathfrak{P}$) in K genau p^{f_1} inkongruente Zahlen.

Der Satz zeigt, daß die Größe p^{f_1} für alle in $\mathfrak{p}$ enthaltenen Primideale dieselbe ist.

Beispiele:

a) $l = 3$. $\mathfrak{P}_7 = (7, \zeta - 2)$. Wegen $7 \equiv 1$ (mod. 3) gehört 7 zum Exponenten $d = 1$; $e = 3 - 1 = 2$. In bezug auf die Primitivzahl 2 (mod. 3) ist ind. $7 = 0 = m$. Nach den Berechnungen Seite 137 besitzt $\mathfrak{P}_7$ $7^d = 7$ Kongruenzklassen. $\mathfrak{P}_2 = (2, 2\zeta)$; wegen $2^2 \equiv 1$ (mod. 3) gehört 2 zum Exponenten $d = 2$; $e = \frac{3-1}{2} = 1$; $m =$ ind. $2 = 1$. $\mathfrak{P}_2$ besitzt $2^d = 4$ Kongruenzklassen.

b) $l = 5$. $\mathfrak{P}_{11} = (11, \zeta + 2)$; wegen $11 \equiv 1$ (mod. 5) gehört 11 zum Exponenten $d = 1$; $e = 5 - 1 = 4$; in bezug auf die Primitivzahl 2 (mod. 5) ist $m =$ ind. $11 = 0$. Es gibt $11^d = 11$ Kongruenzklassen (mod. $\mathfrak{P}_{11}$). $\mathfrak{P}_{19} = (19, 5 + \zeta^2 + \zeta^3)$; wegen $19^2 \equiv 1$ (mod. 5) gehört 19 zum Exponenten $d = 2$; $e = \frac{5-1}{2} = 2$; $m =$ ind. $19 = 2$. Es gibt $19^d = 19^2$ Kongruenzklassen (mod. $\mathfrak{P}_{19}$).

Mit Hilfe von Satz 15 gelingt die Zerlegung des Ideals $\mathfrak{p}$ in Primideale; es sei $\mathfrak{p} = \mathfrak{p}\,\mathfrak{O}$ zugleich das entsprechende Ideal von K und

$$\mathfrak{p} = (p) = \mathfrak{P}_1\, \mathfrak{P}_2 \ldots \mathfrak{P}_n$$

die gesuchte Zerlegung; es fragt sich, welchen Wert n hat. Um dies zu beantworten, wollen wir die Anzahl der inkongruenten Zahlen (mod. p), und diejenige (mod. $\mathfrak{P}_1\, \mathfrak{P}_2 \ldots \mathfrak{P}_n$) berechnen, und beide Zahlen nachher einander gleichsetzen. Eine ganze Zahl

$$\omega = u_0 + u_1 \zeta + \cdots + u_{l-2}\, \zeta^{l-2}$$

ist nur dann durch p teilbar, wenn

$$u_0 \equiv 0,\ u_1 \equiv 0,\ \ldots\ u_{l-2} \equiv 0 \ (\text{mod. } p);$$

denn $1, \zeta, \ldots \zeta^{l-2}$ bilden eine Basis von K. Legt man den u alle ganzen Werte zwischen Null und p bei:

$$0 \leqq u < p,$$

so erhält man p^{l-1} Zahlen, die alle (mod. p) inkongruent sind. Alle gebrochenen Zahlen, deren Nenner zu p teilerfremd sind, werden ebenfalls einer ganzen Zahl ω (mod. p) kongruent werden. Also ist die Anzahl der (mod. p) inkongruenten Zahlen in K gleich p^{l-1}.

Andrerseits ist die Anzahl der (mod. $\mathfrak{P}_k$) inkongruenten Zahlen für alle $k = 1, 2, \ldots n$ gleich groß, nämlich gleich p^{f_1}. Außerdem sind alle $\mathfrak{P}_k$ voneinander verschieden. Wäre nämlich $\mathfrak{P}_1 = \mathfrak{P}_2$, so sei $\mathfrak{P}_1^v$ die größte in (p) enthaltene Potenz von $\mathfrak{P}_1$:

$$\mathfrak{p} = (p) = \mathfrak{P}_1^v \mathfrak{Q}.$$

$\mathfrak{Q}$ ist dann zu $\mathfrak{P}_1$ teilerfremd, und v wird größer, höchstens gleich 2 sein. Dann gibt es in $\mathfrak{P}_1^{v-1}$ eine Zahl ω, die nicht in $\mathfrak{P}_1^v$ enthalten ist; denn sonst wäre $\mathfrak{P}_1^v$ ein Teiler von $\mathfrak{P}_1^{v-1}$, was unmöglich ist. Nach dem Früheren gilt für jede erlaubte Zahl, also auch für ω die Kongruenz (Seite 145):

$$\omega^{p^{f_1}} \equiv \omega \text{ (mod. } p) \equiv \omega \text{ (mod. } \mathfrak{P}^v).$$

Nun ist (ω) durch $\mathfrak{P}_1^{v-1}$, $(\omega)^2$ durch $\mathfrak{P}_1^v$, also $(\omega^{p^{f_1}})$ sicher durch $\mathfrak{P}_1^v$ teilbar. Es wäre somit auch $\omega \equiv 0$ (mod. $\mathfrak{P}_1^v$) gegen unsere Annahme, daß ω nicht in $\mathfrak{P}_1^v$ liegt.

Aus dem Satz 12 schließt man, daß die Anzahl der mod. $\mathfrak{P}_1 \mathfrak{P}_2$ inkongruenten Zahlen gleich $p^{f_1} \cdot p^{f_1} = p^{2f_1}$, diejenige mod. $\mathfrak{P}_1 \mathfrak{P}_2 \ldots \mathfrak{P}_n$ gleich

$$p^{f_1} p^{f_1} \ldots p^{f_1} = p^{nf_1}$$

ist. Setzt man diese Zahl der früher gefundenen gleich, so wird

$$p^{l-1} = p^{nf_1};\ l-1 = n \cdot f_1,\ n = \frac{l-1}{f_1} = e;$$

damit ist der grundlegende Satz bewiesen:

V. Hauptsatz: Ist f_1 die kleinste Zahl, für die in k

$$\mathfrak{p}^{f_1} \cong (1)\ (\mathfrak{f})$$

wird, so zerfällt das Primideal $\mathfrak{p}$ in K in $\frac{l-1}{f_1}$ voneinander verschiedene Primideale:

$$\mathfrak{p} = \mathfrak{P}_1 \mathfrak{P}_2 \cdots \mathfrak{P}_{\frac{l-1}{f_1}}.$$

Bildet man hier beiderseits die Norm, so wird wegen $N(\mathfrak{P}_k) = p^f$ (siehe S. 134):

$$N(\mathfrak{p}) = p^{l-1} = N(\mathfrak{P}_1)\,N(\mathfrak{P}_2)\ldots N(\mathfrak{P}_{\frac{l-1}{f_1}}) = p^f p^f \ldots p^f = p^{\frac{l-1}{f_1}}$$

und

$$l - 1 = \frac{f}{f_1}(l-1);\; f = f_1.$$

Daher gilt der Satz:

16. Satz. Die Norm eines Primideals $\mathfrak{P}$ ist gleich der Anzahl der (mod. $\mathfrak{P}$) inkongruenten Zahlen in K:

$$N(\mathfrak{P}) = p^f.$$

Wegen Satz 12 und der Beziehung $N(\mathfrak{R}_1\mathfrak{R}_2) = N(\mathfrak{R}_1)\,N(\mathfrak{R}_2)$ gilt der Satz für jedes zu $\mathfrak{l}$ teilerfremde Ideal. Im vierten Paragraphen werden wir auch für die Teiler von $\mathfrak{l}$ dasselbe beweisen; deshalb darf man den Satz aussprechen:

17. Satz. Die Norm eines beliebigen Ideals $\mathfrak{R}$ ist gleich der Anzahl der (mod. $\mathfrak{R}$) inkongruenten Zahlen in K.

Die Norm wird öfters durch dieses Resultat definiert; denn der letzte Satz gilt nicht nur für den speziellen Körper K, sondern stellt eine allgemeine Einsicht dar.

Beispiele:

Mit Hilfe dieser Sätze ist der Beweis leicht, daß die bisherigen Zahlenbeispiele von Idealen wirklich Primideale ergaben.

a) $l = 3$. $s = (\zeta : \zeta^2)$. $\mathfrak{P}_7 = (7, \zeta - 2)$, $s\,\mathfrak{P}_7 = (7, \zeta^2 - 2)$; daher $\mathfrak{P}_7\, s\,\mathfrak{P}_7 = (7, \zeta - 2)(7, \zeta^2 - 2) = (7^2, 7(\zeta - 2), 7(\zeta^2 - 2), 7) = (7)$; d. h. $N(\mathfrak{P}_7) = 7$, und 7 gehört zum Exponenten 1, da $7 \equiv 1$ (mod. 3).

$\mathfrak{P}_2 = (2, 2\zeta)$; $s\,\mathfrak{P}_2 = (2, 2\zeta^2)$; $\mathfrak{P}_2\, s\,\mathfrak{P}_2 = (4, 4\zeta) = (4)$. $N(\mathfrak{P}_2) = 2^2$, und 2 gehört zum Exponenten 2, da $2^2 \equiv 1$ (mod. 3). $\mathfrak{P}_2$ und $\mathfrak{P}_7$ sind daher Primideale.

b) $l = 5$. $s = (\zeta : \zeta^2)$. $\mathfrak{P}_{11} = (11, \zeta + 2)$; $s\,\mathfrak{P}_{11} = (11, \zeta^2 + 2)$; $s^2\,\mathfrak{P}_{11} = (11, \zeta^4 + 2)$, $s^3\,\mathfrak{P}_{11} = (11, \zeta^3 + 2)$. Daraus folgt wegen $N(\zeta + 2) = 11$:

$$\mathfrak{P}_{11}\, s\,\mathfrak{P}_{11}\, s^2\,\mathfrak{P}_{11}\, s^3\,\mathfrak{P}_{11} = (11),$$

$$N(\mathfrak{P}_{11}) = 11.$$

11 gehört aber zum Exponenten 1, da $11 \equiv 1$ (mod. 5).

$$\mathfrak{P}_{19} = (19, 5 + \zeta^2 + \zeta^3),\; s\,\mathfrak{P}_{19} = (19, 5 + \zeta^4 + \zeta) = (19, 4 - \zeta^2 - \zeta^3);$$

$$s^2\,\mathfrak{P}_{19} = (19, 5 + \zeta^3 + \zeta^2) = \mathfrak{P}_{19},\; s^3\,\mathfrak{P}_{19} = s\,\mathfrak{P}_{19}.$$

Nun ist

$$(5 + \zeta^2 + \zeta^3)(5 + \zeta^4 + \zeta) = 19.$$

Also ist

$$\mathfrak{P}_{19} \cdot s\,\mathfrak{P}_{19} \cdot s^2\,\mathfrak{P}_{19} \cdot s^3\,\mathfrak{P}_{19} = (\mathfrak{P}_{19} \cdot s\,\mathfrak{P}_{19})^2 = (19)^2,$$

$$N(\mathfrak{P}_{19}) = 19^2.$$

19 gehört zum Exponenten 2, da $19^2 \equiv 1 \pmod{5}$. $\mathfrak{P}_{11}$ und $\mathfrak{P}_{19}$ sind daher Primideale.

Man kann aus dem 17. Satz noch folgendes Resultat herleiten, dessen Beweis wir übergehen wollen:

18. Satz. Ist das Ideal $\mathfrak{N}$ durch die Basis $\nu_1, \nu_2, \ldots \nu_{l-1}$ gegeben, wo

$$\nu_k = a_0^{(k)} + a_1^{(k)}\zeta + \cdots + a_{l-2}^{(k)}\zeta^{l-2}, \qquad (k = 1, 2, \ldots l-1)$$

so drückt sich die Norm von $\mathfrak{N}$ durch den absoluten Betrag der Determinante

$$\begin{vmatrix} a_0^{(1)} & a_1^{(1)} & \ldots & a_{l-2}^{(1)} \\ a_0^{(2)} & a_1^{(2)} & \ldots & a_{l-2}^{(2)} \\ \cdots & \cdots & \cdots & \cdots \\ a_0^{(l-1)} & a_1^{(l-1)} & \ldots & a_{l-2}^{(l-1)} \end{vmatrix}$$

aus.

Beispiele:

$l = 3$. Nach den Entwicklungen von Seite 128 ist

$$\mathfrak{N} = (n, n_0 + \zeta);\ \mathfrak{N}\,s\,\mathfrak{N} = (n);\ N(\mathfrak{N}) = n.$$

Andrerseits ist die Determinante der Basis $n, n_0 + \zeta$

$$\begin{vmatrix} n & 0 \\ n_0 & 1 \end{vmatrix} = n,$$

in Übereinstimmung mit dem Früheren. Ist

$$\begin{aligned} \nu_1 &= x\,n + y\,(n_0 + \zeta), \\ \nu_2 &= x_1 n + y_1 (n_0 + \zeta), \end{aligned} \quad \text{wo } x\,y_1 - x_1 y = \pm 1,$$

so ist auch ν_1, ν_2 eine Basis, und die zugehörige Determinante hat den Wert:

$$\begin{vmatrix} x\,n + y\,n_0 & y \\ x_1 n + y_1 n_0 & y_1 \end{vmatrix} = \begin{vmatrix} x\,n & y \\ x_1 n & y_1 \end{vmatrix} = n\,(x\,y_1 - y\,x_1) = \pm n.$$

Wir schließen hieran die folgenden Erörterungen. Es sei $(p) = \mathfrak{p}$ $= \mathfrak{P}_1 \mathfrak{P}_2 \ldots \mathfrak{P}_e$, $e = \frac{l-1}{f}$; dann ergibt sich nach früheren Sätzen:

$$(N(\mathfrak{P}_1)) = \mathfrak{P}_1 s \mathfrak{P}_1 \ldots s^{l-2} \mathfrak{P}_1 = (p^f) = \mathfrak{P}_1^f \mathfrak{P}_2^f \ldots \mathfrak{P}_e^f;$$

somit sind je f unter den Idealen $\mathfrak{P}_1$, $s\,\mathfrak{P}_1$, ... $s^{l-2}\,\mathfrak{P}_1$ einander gleich. Ist z. B. $\mathfrak{P}_1 = s^k \mathfrak{P}_1 = s^h \mathfrak{P}_1$, so wird natürlich auch

$$\mathfrak{P}_1 = s^{k+h} \mathfrak{P}_1$$

sein. Daraus folgt der

19. Satz. Alle Substitutionen s, die ein Primideal ungeändert lassen, bilden eine Gruppe, die Untergruppe der Gruppe s^0, s, s^2, ... s^{l-2} ist und die Trägheitsgruppe von $\mathfrak{P}$ heißt.

Als Untergruppe einer zyklischen Gruppe muß sie wiederum zyklisch sein. Es sei $S = s^h$ die Grundsubstitution; dann kann h als Teiler von $l-1$ gewählt werden, und es muß

$$S^k \mathfrak{P}_1 = s^{hk} \mathfrak{P}_1 = \mathfrak{P}_1 \text{ für } k = 1, 2, \ldots \frac{l-1}{h} - 1$$

sein. Nun sind aber genau f der konjugierten Ideale gleich dem Primideal $\mathfrak{P}_1$. Also ist $\frac{l-1}{h} = f$, $h = e$; d. h.

$$\mathfrak{P}_1 = s^e \mathfrak{P}_1.$$

Statt der Substitution s^e kann auch s^m als Grundsubstitution der Untergruppe gewählt werden, wo ind. $p = m$, d. h.

$$p \equiv r^m \pmod{l}.$$

Denn m und $l-1$ haben den größten gemeinsamen Teiler e. Also:

$$\mathfrak{P} = s^m \mathfrak{P};$$

die Potenzen von s^m ergeben die gleichen Substitutionen wie diejenigen von s^e.

20. Satz. Jedes der Primideale von $\mathfrak{p}$ bleibt bei der Substitution $s^{\frac{l-1}{f}}$ ungeändert.

Man kann diese Tatsache durch folgendes Resultat ersetzen:

21. Satz. Jede Zahl α in K, deren Nenner zu $\mathfrak{P}$ teilerfremd ist, und die der Kongruenz

$$\alpha \equiv s^{\frac{l-1}{f}} \alpha \pmod{\mathfrak{P}}$$

genügt, ist einer der Zahlen 0, 1, 2, ... $p - 1$ (mod. $\mathfrak{P}$) kongruent.

Ist $p \equiv r^m$ (mod. l), so haben m und $l - 1$ den größten gemeinsamen Teiler $e = \frac{l-1}{f}$. Man darf also für die Kongruenz des Satzes 21 auch setzen:

$$\alpha \equiv s^m \alpha \pmod{\mathfrak{P}}.$$

Wenn $\alpha \equiv 0$ (mod. $\mathfrak{P}$), so ist die Aussage selbstverständlich. Wir dürfen daher α zu $\mathfrak{P}$ teilerfremd annehmen. Ist ϱ eine Primitivzahl (mod. $\mathfrak{P}$), so muß nach Satz 11:

$$\alpha \equiv \varrho^v \pmod{\mathfrak{P}}.$$

Nun ist aber nach dem Beweise Seite 145

$$\varrho^p \equiv s^m \varrho \pmod{p};$$

also wird

$$\varrho^v \equiv \alpha \equiv s^m \alpha \equiv s^m \varrho^v \equiv (s^m \varrho)^v \equiv \varrho^{pv} \pmod{\mathfrak{P}},$$

woraus, da ϱ zu $\mathfrak{P}$ teilerfremd ist,

$$\varrho^{v(p-1)} \equiv 1 \pmod{\mathfrak{P}}.$$

$p^f - 1$ ist der kleinste Exponent, für den ϱ der Einheit kongruent wird. Also ist $p^f - 1$ ein Teiler von $v(p-1)$; denn sonst würde man nach einem schon öfters angewandten Verfahren eine niedrigere Potenz von ϱ finden, die $\equiv 1$ (mod. $\mathfrak{P}$) ist. $v(p-1)$ ist durch $p^f - 1$ teilbar und in

$$v = \frac{p^f-1}{p-1}\, x$$

muß x eine ganze rationale Zahl bedeuten; also muß jede Zahl α, die der verlangten Kongruenz genügt, in folgender Weise durch eine Primitivzahl gegeben sein:

$$\alpha \equiv \varrho^{\frac{p^f-1}{p-1}x} \pmod{\mathfrak{P}}.$$

Gibt man x zwei (mod. $p - 1$) kongruente Werte, so sind die zugehörigen α (mod. $\mathfrak{P}$) kongruent. Wenn somit x alle Werte 1, 2, 3, ... annimmt, so erhält man höchstens $p - 1$ inkongruente Werte α. Es gibt daher höchstens $p - 1$ mögliche zu $\mathfrak{P}$ teilerfremde inkongruente Zahlen α, für die

$$\alpha \equiv s^e \alpha \text{ und } \alpha \equiv s^m \alpha \pmod{\mathfrak{P}}.$$

Die $p - 1$ (mod. p) inkongruenten Zahlen 1, 2, ... $p - 1$ besitzen die Eigenschaft, daß für sie

$$\alpha \equiv s^m \alpha \pmod{\mathfrak{P}}$$

wird. Also müssen alle α, die diese Bedingung erfüllen, einer der Zahlen $1, 2, \ldots p-1 \pmod{\mathfrak{P}}$ kongruent sein.

Beispiele:

a) $l=3$. Für $\mathfrak{P}_7 = (7, \zeta - 2)$ ist $f=1$, $e = \frac{3-1}{1} = 2$, $s^2 = 1$; jede Zahl ist einer der Zahlen $0, 1, \ldots 6$ kongruent $(\mathrm{mod.}\ \mathfrak{P}_7)$. Ist dagegen $\mathfrak{P}_2 = (2, 2\zeta)$, so ist $f=2$, $e = \frac{3-1}{2} = 1$, $s\,\mathfrak{P}_2 = \mathfrak{P}_2$. Ist dann $\alpha = u_0 + u_1 \zeta$, und

$$s\alpha \equiv \alpha \pmod{\mathfrak{P}_2}, \text{ d. h. } u_0 + u_1 \zeta \equiv u_0 + u_1 \zeta^2 \pmod{\mathfrak{P}_2},$$

so folgt

$$u_1 (\zeta - \zeta^2) \equiv u_1 (1 + 2\zeta) \equiv u_1 \equiv 0 \pmod{\mathfrak{P}_2};$$

also ist u_1 ein Vielfaches von 2 und

$$\alpha \equiv u_0 \pmod{\mathfrak{P}_2}.$$

b) $l=5$. Für $\mathfrak{P}_{11} = (11, \zeta + 2)$ ist $f=1$, $e=4$, $s^4=1$. Für $\mathfrak{P}_{19} = (19, 5 + \zeta + \zeta^4)$ wird $f=2$, $e = \frac{5-1}{2} = 2$; $s^2\,\mathfrak{P}_{19} = \mathfrak{P}_{19}$. Jede Zahl α ist $(\mathrm{mod.}\ \mathfrak{P}_{19})$ einer Zahl $u_0 + u_1 \zeta$ kongruent (siehe Beispiele Seite 138). Wäre $\alpha \equiv s^2 \alpha \pmod{\mathfrak{P}_{19}}$, so wird

$$u_0 + u_1 \zeta \equiv u_0 + u_1 \zeta^4;\ u_1 (\zeta - \zeta^4) \equiv 0 \pmod{\mathfrak{P}_{19}}.$$

$\zeta - \zeta^4$ ist zu $\mathfrak{P}_{19}$ teilerfremd; denn die Norm von $\zeta(1-\zeta^3)$ ist $N(\zeta) \cdot N(1-\zeta^3) = 5$ und zu 19 teilerfremd. Also muß u_1 ein Vielfaches von 19 sein und

$$\alpha \equiv u_0 \pmod{\mathfrak{P}_{19}}.$$

Der Hauptsatz und die folgenden Sätze bestimmen die Zerlegung aller Primideale $\mathfrak{p} \neq \mathfrak{l}$ völlig. Wir wissen nun genau, wie viele und welche Primideale in $\mathfrak{p}$ enthalten sind. Es erübrigt noch, die Primideale selbst aufzustellen. Dazu ist es nötig, eine Zahl π_1 zu bestimmen, die in $\mathfrak{P}_1$, aber nicht in $\mathfrak{P}_2, \ldots \mathfrak{P}_e$ auftritt. Dann muß

$$\mathfrak{P}_1 = (p, \pi_1)$$

sein; denn p und π_1 legen alle Zahlen fest von der Form

$$\omega_1 p + \omega_2 \pi_1,$$

wenn ω_1, ω_2 irgendwelche ganze Zahlen von K sind; (p, π_1) ist ein

Teiler von (p) und andrerseits ist $\mathfrak{P}_1$ ein Teiler von (p, π_1). Wäre noch ein anderes Primideal von (p) in (p, π_1) enthalten, so müßte π_1 in diesem auftreten, was der obigen Annahme widerspricht. Die noch zu beantwortende Frage lautet jetzt folgendermaßen: Wie berechnen wir die Zahlen π_1?

§ 3. Aufstellung der Primideale von $p \neq l$.

Um die letzte Frage zu beantworten, nehmen wir wieder die Theorie des Strahls $\mathfrak{l}$ in k zu Hilfe. Ist r eine Primitivzahl, so gibt es ein m, für das

$$p \equiv r^m \pmod{\mathfrak{l}};$$

somit werden wegen $(m, l-1) = \left(\frac{l-1}{f}\right) = (e)$ alle $l-1$ primitiven Klassen des Strahls $(\mathfrak{l})$ durch folgendes System gegeben:

$$\begin{array}{llll} (1), & (p), & (p^2), & \ldots (p^{f-1}), \\ (r), & (r\,p), & (r\,p^2), & \ldots (r\,p^{f-1}), \\ \multicolumn{4}{c}{\ldots\ldots\ldots\ldots\ldots\ldots\ldots\ldots} \\ (r^{e-1}), & (r^{e-1}\,p), & (r^{e-1}\,p^2), & \ldots (r^{e-1}\,p^{f-1}). \end{array}$$

Daher muß auch das System der Zahlen

$$\begin{array}{llll} \zeta, & \zeta^p, & \ldots & \zeta^{p^{f-1}}, \\ \zeta^r, & \zeta^{rp}, & \ldots & \zeta^{rp^{f-1}}, \\ \multicolumn{4}{c}{\ldots\ldots\ldots\ldots\ldots\ldots} \\ \zeta^{r^{e-1}}, & \zeta^{r^{e-1}p}, & \ldots & \zeta^{r^{e-1}p^{f-1}}, \end{array}$$

alle Wurzeln der Gleichung

$$\frac{x^l-1}{x-1} = x^{l-1} + x^{l-2} + \cdots + x + 1 = 0$$

ergeben. Wir betrachten die Funktion

$$F(x) = (x - \zeta)(x - \zeta^p) \ldots (x - \zeta^{p^{f-1}})$$

der Veränderlichen x und setzen wiederum $s = (\zeta : \zeta^r)$. Dann ist wegen des eben ausgesprochenen Resultates:

$$\frac{x^l-1}{x-1} = F(x)\, s\, F(x)\, s^2\, F(x) \ldots s^{e-1}\, F(x).$$

Dabei verstehen wir unter der Anwendung von s auf $F(x)$, daß man x ungeändert läßt, dagegen auf alle Zahlkoeffizienten die Substitution s ausübt. Wegen $s^m = (\zeta : \zeta^{r^m}) = (\zeta : \zeta^p)$ ist andrerseits:

$$s^m F(x) = (x - \zeta^p)(x - \zeta^{p^2}) \ldots (x - \zeta^{p^f}),$$

und wegen $p^f \equiv 1 \pmod{l}$:

$$s^m F(x) = F(x).$$

Wir setzen

$$F(x) = x^f - \omega_1 x^{f-1} + \omega_2 x^{f-2} - \cdots + (-1)^f \omega_f;$$

dann sind die $\omega_1, \omega_2, \ldots \omega_f$ symmetrische Funktionen der Zahlen $\zeta, \zeta^p, \ldots \zeta^{p^{f-1}}$ mit ganzen rationalen Koeffizienten; sie genügen ferner der Bedingung $s^m \omega = \omega$. Nun ist $(m, l-1) = \left(\frac{l-1}{f}\right) = (e)$; also gibt es zwei natürliche Zahlen x und y, so daß $xm + y(l-1) = e$, und $s^{xm+y(l-1)}\omega = s^e\omega = \omega$ wird. Jede Zahl ω ist deshalb nach Satz 21 einer der Zahlen $0, 1, 2, \ldots p-1 \pmod{\mathfrak{P}}$ kongruent. Wir setzen $\omega_k \equiv o_k \pmod{\mathfrak{P}}$ und

$$F(x) \equiv x^f - o_1 x^{f-1} + o_2 x^{f-2} - \cdots + (-1)^f o_f = f_1(x) \pmod{\mathfrak{P}}.$$

Für jede der Funktionen $s F(x), \ldots s^{e-1} F(x)$ beweist man dasselbe. Die zugehörigen rationalen Funktionen mit rationalen Koeffizienten bezeichne man mit $f_2(x), \ldots f_e(x)$. Wir fassen das Bisherige so zusammen: Jede der Funktionen $F(x), sF(x), \ldots s^{e-1}F(x)$ ist einer der Funktionen $f_1(x), f_2(x), \ldots f_e(x) \pmod{\mathfrak{P}}$ kongruent, deren Koeffizienten ganze rationale Zahlen sind.

Daraus ergibt sich die Zerlegung:

$$\frac{x^l - 1}{x-1} = x^{l-1} + x^{l-2} + \cdots + x + 1 \equiv f_1(x) f_2(x) \ldots f_e(x) \pmod{\mathfrak{P}}.$$

Links und rechts treten in der Kongruenz nur natürliche Zahlen auf, die Kongruenz wird darum nicht nur für den Modul $\mathfrak{P}$, sondern auch für die Konjugierten $s\mathfrak{P}, \ldots s^{e-1}\mathfrak{P}$, d. h. für $(p) = \mathfrak{p}$ selbst erfüllt sein; denn konjugierte Ideale enthalten die gleichen rationalen Zahlen:

$$\frac{x^l - 1}{x-1} \equiv f_1(x) f_2(x) \ldots f_e(x) \pmod{p}.$$

22. Satz. Ist $\mathfrak{p}$ ein Primideal von k von der Beschaffenheit, daß

$$\mathfrak{p}^f \cong (1)\ (\mathfrak{l}),$$

so zerfällt die Funktion

$$\frac{x^l - 1}{x-1} = x^{l-1} + x^{l-2} + \cdots + x + 1$$

(mod. $\mathfrak{p}$) in $\frac{l-1}{f}$ ganze rationale Faktoren f. Grades mit natürlichen Zahlkoeffizienten.

Haben wir umgekehrt $\frac{x^l-1}{x-1}$ in Faktoren (mod. $\mathfrak{p}$) zerlegt, so sind die Funktionen $f_1(x), f_2(x), \ldots$ gefunden. Die Ausführung dieser Zerlegung setzen wir als eine rechnerisch mögliche Operation voraus. Sie wird praktisch oft große Schwierigkeiten bereiten. Es wird dabei vorteilhaft sein, sich auf die ursprüngliche Darstellung der $F(x)$ zu stützen. Nehmen wir die Zerlegung als gegeben an, so ist auch das Problem dieses Paragraphen gelöst. Denn aus der Definition von $f_1(x)$ folgt,

$$\begin{aligned} f_1(\zeta) &\equiv \quad\; F(\zeta) \equiv 0 \;(\text{mod. } \mathfrak{P}) \\ f_k(\zeta) &\equiv s^{k-1} F(\zeta) \not\equiv 0 \;(\text{mod. } \mathfrak{P}) \end{aligned}, \quad k = 2, 3, \ldots e.$$

Somit ist $\pi_1 = f_1(\zeta)$ eine Zahl von $\mathfrak{P}$. Man hat nur zu beweisen, daß π_1 zu $s\,\mathfrak{P}, s^2\,\mathfrak{P}, \ldots s^{e-1}\,\mathfrak{P}$ teilerfremd ist. Wäre

$$f_1(\zeta) \equiv 0 \;(\text{mod. } s^k\,\mathfrak{P}),$$

so wäre nach der Definition der konjugierten Ideale

$$s^{l-1-k} f_1(\zeta) = f_1(\zeta^{r^{l-1-k}}) \equiv F(\zeta^{r^{l-1-k}}) \equiv 0 \;(\text{mod. } \mathfrak{P});$$

letzteres ist aber unmöglich, außer wenn $l-1-k$ oder k selbst ein Vielfaches von $e = \frac{l-1}{f}$ ist. Da $s^e\,\mathfrak{P} = \mathfrak{P}$ ist, wäre dann auch $s^k\,\mathfrak{P} = \mathfrak{P}$, was zu beweisen war. Also ist in der Tat

$$\mathfrak{P} = (p, f_1(\zeta)),$$

und entsprechend sind die konjugierten Primideale gleich:

$$(p, f_{k+1}(\zeta)), \; k = 1, 2, \ldots e-1.$$

Erst durch diese Darstellung sind die einzelnen Primideale bestimmt, und erst jetzt weiß man, welches der Ideale man mit $\mathfrak{P}$ bezeichnet; es ist auch gleichgültig, in welcher Reihenfolge man die einzelnen Faktoren $f_1(x), \ldots f_e(x)$ bei der Zerlegung erhält. Die gesamte Darstellung lautet jetzt

$$\mathfrak{p} = (p) = (p, f_1(\zeta))\,(p, f_2(\zeta)) \cdots (p, f_e(\zeta)), \; e = \frac{l-1}{f}.$$

Wir fassen das Ganze in die folgende Regel zusammen: Um ein Primideal $\mathfrak{p} = (p)$ in Primideale zu zerlegen, bestimmt man den Exponenten f, zu dem p gehört, und setzt $e = \frac{l-1}{f}$. Dann zerlegt man $\frac{x^l-1}{x-1}$ in f Faktoren (mod. p) mit Koeffizienten in k:

$$\frac{x^l-1}{x-1} \equiv f_1(x) f_2(x) \ldots f_e(x) \pmod{p}.$$

Jetzt ist:

$$(p) = (p, f_1(\zeta))\,(p, f_2(\zeta)) \ldots (p, f_e(\zeta)).$$

Beispiele:

a) $l = 3$. Wegen $5^2 \equiv 1 \pmod{3}$ gehört 5 zum Exponenten 2. (5) bleibt also Primideal in K. (7) dagegen gehört zum Exponenten 1 und zerfällt deshalb in zwei Primideale:

$$(7) = (7, \zeta - 2)\,(7, \zeta^2 - 2) = (7, \zeta - 2)\,(7, 3 + \zeta).$$

Andrerseits zerfällt $x^2 + x + 1$ (mod. 7) in zwei Faktoren

$$x^2 + x + 1 \equiv (x - 2)\,(x + 3) \pmod{7}.$$

(11) gehört zum Exponenten 2 und zerfällt nicht; dagegen (13), das zu $f = 1$ gehört. Um die Zerlegung zu finden, spalten wir $x^2 + x + 1$ in Faktoren (mod. 13). Wegen $3^2 + 3 + 1 = 13$ wird $x - 3$ ein Faktor sein:

$$x^2 + x + 1 \equiv (x - 3)\,(x + 4) \pmod{13}.$$

Also sind $f_1(x) = x - 3$, $f_2(x) = x + 4$ die gesuchten Faktoren, und

$$(13) = (13, \zeta - 3)\,(13, \zeta + 4).$$

b) $l = 5$. (2) gehört zum Exponenten 4 (mod. 5), bleibt also Primideal, ebenso (3) und (7). Dagegen gehört (11) zu $f = 1$, und es wird:

$$(11) = (11, \zeta + 2)\,(11, \zeta^2 + 2)\,(11, \zeta^3 + 2)\,(11, \zeta^4 + 2).$$

Aus dem 2. Ideal folgt

$$\zeta^2 \equiv -2 \pmod{(11, \zeta^2 + 2)},$$
$$\zeta \equiv (-2)^3 \equiv -8 \pmod{(11, \zeta^2 + 2)}.$$

Also ist

$$(11, \zeta^2 + 2) = (11, \zeta + 8).$$

In entsprechender Weise findet man:

$$(11) = (11, \zeta + 2)\,(11, \zeta + 8)\,(11, \zeta - 4)\,(11, \zeta - 5).$$

Andrerseits ist

$$x^4 + x^3 + x^2 + x + 1 \equiv (x + 2)(x + 8)(x - 4)(x - 5) \pmod{11}.$$

(17) ist Primideal, dagegen besitzt 19 ein $f = 2$, ist also in zwei Primideale zerlegbar. Es wird

$$x^4 + x^3 + x^2 + x + 1 \equiv (x^2 - 4x + 1)(x^2 + 5x + 1) \pmod{19},$$

also $f_1(x) = x^2 - 4x + 1$, $f_2(x) = x^2 + 5x + 1$ und

$$(19) = (19, \zeta^2 - 4\zeta + 1)(19, \zeta^2 + 5\zeta + 1).$$

Diese Zerlegung stimmt mit der früheren überein; denn es ist

$$-\zeta(5 + \zeta^2 + \zeta^3) = -(5\zeta + \zeta^3 + \zeta^4) = -4\zeta + 1 + \zeta^2.$$

c) $l = 7$. (3) und (5) gehören zu $f = 6$, sind also Primideale. (11) gehört zu $f = 3$, zerfällt also in $\frac{7-1}{3} = 2$ Ideale. Es ist

$$x^6 + x^5 + x^4 + x^3 + x^2 + x + 1$$
$$\equiv (x^3 + 5x^2 + 4x - 1)(x^3 - 4x^2 + 6x - 1) \pmod{11};$$

$f_1(x) = x^3 + 5x^2 + 4x - 1$, $f_2(x) = x^3 - 4x^2 + 6x - 1$ und

$$(11) = (11, \zeta^3 + 5\zeta^2 + 4\zeta - 1)(11, \zeta^3 - 4\zeta^2 + 6\zeta - 1).$$

Historische Notiz: Die Zerlegung der Primzahlen im Körper der l. Einheitswurzel ist von Kummer in seiner Arbeit „Über die Zerlegung der aus Wurzeln der Einheit gebildeten komplexen Zahlen in ihre Primfaktoren" (Crelle's Journ. f. Math. Band 35 (1847) Berlin, S. 327) durchgeführt worden. Maßgebend waren hierbei die Entwicklungen von Gauß für den Körper der 4. Einheitswurzeln (Theoria residuorum biquadraticorum, Commentatio secunda, Werke Bd. 2, Göttingen 1876, S. 95) und von Eisenstein für den Körper der 3. Einheitswurzel (a. a. O., siehe S. 96). Eine große Anzahl von Zerlegungen enthalten die „Tafeln komplexer Primzahlen, welche aus Wurzeln der Einheit gebildet sind" von C. G. Reuschle (Berlin 1875).

§ 4. Die Primzahl l.

Bei der Primzahl l liegen die Verhältnisse wesentlich anders. Wir haben schon Seite 93 die Relation gefunden:

$$l = (1 - \zeta)(1 - \zeta^2) \ldots (1 - \zeta^{l-1}),$$

die sich auch so schreiben läßt:

$$l = N(1 - \zeta).$$

Betrachten wir das Hauptideal $\mathfrak{L} = (1 - \zeta)$, so sieht man, daß

$$(l) = \mathfrak{L} \cdot s\,\mathfrak{L} \ldots s^{l-2}\,\mathfrak{L} = (N(\mathfrak{L})).$$

Daraus folgt, daß $\mathfrak{L}$ Primideal ist; denn wäre $\mathfrak{L}'$ ein Teiler von $\mathfrak{L}$, so wäre

$$\mathfrak{L}'\,s\,\mathfrak{L}' \ldots s^{l-2}\,\mathfrak{L}' = (N(\mathfrak{L}'))$$

Hauptideal und $N(\mathfrak{L}')$ eine natürliche Zahl. Andrerseits wäre $N(\mathfrak{L}')$ in $\mathfrak{l}$ enthalten, also selbst gleich l. Daraus folgt:

$$\mathfrak{L}'\,s\,\mathfrak{L}'\,s^2\,\mathfrak{L}' \ldots s^{l-2}\,\mathfrak{L}' = \mathfrak{L}\,s\,\mathfrak{L} \ldots s^{l-2}\,\mathfrak{L},$$

und wenn $\mathfrak{L} = \mathfrak{L}'\,\mathfrak{L}''$, so müßte

$$\mathfrak{L}''\,s\,\mathfrak{L}'' \ldots s^{l-2}\,\mathfrak{L}'' = \mathfrak{O},$$

also $\mathfrak{L}''$ das Ideal $\mathfrak{O}$ sein.

23. Satz. Das Primideal $\mathfrak{l}$ zerfällt in $l-1$ Primideale $\mathfrak{L}, s\,\mathfrak{L}, \ldots s^{l-2}\,\mathfrak{L}$:

$$\mathfrak{l} = \mathfrak{L}\,s\,\mathfrak{L} \ldots s^{l-2}\mathfrak{L}.$$

Da $\zeta \equiv 1 \pmod{\mathfrak{L}}$, so ist andrerseits jede Zahl α, deren Nenner zu $\mathfrak{L}$ teilerfremd ist,

$$\alpha = u_0 + u_1\,\zeta + \cdots + u_{l-2}\zeta^{l-2},$$

einer ganzen rationalen Zahl (mod. $\mathfrak{L}$) kongruent, und es gibt genau $l = N(\mathfrak{L})$ inkongruente Zahlen (mod. $\mathfrak{L}$). $N(\mathfrak{L})$ ist auch hier die Anzahl der (mod. $\mathfrak{L}$) inkongruenten Zahlen (siehe den Satz 16 Seite 148).

Da jede erlaubte Zahl α einer ganzen rationalen Zahl a (mod. $\mathfrak{L}$) kongruent ist, so folgt aus

$$a^l \equiv a \pmod{\mathfrak{l}}$$

auch:

$$\alpha^l \equiv \alpha \pmod{\mathfrak{L}},$$

und für die zu $\mathfrak{L}$ teilerfremden Zahlen:

$$\alpha^{l-1} \equiv \alpha^{N(\mathfrak{L})-1} \equiv 1 \pmod{\mathfrak{L}}.$$

Diese Formel enthält den Fermatschen Satz 7, der deshalb für alle Primideale von K gilt.

Betrachten wir die beiden konjugierten Ideale $\mathfrak{L}$ und $s^k\,\mathfrak{L}$, so erkennt man aus

$$1 - \zeta^{r^k} = (1 - \zeta)(1 + \zeta + \zeta^2 + \cdots + \zeta^{r^k - 1}),\ k = 1, 2, \ldots l-2,$$

daß alle Zahlen von $s^k\,\mathfrak{L}$ auch in $\mathfrak{L}$ auftreten; somit ist $\mathfrak{L}$ ein Teiler von $s^k\,\mathfrak{L}$, und da $s^k\,\mathfrak{L}$ ein Primideal ist, so muß

$$s^k\,\mathfrak{L} = \mathfrak{L},\ k = 1, 2, \ldots l-2,$$

sein. Man kann dieses Resultat auch dadurch finden, daß man

$$1 - \zeta = 1 - \zeta^{r^{l-1}} = (1 - \zeta^{r^k})\,(1 + \zeta^{r^k} + \zeta^{2r^k} + \cdots + \zeta^{r^{l-1}-r^k})$$

setzt; diese Beziehung drückt aus, daß alle Zahlen von $\mathfrak{L}$ in $s^k\mathfrak{L}$ enthalten sind.

24. Satz. Alle zu $\mathfrak{L}$ konjugierten Primideale sind einander gleich:

$$\mathfrak{L} = s^k\,\mathfrak{L},\ k = 1, 2, \ldots l-2;\ \mathfrak{l} = \mathfrak{L}^{l-1}.$$

Während bisher alle Primideale $\mathfrak{p}$ nur einmal durch ein bestimmtes Primideal $\mathfrak{P}$ teilbar waren, sehen wir, daß das Primideal $\mathfrak{l}$ $(l-1)$mal durch $\mathfrak{L}$ teilbar ist. Es findet also ein wesentlicher und prinzipieller Unterschied zwischen l und p statt.

Faßt man die beiden Eigenschaften, daß jede erlaubte Zahl α einer rationalen Zahl (mod. $\mathfrak{L}$) kongruent, und daß $\mathfrak{L} = s^k\,\mathfrak{L}$ ist, zusammen, so sieht man die Richtigkeit der Kongruenz ein:

$$\alpha \equiv s\,\alpha \ (\text{mod. } \mathfrak{L}).$$

Denn es ist:

$$\alpha \equiv a\ (\text{mod. } \mathfrak{L});\ \ s\,\alpha \equiv s\,a \equiv a\ (\text{mod.}\, s\,\mathfrak{L});$$

oder wegen $\mathfrak{L} = s\,\mathfrak{L}$:

$$\alpha \equiv s\,\alpha\ (\text{mod. } \mathfrak{L}).$$

Wenn umgekehrt für jede erlaubte Zahl

$$\alpha - s\,\alpha \equiv 0\ (\text{mod. } \mathfrak{L})$$

ist, folgt $s\,\mathfrak{L} = \mathfrak{L}$. Man nehme, um dies einzusehen, für α jede Zahl λ von $\mathfrak{L}$. Wegen $\lambda \equiv s\,\lambda$ (mod. $\mathfrak{L}$), muß $s\,\lambda$ auch in $\mathfrak{L}$ enthalten sein, d. h. jede Zahl $s\,\lambda$ von $s\,\mathfrak{L}$ tritt auch in $\mathfrak{L}$ auf und umgekehrt; also $\mathfrak{L} = s\,\mathfrak{L}$. Dies soll der allgemeinen Bedeutung wegen besonders formuliert werden.

25. Satz. Die notwendige und hinreichende Bedingung dafür, daß $\mathfrak{L} = s\,\mathfrak{L}$ wird, besteht darin, daß die Kongruenz

$$\alpha \equiv s\,\alpha\ (\text{mod. } \mathfrak{L})$$

durch jede Zahl α von K, deren Nenner zu $\mathfrak{L}$ teilerfremd ist, befriedigt wird.

Wir wollen diese Tatsache mit zwei neuen Begriffen in Verbindung bringen. Es sei ω eine ganze Zahl von K und

$$\omega^{l-1} - o_1\,\omega^{l-2} + o_2\,\omega^{l-3} - \cdots + o_{l-1} = 0$$

die Gleichung, der ω genügt. Die o sind natürliche Zahlen. Man nennt die erste Derivierte:

$$\delta(\omega) = (l-1)\,\omega^{l-2} - (l-2)\,o_1\,\omega^{l-3} + (l-3)\,o_2\,\omega^{l-4} - \cdots - o_{l-2}$$

die Differente $\delta(\omega)$ der Zahl ω. Dieselbe ist wieder eine Zahl in K. Die Norm von $\delta(\omega)$ ist eine natürliche Zahl und heißt die Diskriminante $d(\omega)$ von ω:

$$d(\omega) = N(\delta(\omega)).$$

Die beiden Zahlen $\delta(\omega)$ und $d(\omega)$ ergeben sich auch auf folgende Art: Es ist:

$$(x-\omega)(x-s\omega)(x-s^2\omega)\ldots(x-s^{l-2}\omega)$$
$$= x^{l-1} - o_1\,x^{l-2} + \cdots + o_{l-1} = \varphi(x).$$

Man differenziere logarithmisch nach x:

$$\frac{1}{x-\omega} + \frac{1}{x-s\omega} + \cdots + \frac{1}{x-s^{l-2}\omega} = \frac{\varphi'(x)}{\varphi(x)},$$

woraus

$$\delta(\omega) = \lim_{x=\omega}\varphi'(x) = (\omega - s\,\omega)(\omega - s^2\,\omega)\ldots(\omega - s^{l-2}\omega).$$

Jede der Differenzen $\omega - s^k\omega$ ist wenigstens durch $\mathfrak{L}$ teilbar, also:

$$\delta(\omega) \equiv 0\ (\mathfrak{L}^{l-2}).$$

26. Satz. Die Differente jeder ganzen Zahl von K ist durch $\mathfrak{L}^{l-2}$ teilbar.

Die Diskriminante jeder Zahl ω hat die Form:

$$d(\omega) = N(\delta(\omega)) = (\omega - s\omega)^2 \ldots (\omega - s^{l-2}\,\omega)^2\,(s\,\omega - s^2\,\omega)^2 \ldots$$
$$(s^{l-3}\,\omega - s^{l-2}\,\omega)^2;$$

somit wird nach Obigem:

$$d(\omega) \equiv 0\ (\mathfrak{L}^{(l-1)(l-2)}) \equiv 0\ (\mathfrak{l}^{l-2}).$$

27. Satz. Die Diskriminante jeder ganzen Zahl von K ist durch $\mathfrak{l}^{l-2}$ teilbar.

Da für kein anderes Primideal $\mathfrak{P}$ die Bedingung $\mathfrak{P} = s\,\mathfrak{P}$, also auch $\omega - s\,\omega \equiv 0$ (mod. $\mathfrak{P}$) (ω jede ganze Zahl) erfüllt ist, so sieht man, daß die beiden letzten Sätze für $\mathfrak{L}$ charakteristisch sind. Man nennt deshalb den Teiler aller Differenten $\mathfrak{L}^{l-2}$ die Differente des Körpers K und den Teiler $\mathfrak{l}^{l-2}$ aller Diskriminanten, die Diskriminante des Körpers K.

Nach diesen Definitionen sind alle Primideale, die einem konjugierten Primideal gleich sind, in der Diskriminante aller ganzen Zahlen von K und in der Körperdiskriminante enthalten. Umgekehrt sieht man, daß jedes Primideal $\mathfrak{P}$, das in den Diskriminanten aller Zahlen von K enthalten ist, gleich $\mathfrak{L}$ sein muß. Denn die Zahl ζ hat die Differente

$$\delta(\zeta) = (\zeta - \zeta^r)(\zeta - \zeta^{r^2}) \ldots (\zeta - \zeta^{r^{l-2}}).$$

Alle Potenzen r^k sind $\not\equiv 1 \pmod{\mathfrak{l}}$, $k = 1, 2, \ldots l-2$; die Normen der Faktoren haben daher nach Früherem den Wert

$$N(\zeta - \zeta^{r^k}) = N(\zeta(1 - \zeta^{r^k-1})) = N(\zeta)\, N(1 - \zeta^{r^k-1}) = l,$$

und $\delta(\zeta)$ besitzt die Norm

$$d(\zeta) = N(\delta(\zeta)) = l^{l-2}.$$

l^{l-2} hat aber nur den Primteiler $\mathfrak{L}$.

Diese Umkehrung ist nur in dem speziellen Körper K erfüllt und ergibt keine für alle Körper gültige Tatsache. In einem beliebigen Körper unterscheidet man zwischen wesentlichen und unwesentlichen Diskriminantenteilern. Nur die ersteren sind Teiler der Diskriminante des Körpers und als solche einem ihrer konjugierten Ideale gleich. Die unwesentlichen Teiler spielen eine formale, aber keine zahlentheoretische Rolle.

Hiermit ist die elementare Zahlentheorie des Körpers K zu einem gewissen Abschluß gebracht, und es lohnt sich, das Bisherige zusammenzufassen. Dabei tritt klar der zu Beginn in Aussicht gestellte innige Zusammenhang hervor, der zwischen K und dem Strahl $\mathfrak{l}$ in k besteht.

28. Satz. Es sei l eine ungerade Primzahl und $\mathfrak{l}$ das zugehörige Primideal in k. Dann besitzt der Körper K der l. Einheitswurzel folgende Eigenschaften:

1. Der Grad des Körpers K ist gleich der Anzahl der Idealklassen des Strahls $\mathfrak{l}$ in k, nämlich gleich $l-1$ (Seite 87).
2. Die Galoissche Gruppe von K ist holoedrisch isomorph mit der Gruppe der Idealklassen (mod. $\mathfrak{l}$) in k, nämlich zyklisch (Seite 81).
3. Ist p eine von l verschiedene rationale Primzahl, so zerfällt $\mathfrak{p} = (p)$ in K in $\frac{l-1}{f}$ voneinander verschiedene Primideale, falls f der kleinste Exponent ist, für den p^f eine Zahl des Strahles $\mathfrak{l}$ wird (Seite 147—148).
4. Die Diskriminante von K enthält nur die Primzahl l des Führers $\mathfrak{l}$ (Seite 160).

Beispiele:

$l=3$: $\mathfrak{L} = (1-\zeta) = (i\sqrt{3})$; $(3) = \mathfrak{L}^2 = (i\sqrt{3})^2$.

$$l=5:\ \mathfrak{L} = (1-\zeta) = \left(\frac{1}{2}\left\{\frac{5-\sqrt{5}}{2} - i\sqrt{\frac{5+\sqrt{5}}{2}}\right\}\right) = \left(i\sqrt{\sqrt{5}\,\frac{1+\sqrt{5}}{2}}\right);$$

$$(5) = \mathfrak{L}^4 = \left(i\sqrt{\sqrt{5}\,\frac{1+\sqrt{5}}{2}}\right)^4.$$

Anwendungen:

a) $l=3$. Die Kongruenz

$$x^{3-1} = x^2 \equiv 1 \pmod{3}$$

hat die beiden Wurzeln 1 und 2. Alle Primzahlen, die zu 1 (mod. 3) kongruent sind, gehören zum Exponenten 1, alle die $\equiv 2$ (mod. 3) sind, zum Exponenten 2. Von den ersten sagt man, sie haben die Form

$$3x+1,$$

wo x irgendeine natürliche Zahl ist, von den zweiten die Form

$$3x+2.$$

Der allgemeine Satz lautet jetzt so:

29. Satz. Eine von 3 verschiedene Primzahl p zerfällt im Körper der 3. Einheitswurzel in zwei voneinander verschiedene Primideale oder bleibt selbst Primideal, je nachdem p von der Form $3x+1$ oder $3x+2$ ist.

b) $l=5$. Es gibt 4 primitive Kongruenzklassen, die durch 1, 2, 3, 4 repräsentiert sind. 1 gehört zum Exponenten 1, 2 zu 4, 3 zu 4 und 4 zu 2. Auch jetzt unterscheiden wir Primzahlen von den 4 Formen $5x+1$, $5x+2$, $5x+3$, $5x+4$; statt $5x+3$ kann man auch $5x-2$ schreiben.

30. Satz. Eine von 5 verschiedene Primzahl p zerfällt im Körper der 5. Einheitswurzel in 4 verschiedene Primideale, wenn sie von der Form $5x+1$ ist; in zwei verschiedene Primideale, wenn sie von der Form $5x+4$ ist; sie bleibt Primideal, wenn sie von einer der Formen $5x\pm 2$ ist.

VI. Kapitel.

Die Einheiten.

§ 1. Sätze über Einheiten.

51. Definition. Jede ganze Zahl, deren Norm ± 1 ist, heißt eine Einheit.

Aus der Definition folgt, daß ± 1 und jede Potenz von ζ Einheiten sind. Allgemein wird

$$\varepsilon = \pm \zeta^q$$

für jede positive oder negative Zahl q eine Einheit sein; denn

$$N(\varepsilon) = N(\pm \zeta^q) = N(\pm 1)\, N(\zeta)^q = 1,$$

weil $l - 1$ gerade und

$$N(\zeta) = \zeta^{1+r+r^2+\cdots+r^{l-2}} = 1$$

ist. Des weiteren ergeben sich die folgenden Tatsachen:

1. Satz. Das Produkt zweier Einheiten ist wieder eine Einheit.

Denn sind ε_1 und ε_2 Einheiten, so muß

$$N(\varepsilon_1) = \pm 1, \; N(\varepsilon_2) = \pm 1,$$

also auch

$$N(\varepsilon_1 \varepsilon_2) = N(\varepsilon_1)\, N(\varepsilon_2) = \pm 1.$$

2. Satz. Damit eine ganze Zahl eine Einheit ist, ist notwendig und hinreichend, daß auch ihr reziproker Wert ganz ist.

Ist nämlich ε eine ganze Zahl, für die

$$N(\varepsilon) = \pm 1,$$

so muß ε einer Gleichung mit natürlichen Zahlkoeffizienten e_k genügen:

$$\varepsilon^{l-1} - e_1 \varepsilon^{l-2} + e_2 \varepsilon^{l-3} - \cdots - e_{l-2} \varepsilon \pm 1 = 0.$$

Wir dividieren die Gleichung durch die Potenz ε^{l-1} und können sie dann folgendermaßen schreiben:

$$\pm\left(\frac{1}{\varepsilon}\right)^{l-1} - e_{l-2}\left(\frac{1}{\varepsilon}\right)^{l-2} + \cdots - e_1\left(\frac{1}{\varepsilon}\right) + 1 = 0.$$

Daraus erkennt man, daß $\frac{1}{\varepsilon}$ ebenfalls einer Gleichung $l-1$. Grades mit natürlichen Zahlkoeffizienten genügt. Zudem kann der Koeffizient der obersten Potenz zu 1 gemacht werden. Das ist aber das Kennzeichen für eine ganze Zahl laut Definition 37, Seite 94.

Ist umgekehrt sowohl die ganze Zahl ω wie ihre Reziproke $\frac{1}{\omega}$ ganz, so sind es auch die Konjugierten von ω und $\frac{1}{\omega}$. Die beiden rationalen Zahlen $N(\omega)$ und $\frac{1}{N(\omega)}$, die die Normen der beiden Zahlen ω, $\frac{1}{\omega}$ sind, müssen daher ganz sein. Das ist nur möglich, wenn $N(\omega) = \pm 1$ wird. Somit ist nach der 51. Definition ω eine Einheit.

Genau ebenso einfach folgt die weitere Tatsache:

3. Satz. Der Quotient zweier Einheiten ist wieder eine Einheit.

Eine spezielle Eigentümlichkeit des Körpers K wird durch den folgenden Satz ausgedrückt; für jeden Körper gilt derselbe nicht.

4. Satz. Es gibt keine Einheiten in K, deren Norm -1 ist.

Der Beweis ergibt sich sehr einfach. Jede Zahl ist (mod. $\mathfrak{L}$) einer natürlichen Zahl kongruent; also gilt auch für jede Einheit ε eine Kongruenz

$$\varepsilon \equiv e \quad (\text{mod. } \mathfrak{L}),$$

in der e eine natürliche Zahl bedeutet. Da $s\mathfrak{L} = \mathfrak{L}$, so ist auch

$$s\,\varepsilon \equiv e \quad (\text{mod. } \mathfrak{L}),$$

und ganz ebenso

$$s^k\,\varepsilon \equiv e \quad (\text{mod. } \mathfrak{L}), \qquad k = 1, 2, \ldots .\ l-2.$$

Multipliziert man die linken und rechten Seiten dieser Kongruenzen miteinander, so ergibt sich die Kongruenz:

$$N(\varepsilon) \equiv e^{l-1} \ (\text{mod. } \mathfrak{L}).$$

Nach dem Fermatschen Satz von Seite 49 ist aber

$$e^{l-1} \equiv 1 \quad (\text{mod. } \mathfrak{L}),$$

da e zu l teilerfremd sein muß. Somit ist auch

$$N(\varepsilon) \equiv 1 \pmod{\mathfrak{L}}.$$

Wäre nun die Norm der Einheit ε die Zahl -1, so müßte

$$-1 \equiv 1 \quad \text{oder} \quad 2 \equiv 0 \pmod{\mathfrak{L}}$$

sein. Alle in $\mathfrak{L}$ enthaltenen rationalen Zahlen sind Vielfache von $l \neq 2$; also ist die Annahme zu verwerfen.

5. Satz. Die Konjugierten einer Einheit sind ebenfalls Einheiten:

$$N(s^k \varepsilon) = N(\varepsilon) = +1 \qquad (k = 0, 1, \ldots l-2).$$

6. Satz. Ist ε eine Einheit, so ist das Hauptideal (ε) gleich dem Ideal $\mathfrak{O}$; (ε) ist durch kein Primideal teilbar.

Wäre nämlich in (ε) ein Primideal $\mathfrak{P}$ enthalten, so müßte nach Satz 16, Seite 120, des IV. Kapitels ε in $\mathfrak{P}$ zu finden sein. Also auch $N(\varepsilon) = +1$; somit wäre $\mathfrak{P} = \mathfrak{O}$.

Die Einheiten ± 1 sind rationale, die Einheiten ζ^q komplexe Zahlen. Wir können folgendermaßen weitere Einheiten, auch reelle irrationale, bilden. Wie wir gesehen haben, besteht die Idealgleichung

$$(1 - \zeta^{r^k}) = (1 - \zeta), \qquad (k = 1, 2, \ldots l-2)$$

wenn r wiederum eine Primitivzahl (mod. l) bedeutet $(0 < r < l)$. Die beiden Ideale besitzen die gleiche Norm:

$$N(1 - \zeta^{r^k}) = N(1 - \zeta) = l, \qquad (k = 1, 2, \ldots l-2)$$

und diese Beziehung kann auch so geschrieben werden (Bemerkung auf Seite 88 im III. Kapitel):

$$N\left(\frac{1 - \zeta^{r^k}}{1 - \zeta}\right) = 1. \qquad (k = 1, 2, \ldots l-2)$$

Außerdem ist

$$\frac{1 - \zeta^{r^k}}{1 - \zeta} = 1 + \zeta + \zeta^2 + \cdots + \zeta^{r^k - 1} \qquad (k = 1, 2, \ldots l-2)$$

eine ganze Zahl von K. Somit muß $\frac{1 - \zeta^{r^k}}{1 - \zeta}$ $(k = 1, 2, \ldots l-2)$ eine Einheit sein. Da der Quotient zweier Einheiten wieder eine Einheit ist, so ist auch

$$\eta_k = \frac{1 - \zeta^{r^k}}{1 - \zeta} : \frac{1 - \zeta^{r^{k-1}}}{1 - \zeta} = \frac{1 - \zeta^{r^k}}{1 - \zeta^{r^{k-1}}}, \qquad (k = 1, 2, \ldots l-1)$$

eine Einheit. Dieselbe gibt Anlaß zu folgenden reellen Einheiten (siehe Satz 26, Seite 88):

$$\varepsilon_k = \eta_k s^{\frac{l-1}{2}} \eta_k = \frac{1-\zeta^{r^k}}{1-\zeta^{r^{k-1}}} \cdot \frac{1-\zeta^{-r^k}}{1-\zeta^{-r^{k-1}}}. \qquad \left(k=1, 2, \ldots \frac{l-1}{2}\right)$$

7. Satz. Die Zahlen

$$\eta_k = \frac{1-\zeta^{r^k}}{1-\zeta^{r^{k-1}}}, \qquad k=1, 2, \ldots l-1,$$

sind komplexe, die Zahlen

$$\varepsilon_k = \eta_k s^{\frac{l-1}{2}} \eta_k = \frac{1-\zeta^{r^k}}{1-\zeta^{r^{k-1}}} \cdot \frac{1-\zeta^{-r^k}}{1-\zeta^{-r^{k-1}}}, \qquad k=1, 2, \ldots \frac{l-1}{2},$$

reelle Einheiten des Körpers K.

Die Einheiten η_k und entsprechend ε_k sind deshalb so wichtig und für die Rechnungen bequem, weil sie untereinander konjugiert sind. In der Tat ergibt sich, falls s wiederum die Substitution $(\zeta : \zeta^r)$ bedeutet,

$$s\,\eta_{k-1} = \frac{1-\zeta^{r^k}}{1-\zeta^{r^{k-1}}} = \eta_k;\; s\,\varepsilon_{k-1} = \frac{1-\zeta^{r^k}}{1-\zeta^{r^{k-1}}} \cdot \frac{1-\zeta^{-r^k}}{1-\zeta^{-r^{k-1}}} = \varepsilon_k;$$

$$k=1, 2, \ldots l-1.$$

Setzt man

$$\eta = \eta_1 = \frac{1-\zeta^r}{1-\zeta}, \quad \varepsilon = \varepsilon_1 = \frac{1-\zeta^r}{1-\zeta} \frac{1-\zeta^{-r}}{1-\zeta^{-1}},$$

so kann man diese Beziehungen auch so schreiben:

$$\eta_k = s^{k-1}\eta, \quad \varepsilon_k = s^{k-1}\varepsilon, \qquad k=1, 2, \ldots l-1.$$

Die Einheiten ε_k genügen als reelle Einheiten der Relation

$$s^{\frac{l-1}{2}} \varepsilon_k = \varepsilon_k, \qquad k=1, 2, \ldots \frac{l-1}{2},$$

wie sich aus ihrer Definition ohne weiteres zeigen läßt.

Beispiele:

a) $l=3$. $r=2$ ist Primitivzahl und $s=(\zeta : \zeta^2)$. Die Größen

$$\eta_1 = \frac{1-\zeta^2}{1-\zeta} = 1 + \zeta = -\zeta^2, \qquad \varepsilon_1 = \eta_1 \eta_2 = +1,$$
$$\eta_2 = \frac{1-\zeta}{1-\zeta^2} = 1 + \zeta^2 = s\,\eta_1 = -\zeta,$$

führen zu keinen neuen Einheiten, sondern wieder auf Einheitswurzeln.

b) $l = 5$. $r = 2$ ist Primitivzahl und $s = (\zeta : \zeta^2)$. Es wird:

$$\eta_1 = \frac{1-\zeta^2}{1-\zeta} = 1 + \zeta, \qquad \eta_3 = \frac{1-\zeta^3}{1-\zeta^4} = 1 + \zeta^4 = s^2 \eta_1,$$
$$\eta_2 = \frac{1-\zeta^4}{1-\zeta^2} = 1 + \zeta^2 = s\,\eta_1, \qquad \eta_4 = \frac{1-\zeta}{1-\zeta^3} = 1 + \zeta^3 = s^3 \eta_1,$$

$$\varepsilon_1 = \eta_1 \eta_3 = \eta_1 \cdot s^2 \eta_1 = (1+\zeta)(1+\zeta^4) = 2 + (\zeta + \zeta^4) = 1 - (\zeta^2 + \zeta^3),$$
$$\varepsilon_2 = \eta_2 \eta_4 = s\eta_1 \cdot s^3 \eta_1 = (1+\zeta^2)(1+\zeta^3) = 2 + (\zeta^2 + \zeta^3) = 1 - (\zeta + \zeta^4) = s\,\varepsilon_1,$$
$$\varepsilon_1 \varepsilon_2 = N(\eta_1) = (1 - \zeta^2 - \zeta^3)(1 - \zeta - \zeta^4) = 1.$$

c) $l = 7$. $r = 3$ ist Primitivzahl und $s = (\zeta : \zeta^3)$. Es wird

$$\eta_1 = \frac{1-\zeta^3}{1-\zeta} = 1 + \zeta + \zeta^2, \qquad \eta_4 = \frac{1-\zeta^4}{1-\zeta^6} = 1 + \zeta^5 + \zeta^6 = s^3 \eta_1,$$
$$\eta_2 = \frac{1-\zeta^2}{1-\zeta^3} = 1 + \zeta^3 + \zeta^6 = s\eta_1, \qquad \eta_5 = \frac{1-\zeta^5}{1-\zeta^4} = 1 + \zeta + \zeta^4 = s^4 \eta_1,$$
$$\eta_3 = \frac{1-\zeta^6}{1-\zeta^2} = 1 + \zeta^2 + \zeta^4 = s^2 \eta_1, \qquad \eta_6 = \frac{1-\zeta}{1-\zeta^5} = 1 + \zeta^3 + \zeta^5 = s^5 \eta_1,$$

$$\begin{aligned}
\varepsilon_1 &= \eta_1 s^3 \eta_1 = \eta_1 \eta_4 = (1 + \zeta + \zeta^2)(1 + \zeta^5 + \zeta^6) \\
&= 1 - (\zeta^2 + \zeta^5) - 2(\zeta^3 + \zeta^4), \\
\varepsilon_2 &= s\eta_1 \cdot s^4 \eta_1 = \eta_2 \eta_5 = (1 + \zeta^3 + \zeta^6)(1 + \zeta + \zeta^4) \\
&= 2 - (\zeta^2 + \zeta^5) + (\zeta^3 + \zeta^4) = s\,\varepsilon_1, \\
\varepsilon_3 &= s^2 \eta_1 s^5 \eta_1 = \eta_3 \eta_6 = (1 + \zeta^2 + \zeta^4)(1 + \zeta^3 + \zeta^5) \\
&= 3 + 2(\zeta^2 + \zeta^5) + (\zeta^3 + \zeta^4) = s^2 \varepsilon_1,
\end{aligned}$$
$$\varepsilon_1 \varepsilon_2 \varepsilon_3 = N(\eta_1) = \varepsilon_1 \cdot s\varepsilon_1 \cdot s^2 \varepsilon_1 = +1.$$

§ 2. Unabhängige Einheiten.

Aus den Sätzen 1 und 3 des ersten Paragraphen ersieht man, daß die Einheiten einen Zahlbereich bilden, in dem das Produkt und der Quotient zweier Zahlen wieder eine Zahl des Bereichs, d. h. eine Einheit, ergeben. Die Einheiten bilden deshalb einen Zahlstrahl. Greifen wir speziell die Einheiten $\pm\,\zeta^q$ heraus, so bilden dieselben einen endlichen Strahl, d. h. einen Bereich von nur endlich vielen Zahlen. Ihre Anzahl beträgt $2l$.

Ganz anders verhält sich, falls $l > 3$, die Einheit η; denn alle Potenzen derselben

$$\eta^x,\ x = 0, \pm 1, \pm 2, \ldots .$$

bilden einen Strahl von unendlichen vielen Zahlen. Durchläuft nämlich x alle natürlichen Zahlen, so müßte im entgegengesetzten Falle nach endlich vielen Schritten wiederum die gleiche Zahl auftreten:

$$\eta^{x_1} = \eta^{x_2},\ x_1 > x_2.$$

Dann wäre

$$\eta^{x_1 - x_2} = 1,$$

d. h. η wäre eine $(x_1 - x_2)^{\text{te}}$ Wurzel der Einheit. Dies ist im Körper K nur dann möglich, wenn $x_1 - x_2$ ein Vielfaches von l, und $\eta = \pm \zeta^q$ ist $(0 \leqq q < l)$. Diese letzte Beziehung drückt sich auch so aus:

$$\frac{1-\zeta^r}{1-\zeta} = 1 + \zeta + \zeta^2 + \cdots + \zeta^{r-1} = \pm \zeta^q;\ 1 + \zeta + \cdots + \zeta^{r-1} \mp \zeta^q = 0.$$

ζ genügt außerdem der irreduzibeln Gleichung:

$$1 + \zeta + \zeta^2 + \cdots + \zeta^{l-1} = 0;$$

da aber r und q zwischen Null und l liegen, können unmöglich beide Gleichungen durch ein und dasselbe ζ erfüllt sein, außer wenn $q = l - 1$, und $r = l - 1$. $l - 1$ gehört zum Exponenten 2. Da r nach Annahme zum Exponenten $l - 1$ gehört, müßte dann $l - 1 = 2$, $l = 3$ sein. Nur im Falle $l = 3$ kann der Körper K nur endlich viele Einheiten enthalten.

Wir müssen also mit der Tatsache rechnen, daß es unendlich viele Einheiten gibt. Können aber nicht wenigstens alle Einheiten durch endlich viele derselben dargestellt werden? Die Lösung dieser Fragestellung ist die Hauptaufgabe dieses Kapitels.

52. Definition. Die Einheiten $H_1, H_2, \ldots H_m$ heißen voneinander unabhängig, wenn es keine natürlichen Zahlen $x_1, x_2, \ldots x_m$, die nicht sämtlich Null sind, gibt, für die

$$H_1^{x_1} H_2^{x_2} \ldots H_m^{x_m} = 1.$$

Eine hinreichende Bedingung für die Unabhängigkeit eines gegebenen Systems von Einheiten $H_1, H_2 \ldots H_m$ erhält man auf folgende Weise: Wir wollen mit

$$E_k = H_k\, s^{\frac{l-1}{2}} H_k,\ k = 1, 2, \ldots m$$

die zu H_k gehörige reelle Einheit bezeichnen. Gibt es dann m Exponenten $x_1, x_2, \ldots x_m$, für die

$$H_1^{x_1} H_2^{x_2} \cdots H_m^{x_m} = 1$$

wird, so muß ganz ebenso

$$(s^{\frac{l-1}{2}} H_1)^{x_1} (s^{\frac{l-1}{2}} H_2)^{x_2} \ldots (s^{\frac{l-1}{2}} H_m)^{x_m} = 1,$$

und durch Multiplikation der beiden Gleichungen auch

$$E_1^{x_1} E_2^{x_2} \cdots E_m^{x_m} = 1$$

sein. Nach Satz 26, Seite 88, sind alle Einheiten E_k reell und als Produkt zweier konjugiert imaginärer Zahlen positiv. Die natürlichen Logarithmen von E_k sind somit reell, und die obige Gleichung ergibt für dieselben die Relation:

$$x_1 \lg E_1 + x_2 \lg E_2 + \cdots + x_m \lg E_m = 0.$$

Wir wollen die Konjugierten $s^h E_k$, $h = 0, 1, 2, \ldots \frac{l-3}{2}$ mit $E_k^{(h)}$ abkürzen. Dann ist genau ebenso:

$$x_1 \lg E_1^{(h)} + x_2 \lg E_2^{(h)} + \cdots + x_m \lg E_m^{(h)} = 0, \; h = 0, 1, 2, \ldots \frac{l-3}{2}.$$

Es existiert deshalb ein System von $\frac{l-1}{2}$ linearen homogenen Gleichungen mit m Unbekannten $x_1, x_2, \ldots x_m$. Wenn m kleiner oder gleich $\frac{l-1}{2}$ ist, hat dieses System höchstens dann eine Auflösung, wenn die Determinante

$$\begin{vmatrix} \lg E_1 & \lg E_2 & \ldots \lg E_m \\ \lg E_1^{(1)} & \lg E_2^{(1)} & \ldots \lg E_m^{(1)} \\ \cdots & \cdots & \cdots \\ \lg E_1^{(m-1)} & \lg E_2^{(m-1)} & \ldots \lg E_m^{(m-1)} \end{vmatrix} = 0$$

ist. Für $m = \frac{l-1}{2}$ ist diese Bedingung immer erfüllt; denn da E_k eine Einheit ist, d. h. die Norm 1 besitzt, so ist wegen $s^{\frac{l-1}{2}} E_k = E_k$:

$$\lg E_k + \lg E_k^{(1)} + \cdots + \lg E_k^{\left(\frac{l-3}{2}\right)} = \frac{1}{2} (\lg E_k + \lg E_k^{(1)} + \cdots + \lg E_k^{(l-2)})$$
$$= \frac{1}{2} \lg N(E_k) = 0.$$

Addiert man alle Glieder einer Zeile der Determinante zu dem ersten Glied derselben, so ändert sich der Wert der Determinante nicht; alle

Glieder der ersten Kolonne verschwinden; die Determinante hat darum stets den Wert Null.

Ist m kleiner als $\frac{l-1}{2}$, so kann man niemals eine Auflösung $x_1, x_2, \ldots x_m$ finden, falls die Determinante von Null verschieden ist. Daraus entnimmt man die folgende hinreichende Bedingung:

8. Satz. Damit die $m < \frac{l-1}{2}$ Einheiten $H_1, H_2 \ldots H_m$ unabhängig sind, ist hinreichend, daß die m reellen Einheiten $E_k = H_k\, s^{\frac{l-1}{2}}\, H_k$, $(k = 1, 2, \ldots m)$ die Bedingung erfüllen:

$$\begin{vmatrix} \lg E_1 & \lg E_2, & \ldots \lg E_m \\ \lg E_1^{(1)} & \lg E_2^{(1)}, & \ldots \lg E_m^{(1)} \\ \ldots & \ldots & \ldots \\ \lg E_1^{(m-1)} & \lg E_2^{(m-1)}, & \ldots \lg E_m^{(m-1)} \end{vmatrix} \neq 0.$$

Wir werden erst später erkennen, daß die Bedingung auch notwendig ist. Eine wichtige Ergänzung dieses Satzes wird durch folgende Tatsache erbracht:

9. Satz. Es gibt höchstens $\frac{l-3}{2}$ unabhängige Einheiten im Körper K.

Gäbe es nämlich $\frac{l-1}{2}$ Einheiten $H_1, H_2 \ldots H_{\frac{l-1}{2}}$, so bilden wir aus ihnen wie vorhin die $\frac{l-1}{2}$ reellen positiven Einheiten $E_1, E_2, \ldots E_{\frac{l-1}{2}}$. Für diese muß die zugehörige Determinante der Logarithmen verschwinden. Man kann daher $\frac{l-1}{2}$ reelle Zahlen $\xi_1, \xi_2, \ldots \xi_{\frac{l-1}{2}}$ finden, die nicht sämtlich Null sind, und für die

$$\xi_1 \lg E_1^{(h)} + \xi_2 \lg E_2^{(h)} + \cdots + \xi_{\frac{l-1}{2}} \lg E_{\frac{l-1}{2}}^{(h)} = 0, \qquad h = 0, 1, 2, \ldots \frac{l-3}{2}$$

sein muß. Wir bezeichnen mit n eine bestimmte positive rationale Zahl und mit x_k die größte ganze rationale Zahl, kleiner als $n\,\xi_k$; wenn dann

$$n\,\xi_k = x_k + \eta_k, \qquad k = 1, 2, \ldots \frac{l-1}{2}$$

gesetzt wird, so ist η_k ein echter Bruch:

$$0 \leqq \eta_k < 1. \qquad k = 1, 2, \ldots \frac{l-1}{2}.$$

Die obige Bedingungsgleichung schreibt sich jetzt folgendermaßen:

$$(x_1 \lg E_1^{(h)} + x_2 \lg E_2^{(h)} + \cdots + x_{\frac{l-1}{2}} \lg E_{\frac{l-1}{2}}^{(h)})$$
$$+ (\eta_1 \lg E_1^{(h)} + \eta_2 \lg E_2^{(h)} + \cdots + \eta_{\frac{l-1}{2}} \lg E_{\frac{l-1}{2}}^{(h)}) = 0$$
$$\left(h = 0,\ 1,\ \ldots \frac{l-3}{2}\right).$$

Wir betrachten die Größe

$$E = E_1^{-x_1} E_2^{-x_2} E_{\frac{l-1}{2}}^{-x_{\frac{l-1}{2}}},$$

die wieder eine reelle positive Einheit sein muß; für ihren Logarithmus ergibt sich der Wert:

$$\lg E = -x_1 \lg E_1 - x_2 \lg E_2 - \cdots - x_{\frac{l-1}{2}} \lg E_{\frac{l-1}{2}}$$
$$= \eta_1 \lg E_1 + \eta_2 \lg E_2 + \cdots + \eta_{\frac{l-1}{2}} \lg E_{\frac{l-1}{2}}.$$

Da die Zahlen η_k echte Brüche sind, muß

$$|\lg E| < |\lg E_1| + |\lg E_2| + \cdots + |\lg E_{\frac{l-1}{2}}| < \varkappa_0$$

sein, wo die Konstante $\varkappa_0$ nur von den $\frac{l-1}{2}$ Einheiten $E_1, E_2, \ldots E_{\frac{l-1}{2}}$, nicht aber von n abhängt. Daraus folgt auch für den Numerus:

$$0 < E < e^{\varkappa_0},$$

und genau dieselbe Ungleichung gilt für jede konjugierte Einheit:

$$0 < E^{(h)} < e^{\varkappa}, \qquad h = 0,\ 1,\ 2,\ \ldots \frac{l-3}{2},$$

falls mit $\varkappa$ die größte der $\frac{l-1}{2}$ verschiedenen Größen $\varkappa_h$ bezeichnet wird.

Daraus erkennt man, daß alle elementarsymmetrischen Funktionen der $E^{(h)}$ absolut kleiner als eine bestimmte von n unabhängige Zahl sind. Dieselben legen den absoluten Betrag der Koeffizienten derjenigen algebraischen Gleichungen fest, denen die Größe E genügt. Es kann somit nur endlich viele Gleichungen, d. h. nur endlich viele Einheiten E geben, die zu einem vorgelegten System von Einheiten $E_1, E_2, \ldots E_{\frac{l-1}{2}}$ gehören.

Die Einheit E hängt andrerseits von der natürlichen Zahl n ab. Lassen wir n die Zahlen 1, 2, 3, … durchlaufen, so finden wir unendlich viele Einheiten E; da es nur endlich viel verschiedene geben kann, so gibt es wenigstens zwei Zahlen $n = n_1$ und $n_2 \neq n_1$, für die das zugehörige E denselben Wert hat. Ist

$$\left.\begin{aligned} n_1\, \xi_k &= x_k' + \eta_k' \\ n_2\, \xi_k &= x_k'' + \eta_k'' \end{aligned}\right\} n_1 \neq n_2,$$

so muß

$$E = E_1^{-x_1'} E_2^{-x_2'} \dots E_{\frac{l-1}{2}}^{-x'_{\frac{l-1}{2}}} = E_1^{-x_1''} \dots E_{\frac{l-1}{2}}^{-x''_{\frac{l-1}{2}}};$$

$$E_1^{x_1''-x_1'} E_2^{x_2''-x_2'} \dots E_{\frac{l-1}{2}}^{x''_{\frac{l-1}{2}} - x'_{\frac{l-1}{2}}} = 1$$

sein. Die Differenz $n_2 - n_1$ kann so groß gewählt werden, daß nicht alle Differenzen $x_k'' - x_k'$ null sind. Die Einheiten $E_1, E_2, \dots E_{\frac{l-1}{2}}$ bilden daher sicher kein System unabhängiger Einheiten, sondern es gibt Exponenten $x_1, x_2, \dots x_{\frac{l-1}{2}}$, für die

$$E_1^{x_1} E_2^{x_2} \dots E_{\frac{l-1}{2}}^{x_{\frac{l-1}{2}}} = 1$$

wird, und die nicht sämtlich Null sind. Man setze:

$$H = H_1^{x_1}\, H_2^{x_2} \dots H_{\frac{l-1}{2}}^{x_{\frac{l-1}{2}}};$$

dann muß

$$|H| = \left| \left(E_1^{x_1} \dots E_{\frac{l-1}{2}}^{x_{\frac{l-1}{2}}} \right)^{\frac{1}{2}} \right| = 1$$

und ebenso

$$|s^h H| = 1, \; h = 0, 1, \dots l - 2$$

sein. Hieraus folgt genau wie oben für E, daß es nur endlich viele Einheiten H geben kann. Bildet man die Potenzen von H, so erfüllen dieselben die gleichen Bedingungen wie H, und es muß wenigstens zwei unter ihnen geben, die einander gleich werden, d. h. es existiert ein n, für das

$$H^n = 1, \; H = \pm \zeta^q \; (0 \leqq q < l);$$

dann ist

$$H^{2l} = H_1^{2lx_1} H_2^{2lx_2} \ldots H_{\frac{l-1}{2}}^{2lx_{\frac{l-1}{2}}} = 1,$$

und die Einheiten $H_1, H_2, \ldots H_{\frac{l-1}{2}}$ bilden kein System unabhängiger Einheiten, wie doch vorausgesetzt wurde. Die letzte Überlegung des Beweises soll ihrer Wichtigkeit wegen besonders formuliert werden. Wir werden sie später anzuwenden haben.

10. Satz. Es gibt in K nur endlich viele Einheiten, deren absoluter Betrag gleich 1 ist. Dieselben sind die $2l$ Einheiten:

$$\pm \zeta^q, q = 0, 1, 2, \ldots l-1.$$

Damit sind wir unserem Ziel, unabhängige Einheiten zu berechnen, bedeutend näher gekommen; wir wissen jetzt, daß es höchstens $\frac{l-3}{2}$ solcher gibt. Es ist leicht einzusehen, daß wenn ein solches System gefunden ist, alle anderen Einheiten mit demselben in Beziehung stehen müssen. Ist nämlich $H_1, H_2, \ldots H_{\frac{l-3}{2}}$ ein System von unabhängigen Einheiten, so muß für jede von denselben verschiedene Einheit ε das System der Einheiten $\varepsilon, H_1, \ldots H_{\frac{l-3}{2}}$ nach dem eben bewiesenen Satze nicht mehr unabhängig sein. Es gibt daher Exponenten $-y, x_1, x_2, \ldots x_{\frac{l-3}{2}}$, die nicht sämtlich Null sind, und für die

$$\varepsilon^{-y} H_1^{x_1} \ldots H_{\frac{l-3}{2}}^{x_{\frac{l-3}{2}}} = 1, \quad \varepsilon^y = H_1^{x_1} H_2^{x_2} \ldots H_{\frac{l-3}{2}}^{x_{\frac{l-3}{2}}}$$

wird. y ist sicher von Null verschieden, da $H_1, \ldots H_{\frac{l-3}{2}}$ unabhängig sind. Wenn hiemit jede Einheit ε selbst noch nicht gegeben ist, so wird doch eine bestimmte Potenz derselben durch das gegebene System dargestellt. Wie man ein System unabhängiger Einheiten finden kann, durch das auch jede Einheit selbst dargestellt wird, werden wir erst im letzten Paragraphen dieses Kapitels kennen lernen. Zunächst muß jetzt ein solches System von $\frac{l-3}{2}$ unabhängigen Einheiten hergestellt werden.

Beispiele:

a) $l = 3$. Das Bisherige genügt, um in diesem Falle die Einheiten aufzustellen. Da jetzt $\frac{l-3}{2} = 0$ ist, existiert keine unabhängige Einheit; d. h. es gibt für jede Einheit ε des Körpers einen Exponenten n, für den

$$\varepsilon^n = 1.$$

Daraus folgt aber, daß ε die Gestalt hat:

$$\varepsilon = \pm \zeta^q \qquad (q = 0, 1, 2).$$

Der Körper enthält daher nur $2l = 6$ Einheiten.

11. Satz. Der Körper der 3. Einheitswurzel besitzt nur die 6 Einheiten:

$$+1, -1, +\zeta, -\zeta, +\zeta^2, -\zeta^2.$$

b) $l = 5$. Dieser Körper besitzt, da $\frac{l-3}{2} = 1$ ist, höchstens eine unabhängige Einheit. Eine solche ist z. B. (siehe Beispiele auf Seite 167):

$$\varepsilon_1 = 1 - (\zeta^2 + \zeta^3).$$

Wäre nämlich für die natürliche Zahl n

$$\varepsilon_1^n = 1,$$

so müßte

$$\varepsilon_1 = 1 - \zeta^2 - \zeta^3 = \pm \zeta^q$$

sein, wo q eine der Zahlen 0, 1, 2, 3, 4 ist. ζ genügte der Gleichung

$$1 - \zeta^2 - \zeta^3 \mp \zeta^q = 0,$$

was unmöglich ist, da die Gleichung

$$x^4 + x^3 + x^2 + x + 1 = 0,$$

der ζ genügt, in k irreduzibel ist. ε_1 ist eine unabhängige Einheit, und jede andere Einheit ε des Körpers besitzt einen Exponenten y, für den

$$\varepsilon^y = \varepsilon_1^{x_1} \quad (y, x_1 \text{ ganze rationale Zahlen}).$$

c) $l = 7$. Der Körper besitzt höchstens $\frac{l-3}{2} = 2$ unabhängige Einheiten. Wir untersuchen, ob ε_1 und ε_2 in den Beispielen von Seite 167 unabhängig sind. Dazu berechnen wir diese Zahlen. Es ist:

$$\zeta = e^{\frac{2\pi i}{7}} = \cos\frac{2\pi}{7} + i\sin\frac{2\pi}{7} = 0,6235 + i\sin\frac{2\pi}{7},$$

$$\zeta^2 = e^{\frac{4\pi i}{7}} = \cos\frac{4\pi}{7} + i\sin\frac{4\pi}{7} = -0,2225 + i\sin\frac{4\pi}{7},$$

$$\zeta^3 = e^{\frac{6\pi i}{7}} = \cos\frac{6\pi}{7} + i\sin\frac{6\pi}{7} = -0,9010 + i\sin\frac{6\pi}{7},$$

$$\zeta^4 = e^{-\frac{6\pi i}{7}} = -0,9010 - i\sin\frac{6\pi}{7},$$

$$\zeta^5 = e^{-\frac{4\pi i}{7}} = -0,2225 - i\sin\frac{4\pi}{7},$$

$$\zeta^6 = e^{-\frac{2\pi i}{7}} = 0,6235 - i\sin\frac{2\pi}{7};$$

$$\varepsilon_1 = 1 - (\zeta^2 + \zeta^5) - 2(\zeta^3 + \zeta^4) = 1 + 0,4450 + 3,6040 = 5,049.$$
$$\varepsilon_2 = 2 - (\zeta^2 + \zeta^5) + (\zeta^3 + \zeta^4) = 2 + 0,4450 - 1,8020 = 0,643.$$
$$\varepsilon_3 = 3 + 2(\zeta^2 + \zeta^5) + (\zeta^3 + \zeta^4) = 3 - 0,8900 - 1,8020 = 0,308.$$
$$\varepsilon_1\varepsilon_2\varepsilon_3 = 1,000.$$

Die Berechnung von $\varepsilon_1, \varepsilon_2, \varepsilon_3$ ist bis auf Tausendstel genau. Sicher ist $\varepsilon_1 > 1$, $0 < \varepsilon_2 < 1$, $0 < \varepsilon_3 < 1$. Es kommt darauf an, zu beweisen, daß die Determinante der $\varepsilon_1, \varepsilon_2$ von Null verschieden ist. Man darf der bequemen Rechnung wegen die natürlichen Logarithmen durch die Briggschen ersetzen:

$$\begin{aligned} \operatorname{Lg}\varepsilon_1 &= 0,7032. \\ \operatorname{Lg}\varepsilon_2 &= -0,1918. \qquad \operatorname{Lg}\varepsilon_1 + \operatorname{Lg}\varepsilon_2 + \operatorname{Lg}\varepsilon_3 = 0;\ \varepsilon_1\varepsilon_2\varepsilon_3 = 1,000. \\ \operatorname{Lg}\varepsilon_3 &= -0,5114. \end{aligned}$$

$\operatorname{Lg}\varepsilon_1$ ist positiv, $\operatorname{Lg}\varepsilon_2$ und $\operatorname{Lg}\varepsilon_3$ negativ. Wegen $s\varepsilon_1 = \varepsilon_2$, $s^2\varepsilon_1 = s\varepsilon_2 = \varepsilon_3$ wird die Determinante der $\varepsilon_1, \varepsilon_2$ folgende Gestalt haben:

$$\begin{vmatrix} \operatorname{Lg}\varepsilon_1 & \operatorname{Lg}\varepsilon_2 \\ \operatorname{Lg}\varepsilon_2 & \operatorname{Lg}\varepsilon_3 \end{vmatrix} = \begin{vmatrix} 0,7032 & -0,1918 \\ -0,1918 & -0,5114 \end{vmatrix},$$

und dieselbe ist sicher von Null verschieden und hat einen negativen Wert, da beide Summanden bei der Ausrechnung negativ werden. ε_1 und ε_2 sind daher unabhängig, und jede andere Einheit ε besitzt einen Exponenten y, für den

$$\varepsilon^y = \varepsilon_1^{x_1}\varepsilon_2^{x_2} \qquad (y, x_1, x_2 \text{ ganze rationale Zahlen})$$

wird.

§ 3. Das System unabhängiger Einheiten.

12. Satz. Die Einheiten $\varepsilon_1, \varepsilon_2, \ldots \varepsilon_{\frac{l-3}{2}}$ bilden ein System von unabhängigen Einheiten:

$$\varepsilon_k = \frac{1-\zeta^{r^k}}{1-\zeta^{r^{k-1}}} \cdot \frac{1-\zeta^{-r^k}}{1-\zeta^{-r^{k-1}}}.$$

Nach dem Satz 8 muß im entgegengesetzten Fall die Determinante

$$\Delta = \begin{vmatrix} \lg \varepsilon_1 & \lg \varepsilon_2 & \dots & \lg \varepsilon_{\frac{l-3}{2}} \\ \lg \varepsilon_1' & \lg \varepsilon_2' & \dots & \lg \varepsilon_{\frac{l-3}{2}}' \\ \dots & \dots & \dots & \dots \\ \lg \varepsilon_1^{\left(\frac{l-5}{2}\right)} & \lg \varepsilon_2^{\left(\frac{l-5}{2}\right)} & \dots & \lg \varepsilon_{\frac{l-3}{2}}^{\left(\frac{l-5}{2}\right)} \end{vmatrix}$$

Null sein. Wegen $s\varepsilon_{k-1} = \varepsilon_k$, $k = 2, 3, \dots \frac{l-1}{2}$, wird Δ folgende Form haben:

$$\Delta = \begin{vmatrix} \lg \varepsilon_1 & \lg \varepsilon_2 & \dots & \lg \varepsilon_{\frac{l-3}{2}} \\ \lg \varepsilon_2 & \lg \varepsilon_3 & \dots & \lg \varepsilon_{\frac{l-1}{2}} \\ \dots & \dots & \dots & \dots \\ \lg \varepsilon_{\frac{l-3}{2}} & \lg \varepsilon_{\frac{l-1}{2}} & \dots & \lg \varepsilon_{\frac{l-7}{2}} \end{vmatrix}.$$

Wir setzen jetzt $\lambda_k = (1 - \zeta^{r^k})(1 - \zeta^{-r^k})$; die Größen λ_k sind reelle positive Zahlen, und es wird:

$$\varepsilon_k = \frac{\lambda_k}{\lambda_{k-1}}, \ \lg \varepsilon_k = \lg \lambda_k - \lg \lambda_{k-1}, \qquad k = 1, 2, \dots \frac{l-1}{2}.$$

Außerdem ist $\lambda_0 = \lambda_{\frac{l-1}{2}}$. Nach einer Formel von Seite 93 muß

$$\lg \lambda_1 + \lg \lambda_2 + \dots + \lg \lambda_{\frac{l-1}{2}} = \lg(\lambda_1 \lambda_2 \dots \lambda_{\frac{l-1}{2}}) = \lg N(1 - \zeta) = \lg l$$

sein. Wir betrachten die neue Determinante:

$$\Delta_1 = \begin{vmatrix} \lg \lambda_1 & \lg \lambda_2 & \dots & \lg \lambda_{\frac{l-1}{2}} \\ \lg \lambda_2 & \lg \lambda_3 & \dots & \lg \lambda_1 \\ \dots & \dots & \dots & \dots \\ \lg \lambda_{\frac{l-1}{2}} & \lg \lambda_1 & \dots & \lg \lambda_{\frac{l-3}{2}} \end{vmatrix}$$

und addieren alle Glieder einer Kolonne zu dem entsprechenden Glied der letzten Zeile; dann ändert sich der Wert der Determinante nicht, und es wird wegen der vorigen Formel:

$$\Delta_1 = \begin{vmatrix} \lg \lambda_1 & \lg \lambda_2 & \dots & \lg \lambda_{\frac{l-1}{2}} \\ \dots & \dots & \dots & \dots \\ \lg l & \lg l & \dots & \lg l \end{vmatrix}.$$

Jetzt subtrahieren wir jedes Glied der drittletzten Kolonne von dem entsprechenden Glied der vorletzten; dann jedes Glied der viertletzten von jedem der drittletzten, usf., jedes Glied der ersten von jedem Glied der zweiten und jedes Glied der letzten von jedem Glied der ersten Kolonne. Der Wert der Determinante ändert sich hierbei nicht, und es ergibt sich:

$$\Delta_1 = \begin{vmatrix} \lg \varepsilon_1 & \lg \varepsilon_2 & \dots & \lg \varepsilon_{\frac{l-3}{2}} & \lg \lambda_{\frac{l-1}{2}} \\ \lg \varepsilon_2 & \lg \varepsilon_3 & \dots & \lg \varepsilon_{\frac{l-1}{2}} & \lg \lambda_1 \\ \dots & \dots & \dots & \dots & \dots \\ \lg \varepsilon_{\frac{l-3}{2}} & \lg \varepsilon_{\frac{l-1}{2}} & \dots & \lg \varepsilon_{\frac{l-7}{2}} & \lg \lambda_{\frac{l-5}{2}} \\ 0 & 0 & \dots & 0 & \lg l \end{vmatrix} = \lg l \cdot \Delta .$$

Wenn Δ gleich Null ist, folgt auch

$$\Delta_1 = 0 .$$

Wir setzen $\frac{l-1}{2}$ gleich m, $\eta = e^{\frac{2\pi i}{m}}$. Dann genügt η der Gleichung

$$x^m - 1 = 0,$$

und die Potenzen $1, \eta, \eta^2, \dots \eta^{m-1}$ sind die konjugierten Wurzeln von η. Es sei v eine beliebige unter den Zahlen $0, 1, 2, \dots m-1$; wir betrachten das Gleichungssystem:

$$\begin{aligned} u &= \lg \lambda_1 + \eta^v \lg \lambda_2 + \dots + \eta^{v(m-1)} \lg \lambda_m , \\ \eta^{v(m-1)} u &= \lg \lambda_2 + \eta^v \lg \lambda_3 + \dots + \eta^{v(m-1)} \lg \lambda_1 , \\ &\dots\dots\dots\dots\dots\dots \\ \eta^v u &= \lg \lambda_m + \eta^v \lg \lambda_1 + \dots + \eta^{v(m-1)} \lg \lambda_{m-1} . \end{aligned}$$

Dieses läßt sich auch so schreiben:

$$\begin{aligned} (\lg \lambda_1 - u) + \eta^v \lg \lambda_2 \quad & + \dots + \eta^{v(m-1)} \lg \lambda_m = 0, \\ \lg \lambda_2 \quad + \eta^v \lg \lambda_3 \quad & + \dots + \eta^{v(m-1)} (\lg \lambda_1 - u) = 0, \\ \dots\dots\dots\dots & \dots\dots\dots\dots \\ \lg \lambda_m \quad + \eta^v (\lg \lambda_1 - u) & + \dots + \eta^{v(m-1)} \lg \lambda_{m-1} = 0, \end{aligned}$$

und ist nur erfüllt, wenn seine Determinante Null ist:

$$\begin{vmatrix} (\lg \lambda_1 - u) & \lg \lambda_2 & \dots & \lg \lambda_m \\ \lg \lambda_2 & \lg \lambda_3 & \dots & (\lg \lambda_1 - u) \\ \dots & \dots & \dots & \dots \\ \lg \lambda_m & (\lg \lambda_1 - u) & \dots & \lg \lambda_{m-1} \end{vmatrix} = 0.$$

Rechnet man die Determinante aus, so ergibt sich eine Gleichung m. Grades für u. Derselben genügt nicht nur eine Größe u, sondern alle Größen u, die man erhält, wenn man für v alle Werte $0, 1, 2, \ldots m-1$ einsetzt. Das konstante Glied der Gleichung ist, abgesehen vom Vorzeichen, das Produkt aller dieser verschiedenen Werte von u, und ergibt sich, wenn man in der Determinante u gleich Null setzt. Daraus folgt:

$$\Delta_1 = \lg l \cdot \Delta = \pm \prod_{v=0}^{m-1} (\lg \lambda_1 + \eta^v \lg \lambda_2 + \cdots + \eta^{v(m-1)} \lg \lambda_m)$$

$$= \pm \lg l \prod_{v=1}^{m-1} (\lg \lambda_1 + \eta^v \lg \lambda_2 + \cdots + \eta^{v(m-1)} \lg \lambda_m),$$

$$\Delta = \pm \prod_{v=1}^{m-1} (\lg \lambda_1 + \eta^v \lg \lambda_2 + \cdots + \eta^{v(m-1)} \lg \lambda_m).$$

Wenn Δ Null sein soll, wird einer der Faktoren des Produktes verschwinden müssen. Es existiert deshalb ein v zwischen 0 und m, für das:

$$\lg \lambda_1 + \eta^v \lg \lambda_2 + \eta^{2v} \lg \lambda_3 + \cdots + \eta^{v(m-1)} \lg \lambda_m = 0.$$

Um die Unmöglichkeit einer solchen Beziehung zu zeigen, wollen wir von nun an den kleinsten positiven Rest von r^k (mod. l) mit r_k abkürzen:

$$r^k \equiv r_k \pmod{l}.$$

Dann ist:

$$r_k r_h \equiv r^k r^h \equiv r^{k+h} \equiv r_{k+h} \pmod{l}; \quad -r_k \equiv -r^k \equiv r^{k+\frac{l-1}{2}} \equiv r_{k+\frac{l-1}{2}} \pmod{l},$$

und wegen $\zeta^l = 1$:

$$\lambda_k = (1 - \zeta^{r_k})(1 - \zeta^{-r_k}).$$

Wir multiplizieren die angenommene Gleichung mit η^v und schreiben sie:

$$\sum_{k=1}^{m} \eta^{kv} \lg (1 - \zeta^{r_k})(1 - \zeta^{-r_k}) = 0.$$

$\lg z$ sei derjenige natürliche Logarithmus der komplexen Zahl z, dessen Imaginärteil zwischen $-\pi i$ und $+\pi i$ liegt; dann wird:

$$\lg (1 - \zeta^{r_k})(1 - \zeta^{-r_k}) = \lg (1 - \zeta^{r_k}) + \lg (1 - \zeta^{-r_k}),$$

und:

$$\sum_{k=1}^{l-1} \eta^{kv} \lg (1 - \zeta^{r_k}) = 0,$$

weil $\eta^{kv} = \eta^{\left(k+\frac{l-1}{2}\right)v}$; $r_{k+\frac{l-1}{2}} \equiv -r_k \pmod{l}$ ist. Wir führen hier ein bestimmtes Integral ein:

$$\lg(1-\zeta^{r_k}) = \int_0^1 \frac{\zeta^{r_k} dy}{1-\zeta^{r_k} y} = \int_0^1 \frac{\zeta^{r_k}(1-(\zeta^{r_k} y)^l)}{(1-\zeta^{r_k} y)(1-y^l)} dy$$

$$= \int_0^1 \frac{\zeta^{r_k}(1+\zeta^{r_k} y+\zeta^{2r_k} y^2+\cdots+\zeta^{(l-1)r_k} y^{l-1})}{1-y^l} dy.$$

Man überzeugt sich leicht, daß die vorige Bedingung über den Logarithmus erfüllt ist. Nach Einsetzen dieses Ausdrucks in der Bedingungsgleichung verschwindet wegen $\sum_{k=1}^{l-1}{}' \eta^{kv} = 0$ das Glied mit y^{l-1}; die Gleichung nimmt die Form an:

$$\int_0^1 \sum_{k=1}^{l-1} \eta^{kv} \frac{\zeta^{r_k}+\zeta^{2r_k} y+\zeta^{3r_k} y^2+\cdots+\zeta^{(l-1)r_k} y^{l-2}}{1-y^l} dy$$

$$= \int_0^1 \sum_{k=1}^{l-1} \sum_{u=1}^{l-1} \frac{\eta^{kv} \zeta^{ur_k} y^{u-1}}{1-y^l} dy = 0.$$

Statt über u von 1 bis $l-1$ kann über r_h von $h=1$ bis $l-1$ summiert werden; denn diese Zahlen stimmen mit den vorigen, von der Reihenfolge abgesehen, überein. Statt $r_h r_k$ darf man r_{h+k} im Exponenten von ζ setzen. Schreibt man schließlich $k_1 = k+h$ und ersetzt alle k durch k_1, so wird auch über k_1 von 1 bis $l-1$ zu summieren sein, da k_1 nur (mod. $l-1$) bestimmt ist. In der neuen Gestalt lautet jetzt die Gleichung so:

$$\int_0^1 \sum_{k=1}^{l-1} \sum_{h=1}^{l-1} \eta^{v(k-h)} \zeta^{r_k} \frac{y^{r_h-1}}{1-y^l} dy = \sum_{k=1}^{l-1} \eta^{vk} \zeta^{r_k} \cdot \int_0^1 \sum_{h=1}^{l-1} \eta^{-vh} \frac{y^{r_h-1}}{1-y^l} dy = 0.$$

Dabei ist für k_1 wieder k geschrieben worden. Die linke Seite ist das Produkt zweier Faktoren. Es muß also:

$$\text{I.} \qquad \sum_{k=1}^{l-1} \eta^{vk} \zeta^{r_k} = 0,$$

oder:

$$\text{II.} \qquad \int_0^1 \frac{f(y)}{1-y^l} dy = 0, \quad \text{wo } f(y) = \sum_{h=1}^{l-1}{}' \eta^{-vh} y^{r_h-1},$$

sein. Wäre I. erfüllt, so wäre, wenn wieder $s = (\zeta : \zeta^r)$ gesetzt wird:

$$s^n \sum_{k=1}^{l-1} \eta^{vk} \zeta^{r_k} = \sum_{k=1}^{l-1} \eta^{vk} \cdot \zeta^{r_{k+n}} = \eta^{-nv} \sum_{k=1}^{l-1} \eta^{vk} \zeta^{r_k} = 0 \quad (n = 0, 1, 2, \ldots l-2).$$

Dies ergibt $l-1$ lineare Gleichungen der $(l-1)$ Unbekannten $\eta^{\nu k}$ $(k=1, 2, \ldots l-1)$. Also müßte die Determinante des Systems:

$$\begin{vmatrix} \zeta & \zeta^2 & \ldots & \zeta^{l-1} \\ \zeta^2 & \zeta^4 & \ldots & \zeta^{2(l-1)} \\ \cdot & \cdot & \cdot & \cdot \\ \zeta^{l-1} & \zeta^{2(l-1)} & \ldots & \zeta^{(l-1)^2} \end{vmatrix} = \pm\, l^{l-2}$$

Null sein, was unmöglich ist. Die Bedingung II. kann durch die andere ersetzt werden, daß

$$L^{(\nu)}(x) = \frac{1}{\Gamma(x)} \int_0^1 \frac{f(y)}{1-y^l} \left(\lg \frac{1}{y}\right)^{x-1} dy$$

für lim inf $x=1$ den Grenzwert 0 besitzt. Dabei bedeutet $\Gamma(x)$ die Gammafunktion. Es würde zu weit führen, hier den Beweis zu erbringen, daß dieser Grenzwert stets von 0 verschieden ist. Der Beweis ist in dem klassischen Buche von Dirichlet-Dedekind[1]) in schönster Weise dargestellt. Der Grenzwert der Größen $L^{(\nu)}(x)$ wird dort benutzt, um zu beweisen, daß eine arithmetische Progression, deren Anfangsglied und Differenz teilerfremd sind, unendlich viele Primzahlen enthält. Es ist eine merkwürdige Tatsache, daß diese Frage sich mit der Frage nach den Einheiten berührt. Für unsere obigen Zwecke sind nur diejenigen Reihen zu betrachten, die von Dirichlet mit $L_3(x)$ bezeichnet sind, da η^ν stets von ± 1 verschieden angenommen werden darf. Damit ist der Beweis des Satzes erbracht.

§ 4. Die Grundeinheiten.

Es sei $\varepsilon_1, \varepsilon_2, \ldots \varepsilon_{\frac{l-3}{2}}$ wiederum das gefundene System von unabhängigen Einheiten. Wie wir am Ende des zweiten Paragraphen gesehen haben, gibt es für jede Einheit ε des Körpers K einen Exponenten $y \neq 0$, für den

$$\varepsilon^y = \varepsilon_1^{x_1}\, \varepsilon_2^{x_2} \ldots \varepsilon_{\frac{l-3}{2}}^{x_{\frac{l-3}{2}}}$$

wird, d. h. ε^y ist durch die Einheiten $\varepsilon_1, \varepsilon_2, \ldots \varepsilon_{\frac{l-3}{2}}$ darstellbar. Ist $H_1, H_2, \ldots H_{\frac{l-3}{2}}$ ein zweites System unabhängiger Einheiten, so folgt auch für dieses System dieselbe Tatsache; also muß auch jede der ur-

[1]) Dirichlet-Dedekind, Vorlesungen über Zahlentheorie. Vierte Auflage. Braunschweig 1894. Seite 342 u. ff. insbesondere § 136 Seite 354.

sprünglichen Einheiten $\varepsilon_1, \varepsilon_2, \ldots \varepsilon_{\frac{l-3}{2}}$ durch das neue System in folgender Weise darstellbar sein:

$$\varepsilon_k^{y_k} = H_1^{x_1^{(k)}} H_2^{x_2^{(k)}} H_{\frac{l-3}{2}}^{x_{\frac{l-3}{2}}^{(k)}}, \qquad k = 1, 2, \ldots \frac{l-3}{2}.$$

Durch Logarithmieren finden wir hieraus:

$$y_k \lg \varepsilon_k = x_1^{(k)} \lg |H_1| + x_2^{(k)} \lg |H_2| + \cdots + x_{\frac{l-3}{2}}^{(k)} \lg |H_{\frac{l-3}{2}}|,$$

$$\left(k = 1, 2, \ldots \frac{l-3}{2}\right).$$

Nach dem Multiplikationstheorem der Determinanten und wegen $s\varepsilon_{k-1} = \varepsilon_k$ muß daher:

$$y_1 y_2 \cdots y_{\frac{l-3}{2}} \begin{vmatrix} \lg \varepsilon_1 & \ldots & \lg \varepsilon_{\frac{l-3}{2}} \\ \cdot & \cdot\,\cdot\,\cdot & \cdot \\ \lg \varepsilon_{\frac{l-3}{2}} & \ldots & \lg \varepsilon_{\frac{l-7}{2}} \end{vmatrix}$$

$$= \begin{vmatrix} x_1' & x_2' & \ldots & x_{\frac{l-3}{2}}' \\ \cdot & \cdot & \cdot\,\cdot\,\cdot & \cdot \\ x_1^{\left(\frac{l-3}{2}\right)} & x_2^{\left(\frac{l-3}{2}\right)} & & x_{\frac{l-3}{2}}^{\left(\frac{l-3}{2}\right)} \end{vmatrix} \begin{vmatrix} \lg |H_1| & \ldots & \lg \left|H_{\frac{l-3}{2}}\right| \\ \cdot & \cdot\,\cdot\,\cdot & \cdot \\ \lg \left|H_1^{\left(\frac{l-5}{2}\right)}\right| & \ldots & \lg \left|H_{\frac{l-3}{2}}^{\left(\frac{l-5}{2}\right)}\right| \end{vmatrix}$$

sein. Die linke Seite der Gleichung ist sicher von Null verschieden; also muß es auch die rechte sein, was nur eintrifft, wenn die Determinante des neuen Systems unabhängiger Einheiten von Null verschieden ist:

$$\begin{vmatrix} \lg |H_1| & \ldots & \lg \left|H_{\frac{l-3}{2}}\right| \\ \cdot & \cdot\,\cdot\,\cdot & \cdot \\ \lg \left|H_1^{\left(\frac{l-5}{2}\right)}\right| & \ldots & \lg \left|H_{\frac{l-3}{2}}^{\left(\frac{l-5}{2}\right)}\right| \end{vmatrix} \neq 0.$$

Damit haben wir die auf Seite 170 in Aussicht gestellte Notwendigkeit dieser Bedingung für jedes System von unabhängigen Einheiten bewiesen.

13. Satz. Die notwendige und hinreichende Bedingung dafür, daß $H_1, H_2, \ldots H_{\frac{l-3}{2}}$ ein System unabhängiger Einheiten ist, lautet:

$$\left|\begin{array}{cccc} \lg|H_1| & \lg|H_2| & \dots & \lg\left|H_{\frac{l-3}{2}}\right| \\ \lg|H_1'| & \lg|H_2'| & \dots & \lg\left|H'_{\frac{l-3}{2}}\right| \\ \dots & \dots & \dots & \dots \\ \lg\left|H_1^{\left(\frac{l-5}{2}\right)}\right| & \lg\left|H_2^{\left(\frac{l-5}{2}\right)}\right| & \dots & \lg\left|H_{\frac{l-3}{2}}^{\left(\frac{l-5}{2}\right)}\right| \end{array}\right| \neq 0.$$

Dabei ist zu beachten, daß wegen $2\lg|H| = \lg(Hs^{\frac{l-1}{2}}H) = \lg E$ die jetzige Determinante in die frühere durch Multiplikation mit $2^{\frac{l-3}{2}}$ übergeht. Um hierin Bestimmtheit zu erreichen, setzen wir $E_k = H_k^2$, wenn H_k reell ist, und $E_k = H_k s^{\frac{l-1}{2}} H_k$, wenn H_k komplex ist, und sagen, die Determinante

$$\varDelta = \left|\begin{array}{cc} \lg E_1 & ,\dots \lg E_{\frac{l-3}{2}} \\ \dots & \dots \\ \lg E_1^{\left(\frac{l-5}{2}\right)} & ,\dots \lg E_{\frac{l-3}{2}}^{\left(\frac{l-5}{2}\right)} \end{array}\right|$$

sei dem System $H_1, H_2 \dots H_{\frac{l-3}{2}}$ zugeordnet.

Es gibt wenigstens ein System von unabhängigen Einheiten, für die die zugeordnete Determinante einen absolut kleinsten, von 0 verschiedenen Wert besitzt. Diese Einheiten heißen Grundeinheiten, und ihre zugeordnete Determinante der Regulator R, der immer als der positive Wert der Determinante $\varDelta$ aufgefaßt wird.

53. Definition. Ein System von unabhängigen Einheiten $H_1, H_2, H_3, \dots H_{\frac{l-3}{2}}$, für das die zugeordnete Determinante $\varDelta$ den absolut kleinsten möglichen, von Null verschiedenen Wert in K besitzt, heißt ein System von Grundeinheiten; der absolut genommene Betrag der Determinante $\varDelta$ heißt der Regulator R von K.

14. Satz. Die Grundeinheiten dürfen stets als reelle Einheiten gewählt werden.

Ist H eine komplexe Einheit, so haben alle konjugierten Einheiten:

$$H_1 = \frac{s^{\frac{l-1}{2}} H}{H},\ H_1' = \frac{s^{\frac{l-1}{2}} H'}{H'},\ \dots\ H_1^{(l-2)} = \frac{s^{\frac{l-1}{2}} H^{(l-2)}}{H^{(l-2)}}$$

die Eigenschaft, daß ihr Betrag Eins ist. Nach Satz 10 ist daher

$$H_1 = \pm \zeta^v; \quad s^{\frac{l-1}{2}} H = \pm \zeta^v H.$$

Man kann v als gerade Zahl wählen; denn für ungerades v ist $v+l$ gerade und $\zeta^v = \zeta^{v+l}$. Die Einheit

$$E = \zeta^{\frac{v}{2}} H$$

erfüllt dann die Bedingung:

$$s^{\frac{l-1}{2}} E = \zeta^{-\frac{v}{2}} s^{\frac{l-1}{2}} H = \pm \zeta^{\frac{v}{2}} H = \pm E.$$

Hier kann nur das obere Zeichen gelten. Denn sonst wäre $E - s^{\frac{l-1}{2}} E = 2E$ zu $\mathfrak{L}$ teilerfremd gegen Satz 25, Kapitel V. E ist daher reell, und H kann durch E ersetzt werden, da beide den gleichen absoluten Betrag haben.

VI. Hauptsatz: Jede Einheit ε in K ist durch ein System von Grundeinheiten darstellbar:

$$\varepsilon = \pm \zeta^q E_1^{x_1} E_2^{x_2} \ldots E_{\frac{l-3}{2}}^{x_{\frac{l-3}{2}}},$$

wo $q, x_1, x_2, \ldots x_{\frac{l-3}{2}}$ natürliche Zahlen sind.

Wir wählen nach dem Vorigen das System der Grundeinheiten reell und positiv; dann gilt jedenfalls eine Beziehung:

$$\varepsilon^y = E_1^{x_1} E_2^{x_2} \ldots E_{\frac{l-3}{2}}^{x_{\frac{l-3}{2}}}, \quad y > 0,$$

für jede Einheit ε von K; also:

$$y \lg|\varepsilon| = x_1 \lg E_1 + x_2 \lg E_2 + \cdots + x_{\frac{l-3}{2}} \lg E_{\frac{l-3}{2}}.$$

Wir bezeichnen mit x_k' den absolut kleinsten Rest von x_k (mod. y):

$$x_k = x_k' + y y_k, \qquad \left(k = 1, 2, \ldots \frac{l-3}{2}\right)$$

wo also $0 \leqq |x_k'| < \frac{y}{2}$, und setzen dann

$$E = \varepsilon E_1^{-y_1} E_2^{-y_2} \ldots E_{\frac{l-3}{2}}^{-y_{\frac{l-3}{2}}}.$$

Durch Logarithmieren folgt wegen der Definition der x und y:

$$y \lg |E| = y \lg |\varepsilon| - y\left(y_1 \lg E_1 + \cdots + y_{\frac{l-3}{2}} \lg E_{\frac{l-3}{2}}\right)$$
$$= x_1' \lg E_1 + x_2' \lg E_2 + \cdots + x'_{\frac{l-3}{2}} \lg E_{\frac{l-3}{2}}$$

Dieses Resultat benutzt man zur Berechnung der Determinante:

$$y \cdot 2^{\frac{l-3}{2}} \begin{vmatrix} \lg|E|, & \lg E_2, & \dots \lg E_{\frac{l-3}{2}} \\ \lg|E'|, & \lg E_2', & \dots \lg E'_{\frac{l-3}{2}} \\ \dots & \dots & \dots \\ \lg\left|E^{\left(\frac{l-5}{2}\right)}\right|, & \lg E_2^{\left(\frac{l-5}{2}\right)}, & \dots \lg E_{\frac{l-3}{2}}^{\left(\frac{l-5}{2}\right)} \end{vmatrix}$$

$$= 2^{\frac{l-3}{2}} \begin{vmatrix} x_1' \lg E_1 & + x_2' \lg E_2 & + \dots, \lg E_2, & \dots \lg E_{\frac{l-3}{2}} \\ x_1' \lg E_1' & + x_2' \lg E_2' & + \dots, \lg E_2', & \dots \lg E'_{\frac{l-3}{2}} \\ \dots & \dots & \dots & \dots \\ x_1' \lg E_1^{\left(\frac{l-5}{2}\right)} & + x_2' \lg E_2^{\left(\frac{l-5}{2}\right)} & + \dots, \lg E_2^{\left(\frac{l-5}{2}\right)}, & \dots \lg E_{\frac{l-3}{2}}^{\left(\frac{l-5}{2}\right)} \end{vmatrix} = \pm x_1' R.$$

Links steht, abgesehen vom Faktor y, die dem System $E, E_2, E_3, \dots E_{\frac{l-3}{2}}$ zugeordnete Determinante. Wenn $x_1' \neq 0$ ist, so ist dieselbe von Null verschieden, da die rechte Seite der Gleichung von Null verschieden ist. Die dem System $E, E_2, \dots E_{\frac{l-3}{2}}$ zugeordnete Determinante ist darum, da nach Definition x_1', absolut genommen, kleiner, höchstens gleich $\frac{y}{2}$ ist, kleiner als der Regulator R. Dies ist gegen die Annahme, daß R der kleinste von Null verschiedene Wert einer zu einem System unabhängiger Einheiten gehörigen Determinante ist. Also muß x_1' gleich Null sein. Dieselbe Tatsache beweist man für jedes x_k'; somit ergeben die obigen Gleichungen:

$$x_k = y y_k, \qquad k = 1, 2, \dots \frac{l-3}{2}.$$

Setzen wir dies ein, so wird:

$$\varepsilon^y = E_1^{y y_1} E_2^{y y_2} \dots E_{\frac{l-3}{2}}^{y y_{\frac{l-3}{2}}},$$

d. h. ε ist die y. Wurzel der rechten Seite, oder das Produkt aus

$$E_1^{\nu_1} E_2^{\nu_2} \cdots E_{\frac{l-3}{2}}^{\nu_{\frac{l-3}{2}}}$$

und einer y. Einheitswurzel. Letztere muß ebenfalls dem Körper K angehören, kann also nur gleich $\pm \zeta^q$ sein; somit wird:

$$\varepsilon = \pm \zeta^q E_1^{\nu_1} \cdots E_{\frac{l-3}{2}}^{\nu_{\frac{l-3}{2}}},$$

womit der Satz bewiesen ist.

Die Tatsache, daß man als System von Grundeinheiten ein System reeller Einheiten wählen darf, läßt folgendes interessante Resultat erkennen:

15. Satz. Jede Einheit von K ist Produkt aus einer Einheitswurzel $\pm \zeta^q$ und einer reellen Einheit.

Ist $H_1, H_2, \ldots H_{\frac{l-3}{2}}$ ein anderes System von Grundeinheiten, so ist die zugeordnete Determinante nach Definition für beide gleich dem Regulator R. Da außerdem beide Systeme nach den Ausführungen von Seite 180 u. ff. gegenseitig zusammenhängen, etwa in der Form:

$$H_k = \pm \zeta^{q_k} E_1^{x_1^{(k)}} E_2^{x_2^{(k)}} \cdots E_{\frac{l-3}{2}}^{x_{\frac{l-3}{2}}^{(k)}} \qquad \left(k = 1, 2, \ldots \frac{l-3}{2}\right),$$

so ergibt sich wieder wie auf Seite 181 mit Hilfe des Multiplikationssatzes der Determinanten die Beziehung:

$$R = \pm \begin{vmatrix} x_1' & x_2' & \cdots x_{\frac{l-3}{2}}' \\ x_1'' & x_2'' & \cdots x_{\frac{l-3}{2}}'' \\ \cdots & \cdots & \cdots \\ x_1^{\left(\frac{l-3}{2}\right)} & x_2^{\left(\frac{l-3}{2}\right)} & \cdots x_{\frac{l-3}{2}}^{\left(\frac{l-3}{2}\right)} \end{vmatrix} R \text{ oder } \begin{vmatrix} x_1' & x_2' & \cdots x_{\frac{l-3}{2}}' \\ \cdots & \cdots & \cdots \\ x_1^{\left(\frac{l-3}{2}\right)} & x_2^{\left(\frac{l-3}{2}\right)} & \cdots x_{\frac{l-3}{2}}^{\left(\frac{l-3}{2}\right)} \end{vmatrix} = \pm 1;$$

umgekehrt folgt, daß, wenn diese Determinante den Wert ± 1 hat, das System $H_1, H_2, \ldots H_{\frac{l-3}{2}}$ ebenfalls ein System von Grundeinheiten sein muß; denn der Regulator hat für dasselbe den Wert R.

Damit ist die Theorie der Einheiten in K erledigt. Praktisch ist das Ziel jedoch nicht erreicht. Wir kennen wohl ein System von unabhängigen Einheiten, aber die Grundeinheiten selbst sind noch nicht gefunden. Die Lösung dieser Aufgabe ist in der Regel schwierig und mühsam. Es bedarf dazu tiefergehender Untersuchungen. In einfachen Fällen, d. h. wenn l

nicht groß ist, gelingt es allerdings zuweilen, durch ein rasches, dem einzelnen Fall angepaßtes Verfahren, wie wir an Beispielen erkennen werden, die Grundeinheiten aufzustellen.

Beispiele:

a) Der Fall $l = 3$ ist bereits auf S. 174 erledigt worden.

b) $l = 5$. Die Einheit $\varepsilon_1 = 1 - \zeta^2 - \zeta^3$ ist eine unabhängige Einheit, aber keine Grundeinheit; denn es wird:

$$\varepsilon_1 = (\zeta^2 + \zeta^3)^2.$$

Dagegen ist

$$\varepsilon = \zeta^2 + \zeta^3$$

eine Grundeinheit. Denn es ist:

$$\varepsilon + s\varepsilon = \zeta^2 + \zeta^3 + \zeta^4 + \zeta = -1; \quad \varepsilon \cdot s\varepsilon = (\zeta^2 + \zeta^3)(\zeta + \zeta^4) = -1.$$

Also genügt ε der quadratischen Gleichung:

$$x^2 + x - 1 = 0, \text{ und } \varepsilon = \frac{-1-\sqrt{5}}{2}.$$

Man erkennt sofort, daß $\varepsilon = \pm E^n$ für E eine Gleichung $2n$-ten Grades ergibt, deren Wurzeln nur im Falle $n = 1$ im Körper der 5. Einheitswurzel liegen.

c) $l = 7$. Auch jetzt sind ε_1 und ε_2 keine Grundeinheiten; denn:

$$\begin{aligned} \varepsilon_1 &= 1 - (\zeta^2 + \zeta^5) - 2(\zeta^3 + \zeta^4) = (1 + \zeta + \zeta^6)^2, \\ \varepsilon_2 &= 2 - (\zeta^2 + \zeta^5) + (\zeta^3 + \zeta^4) \quad = (1 + \zeta^3 + \zeta^4)^2. \end{aligned}$$

Dagegen sind

$$\begin{aligned} E_1 &= 1 + \zeta + \zeta^6 \\ E_2 &= 1 + \zeta^3 + \zeta^4 \end{aligned}$$

Grundeinheiten. Siehe hierzu Kummer: Mémoire sur la théorie des nombres complexes composés de racines de l'unité et de nombres entiers (Liouville's Journ. de math. t. XVI., Paris, Bachelier 1851, S. 472), und Kronecker: „De unitatibus complexis" (Werke, Band I, Leipzig, Teubner 1895, S. 9).

Historische Notiz: Die Erkenntnis über die Art, wie Einheiten in Körpern auftreten, verdanken wir Dirichlets grundlegender Arbeit: „Zur Theorie der komplexen Einheiten" (Werke, Band I, Berlin 1889, Seite 641) aus dem Jahre 1846. Für den Fall des Körpers der *l*. Einheitswurzel ist die Theorie in der schon zitierten Kroneckerschen Dissertation im Jahre 1845 durchgeführt worden.

VII. Kapitel.

Die Berechnung der Klassenzahl.

§ 1. Die ζ-Funktion.

Es bedeute x eine reelle Veränderliche. Wir betrachten die Reihe

$$\zeta_{a,l}(x) = \frac{1}{a^x} + \frac{1}{(a+l)^x} + \frac{1}{(a+2l)^x} + \cdots = \sum_{u=0}^{\infty} \frac{1}{(a+ul)^x},$$

in der a und l positive Zahlen sind, und $(a+ul)^x = 10^{x\,\mathrm{Lg}(a+ul)}$ der reelle positive Wert dieser Funktion bedeutet.

1. Satz. $\zeta_{a,l}(x)$ konvergiert gleichmäßig in jedem Intervall (α, β) von x, das der Bedingung

$$1 < \alpha < \beta$$

genügt.

Wir beweisen zunächst, daß $\zeta_{a,l}(x)$ für alle x größer als 1 konvergiert, und betrachten hierzu in der $(t\,y)$ Ebene die Kurve

$$y = \frac{1}{t^x}. \qquad (x > 1)$$

Die Fläche I zwischen der Kurve und der t-Achse von $t = a$ bis $t = a + ul$ wird durch das Integral

$$I = \int_a^{a+ul} \frac{dt}{t^x} = -\frac{1}{x-1}\frac{1}{t^{x-1}}\Bigg|_a^{a+ul} = \frac{1}{x-1}\left(\frac{1}{a^{x-1}} - \frac{1}{(a+ul)^{x-1}}\right)$$

gegeben; in der Grenze $u = \infty$ ist

$$\lim_{u=\infty} I = \frac{1}{x-1}\frac{1}{a^{x-1}}, \qquad (x > 1)$$

so daß für I die Ungleichung gilt:

$$0 < I < \frac{1}{x-1}\frac{1}{a^{x-1}}. \qquad (x > 1)$$

Andrerseits markieren wir die Punkte $t = a,\ a + l,\ a + 2l, \ldots a + ul$ und errichten über den dazwischen liegenden Strecken die Rechtecke mit den Ordinaten $\frac{1}{(a+l)^x}, \frac{1}{(a+2l)^x}, \ldots \frac{1}{(a+ul)^x}$. Die Ordinaten nehmen ständig ab, also auch die zugehörigen Rechtecksinhalte:

$$\frac{l}{(a+l)^x}, \frac{l}{(a+2l)^x}, \ldots \frac{l}{(a+ul)^x}.$$

Die Rechtecke liegen alle zwischen der Kurve und der t-Achse. Ihre Summe ist daher kleiner als I:

$$0 < \frac{l}{(a+l)^x} + \frac{l}{(a+2l)^x} + \cdots + \frac{l}{(a+ul)^x} < I < \frac{1}{x-1}\,\frac{1}{a^{x-1}},$$

$$0 < \frac{1}{a^x} + \frac{1}{(a+l)^x} + \cdots + \frac{1}{(a+ul)^x} < \frac{I}{l} + \frac{1}{a^x} < \frac{1}{l(x-1)}\,\frac{1}{a^{x-1}} + \frac{1}{a^x}.$$

In der Grenze $u = \infty$ besteht, da die Reihe nur positive Glieder hat, die entsprechende Ungleichung:

$$0 < \zeta_{a,l}(x) < \frac{1}{l(x-1)}\,\frac{1}{a^{x-1}} + \frac{1}{a^x},$$

womit die Konvergenz für alle x größer als 1 bewiesen ist.

Ist x eine Zahl zwischen α und β, wo

$$1 < \alpha < x < \beta,$$

so konvergiert $\zeta_{a,l}(x)$ in (α, β). Ferner existiert eine Zahl ϱ zwischen 1 und α; deshalb muß:

$$0 < \frac{1}{(a+ul)^x} < \frac{1}{(a+ul)^\varrho}, \qquad \alpha < x < \beta,\ u = 1, 2, 3, \ldots$$

somit auch

$$0 < \zeta_{a,l}(x) < \zeta_{a,l}(\varrho), \qquad \alpha < x < \beta,$$

wodurch die gleichmäßige Konvergenz dargetan ist. Wir heben den wichtigen Spezialfall $a = 1$, $l = 1$ besonders hervor:

2. Satz. Die Reihe

$$\zeta(x) = \frac{1}{1^x} + \frac{1}{2^x} + \frac{1}{3^x} + \cdots$$

konvergiert gleichmäßig für alle x des Intervalles (α, β), für das

$$1 < \alpha < \beta.$$

3. Satz. Für alle x größer als 1 gilt die Darstellung:

$$\zeta_{a,l}(x) = \frac{1}{l}\,\frac{1}{x-1} - \frac{\lg l}{l} + \frac{\Gamma'\left(\frac{a}{l}\right)}{l\Gamma\left(\frac{a}{l}\right)} + (x-1)\,f(x),$$

wo $f(x)$ für lim inf. $x = 1$ endlich bleibt.

In dem Integral der Γ-Funktion

$$\Gamma(x) = \int_0^\infty e^{-v} v^{x-1}\,dv$$

substituieren wir $v = (a + ul)t$, wo a und u die vorige Bedeutung haben. Dann ist, da $a + ul$ größer als Null ist:

$$\Gamma(x) = \int_0^\infty e^{-(a+ul)t}(a+ul)^{x-1}t^{x-1}(a+ul)\,dt = (a+ul)^x \int_0^\infty e^{-(a+ul)t}t^{x-1}\,dt,$$

oder:

$$\frac{1}{(a+ul)^x} = \frac{1}{\Gamma(x)}\int_0^\infty e^{-(a+ul)t}\,t^{x-1}\,dt,$$

$$\frac{1}{a^x} + \frac{1}{(a+l)^x} + \cdots + \frac{1}{(a+nl)^x} = \frac{1}{\Gamma(x)}\int_0^\infty e^{-at}\,t^{x-1}\,\frac{1-e^{-(n+1)lt}}{1-e^{-lt}}\,dt.$$

In der Grenze $n = \infty$ erhält man die Darstellung:

$$\zeta_{a,l}(x) = \frac{1}{\Gamma(x)}\int_0^\infty \frac{e^{-at}}{1-e^{-lt}}\,t^{x-1}\,dt.$$

Wir schreiben das Integral folgendermaßen:

$$\zeta_{a,l}(x) = \frac{1}{\Gamma(x)}\int_0^\infty \left(\frac{e^{-at}}{1-e^{-lt}} - \frac{e^{-lt}}{lt}\right)t^{x-1}\,dt + \frac{1}{l\,\Gamma(x)}\int_0^\infty e^{-lt}\,t^{x-2}\,dt.$$

Diese Umformung darf man deshalb vornehmen, weil jedes der einzelnen Integrale rechts existiert. Weiter ergibt die Substitution $lt = \tau$:

$$\zeta_{a,l}(x) = \frac{1}{\Gamma(x)}\int_0^\infty \left(\frac{e^{-\frac{a}{l}\tau}}{1-e^{-\tau}} - \frac{e^{-\tau}}{\tau}\right)\tau^{x-1}\,l^{-x}\,d\tau + \frac{1}{l\,\Gamma(x)}\int_0^\infty e^{-\tau}\,\tau^{x-2}\,l^{1-x}\,d\tau$$

$$= \frac{l^{-x}}{\Gamma(x)}\int_0^\infty \left(\frac{e^{-\frac{a}{l}\tau}}{1-e^{-\tau}} - \frac{e^{-\tau}}{\tau}\right)\tau^{x-1}\,d\tau + \frac{l^{-(x-1)}}{l\,\Gamma(x)}\,\Gamma(x-1).$$

Die Theorie der Funktion $\Gamma(x)$ kann in jedem elementaren Lehrbuch der

Integralrechnung nachgelesen werden und wird hier als bekannt vorausgesetzt. Im besonderen gilt die Funktionalgleichung:

$$\Gamma(x) = (x-1)\,\Gamma(x-1);$$

somit ergibt obige Formel:

$$\zeta_{a,l}(x) = l^{-1}\int_0^\infty \left(\frac{e^{-\frac{a}{l}\tau}}{1-e^{-\tau}} - \frac{e^{-\tau}}{\tau}\right)\frac{(l^{-1}\tau)^{x-1}}{\Gamma(x)}\,d\tau + \frac{l^{-(x-1)}}{l(x-1)}.$$

Die rechts auftretende Funktion entwickelt man nach dem Taylorschen Satze:

$$l^{-(x-1)} = 1-(x-1)\frac{\lg l}{1!} + (x-1)^2 f_1(x),$$

$$\frac{(l^{-1}\tau)^{x-1}}{\Gamma(x)} = 1+(x-1)(\lg(l^{-1}\tau) - \Gamma'(1)) + (x-1)^2 f_2(x,\tau),$$

wo $\lim\limits_{x=1}\inf. f_1(x)$ und $\lim\limits_{x=1}\inf. f_2(x,\tau)$ endlich sind. Setzt man diese Entwicklungen in der Formel für $\zeta_{a,l}(x)$ ein, so findet man:

$$\zeta_{a,l}(x) = l^{-1}\int_0^\infty \left(\frac{e^{-\frac{a}{l}\tau}}{1-e^{-\tau}} - \frac{e^{-\tau}}{\tau}\right)d\tau$$

$$+(x-1)\,l^{-1}\int_0^\infty \left(\frac{e^{-\frac{a}{l}\tau}}{1-e^{-\tau}} - \frac{e^{-\tau}}{\tau}\right)(\lg(l^{-1}\tau) - \Gamma'(1) + (x-1)f_2(x,\tau))\,d\tau$$

$$+\frac{1}{l(x-1)} - \frac{\lg l}{l} + (x-1)\,f_1(x).$$

Das erste Integral hat den Wert $\dfrac{\Gamma'(\frac{a}{l})}{\Gamma(\frac{a}{l})}$, das zweite ist für $\lim\inf. x=1$ endlich. Also muß:

$$\zeta_{a,l}(x) = \frac{1}{l(x-1)} - \frac{\lg l}{l} + \frac{1}{l}\frac{\Gamma'(\frac{a}{l})}{\Gamma(\frac{a}{l})} + (x-1)\,f(x),$$

und $f(x)$ bleibt nach dem Bisherigen für $\lim\inf. x = 1$ endlich.

Auch jetzt wollen wir den Spezialfall $a=1$, $l=1$ besonders formulieren:

4. Satz. Für jedes x größer als 1 gilt die Darstellung:

$$\zeta(x) = \frac{1}{1^x} + \frac{1}{2^x} + \cdots + \frac{1}{u^x} + \cdots = \frac{1}{x-1} - C + (x-1)\,j(x),$$

wo C die Mascheronische Konstante

$$C = -\int_0^{\infty} \left(\frac{e^{-\tau}}{1-e^{-\tau}} - \frac{e^{-\tau}}{\tau}\right) d\tau$$

ist, und $f(x)$ für lim inf. $x = 1$ endlich bleibt.

§ 2. Die verallgemeinerte ζ-Funktion.

Statt der bisherigen Funktion $\zeta(x)$ wollen wir in Körper K die Reihe

$$\zeta_K(x) = \sum_{(\mathfrak{N})} \frac{1}{N(\mathfrak{N})^x}$$

einführen, wo die Summe über die Normen aller voneinander verschiedenen Ideale $\mathfrak{N}$ von K zu erstrecken ist. Die durch diese Reihe gegebene Funktion wird die verallgemeinerte ζ-Funktion genannt. Ist n eine natürliche Zahl, so soll $nf(n)$-mal Norm eines Ideals von K sein. Die Definitionsgleichung der ζ_K-Funktion läßt sich dann auch so schreiben:

$$\zeta_K(x) = \sum_{n=1}^{\infty} \frac{f(n)}{n^x}.$$

Die Konvergenzbedingungen der ζ_K-Funktion sind dieselben wie diejenigen von $\zeta(x)$.

5. Satz. $\zeta_K(x)$ ist in jedem Intervall (α, β) von x, für das

$$1 < \alpha < \beta$$

ist, eine gleichmäßig konvergente Reihe.

Zum Beweise bedienen wir uns der Reihe

$$\zeta(x) = \sum_{n=1}^{\infty} \frac{1}{n^x},$$

deren gleichmäßige Konvergenz bereits feststeht, und berechnen $\zeta(x)^{l-1}$. Auch diese Reihe konvergiert gleichmäßig und nimmt, wie leicht ersichtlich, die Gestalt an:

$$\zeta(x)^{l-1} = 1 + \frac{g(2)}{2^x} + \frac{g(3)}{3^x} + \cdots + \frac{g(n)}{n^x} + \cdots.$$

Dabei bedeutet $g(n)$ die Anzahl der Darstellungen von n als Produkt von $l-1$ ganzen rationalen positiven Faktoren, wenn der Faktor 1 auch zugelassen ist, und wenn Darstellungen mit gleichen Faktoren, aber anderer Reihenfolge derselben als verschieden gelten. Wie schon hervorgehoben, konvergiert $\zeta(x)^{l-1}$ gleichmäßig in (α, β). Kann deshalb die Ungleichung

$$0 \leqq f(n) \leqq g(n)$$

für jedes n nachgewiesen werden, so folgt aus der gleichmäßigen Konvergenz von $\zeta(x)^{l-1}$ in (α, β) auch die von $\zeta_K(x)$ in (α, β). Um diesen Beweis zu erbringen, bedenken wir, daß

$$f(n_1 n_2) = f(n_1) f(n_2); \quad g(n_1 n_2) = g(n_1) g(n_2),$$

falls n_1 und n_2 teilerfremd sind. Die erste Gleichung folgt ohne weiteres aus

$$N(\mathfrak{N}_1 \mathfrak{N}_2) = N(\mathfrak{N}_1) N(\mathfrak{N}_2);$$

die zweite daraus, daß durch jede Darstellung von n_1 und n_2 als Produkt von $l-1$ Faktoren:

$$n_1 = m_1 m_2 \ldots m_{l-1}; \quad n_2 = q_1 q_2 \ldots q_{l-1},$$

die Darstellung

$$n_1 n_2 = (m_1 q_1)(m_2 q_2) \ldots (m_{l-1} q_{l-1})$$

der Reihenfolge nach eindeutig bestimmt wird. Ist umgekehrt

$$n_1 n_2 = N_1 N_2 \ldots N_{l-1},$$

so bedeute m_k den größten gemeinsamen Teiler von N_k und n_1, q_k denjenigen von N_k und n_2. Da n_1 und n_2 teilerfremd sind, muß

$$N_k = m_k q_k$$

sein. Es entsprechen daher der Darstellung von $n_1 n_2$ die der Reihenfolge nach bestimmten Darstellungen

$$n_1 = m_1 m_2 \ldots m_{l-1}, \quad n_2 = q_1 q_2 \ldots q_{l-1},$$

eindeutig. Die beiden obigen Gleichungen berechtigen dazu, die Ungleichung bloß für jede Primzahlpotenz p^u zu beweisen:

$$0 \leqq f(p^u) \leqq g(p^u).$$

Nun ist aber $g(p^u)$ die Anzahl der Darstellungen $p^u = p^{x_1 + x_2 + \cdots + x_{l-1}}$, d.h. die Anzahl der Lösungen von

$$x_1 + x_2 + \cdots + x_{l-1} = u,$$

in Zahlen $0, 1, 2, \ldots u$. Ist andrerseits $p \neq l$ die Norm eines Ideales $\mathfrak{P}$, d. h. nach dem 16. Satz des V. Kapitels

$$p \equiv 1 \pmod{l},$$

so ist $(p) = \mathfrak{P} s \mathfrak{P} \ldots s^{l-2} \mathfrak{P}$ und ebenso $(p) = s^k \mathfrak{P} s(s^k \mathfrak{P}) \ldots s^{l-2}(s^k \mathfrak{P})$. (p^u) ist die Norm von jedem Ideal

$$\mathfrak{P}^{x_1} (s\mathfrak{P})^{x_2} \dots (s^{l-2}\mathfrak{P})^{x_{l-1}},$$

für das $x_1 + x_2 + \cdots + x_{l-1} = u$ ist. Es gibt darum ebenso viele Ideale, deren Norm p^u ist, als es Lösungen der Gleichung

$$x_1 + x_2 + \cdots + x_{l-1} = u$$

in Zahlen 0, 1, 2, ... u gibt. Also ist:

$$f(p^u) = g(p^u).$$

Für $p = l$ ist (l) nur durch das Primideal $\mathfrak{L}$ teilbar; daher $f(l^u) = 1 < g(l^u)$. Ist dagegen $p \not\equiv 1 \pmod{l}$ und $\neq l$, so ist (p) nicht durch $l-1$ Primideale teilbar, die Anzahl $f(p^u)$ daher kleiner wie eben und

$$f(p^u) < g(p^u).$$

Somit ist allgemein:

$$f(n) \leqq g(n),$$

und der Satz bewiesen.

Eine Hauptaufgabe dieser ersten Paragraphen wird es sein, das Verhalten der Funktion $\zeta_K(x)$ für Werte x, die nahe über 1 liegen, zu bestimmen. $\zeta_K(x)$ ist bisher als Grenzwert einer Summe definiert. Letzterer ist aber nicht in endlicher Form ausgerechnet. Um dies für Werte von x nahe bei 1 angenähert zu erreichen, stellen wir $\zeta_K(x)$ in anderer Form dar. Diese Umgestaltung wird am leichtesten verstanden, wenn wir sie zuerst bei der Funktion $\zeta(x)$ entsprechend durchführen, was um so eher geschehen kann, als sie später benutzt werden muß. Wenn wir jede Zahl n durch ihre Primzahlpotenzen

$$n = p_1^{y_1} p_2^{y_2} \dots p_h^{y_h}$$

ausgedrückt denken, so erkennen wir, daß jede Zahl n einmal und nur einmal in dem Produkt der Summen

$$1 + p_1 + p_1^2 + p_1^3 + \cdots, \qquad 1 + p_2 + p_2^2 + p_2^3 + \cdots,$$
$$1 + p_3 + p_3^2 + p_3^3 + \cdots, \dots$$

auftritt. Somit wird

$$\zeta(x) = \left(1 + \frac{1}{p_1^x} + \frac{1}{p_1^{2x}} + \cdots\right)\left(1 + \frac{1}{p_2^x} + \frac{1}{p_2^{2x}} + \cdots\right) \dots$$
$$= \Pi\left(1 + \frac{1}{p^x} + \frac{1}{p^{2x}} + \frac{1}{p^{3x}} + \cdots\right),$$

wenn sich das Produkt über alle der Größe nach angeordneten Primzahlen

$p = 2, 3, 5, \ldots$ erstreckt. Wegen der gleichmäßigen Konvergenz ist der Wert des Produktes rechts gleich der Summe von $\zeta(x)$. Nun ist aber:

$$1 + \frac{1}{p^x} + \frac{1}{p^{2x}} + \cdots = \frac{1}{1 - \frac{1}{p^x}};$$

also läßt sich das Produkt auch so schreiben:

$$\zeta(x) = \prod_{(p)} \frac{1}{1 - \frac{1}{p^x}},$$

und dasselbe konvergiert gleichmäßig für alle x, die der Ungleichung genügen:

$$1 < \alpha < x < \beta.$$

Genau ebenso wird wegen

$$N(\mathfrak{N}_1 \mathfrak{N}_2) = N(\mathfrak{N}_1)\, N(\mathfrak{N}_2)$$

auch die Funktion $\zeta_K(x)$ dargestellt werden können:

$$\zeta_K(x) = \prod_{(\mathfrak{P})} \frac{1}{1 - \frac{1}{N(\mathfrak{P})^x}} \qquad (x > 1),$$

wo das Produkt über alle Primideale $\mathfrak{P}$ von K zu erstrecken ist. Auch dieses Produkt konvergiert in dem angegebenen Intervall gleichmäßig.

Es sei $p \neq l$ die Primzahl, deren Primidealteiler $\mathfrak{P}$ ist, und

$$N(\mathfrak{P}) = p^f;$$

f ist dann der kleinste Exponent, für den

$$p^f \equiv 1 \pmod{l}$$

ist; außerdem muß

$$(p) = \mathfrak{P}\, s\mathfrak{P}\, s^2\mathfrak{P} \ldots s^{e-1}\mathfrak{P}, \quad e = \frac{l-1}{f}$$

sein, und $\mathfrak{P}, s\mathfrak{P}, \ldots s^{e-1}\mathfrak{P}$ sind alle voneinander verschieden. Wir greifen in dem Produkt von ζ_K die e Faktoren

$$\frac{1}{1 - \frac{1}{N(\mathfrak{P})^x}} \; \frac{1}{1 - \frac{1}{N(s\mathfrak{P})^x}} \cdots \frac{1}{1 - \frac{1}{N(s^{e-1}\mathfrak{P})^x}}$$

heraus. Unter denselben sind alle Faktoren enthalten, die den Idealteilern von p entsprechen. Nun ist

$$N(\mathfrak{P}) = N(s\mathfrak{P}) = \cdots = N(s^{e-1}\mathfrak{P}) = p^f,$$

und das obige Teilprodukt nimmt die Gestalt an:

$$\frac{1}{1-\frac{1}{p^{fx}}}\;\frac{1}{1-\frac{1}{p^{fx}}}\cdots\frac{1}{1-\frac{1}{p^{fx}}} = \left(\frac{1}{1-\frac{1}{p^{fx}}}\right)^e.$$

Ist dagegen $p = l$, so geht in (l) nur das eine Primideal $\mathfrak{L} = (1-\zeta)$ auf (siehe Seite 159 im V. Kapitel). Das Produkt $\zeta_K(x)$ enthält den Faktor:

$$\frac{1}{1-\frac{1}{N(\mathfrak{L})^x}} = \frac{1}{1-\frac{1}{l^x}}.$$

Wir setzen, damit der Fall $p = l$ nicht besonders hervorgehoben zu werden braucht, für die Primzahl l : $e = 1$, $f = 1$. Dadurch ist erreicht, daß die Funktion $\zeta_K(x)$ ganz allgemein durch die Formel

$$\zeta_K(x) = \prod_{(p)}\left(\frac{1}{1-\frac{1}{p^{fx}}}\right)^e$$

gegeben ist, wo das Produkt über alle Primzahlen p zu erstrecken ist.

§ 3. Die (l—1). Einheitswurzel.

Wir führen die Hilfszahlen

$$\xi = e^{\frac{2\pi i}{l-1}}, \quad \xi^2 = e^{\frac{4\pi i}{l-1}}, \ldots \xi^{l-2} = e^{\frac{2(l-2)\pi i}{l-1}}$$

in den Bereich unserer Betrachtungen ein. Schon im VI. Kapitel haben wir etwas Ähnliches tun müssen; mit η wurde dort das Quadrat der jetzigen Zahl ξ bezeichnet. Die ξ^u sind sämtlich voneinander verschieden und die Wurzeln der Gleichung

$$\frac{x^{l-1}-1}{x-1} = x^{l-2} + x^{l-3} + \cdots + x + 1 = 0.$$

Es ist daher:

$$\sum_{u=0}^{l-2} \xi^{nu} = 0; \quad \xi^{n(l-1)} = 1; \qquad n = 1, 2, \ldots l-2.$$

e sei ein Teiler von $l-1$ und $f=\frac{l-1}{e}$; e darf auch die Zahl 1 sein, soll dagegen kleiner als $l-1$ bleiben. Die $(f-1)$ Größen

$$\zeta^{e},\ \zeta^{2e},\ \ldots\ \zeta^{(f-1)e}$$

sind alle voneinander verschieden, genügen der Bedingung

$$(\zeta^{ue})^{f}=\zeta^{u(l-1)}=1\,, \qquad u=1,\ 2,\ \ldots f-1,$$

und sind die Wurzeln der Gleichung

$$\frac{x^{f}-1}{x-1}=x^{f-1}+x^{f-2}+\cdots+x+1=0.$$

Ist n zu $l-1$ teilerfremd, so werden auch

$$\zeta^{ne},\ \zeta^{2ne},\ \ldots\ \zeta^{(f-1)ne}$$

voneinander verschieden und Wurzeln derselben Gleichung sein. Sie stimmen also, abgesehen von ihrer Reihenfolge, mit den Zahlen ζ^{ue}, $u=1,\ \ldots\ f-1$, überein. Somit ist:

$$\sum_{u=0}^{f-1}\zeta^{neu}=0, \qquad \sum_{u=0}^{f-1}\zeta^{ne(u+fh)}=0,$$

für jede Zahl h. Setzt man $h=0,1,\ \ldots \frac{l-1}{f}-1$ und addiert alle Gleichungen, so folgt

$$\sum_{u=0}^{l-2}\zeta^{neu}=0;$$

da $e\neq l-1$ und irgend ein Teiler von $l-1$ ist, und n jede zu $l-1$ teilerfremde Zahl bedeutet, so kann $ne=m$ überhaupt jede Zahl sein, die nicht durch $l-1$ teilbar ist.

6. Satz. Für jede nicht durch $l-1$ teilbare Zahl m gilt die Beziehung:

$$\sum_{u=0}^{l-2}\zeta^{mu}=0.$$

Die Größen

$$1,\ \zeta^{e},\ \zeta^{2e},\ \ldots\ \zeta^{(f-1)e}$$

sind, wie wir eben gesehen haben, sämtlich voneinander verschieden und in jedem Fall, auch wenn $e=l-1$, $f=1$ ist, die Wurzeln der Gleichung:

$$x^{f}-1=0.$$

Nach den Grundsätzen der Algebra ist daher identisch:

$$x^f - 1 \equiv (x-1)(x-\xi^e)(x-\xi^{2e})\dots(x-\xi^{(f-1)e})$$

für jeden Wert von x. Setzt man $x=\frac{1}{y}$ und multipliziert beide Seiten mit y^f, so folgt ebenso

$$1-y^f \equiv (1-y)(1-y\,\xi^e)(1-y\,\xi^{2e})\dots(1-y\,\xi^{(f-1)e})$$

für jeden Wert von y. Ist n zu $l-1$ teilerfremd, so schreibt sich diese Gleichung auch so:

$$1-y^f = (1-y)(1-y\,\xi^{ne})(1-y\,\xi^{2ne})\dots(1-y\,\xi^{(f-1)ne}).$$

Wir setzen $y=\frac{1}{p^x}$, wo $p \neq l$, und geben e und f die früheren Werte bezüglich p, also auch die Werte $e=l-1$, $f=1$, die nicht mehr ausgeschlossen seien; dann folgt:

$$1-\frac{1}{p^{fx}}=\left(1-\frac{1}{p^x}\right)\left(1-\xi^{ne}\frac{1}{p^x}\right)\dots\left(1-\xi^{(f-1)ne}\frac{1}{p^x}\right)=\prod_{k=0}^{f-1}\left(1-\xi^{kne}\frac{1}{p^x}\right)$$

(n teilerfremd zu $l-1$). Wegen $fe=l-1$, $\xi^{n(l-1)}=1$ ist

$$\xi^{(k+f)en}=\xi^{ken},\quad \xi^{(k+2f)en}=\xi^{ken},\quad \dots;$$

somit wird:

$$1-\frac{1}{p^{fx}}=\prod_{k=f}^{2f-1}\left(1-\xi^{kne}\frac{1}{p^x}\right),$$

$$1-\frac{1}{p^{fx}}=\prod_{k=2f}^{3f-1}\left(1-\xi^{kne}\frac{1}{p^x}\right),$$

$$\dots\dots\dots\dots\dots\dots$$

$$1-\frac{1}{p^{fx}}=\prod_{k=(e-1)f}^{l-2}\left(1-\xi^{kne}\frac{1}{p^x}\right);$$

dies sind zusammen mit obiger Formel e Darstellungen, die alle denselben Wert ergeben. Multiplizieren wir die e Gleichungen miteinander, so folgt:

$$\left(1-\frac{1}{p^{fx}}\right)^e=\prod_{k=0}^{l-2}\left(1-\xi^{kne}\frac{1}{p^x}\right),$$

wo die Zahl n für jedes p ganz beliebig, nur zu $l-1$ teilerfremd bestimmt werden kann.

Diesen Ausdruck berücksichtigen wir in der letzten Formel von $\zeta_K(x)$:

$$\zeta_K(x) = \prod_{(p)} \left(\frac{1}{1 - \frac{1}{p^{fx}}} \right)^e = \frac{1}{1 - \frac{1}{l^x}} \prod_{(p \neq l)} \prod_{k=0}^{l-2} \left(1 - \xi^{kne} \frac{1}{p^x} \right)^{-1}.$$

Wegen der gleichmäßigen Konvergenz darf man die Reihenfolge der Faktoren beliebig verändern. Nehmen wir wieder denjenigen Faktor, der der Primzahl l entspricht, vor das Produkt, so läßt sich letzteres auch so schreiben:

$$\zeta_K(x) = \frac{1}{1 - \frac{1}{l^x}} \prod_{k=0}^{l-2} \prod_{(p \neq l)} \frac{1}{1 - \xi^{kne} \frac{1}{p^x}}.$$

Damit ist das unendliche Produkt in $l-1$ unendliche Teilprodukte

$$L_k = \prod_{(p \neq l)} \frac{1}{1 - \xi^{kne} \frac{1}{p^x}} \qquad (k = 0, 1, \ldots l-2)$$

zerlegt worden, und es kann die zu $l-1$ teilerfremde Zahl n für jedes p besonders bestimmt werden. Von den $l-1$ Produkten greifen wir das erste heraus, indem wir dasselbe mit dem Faktor $\left(1 - \frac{1}{l^x}\right)^{-1}$ vereinigen. Nach der auf Seite 194 angegebenen Formel wird

$$\frac{1}{1 - \frac{1}{l^x}} L_0 = \zeta(x) = \prod_{(p)} \frac{1}{1 - \frac{1}{p^x}}.$$

Damit finden wir für $\zeta_K(x)$ die Darstellung:

$$\zeta_K(x) = \zeta(x) \prod_{k=1}^{l-2} L_k = \zeta(x) \prod_{k=1}^{l-2} \prod_{(p \neq l)} \frac{1}{1 - \xi^{nek} \frac{1}{p^x}},$$

wo das innere Produkt über alle von l verschiedenen Primzahlen p zu erstrecken ist, n eine beliebige zu $(l-1)$ teilerfremde ganze Zahl und e die bekannte der Primzahl p zugeordnete Zahl ist.

§ 4. Die Berechnung von $\zeta_K(x)$.

Jedes der unendlichen Produkte L_k kann mit Hilfe der Entwicklung des 1. Paragraphen berechnet werden. Dazu müssen wir es wieder in eine unendliche Summe verwandeln, also den Prozeß, den wir im letzten Kapitel vorgenommen haben, umgekehrt durchlaufen. Es ist für jede von l verschiedene Primzahl p:

$$\frac{1}{1-\xi^{kne}\frac{1}{p^x}} = 1 + \frac{\xi^{kne}}{p^x} + \frac{\xi^{2kne}}{p^{2x}} + \frac{\xi^{3kne}}{p^{3x}} + \cdots;$$

diese unendliche Reihe konvergiert in jedem Intervall (α, β), für das $1 < \alpha < \beta$ ist, gleichmäßig. Wegen $\xi^{nef} = \xi^{n(l-1)} = 1$ darf man schreiben:

$$\begin{aligned}\frac{1}{1-\xi^{kne}\frac{1}{p^x}} = &\left(1 + \frac{1}{p^{fx}} + \frac{1}{p^{2fx}} + \cdots\right)\\ &+ \xi^{kne}\left(\frac{1}{p^x} + \frac{1}{p^{(f+1)x}} + \frac{1}{p^{(2f+1)x}} + \cdots\right)\\ &+ \cdots\cdots\cdots\cdots\cdots\cdots\\ &+ \xi^{(f-1)kne}\left(\frac{1}{p^{(f-1)x}} + \frac{1}{p^{(2f-1)x}} + \frac{1}{p^{(3f-1)x}} + \cdots\right).\end{aligned}$$

Man erkennt, daß die erste Klammer die Summe aller Potenzen p^{-hx} enthält, für die

$$p^h \equiv 1 \pmod{l}$$

ist; die zweite alle diejenigen, für die $p^h \equiv p$, die letzte alle diejenigen, für die $p^h \equiv p^{f-1}$ wird. Ist r eine Primitivzahl (mod. l), so gibt es einen kleinsten Exponenten m, für den

$$p \equiv r^m \pmod{l}.$$

Wegen $e = \frac{l-1}{f}$ und $p^f \equiv 1$ (mod. l) ist e der größte gemeinsame Teiler von m und $l-1$ (siehe hierzu die Entwicklungen Seite 144 des V. Kapitels). Die Zahl $\frac{m}{e}$ ist zu $l-1$ teilerfremd und kann daher $= n$ gesetzt werden. Außerdem wollen wir den kleinsten positiven Rest der Zahl r^k (mod. l) wieder mit r_k abkürzen, so daß die Kongruenzen gelten:

$$r^k \equiv r_k, \quad r^{k+h} \equiv r_k r_h \equiv r_{k+h}, \quad r^m \equiv r_m \equiv p \pmod{l}.$$

Die vorige Entwicklung nimmt jetzt folgende Form an:

$$\begin{aligned}\frac{1}{1-\xi^{mk}\frac{1}{p^x}} = &\left(1 + \frac{1}{p^{fx}} + \frac{1}{p^{2fx}} + \cdots\right)\\ &+ \xi^{mk}\left(\frac{1}{p^x} + \frac{1}{p^{(f+1)x}} + \frac{1}{p^{(2f+1)x}} + \cdots\right)\\ &+ \cdots\cdots\cdots\cdots\cdots\cdots\\ &+ \xi^{mk(f-1)}\left(\frac{1}{p^{(f-1)x}} + \frac{1}{p^{(2f-1)x}} + \cdots\right);\end{aligned}$$

die Zahl ξ^{mkh} $(h = 0, 1, \ldots f-1)$ ist jetzt mit einer Summe der Gestalt

$$\Sigma \frac{1}{(r_{hm} + ul)^x}$$

multipliziert, wo die u bestimmte Zahlen durchlaufen dürfen und $r_{hm} \equiv r^{hm} \equiv p^h \pmod{l}$ ist.

Bilden wir das Produkt über alle von l verschiedenen Primzahlen p, so wird:

$$L_k = \prod_{(p \neq l)} \frac{1}{1 - \xi^{mk} \frac{1}{p^x}} = \Sigma_0 + \xi^k \Sigma_1 + \xi^{2k} \Sigma_2 + \cdots + \xi^{(l-2)k} \Sigma_{l-2},$$

und ich behaupte, daß:

$$\Sigma_h = \sum_{u=0}^{\infty} \frac{1}{(r_h + ul)^x}, \qquad h = 0, 1, \ldots l-2.$$

Zum Beweise stellen wir für irgend ein u die Zahl $(r_h + ul)$ durch ihre Primfaktoren dar:

$$(r_h + ul) = p_1^{y_1} p_2^{y_2} \cdots p_g^{y_g}.$$

Wir setzen ferner

$$p_1 \equiv r^{m_1}, \ p_2 \equiv r^{m_2}, \ldots p_g \equiv r^{m_g} \pmod{l};$$

somit muß

$$r_h \equiv r^{y_1 m_1 + y_2 m_2 + \cdots + y_g m_g} \pmod{l},$$
$$h \equiv y_1 m_1 + y_2 m_2 + \cdots + y_g m_g \pmod{(l-1)}$$

sein. Nun ist in den Teilprodukten das Glied $\frac{1}{p_n^{y_n x}}$ mit $\xi^{k m_n y_n}$ multipliziert, somit das Produkt

$$\frac{1}{(p_1^{y_1} p_2^{y_2} \cdots p_g^{y_g})^x} \text{ mit } \xi^{k(m_1 y_1 + \cdots + m_g y_g)} = \xi^{kh}.$$

Die Größe $\frac{1}{(r_h + ul)^x}$ tritt wirklich in der Summe Σ_h auf. Man sieht außerdem, daß die Größe $\frac{1}{(r_h + ul)^x}$ nur einmal auftreten darf; da andrerseits alle Zahlen, die zu l teilerfremd und $\equiv r_h \pmod{l}$ sind, in der Form $r_h + ul$ enthalten sind, so muß, wie behauptet

$$L_k = \sum_{h=0}^{l-2} \xi^{kh} \sum_{u=0}^{\infty} \frac{1}{(r_h + ul)^x} \quad (k = 1, 2, \ldots l-2)$$

sein. Hier setzen wir für die innere Summe die Formel des 3. Satzes dieses Kapitels ein, indem wir für a die Zahl r_h nehmen:

$$L_k = \sum_{h=0}^{l-2} \xi^{kh} \left(\frac{1}{l(x-1)} - \frac{\lg l}{l} + \frac{1}{l} \frac{\Gamma'\left(\frac{r_h}{l}\right)}{\Gamma\left(\frac{r_h}{l}\right)} + (x-1)\, f_h(x) \right)$$

$$= \left(\frac{1}{l(x-1)} - \frac{\lg l}{l}\right) \sum_{h=0}^{l-2} \xi^{kh} + \frac{1}{l} \sum_{h=0}^{l-2} \xi^{kh} \frac{\Gamma'\left(\frac{r_h}{l}\right)}{\Gamma\left(\frac{r_h}{l}\right)} + (x-1)\, f_k(x).$$

$$(k = 1, 2, \ldots l-2).$$

Die Funktionen $f_h(x)$ und $f_k(x)$ haben dieselbe Eigenschaft, wie früher, d. h. es sind Funktionen von x, die an der unteren Grenze $x = 1$ endlich bleiben. Nach dem 6. Satz ist für jedes nicht durch $l-1$ teilbare k:

$$\sum_{h=0}^{l-2} \xi^{kh} = 0;$$

daraus folgt, da k zwischen Null und $l-1$ liegt:

$$L_k = \frac{1}{l} \sum_{h=0}^{l-2} \xi^{hk} \frac{\Gamma'\left(\frac{r_h}{l}\right)}{\Gamma\left(\frac{r_h}{l}\right)} + (x-1)\, f_k(x). \qquad (k = 1, 2, \ldots l-2).$$

Diese Formel läßt das wichtige Resultat erkennen, daß alle Größen L_k für $k = 1, 2, \ldots l-2$ einem endlichen untern Grenzwert an der Stelle $x = 1$ zustreben:

$$\liminf_{x=1} L_k = \frac{1}{l} \sum_{h=0}^{l-2} \xi^{hk} \frac{\Gamma'\left(\frac{r_h}{l}\right)}{\Gamma\left(\frac{r_h}{l}\right)}.$$

Andrerseits ist nach Seite 198 und Satz 4:

$$\frac{1}{1-\frac{1}{l^x}} L_0 = \zeta(x) = \frac{1}{x-1} - C + (x-1)\, f_0(x).$$

Berücksichtigen wir diese Berechnungen, so erhalten wir für $\zeta_K(x)$ den Ausdruck, der uns das Wachstum der Funktion für Werte von x nahe über 1 angibt:

$$\zeta_K(x) = \left(\frac{1}{x-1} - C\right) \prod_{k=1}^{l-2} L_k + (x-1) f(x)$$

$$= \frac{1}{x-1} \frac{1}{l^{l-2}} \prod_{k=1}^{l-2} \sum_{h=0}^{l-2} \xi^{hk} \frac{\Gamma'\left(\frac{r_h}{l}\right)}{\Gamma\left(\frac{r_h}{l}\right)} + \bar{f}(x),$$

wo $\lim\limits_{x=1} \inf. \bar{f}(x)$ endlich ist. Zugleich erkennt man die Richtigkeit der Grenzgleichung:

$$\lim_{x=1} \inf. (x-1)\, \zeta_K(x) = \frac{1}{l^{l-2}} \prod_{k=1}^{l-2} \sum_{h=0}^{l-2} \xi^{hk} \frac{\Gamma'\left(\frac{r_h}{l}\right)}{\Gamma\left(\frac{r_h}{l}\right)}.$$

§ 5. Vereinfachung und Umformung.

Es ist bekannt, daß die Funktion $\psi(x) = \frac{d \lg \Gamma(x)}{dx} = \frac{\Gamma'(x)}{\Gamma(x)}$ für rationales x durch Logarithmen und Kreisfunktionen berechnet werden kann. Siehe hierzu etwa in dem Lehrbuche Serret-Scheffers Seite 212 (J. A. Serret: Lehrbuch der Diff.- und Integralrechnung, nach A. Harnacks Übersetzung 4. und 5. Auflage bearb. von G. Scheffers, II. Band, Leipzig, Teubner 1911). Wenn die Funktion $\psi(x)$ als tabellarisch unbekannt vorausgesetzt wird, so bietet diese Ausrechnung in der Formel für $\zeta_K(x)$ große Vorzüge [1]).

Man führe in

$$\psi\left(\frac{r_h}{l}\right) = \frac{\Gamma'\left(\frac{r_h}{l}\right)}{\Gamma\left(\frac{r_h}{l}\right)} = \int_0^\infty \left(\frac{e^{-\frac{r_h}{l}t}}{1-e^{-t}} - \frac{e^{-t}}{t}\right) dt$$

die Substitution $e^{-t} = y^l$ aus. Dann wird

$$\psi\left(\frac{r_h}{l}\right) = \int_0^1 \left(\frac{l\, y^{r_h}}{1-y^l} - \frac{y^l}{\lg \frac{1}{y}}\right) \frac{dy}{y}.$$

Wir zerlegen die Funktion $\frac{l\, y^{r_h - 1}}{1-y^l}$ in Partialbrüche; $1 - y^l$ besitzt die Zerlegung:

---

[1]) Eine Tabelle von $\psi(x)$ für alle Hundertstel von 0 bis 1 gibt Gauß (Werke, Band 3, Göttingen 1876, S. 161).

$$\begin{aligned}(1-y^l) &= (1-y)(1-\zeta y)\ldots(1-\zeta^{l-1}y)\\ &= (1-y)(1-\zeta^u y)\ldots(1-\zeta^{(l-1)u}y)\end{aligned}$$

(für jede zu l teilerfremde Zahl u) und hat lauter voneinander verschiedene Nullstellen. Man kann deshalb setzen:

$$\frac{l\,y^{r_h-1}}{1-y^l} = \sum_{n=0}^{l-1} \frac{a_n}{1-\zeta^{un}y}$$

und findet nach einer bekannten Vorschrift die Zahlen a_n auf folgende Weise:

$$a_n = \lim_{y=\zeta^{-un}} \frac{-l\,y^{r_h-1}\zeta^{un}}{-l\,y^{l-1}} = \zeta^{-(r_h-1)un}.$$

Somit ist

$$\psi\left(\frac{r_h}{l}\right) = \int_0^1 \left(\frac{1}{1-y} - \frac{y^l}{\lg\frac{1}{y}}\right)\frac{dy}{y} + \sum_{n=1}^{l-1}\int_0^1 \frac{\zeta^{-(r_h-1)un}}{1-\zeta^{un}y}\,dy.$$

Das erste Integral rechts ist eine nur von l abhängige Konstante C_0. Die Integrale der Summe kann man einzeln berechnen. Es sei $\lg z$ derjenige Wert der logarithmischen Funktion, deren Imaginärteil zwischen $-\pi i$ und πi liegt. Dann ist

$$\psi\left(\frac{r_h}{l}\right) = C_0 - \sum_{n=1}^{l-1} \zeta^{-r_h un}\,\lg(1-\zeta^{un}),$$

wo u eine beliebige zu l teilerfremde Zahl ist. Wir bestimmen dieselbe jetzt so, daß

$$u \equiv -r_{-h} \equiv -r^{-h} \pmod{l}$$

wird, wobei r_{-h} nach der Festsetzung auf Seite 199 zu berechnen ist.

Es wird

$$r_h u \equiv -r_h r_{-h} \equiv -1 \pmod{l},$$

und

$$\frac{\Gamma'\left(\frac{r_h}{l}\right)}{\Gamma\left(\frac{r_h}{l}\right)} = \psi\left(\frac{r_h}{l}\right) = C_0 - \sum_{n=1}^{l-1} \zeta^n \lg(1-\zeta^{-nr_{-h}}),\quad (h=0,1,2,\ldots l-2).$$

Setzen wir diesen Wert in L_k ein, so wird:

$$\lim_{x=1}\text{ inf. } L_k = \frac{1}{l}C_0\sum_{h=0}^{l-2}\xi^{hk} - \frac{1}{l}\sum_{h=0}^{l-2}\xi^{hk}\sum_{n=1}^{l-1}\zeta^n \lg(1-\zeta^{-nr_{-h}}),$$

$$\text{für } k = 1, 2, \ldots l-2,$$

oder wegen $\sum_{h=0}^{l-2} \xi^{hk} = 0$:

$$\lim_{x=1} \inf. L_k = -\frac{1}{l} \sum_{n=1}^{l-1} \sum_{h=0}^{l-2} \xi^{hk} \zeta^n \lg(1-\zeta^{-n r_{-h}}).$$

Statt über die Zahlen $n = 1, 2, \ldots l-1$ kann über die Zahlen r_n, $n = 0, 1, 2, \ldots l-2$, summiert werden; denn letztere Zahlen stimmen mit den ursprünglichen, abgesehen von der Reihenfolge, überein. Der Grenzwert nimmt dann die Form an:

$$\lim_{x=1} \inf. L_k = -\frac{1}{l} \sum_{n=0}^{l-2} \sum_{h=0}^{l-2} \xi^{hk} \zeta^{r_n} \lg(1-\zeta^{-r_{n-h}});$$

hiebei wurde die Kongruenz $r_n r_{-h} \equiv r_{n-h} \pmod{l}$ verwandt. Setzt man statt $n-h$ den Buchstaben $-h$, so muß h durch $n+h$ ersetzt werden. Die Summe kann wiederum über die Zahlen $h = 0, 1, \ldots l-2$ erstreckt werden, weil die Zahlen h und n, als Indizes, nur mod. $(l-1)$ zu nehmen sind (siehe Seite 57 des II. Kapitels):

$$\lim_{x=1} \inf. L_k = -\frac{1}{l} \sum_{n=0}^{l-2} \sum_{h=0}^{l-2} \xi^{k(h+n)} \zeta^{r_n} \lg(1-\zeta^{-r_{-h}})$$

$$= -\frac{1}{l} \left[\sum_{n=0}^{l-2} \xi^{kn} \zeta^{r_n}\right] \left[\sum_{h=0}^{l-2} \xi^{hk} \lg(1-\zeta^{-r_{-h}})\right].$$

Das in $\zeta_K(x)$ auftretende Produkt erhält jetzt folgende Gestalt:

$$\lim_{x=1} \inf. \prod_{k=1}^{l-2} L_k = \frac{1}{l^{l-2}} \left[\prod_{k=1}^{l-2} \sum_{n=0}^{l-2} \xi^{kn} \zeta^{r_n}\right] \left[\prod_{k=1}^{l-2} \left(-\sum_{h=0}^{l-2} \xi^{hk} \lg(1-\zeta^{-r_{-h}})\right)\right].$$

Wir bezeichnen die beiden Produkte recht mit Π_1 und Π_2 und berechnen zuerst das erstere:

$$\Pi_1 = \prod_{k=1}^{l-2} \Sigma_k,$$

wo

$$\Sigma_k = \sum_{n=0}^{l-2} \xi^{kn} \zeta^{r_n}$$

gesetzt ist. Wir multiplizieren die beiden Faktoren Σ_k und Σ_{l-1-k} miteinander aus:

$$\Sigma_k \cdot \Sigma_{l-1-k} = \sum_{n=0}^{l-2} \sum_{m=0}^{l-2} \xi^{k(n-m)} \zeta^{r_n + r_m}.$$

Führt man statt $n-m$ den Summationsbuchstaben n ein, so ist wie früher:

$$\Sigma_k \cdot \Sigma_{l-1-k} = \sum_{n=0}^{l-2} \sum_{m=0}^{l-2} \xi^{kn} \zeta^{r_m(1+r_n)} = \sum_{n=0}^{l-2} \xi^{kn} \sum_{m=0}^{l-2} \zeta^{r_m(1+r_n)}.$$

Nun gelten die beiden Formeln:

$$\sum_{m=0}^{l-2} \zeta^{r_m(1+r_n)} = -1, \text{ wenn } 1 + r_n \not\equiv 0 \pmod{l} \text{ oder } n \neq \frac{l-1}{2};$$

$$\sum_{m=0}^{l-2} \zeta^{r_m(1+r_n)} = l-1, \text{ wenn } 1 + r_n \equiv 0 \pmod{l} \text{ oder } n = \frac{l-1}{2};$$

somit wird:

$$\Sigma_k \cdot \Sigma_{l-1-k} = -\sum_{n=0}^{l-2} \xi^{kn} + l\,\xi^{k\frac{l-1}{2}} = (-1)^k l, \qquad (k = 1, 2, \ldots l-2).$$

Wählt man speziell $k = \frac{l-1}{2}$, so folgt hieraus:

$$\left(\Sigma_{\frac{l-1}{2}}\right)^2 = (-1)^{\frac{l-1}{2}} l; \quad \Sigma_{\frac{l-1}{2}} = \left(\sqrt{-1}\right)^{\frac{l-1}{2}} \sqrt{l}.$$

Das erste Produkt Π_1 erhält somit den Wert:

$$\Pi_1 = \prod_{k=1}^{l-2} \Sigma_k = \left(\sqrt{-1}\right)^{\frac{l-1}{2}} \sqrt{l} \prod_{k=1}^{\frac{l-3}{2}} (-1)^k l = \pm \left(\sqrt{-1}\right)^{\frac{l-1}{2}} l^{\frac{l-2}{2}},$$

womit die zu berechnende Größe in folgender vereinfachter Form erscheint

$$\lim_{x=1} \text{inf.} \prod_{k=1}^{l-2} L_k = \frac{1}{l^{l-2}} \Pi_1 \Pi_2 = \pm \frac{\left(\sqrt{-1}\right)^{\frac{l-1}{2}}}{l^{\frac{l-2}{2}}} \Pi_2.$$

Das übrigbleibende Produkt

$$\Pi_2 = \prod_{k=1}^{l-2} \left[-\sum_{h=0}^{l-2} \xi^{hk} \lg \left(1 - \zeta^{-r_{-h}}\right) \right]$$

zerlegen wir seinerseits in zwei Faktoren, deren erster Φ_1 das über alle ungerade Zahlen $k = 1, 3, \ldots l-2$ erstreckte Produkt

$$\Phi_1 = \prod_{k=1,3,\ldots l-2} \left[-\sum_{h=0}^{l-2} \xi^{hk} \lg \left(1 - \zeta^{-r_{-h}}\right) \right],$$

deren zweiter Φ_2 das über alle geraden Zahlen $k = 2, 4, \dots l-3$ erstreckte Produkt

$$\Phi_2 = \prod_{k=2,4,\dots l-3} \left[-\sum_{h=0}^{l-2} \xi^{hk} \lg\left(1-\zeta^{-r_{-h}}\right)\right]$$

ist. Das ganze Produkt drückt sich dann durch

$$\Pi_2 = \Phi_1 \, \Phi_2$$

aus.

a) k ungerade, $k = 1, 3, \dots l-2$; dann ist:

$$\xi^{k\frac{l-1}{2}} = (-1)^k = -1; \quad \xi^{k\left(h+\frac{l-1}{2}\right)} = -\xi^{kh}.$$

Setzt man in der Summe von Φ_1 an Stelle von h die Buchstaben $-h$ oder $-h-\frac{l-1}{2}$ und summiert wieder über $h = 0, 1, \dots l-2$, so erhält man beidemal denselben Wert; Σ_k darf deshalb als arithmetisches Mittel der beiden Summen genommen werden:

$$-\Sigma_k = -\sum_{h=0}^{l-2} \xi^{kh} \lg\left(1-\zeta^{-r_{-h}}\right)$$

$$= -\frac{1}{2}\sum_{h=0}^{l-2}\left(\xi^{-kh} \lg\left(1-\zeta^{-r_h}\right) + \xi^{-k\left(h+\frac{l-1}{2}\right)} \lg\left(1-\zeta^{-r_{h+\frac{l-1}{2}}}\right)\right).$$

Nach Definition ist

$$\xi^{-k\left(h+\frac{l-1}{2}\right)} = -\xi^{-kh}, \quad r_{h+\frac{l-1}{2}} = l - r_h,$$

da $r_{h+\frac{l-1}{2}}$ der kleinste positive Rest der Zahl $r^{h+\frac{l-1}{2}}$ ist, und sonit

$$r_{h+\frac{l-1}{2}} \equiv r^{h+\frac{l-1}{2}} \equiv -r^h \equiv l - r_h \pmod{l}$$

sein muß. Die vorige Gleichung läßt sich jetzt so schreiben:

$$-\Sigma_k = -\frac{1}{2}\sum_{h=0}^{l-2} \xi^{-kh}\left(\lg\left(1-\zeta^{-r_h}\right) - \lg\left(1-\zeta^{r_h}\right)\right). \quad (k = 1, 3, \dots l-2)$$

Nun ist:

$$1-\zeta^{-r_h}=\sqrt{-1}\,\zeta^{-\frac{r_h}{2}}\,\frac{\zeta^{\frac{r_h}{2}}-\zeta^{-\frac{r_h}{2}}}{\sqrt{-1}};$$

$$1-\zeta^{r_h}=1-\zeta^{-(l-r_h)}=\sqrt{-1}\,\zeta^{-\frac{l-r_h}{2}}\,\frac{\zeta^{\frac{l-r_h}{2}}-\zeta^{-\frac{l-r_h}{2}}}{\sqrt{-1}};$$

die beiden Brüche sind reell, und der Winkel von $1-\zeta^{-r_h}$ wegen $\zeta=e^{\frac{2\pi i}{l}}$ gleich

$$\frac{\pi}{2}-\frac{r_h}{2}\,\frac{2\pi}{l};$$

derjenige von $1-\zeta^{r_h}$ gleich

$$\frac{\pi}{2}-\frac{l-r_h}{2}\,\frac{2\pi}{l}=-\frac{\pi}{2}+\frac{r_h}{2}\,\frac{2\pi}{l}.$$

Beide Winkel liegen zwischen $-\frac{\pi}{2}$ und $\frac{\pi}{2}$. Die Differenz der Logarithmen nimmt gemäß ihrer Definition, da $1-\zeta^{r_h}$ und $1-\zeta^{-r_h}$ konjugiert imaginär sind, den einfachen Wert an:

$$\lg(1-\zeta^{-r_h})-\lg(1-\zeta^{r_h})=\left(\pi-r_h\,\frac{2\pi}{l}\right)\sqrt{-1},$$

was oben eingesetzt den Wert

$$-\Sigma_k=-\frac{1}{2}\sum_{h=0}^{l-2}\left(1-\frac{2r_h}{l}\right)\pi\sqrt{-1}\,\xi^{-kh}=\frac{\pi\sqrt{-1}}{l}\sum_{h=0}^{l-2}r_h\,\xi^{-kh}$$

ergibt, da wiederum nach Früherem

$$\sum_{h=0}^{l-2}\xi^{-kh}=0$$

gültig sein muß. Damit ist die Berechnung des ersten Faktors durchgeführt:

$$\Phi_1=\prod_{k=1,3,\ldots l-2}\left[-\Sigma_{l-1-k}\right]=\frac{\pi^{\frac{l-1}{2}}(\sqrt{-1})^{\frac{l-1}{2}}}{l^{\frac{l-1}{2}}}\prod_{k=1,3,\ldots l-2}\left[\sum_{h=0}^{l-2}r_h\,\xi^{kh}\right].$$

b) k gerade, $k=2,4,\ldots l-3$; $k=2v$; dann ist genau wie im Fall a):

$$\Phi_2 = \prod_{v=1}^{\frac{l-3}{2}} [-\Sigma_v], \text{ wo } -\Sigma_v = -\sum_{h=0}^{l-2} \eta^{vh} \lg (1-\zeta^{-r_h})$$

$$= -\frac{1}{2}\sum_{h=0}^{l-2}\left[\eta^{-hv}\lg(1-\zeta^{-r_h}) + \eta^{-\left(h+\frac{l-1}{2}\right)v}\lg\left(1-\zeta^{-r_{h+\frac{l-1}{2}}}\right)\right]$$

$$= -\frac{1}{2}\sum_{h=0}^{l-2}\eta^{-hv}\lg(1-\zeta^{-r_h})(1-\zeta^{r_h}) = -\frac{1}{2}\sum_{h=0}^{l-2}\eta^{-hv}\lg\lambda_h$$

wird; dabei ist wiederum wie im VI. Kapitel auf S. 176ff.

$$\eta = \xi^2 = e^{\frac{2\pi i}{\frac{l-1}{2}}}; \ \lambda_h = (1-\zeta^{r_h})(1-\zeta^{-r_h})$$

gesetzt worden. Nun hat λ_h für h und $h+\frac{l-1}{2}$ denselben Wert, da es eine reelle Größe ist; ebenso η^{hk}. Es folgt:

$$-\Sigma_v = -\sum_{h=0}^{\frac{l-3}{2}}\eta^{-hv}\lg\lambda_h$$

$$\Phi_2 = \prod_{v=1}^{\frac{l-3}{2}}[-\Sigma_v] = (-1)^{\frac{l-3}{2}}\prod_{v=1}^{\frac{l-3}{2}}\left[\sum_{h=0}^{\frac{l-3}{2}}\eta^{-hv}\lg\lambda_h\right] = (-1)^{\frac{l-3}{2}}\prod_{v=1}^{\frac{l-3}{2}}\left[\sum_{h=0}^{\frac{l-3}{2}}\eta^{hv}\lg\lambda_h\right].$$

Das Produkt kann auch so geschrieben werden:

$$\prod_{v=1}^{\frac{l-3}{2}}\eta^v \cdot \prod_{v=1}^{\frac{l-3}{2}}\left[\sum_{h=1}^{\frac{l-1}{2}}\eta^{v(h-1)}\lg\lambda_h\right] = \pm\prod_{v=1}^{\frac{l-1}{2}}\left[\sum_{h=1}^{\frac{l-1}{2}}\eta^{v(h-1)}\lg\lambda_h\right],$$

und ist die auf Seite 178 berechnete Determinante $\pm\Delta$, so daß schließlich der Faktor Φ_2 den Wert erhält:

$$\Phi_2 = \pm\Delta.$$

Damit sind Φ_1 und Φ_2 gefunden, und es wird:

$$\Pi_2 = \Phi_1\Phi_2 = \pm\frac{(\sqrt{-1})^{\frac{l-1}{2}}\pi^{\frac{l-1}{2}}}{l^{\frac{l-1}{2}}}\prod_{k=1,3,\ldots l-2}\left[\sum_{h=0}^{l-2} r_h\,\xi^{kh}\right]\cdot\Delta, \text{ wo}$$

$$\Delta = \begin{vmatrix} \lg\varepsilon_1 & \lg\varepsilon_2 & \cdots & \lg\varepsilon_{\frac{l-3}{2}} \\ \lg\varepsilon_2 & \lg\varepsilon_3 & \cdots & \lg\varepsilon_{\frac{l-1}{2}} \\ \cdots & \cdots & \cdots & \cdots \\ \lg\varepsilon_{\frac{l-3}{2}} & \lg\varepsilon_{\frac{l-1}{2}} & \cdots & \lg\varepsilon_{\frac{l-7}{2}} \end{vmatrix}.$$

$$\lim_{x=1}\inf. \prod_{k=1}^{l-2} L_k = \left| \frac{\pi^{\frac{l-1}{2}}\sqrt{l}}{l^{l-1}} \prod_{k=1,3,\ldots l-2} \left[\sum_{h=0}^{l-2} r_h\, \xi^{hk}\right] \cdot \Delta \right|.$$

Setzt man diesen Wert in der Formel auf Seite 202 ein und schreibt statt h den Buchstaben n, so folgen die grundlegenden Werte:

$$\zeta_K(x) = \frac{1}{x-1} \left| \frac{\pi^{\frac{l-1}{2}}\sqrt{l}}{l^{l-1}} \prod_{k=1,3,\ldots l-2} \left[\sum_{n=0}^{l-2} r_n\, \xi^{nk}\right] \cdot \Delta \right| + \bar{f}(x);$$

$$\lim_{x=1}\inf. (x-1)\, \zeta_K(x) = \left| \frac{\pi^{\frac{l-1}{2}}\sqrt{l}}{l^{l-1}} \prod_{k=1,3,\ldots l-2} \left[\sum_{n=0}^{l-2} r_n\, \xi^{nk}\right] \cdot \Delta \right|.$$

§ 6. **Die Klassenzahl.**

Die ersten Paragraphen enthielten Hilfsbetrachtungen. Wir kommen jetzt zu ihrem Zusammenhang mit der Klassenzahl. Das Bindeglied zwischen beiden wird durch den Quotienten $\frac{T}{t}$ gegeben, wo T die Anzahl aller Ideale bedeutet, deren Norm höchstens $= t$ ist. Dieser Quotient besitzt einen Grenzwert für $t = \infty$, und diesen Grenzwert können wir auf zwei verschiedene Weisen berechnen; das erstemal mit Hilfe der ζ_K-Funktion, das zweitemal mit Hilfe der Klassenzahl. Die Gleichsetzung beider Werte ergibt die Klassenzahl, die wir von jetzt an mit h bezeichnen werden.

Die Funktion $T(t)$, die für jeden ganzzahligen Wert der reellen Variabeln t unstetig ist, hängt aufs engste mit der früheren Funktion $f(n)$, die auf Seite 191 definiert wurde, zusammen. Es ist:

$$T(t) = f(1) + f(2) + \cdots + f([t]),$$

wenn $[t]$ die größte ganze Zahl $\leqq t$ bedeutet. Für jedes natürliche $t = k$ ist daher

$$T(k) - T(k-1) = f(k).$$

Wir nehmen x größer als 1 an und berechnen das Integral

$$I_n = \int_1^n T(t)\, t^{-x-1}\, dt,$$

wo n irgend eine natürliche Zahl größer als 1 bedeutet. Dann ist

$$I_n = \int_1^2 + \int_2^3 + \cdots + \int_{n-1}^n T(t)\, t^{-x-1}\, dt.$$

$T(t)$ ist in jedem Intervall von k bis $k+1$ konstant und gleich dem Anfangswert $T(k)$:

$$I_n = T(1)\int_1^2 t^{-x-1}\, dt + T(2)\int_2^3 t^{-x-1}\, dt + \cdots + T(n-1)\int_{n-1}^n t^{-x-1}\, dt$$

$$= \frac{1}{x}\left[T(1)\left(\frac{1}{1^x}-\frac{1}{2^x}\right)+T(2)\left(\frac{1}{2^x}-\frac{1}{3^x}\right) + \cdots \right.$$
$$\left. + T(n-1)\left(\frac{1}{(n-1)^x}-\frac{1}{n^x}\right)\right]$$

$$= \frac{1}{x}\left[T(1)\frac{1}{1^x} + (T(2)-T(1))\frac{1}{2^x} + (T(3)-T(2))\frac{1}{3^x} + \cdots \right.$$
$$\left. + (T(n-1)-T(n-2))\frac{1}{(n-1)^x} - T(n-1)\frac{1}{n^x}\right].$$

Nach Obigem ist $T(k) - T(k-1) = f(k)$; also:

$$I_n = \frac{1}{x}\sum_{k=1}^{n}\frac{f(k)}{k^x} - \frac{1}{x}\frac{T(n)}{n^x}.$$

Wir nehmen an, daß der Quotient $\frac{T(t)}{t}$ für $t=\infty$ einen endlichen Grenzwert Q besitzt:

$$\lim_{t=\infty}\frac{T(t)}{t} = Q;$$

dann ergibt die vorige Formel für jedes x größer als 1:

$$\lim_{n=\infty} I_n = \frac{1}{x}\,\zeta_K(x),$$

oder

$$\frac{1}{x}\,\zeta_K(x) = \int_1^\infty T(t)\, t^{-x-1}\, dt. \qquad (x>1)$$

Wir substituieren im Integral rechts $t=\tau^{-1}$ und zerlegen es:

$$\frac{1}{x}\,\zeta_K(x) = \int_0^1 T(\tau^{-1})\,\tau^{x-1}\, d\tau = \int_0^{\frac{1}{n}} + \int_{\frac{1}{n}}^1 T(\tau^{-1})\,\tau^{x-1}\, d\tau,$$

wo n so groß gewählt wird, daß für alle $t > n$ oder $\tau < \frac{1}{n}$:

$$Q - \delta < \tau\, T(\tau^{-1}) < Q + \delta$$

für jedes beliebig klein vorgegebene positive δ. Somit ist auch:

$$(Q-\delta)\int_0^{\frac{1}{n}} \tau^{x-2}\, d\tau < \int_0^{\frac{1}{n}} T(\tau^{-1})\, \tau^{x-1}\, d\tau < (Q+\delta)\int_0^{\frac{1}{n}} \tau^{x-2}\, d\tau,$$
$$(x > 1)$$

oder

$$(Q-\delta)\frac{1}{(x-1)\,n^{x-1}} < \int_0^{\frac{1}{n}} T(\tau^{-1})\, \tau^{x-1}\, d\tau < (Q+\delta)\frac{1}{(x-1)\,n^{x-1}},$$
$$(x > 1)$$

und

$$(Q-\delta)\frac{1}{n^{x-1}} + (x-1)\int_{\frac{1}{n}}^{1} T(\tau^{-1})\, \tau^{x-1}\, d\tau < (x-1)\frac{1}{x}\,\zeta_K(x) <$$
$$(Q+\delta)\frac{1}{n^{x-1}} + (x-1)\int_{\frac{1}{n}}^{1} T(\tau^{-1})\, \tau^{x-1}\, d\tau. \qquad (x > 1)$$

Diese Ungleichung gilt für jedes x größer als 1, und da alle Ausdrücke sich auch in der untern Grenze $x = 1$ einem bestimmten Grenzwerte nähern, so wird:

$$Q - \delta < \liminf_{x=1}\,(x-1)\,\zeta_K(x) < Q + \delta$$

für beliebig kleines δ, d. h.

$$\liminf_{x=1}\,(x-1)\,\zeta_K(x) = Q = \lim_{t=\infty}\frac{T(t)}{t}.$$

7. Satz. Ist T die Anzahl der Ideale, deren Norm höchstens gleich t ist, und existiert der Grenzwert $\lim\limits_{t=\infty}\frac{T}{t}$, so ist

$$\lim_{t=\infty}\frac{T}{t} = \liminf_{x=1}\,(x-1)\,\zeta_K(x).$$

Damit ist der Grenzwert, falls er existiert, auf die erste Art berechnet, und wir gehen zur zweiten Berechnungsart über. Wir wählen ein ganz beliebiges Ideal $\mathfrak{N}$ von K, das durch seine Basis gegeben ist:

$$\mathfrak{N} = (\nu_1, \nu_2, \ldots \nu_{l-1}).$$

Wir werden von jetzt an, um die Bezeichnungsweise etwas zu vereinfachen, die Konjugierten der Zahlen α von K mit $\alpha' = s\alpha$, $\alpha'' = s^2\alpha$, ... $\alpha^{(l-2)} = s^{l-2}\alpha$ bezeichnen. Dann folgt aus dem Multiplikationstheorem der Determinanten nach Satz 18 im V. Kapitel, Seite 149:

$$\left\|\begin{matrix} \nu_1 & \nu_2 & \dots & \nu_{l-1} \\ \nu_1' & \nu_2' & \dots & \nu_{l-1}' \\ \dots & \dots & \dots & \dots \\ \nu_1^{(l-2)} & \nu_2^{(l-2)} & \dots & \nu_{l-1}^{(l-2)} \end{matrix}\right\| = N(\mathfrak{N}) \left\|\begin{matrix} 1 & \zeta & \dots & \zeta^{l-2} \\ 1 & \zeta^r & \dots & \zeta^{r(l-2)} \\ \dots & \dots & \dots & \dots \\ 1 & \zeta^{r^{l-2}} & \dots & \zeta^{r^{l-2}(l-2)} \end{matrix}\right\| = N(\mathfrak{N})\, l^{\frac{l-2}{2}}.$$

Jede Zahl ν des Ideals $\mathfrak{N}$ stellt sich in der Form

$$\nu = x_1\nu_1 + x_2\nu_2 + \dots + x_{l-1}\nu_{l-1}$$

dar. Jedes System von ganzen Zahlen $x_1, x_2, \dots x_{l-1}$ bestimmt eindeutig die Zahlen $\nu, \nu', \dots \nu^{(l-2)}$ und umgekehrt; der eben berechnete Ausdruck ist die Funktionaldeterminante der $\nu^{(n)}$ in bezug auf die x. Wir berechnen die natürlichen Logarithmen der Zahl ν und ihrer Konjugierten und setzen

$$\lg \nu^{(n)} = \frac{1}{2} u_n + \sqrt{-1}\, v_n, \qquad n = 0, 1, \dots l-2,$$

wo über die Zahlen v_n die Bedingung vorausgesetzt wird:

$$0 \geqq v_n > -2\pi, \text{ wenn } n = 0, 1, \dots \frac{l-3}{2};$$
$$0 \leqq v_n < 2\pi, \text{ wenn } n = \frac{l-1}{2} \dots l-2.$$

Es ist dann:

$$u_n = u_{\frac{l-1}{2}+n}; \quad v_n + v_{\frac{l-1}{2}+n} = 0.$$

Führt man an Stelle der $l-1$ Zahlen $\nu, \nu', \dots \nu^{(l-2)}$ die $l-1$ Zahlen $u_0, u_1, \dots u_{\frac{l-3}{2}}, v_{\frac{l-1}{2}}, v_{\frac{l+1}{2}}, \dots v_{l-2}$ ein, so sind dieselben umkehrbar eindeutig aus den ersteren zu berechnen; es ist:

$$u_n = \lg \nu^{(n)}\, \nu^{\left(\frac{l-1}{2}+n\right)}; \; v_n = \frac{1}{2\sqrt{-1}} \lg \frac{\nu^{(n)}}{\nu^{\left(n+\frac{l-1}{2}\right)}}.$$

Daraus folgt:

$$\begin{vmatrix} \dfrac{\partial \nu^{(n)}}{\partial u_n} & \dfrac{\partial \nu^{\left(n+\frac{l-1}{2}\right)}}{\partial u_n} \\ \dfrac{\partial \nu^{(n)}}{\partial v_{n+\frac{l-1}{2}}} & \dfrac{\partial \nu^{\left(n+\frac{l-1}{2}\right)}}{\partial v_{n+\frac{l-1}{2}}} \end{vmatrix} = \begin{vmatrix} \dfrac{\nu^{(n)}}{2} & \dfrac{\nu^{\left(n+\frac{l-1}{2}\right)}}{2} \\ -\sqrt{-1}\,\nu^{(n)} & \sqrt{-1}\,\nu^{\left(n+\frac{l-1}{2}\right)} \end{vmatrix} = \sqrt{-1}\,\nu^{(n)}\,\nu^{\left(n+\frac{l-1}{2}\right)},$$

und die Funktionaldeterminante der ν in bezug auf die angegebenen u und v erhält den Wert:

$$(\sqrt{-1})^{\frac{l-1}{2}} N(\nu).$$

Wir wählen ein System von reellen Grundeinheiten $E_1, E_2, \ldots E_{\frac{l-3}{2}}$. Der zugehörige Regulator werde mit R bezeichnet. Auch jetzt vereinfachen wir die Bezeichnungsweise, indem wir für $\lg E_k^{(n)2}$ kurz $l_n(E_k)$ schreiben. Die $\frac{l-1}{2}$ Gleichungen

$$u_0 = l_0(E_1)\, z_1 + l_0(E_2)\, z_2 + \cdots + l_0\left(E_{\frac{l-3}{2}}\right) z_{\frac{l-3}{2}} + 2 \lg z_{\frac{l-1}{2}},$$

$$u_1 = l_1(E_1)\, z_1 + l_1(E_2)\, z_2 + \cdots + l_1\left(E_{\frac{l-3}{2}}\right) z_{\frac{l-3}{2}} + 2 \lg z_{\frac{l-1}{2}},$$

. . . .

$$u_{\frac{l-3}{2}} = l_{\frac{l-3}{2}}(E_1)\, z_1 + l_{\frac{l-3}{2}}(E_2)\, z_2 + \cdots + l_{\frac{l-3}{2}}\left(E_{\frac{l-3}{2}}\right) z_{\frac{l-3}{2}} + 2 \lg z_{\frac{l-1}{2}},$$

$$\left(z_{\frac{l-1}{2}} > 0\right)$$

bestimmen $\frac{l-1}{2}$ neue Größen $z_1, z_2, \ldots z_{\frac{l-1}{2}}$ eindeutig. Denn die Determinante des Systems ist ein Vielfaches des Regulators R:

$$\begin{vmatrix} l_0(E_1) & l_0(E_2), & \ldots & l_0\left(E_{\frac{l-3}{2}}\right) & 2 \\ l_1(E_1) & l_1(E_2), & \ldots & l_1\left(E_{\frac{l-3}{2}}\right) & 2 \\ \cdots & \cdots & \cdots & \cdots & \cdots \\ l_{\frac{l-3}{2}}(E_1) & l_{\frac{l-3}{2}}(E_2), & \ldots & l_{\frac{l-3}{2}}\left(E_{\frac{l-3}{2}}\right) & 2 \end{vmatrix} \begin{aligned} &= 2\,(R + R + \cdots + R) \\ &= (l-1)\, R. \neq 0. \end{aligned}$$

Die u und z sind deshalb gegenseitig auseinander zu berechnen. Aus der Definition der u folgt:

$$u_0 + u_1 + \cdots + u_{\frac{l-3}{2}} = \lg N(\nu);$$

andrerseits wird durch Summation aller Gleichungen des Systemes wegen $\sum_{k=0}^{\frac{l-3}{2}} l_k(E_n) = 0$ (siehe Seite 169):

$$u_0 + u_1 + \cdots + u_{\frac{l-3}{2}} = 2 \cdot \frac{l-1}{2} \lg z_{\frac{l-1}{2}} = (l-1) \lg z_{\frac{l-1}{2}}$$

Also hat $z_{\frac{l-1}{2}}$ den einfachen Wert

$$z_{\frac{l-1}{2}} = N(\nu)^{\frac{1}{l-1}},$$

wobei die Wurzel rechts positiv und reell zu nehmen ist. Zudem ändert sich $z_{\frac{l-1}{2}}$ nicht, wenn wir ν mit einer beliebigen Einheit multiplizieren. Führen wir an Stelle der u die z als neue Größen ein, so ist die Funktionaldeterminante der u in bezug auf die z gleich

$$\frac{l-1}{2} \frac{2R}{z_{\frac{l-1}{2}}}.$$

Die Zahlen $\nu^{(n)}$ lassen sich aus den $(l-1)$ Zahlen $z_1, z_2, \ldots z_{\frac{l-1}{2}}, v_{\frac{l-1}{2}}, \ldots v_{l-2}$ eindeutig berechnen, und umgekehrt. Wir können ν von vornherein so mit einer bestimmten Einheit

$$E_1^{-w_1} E_2^{-w_2} E_{\frac{l-3}{2}}^{-w_{\frac{l-3}{2}}}$$

multipliziert denken, daß für die zugehörigen z:

$$0 \leqq z_k < 1, \qquad k = 1, 2, \ldots \frac{l-3}{2},$$

wird. Denn $z_{\frac{l-1}{2}}$ bleibt hierbei ungeändert; man hat außerdem für w_k die größte ganze Zahl $\leqq$ dem ursprünglichen z_k zu wählen. Denn dann wird in den neuen u an Stelle von z_k die Größe $(z_k - w_k)$ auftreten. Durch diese Multiplikation ändert sich das Hauptideal (ν) nicht. Wir können somit zusammenfassend sagen: In jedem Hauptideal (ν), das durch ein beliebiges Ideal $\mathfrak{N}$ teilbar ist, gibt es eine das Ideal bestimmende Zahl ν, für die die zugehörigen Zahlen z und v die Bedingungen erfüllen:

$$0 \leqq z_k < 1;\ k = 1, 2, \ldots \frac{l-3}{2};\ z_{\frac{l-1}{2}} = N(\nu)^{\frac{1}{l-1}};$$

$$0 \leqq v_k < 2\pi,\quad k = \frac{l-1}{2}, \ldots l-2.$$

Es fragt sich, ob es mehr als eine solche Zahl ν in einem durch $\mathfrak{N}$ teilbaren Hauptideal (ν) gibt? Wäre z. B. $(\nu) = (\bar{\nu})$, und genügten die zu $\bar{\nu}$ gehörenden Werte $\bar{z}$ und $\bar{v}$ den obigen Bedingungen, so wäre $\frac{\bar{\nu}}{\nu}$ sicherlich eine Einheit:

$$\frac{\bar{\nu}}{\nu} = \pm \zeta^q E_1^{w_1} \ldots E_{\frac{l-3}{2}}^{w_{\frac{l-3}{2}}},$$

der als z-Größen die Differenzen $\bar{z}_k - z_k = w_k$ zugeordnet wären. Da aber $-1 < \bar{z}_k - z_k < +1$ ist, so muß

$$w_1 = w_2 = \cdots = w_{\frac{l-3}{2}} = 0$$

sein. Daraus erkennen wir: Es gibt $2l$ und nur $2l$ Zahlen

$$\pm \zeta^q \nu,$$

die ein einziges, durch $\mathfrak{N}$ teilbares Hauptideal (ν) festlegen, und für die die zugehörigen Größen z_k und v_k den Bedingungen genügen:

$$0 \leqq z_k < 1,\ k = 1, 2, \ldots \frac{l-3}{2};\ z_{\frac{l-1}{2}} = N(\nu)^{\frac{1}{l-1}};$$

$$0 \leqq v_k < 2\pi,\ k = \frac{l-1}{2}, \ldots l-2.$$

Es sei nun $T(\mathfrak{N})$ die Anzahl derjenigen durch $\mathfrak{N}$ teilbaren, verschiedenen Hauptideale, deren Norm höchstens gleich t ist. Dann gibt es genau $2\,l\,T\,(\mathfrak{N})$ Zahlsysteme $x_1, x_2 \ldots x_{l-1}$, denen Zahlen ν in $\mathfrak{N}$ entsprechen, die den drei Bedingungen genügen:

1. $N(\nu) \leqq t;\ z_{\frac{l-1}{2}} = N(\nu)^{\frac{1}{l-1}} < t^{\frac{1}{l-1}};$

$$2.\quad 0 \leqq z_k < 1;\ k = 1, 2, \ldots \frac{l-3}{2};$$

$$3.\quad 0 \leqq v_k < 2\pi,\ k = \frac{l-1}{2}, \frac{l+1}{2}, \ldots l-2.$$

Wir setzen $t = \tau^{-(l-1)}$, $\tau = t^{-\frac{1}{l-1}}$, wo τ die reelle Wurzel bedeutet, $\xi_k = \tau x_k$, und

$$\alpha = \tau\nu = \tau x_1 \nu_1 + \tau x_2 \nu_2 + \cdots + \tau x_{l-1} \nu_{l-1} = \xi_1 \nu_1 + \xi_2 \nu_2 + \cdots + \xi_{l-1} \nu_{l-1}.$$

Jede Zahl α genügt der Bedingung:

$$N(\alpha) = \tau^{l-1} N(\nu) = \frac{N(\nu)}{t} \leqq 1.$$

In bezug auf α bilden wir wie früher die zugehörigen Größen u, v und z. Wir bezeichnen sie mit großen Buchstaben U, V, Z, während die kleinen die zu ν gehörigen Werte bleiben. Da τ reell ist, wird

$$Z_1 = z_1,\quad Z_2 = z_2, \ldots Z_{\frac{l-3}{2}} = z_{\frac{l-3}{2}};$$

dagegen ist jetzt:

$$Z_{\frac{l-1}{2}}^{l-1} = N(\alpha) = \frac{N(\nu)}{t} = \frac{z_{\frac{l-1}{2}}^{l-1}}{t}.$$

Die reellen Variabeln ξ_k unterwerfen wir den Bedingungen: Sie dürfen nur diejenigen Zahlen durchlaufen, für die

$$0 \leqq Z_{\frac{l-1}{2}} \leqq 1 \text{ oder } 0 \leqq N(\alpha) \leqq 1;\ 0 \leqq Z_k \leqq 1,\ k = 1, 2, \ldots \frac{l-3}{2};$$

$$0 \leqq V_k < 2\pi,\ k = \frac{l-1}{2}, \ldots l-2.$$

Deutet man die Größen ξ_k als Koordinaten in einem $(l-1)$-dimensionalen Raum, so wird durch die Bedingungen, denen wir die ξ_k unterworfen haben, ein ganz im endlichen liegender geschlossener Raum abgegrenzt. Denn die Größen $Z_1 = z_1$, $Z_2 = z_2, \ldots Z_{\frac{l-3}{2}} = z_{\frac{l-3}{2}}$, $Z_{\frac{l-1}{2}}$ bleiben alle stets unter einer endlichen Grenze, und aus den Gleichungen Seite 213 folgt, daß dann auch $U_0, U_1, \ldots U_{\frac{l-3}{2}}$, also auch $\lg|\alpha^{(n)}|$ unter einer endlichen Grenze bleiben muß. Somit wird auch $|\alpha^{(n)}|$ eine endliche Grenze nicht überschreiten dürfen, wenn man noch berücksichtigt, daß auch die

Winkel V_n innerhalb endlicher Grenzen bleiben. Da die Determinante der Zahlen $\nu^{(n)}$ von Null verschieden ist, folgt aus der Tatsache, daß die Zahlen $|\alpha^{(n)}|$ unterhalb einer endlichen Grenze bleiben, dasselbe auch für die ξ_k selbst. Über diesen endlichen Raum erstrecken wir das Integral

$$I = \underbrace{\int\!\!\int \ldots \int}_{(l-1)\text{ mal}} d\,\xi_1\, d\,\xi_2, \ldots d\,\xi_{l-1},$$

das einen endlichen Wert besitzen muß. Um dasselbe zu berechnen, teilen wir den Raum in lauter Würfel der Kantenlänge τ ein. Der Inhalt eines Würfels ist τ^{l-1}. I ist τ^{l-1}-mal der Anzahl der im Raum enthaltenen Würfel in der Grenze $\tau = 0$. Nach dem Früheren treten $2l\,T(\mathfrak{N})$ Würfel in dem Körper auf, nämlich genau so viele, als es ganze Zahlen $x_1, x_2, \ldots x_{l-1}$ gibt, die den früheren Bedingungen genügen. Somit ist:

$$I = \lim_{\tau=0} \tau^{l-1} 2l\,T(\mathfrak{N}) = 2l \lim_{t=\infty} \frac{T(\mathfrak{N})}{t}$$

und

$$\lim_{t=\infty} \frac{T(\mathfrak{N})}{t} = \frac{I}{2l}.$$

Das Integral I berechnen wir, indem wir an Stelle der Variabeln ξ_k sukzessive die Variabeln $\alpha^{(n)}$; dann U_n und V_n; dann Z_n und V_n einführen. Nach dem Früheren ist die Funktionaldeterminante der ξ_k in bezug auf die $\alpha^{(n)}$ gleich

$$\frac{1}{N(\mathfrak{N})\, l^{\frac{l-2}{2}}};$$

diejenige der $\alpha^{(n)}$ in bezug auf die U_n und V_n:

$$(\sqrt{-1})^{\frac{l-1}{2}} N(\alpha) = (\sqrt{-1})^{\frac{l-1}{2}} \cdot Z_{\frac{l-1}{2}}^{l-1};$$

und diejenige von U_n in bezug auf die Z_n:

$$\frac{(l-1)\,R}{Z_{\frac{l-1}{2}}}.$$

Die gesamte Funktionaldeterminante Φ der ξ_k in bezug auf die Z_n, V_n ist das Produkt aller eben berechneten Teildeterminanten:

$$\Phi = \pm \frac{1}{N(\mathfrak{N})\, l^{\frac{l-2}{2}}} (\sqrt{-1})^{\frac{l-1}{2}}\, Z_{\frac{l-1}{2}}^{l-1} \frac{(l-1)R}{Z_{\frac{l-1}{2}}}.$$

Nimmt man den absoluten Betrag, so wird:

$$|\Phi| = \frac{(l-1)R}{N(\mathfrak{N})\, l^{\frac{l-2}{2}}} Z_{\frac{l-1}{2}}^{l-2},$$

und das Integral geht über in das neue Integral:

$$\begin{aligned} I &= \int\!\!\int \cdots \int |\Phi|\, dZ_1\, dZ_2 \ldots dZ_{\frac{l-1}{2}}\, dV_{\frac{l-1}{2}} \ldots dV_{l-2} \\ &= \frac{(l-1)R}{N(\mathfrak{N})\, l^{\frac{l-2}{2}}} \cdot \int_0^1 \cdots \int_0^1 \int_0^{2\pi} \cdots \int_0^{2\pi} Z_{\frac{l-1}{2}}^{l-2}\, dZ_1\, dZ_2 \ldots dZ_{\frac{l-1}{2}}\, dV_{\frac{l-1}{2}} \ldots dV_{l-2} \\ &= \frac{R\,(2\pi)^{\frac{l-1}{2}}}{N(\mathfrak{N})\, l^{\frac{l-2}{2}}}. \end{aligned}$$

Setzt man den so gefundenen Wert in der obigen Grenzwertformel ein, so erhält man:

$$\lim_{t=\infty} \frac{T(\mathfrak{N})}{t} = \frac{R\,(2\pi)^{\frac{l-1}{2}}}{2\, l\, N(\mathfrak{N})\, l^{\frac{l-2}{2}}}.$$

Damit ist der schwierigste Teil erledigt, und die Berechnung des Quotienten auf die zweite Weise ergibt sich sehr rasch.

Es sei N irgendeine Klasse, die zum Exponenten h_1 gehöre:

$$N^{h_1} = E.$$

Wir wählen ein beliebiges Ideal $\mathfrak{N}_1$ in der Klasse N^{h_1-1}; $\mathfrak{N}$ sei dagegen ein Ideal der Klasse N. Dann ist

$$\mathfrak{N}\,\mathfrak{N}_1 = (\nu)$$

stets ein Hauptideal, das durch $\mathfrak{N}_1$ teilbar sein muß. Denn das Produkt $\mathfrak{N}\,\mathfrak{N}_1$ gehört der Klasse $N\, N^{h_1-1} = N^{h_1} = E$ an. Wir können also jedem Ideal $\mathfrak{N}$ ein durch $\mathfrak{N}_1$ teilbares Hauptideal (ν) zuordnen. Umgekehrt entspricht jedem durch $\mathfrak{N}_1$ teilbaren Hauptideal (ν) ein und nur ein Ideal $\mathfrak{N}$ von N, nämlich:

$$\mathfrak{N} = \frac{(\nu)}{\mathfrak{N}_1},$$

und jedem Ideal (ν), dessen Norm höchstens gleich t_1 ist, entspricht ein Ideal $\mathfrak{N}$, dessen Norm höchstens gleich $\frac{t_1}{N(\mathfrak{N}_1)}$ ist. Ist $T(\mathfrak{N}_1)$ die Anzahl aller durch $\mathfrak{N}_1$ teilbaren Hauptideale, deren Norm höchstens gleich t_1 ist, so ist $T(\mathfrak{N}_1)$ zugleich die Anzahl aller Ideale der Klasse N, deren Norm höchstens gleich $\frac{t_1}{N(\mathfrak{N}_1)}$ ist. Setzt man $t = \frac{t_1}{N(\mathfrak{N}_1)}$, so muß nach dem Obigen

$$\lim_{t=\infty} \frac{T(\mathfrak{N}_1)}{t} = \lim_{t_1=\infty} \frac{T(\mathfrak{N}_1) N(\mathfrak{N}_1)}{t_1} = \frac{R(2\pi)^{\frac{l-1}{2}}}{2l \cdot l^{\frac{l-2}{2}}} = g$$

werden. Die Funktion $T(\mathfrak{N}_1)$, als Funktion von t, hängt nur von der Klasse N von $\mathfrak{N}$ ab. Wir dürfen somit $T(\mathfrak{N}_1)$ durch $T(N)$ ersetzen. Die Zahl g ist eine für den Körper K charakteristische Konstante. Sie hängt weder von dem ursprünglich gewählten Ideal $\mathfrak{N}$, noch von der Klasse N ab. Ist T die Anzahl aller Ideale, deren Normen höchstens gleich t sind, so muß

$$T = \Sigma T(N),$$

wo die Summe über alle Klassen N von K zu erstrecken ist. Daraus folgt:

$$\lim_{t=\infty} \frac{T}{t} = \Sigma \lim_{t=\infty} \frac{T(N)}{t} = hg.$$

VII. Hauptsatz: Ist T die Anzahl der Ideale von K, deren Norm höchstens gleich t ist, und h die Klassenzahl von K, so ist

$$hg = \lim_{t=\infty} \frac{T}{t} = \lim_{x=1} \inf. (x-1)\,\zeta_K(x).$$

Dieser Satz ergibt sich ohne weiteres aus den beiden Berechnungen des Grenzwertes von $\frac{T}{t}$; denn die eben durchgeführte Überlegung hat dessen Existenz dargetan; die Voraussetzung von Satz 7 ist somit erfüllt. Setzen wir auf der rechten Seite der Gleichung den auf Seite 209 gefundenen Wert ein, so folgt schließlich:

$$hg = \left| \frac{\pi^{\frac{l-1}{2}} \sqrt{l}}{l^{l-1}} \prod_{k=1,3,\dots l-2} \left[\sum_{n=0}^{l-2} r_n \xi^{nk} \right] \cdot \Delta \right|,$$

also für die Klassenzahl h:

$$h = \left| \frac{1}{(2l)^{\frac{l-3}{2}}} \prod_{k=1,3,\dots l-2} \left[\sum_{n=0}^{l-2} r^n \xi^{nk} \right] \right| \cdot \left| \frac{\Delta}{R} \right|.$$

Dieselbe ist damit vollständig berechnet, falls wir den Wert des Regulators

R als bekannt voraussetzen. Über letzteren Punkt haben wir uns schon zu Ende des VI. Kapitels ausgesprochen. Die Klassenzahl h ist durch diese Berechnung als Produkt von zwei Zahlen dargestellt, von denen, wie gezeigt werden kann, jede eine natürliche Zahl ist.

Beispiele:

a) $l = 3$. Im Körper der 3. Einheitswurzel gibt es keine Grundeinheit (siehe Seite 174); somit ist:

$$\varDelta = R = 1,$$

und wegen $\xi = e^{\frac{2\pi i}{2}} = -1$ wird:

$$h = \left| \sum_{n=0}^{1} r_n (-1)^n \right|.$$

$r = 2$ ist die einfachste Primitivzahl; dann ist $r_0 = 1$; $r_1 = 2$ und

$$h = |1 - 2| = 1.$$

8. Satz. Die Klassenzahl im Körper der 3. Einheitswurzel ist 1.

Jedes Ideal des Körpers ist deshalb Hauptideal; wir wollen dies an den Primidealen erproben:

$$\begin{aligned} (2) &= (2), \\ (3, 1-\zeta) &= (i\sqrt{3}), \\ (5) &= (5), \\ (7, \zeta-2) &= (\zeta-2), \\ (11) &= (11), \\ (13, \zeta-3) &= (\zeta-3), \end{aligned} \qquad \begin{aligned} (17) &= (17), \\ (19, 3\zeta-2) &= (3\zeta-2), \\ (23) &= (23), \\ (29) &= (29), \\ (31, 5+6\zeta) &= (5+6\zeta). \end{aligned}$$

Nach Satz 29, Kapitel V, zerfällt jede Primzahl p der Form $3x + 1$ in zwei Primideale, die nach dem jetzigen Resultat Hauptideale sein müssen:

$$(p) = (\pi)(s\pi); \qquad p \equiv 1 \pmod{3}.$$

Also muß

$$p = \pm \pi s \pi$$

sein, und wegen $p > 0$ kann nur das obere Zeichen gelten:

$$p = \pi s \pi.$$

Ist $\pi = u + v\zeta$, so folgt:

$$p = (u + v\zeta)(u + v\zeta^2) = u^2 - uv + v^2 = \frac{(2u - v)^2 + 3v^2}{4};$$

$$4p = U^2 + 3V^2, \text{ wo } U = 2u - v,\ V = v \text{ ist.}$$

9. Satz. Das Vierfache jeder Primzahl p der Form $3x+1$ läßt sich in der Form

$$U^2+3V^2$$

durch natürliche Zahlen U, V darstellen.

Die Zahl π kann mit $\pm\zeta^q$ $(q=1,2)$ multipliziert werden, ohne daß sich die Norm der Zahl ändert. Also ergeben sich drei wesentlich verschiedene Darstellungen von $4p$. Darstellungen, für die U und V nur im Vorzeichen abweichen, sollen nicht als verschieden gelten. Es ist

$$-\zeta\pi=-(u\zeta+v\zeta^2)=+v+(v-u)\zeta,$$
$$-\zeta^2\pi=-(u\zeta^2+v)=(u-v)+u\zeta.$$

Daher lauten die beiden anderen Darstellungen:

$$p=\frac{(u+v)^2+3(u-v)^2}{4},$$
$$p=\frac{(u-2v)^2+3u^2}{4}.$$

u und v können nicht beide gerade sein, da sonst $p\equiv 0 \pmod 4$ wäre. Sind beide ungerade, so sind von den 3 Werten von U, resp. V nur $u+v$ resp. $u-v$ gerade. Die 2. Darstellung ergibt dann:

$$p=U'^2+3V'^2,$$

da Zähler und Nenner durch 4 gekürzt werden können. Ist u ungerade, v gerade, so sind von den 3 Werten von U, resp. V nur die erste $2u-v$ resp. v gerade, alle übrigen ungerade. Die 1. Darstellung ergibt:

$$p=U'^2+3V'^2$$

und entsprechend, wenn u gerade, v ungerade ist, die 3. Darstellung; daraus der Satz:

10. Satz. Jede Primzahl p der Form $3x+1$ ist in einer und nur einer Weise durch

$$U^2+3V^2$$

darstellbar, wenn U, V zwei positive ganze Zahlen sind:

Beispiele:

$$7=\frac{5^2+3\cdot1^2}{4}=\frac{1+3\cdot3^2}{4}=2^2+3\cdot1^2;$$
$$13=\frac{7^2+3\cdot1^2}{4}=1^2+3\cdot2^2=\frac{5^2+3\cdot3^2}{4};$$
$$19=\frac{7^2+3\cdot3^2}{4}=\frac{1^2+3\cdot5^2}{4}=4^2+3\cdot1^2;$$
$$31=2^2+3\cdot3^2=\frac{11^2+3\cdot1^2}{4}=\frac{7^2+3\cdot5^2}{4}.$$

b) $l = 5$. $r = 2$ ist Primitivzahl und

$$r_0 = 1,\ r_1 = 2,\ r_2 = 4,\ r_3 = 3.$$

Ferner wird $\xi = e^{\frac{2\pi i}{4}} = \sqrt{-1} = i$. Der 1. Faktor der Klassenzahl h erhält somit den Wert:

$$\left|\frac{1}{10}(1 + 2i + 4i^2 + 3i^3)(1 + 2i^3 + 4i^2 + 3i)\right| = \left|\frac{1}{10}(-3-i)(-3+i)\right| = 1,$$

und ist wirklich eine ganze Zahl. h hängt nur noch von den Einheiten ab:

$$h = \left|\frac{\varDelta}{R}\right|, \text{ wo } \varDelta = \lg \varepsilon_1 = \lg (1 - \zeta^2 - \zeta^3) = \lg (\zeta^2 + \zeta^3)^2.$$

Da $\varepsilon = \zeta^2 + \zeta^3$ selbst Grundeinheit ist, so wird $\varDelta = R$ und $h = 1$.

11. Satz. Die Klassenzahl des Körpers der 5. Einheitswurzel ist 1.

Auch hier schließen sich, wie im Beispiel *a*), Fragen über die Darstellung der Primzahlen der Form $5x + 1$ und $5x + 4$ (siehe Seite 162) an. Allein dieselben können ohne genaue Kenntnis des algebraischen Aufbaus des Körpers nicht vollständig erledigt werden. Letzteren werden wir erst im VIII. Kapitel kennenlernen.

Historische Notiz: Die Berechnung der Klassenzahl hat sich historisch aus der Berechnung der Klassen entwickelt, in die die binären quadratischen Formen eingeteilt werden können. Beide Fragen sind nur scheinbar verschieden. Gauß hat die Formel für die Klassenzahl inäquivalenter binärer quadratischer Formen ziemlich weitgehend besessen (Werke, Band II, Göttingen [1876] S. 269 ff.); er hat jedoch nichts darüber veröffentlicht. So verdanken wir Dirichlet den entscheidenden Schritt, den er 1839 in seiner Arbeit: „Recherches sur diverses applications de l'analyse infinitésimale à la théorie des nombres" (Werke, Band I, Berlin, Reimer [1889] S. 413) getan hat. Die Kummersche Arbeit: „Bestimmung der Anzahl nicht äquivalenter Klassen für die aus λ^{ten} Wurzeln der Einheit gebildeten komplexen Zahlen und die idealen Faktoren derselben" (Crelle's Journ. f. Math., Band 40, Berlin [1850] S. 93) bildet, wie der Verf. selbst sagt, eine Übertragung der Dirichletschen Methode auf den Fall des Körpers der l. Einheitswurzel. Dort wird die in diesem Kapitel gefundene Formel zuerst hergeleitet. Für allgemeine Körper hat Dedekind im X. Supplement seiner 2. Auflage der Vorlesungen Dirichlets die Berechnung auf S. 480 ff. durchgeführt.

VIII. Kapitel.

Die Reziprozitätsgesetze.

§ 1. Problemstellung.

Wir haben bis jetzt stets die Primzahl l festgehalten und das Verhalten aller Primzahlen p in bezug auf l untersucht. Dazu diente uns in hervorragender Weise die l. Einheitswurzel. Speziell die Zerlegungsgesetze zeigten uns, wie die Klasse, der $\mathfrak{p} = (p)$ angehört, maßgebend ist für die Zerfällung von $\mathfrak{p}$ im Körper K. Der ganze Nutzen dieses Zusammenhanges wird aber erst klar werden, wenn wir umgekehrt dem l verschiedene Werte geben. Greifen wir 2 solche Werte l_1 und l_2 heraus, wo l_1 und l_2 ungerade und etwa l_1 kleiner als l_2 ist, so wird $\mathfrak{l}_2 = (l_2)$ in bezug auf l_1 in einer bestimmten Klasse liegen, d. h. zu einem Exponenten f_2 gehören:

$$\mathfrak{l}_2^{f_2} \cong (1)\ (\mathfrak{l}_1),$$

und ebenso wird $\mathfrak{l}_1$ in einer bestimmten Klasse (mod. $\mathfrak{l}_2$) liegen:

$$\mathfrak{l}_1^{f_1} \cong (1)\ (\mathfrak{l}_2);$$

oder: Das Primideal $\mathfrak{l}_2$ wird im Körper $K(e^{\frac{2\pi i}{l_1}})$ der l_1^{ten} Einheitswurzel in $\frac{l_1-1}{f_2}$ Primideale zerfallen, und umgekehrt zerfällt $\mathfrak{l}_1$ in $K(e^{\frac{2\pi i}{l_2}})$ in $\frac{l_2-1}{f_1}$ Primideale. Die Fragestellung, die zu den Reziprozitätsgesetzen Anlaß gibt, lautet nun so:

Kann man aus f_1 auf die Größe von f_2 und umgekehrt schließen?

Ist durch die Zerlegung von $\mathfrak{l}_1$ in $K(e^{\frac{2\pi i}{l_2}})$ die Zerlegung von $\mathfrak{l}_2$ in $K(e^{\frac{2\pi i}{l_1}})$ bestimmt und umgekehrt?

Eine der wunderbarsten Tatsachen der Zahlentheorie ist, daß dies tatsächlich der Fall ist, und die Gesetze, die die Bestimmung von f_1 und f_2 auseinander erlauben, heißen die Reziprozitätsgesetze. Diese bieten nicht nur theoretisch das größte Interesse, sondern sie dienen auch praktisch bei großen Zahlen l_2 als Modul dazu, die Bestimmung der f_1 bei kleineren Zahlen als Moduln durchzuführen und erleichtern die Rechnung bedeutend.

Daß eine gewisse Reziprozität stattfinden muß, kann man aus dem Zerlegungsgesetz des V. Kapitels ersehen. Die Art, wie eine Primzahl in $K(\zeta)$ zerfällt, bildet die tiefste Ursache der Reziprozität, und alle Beweise fußen im letzten Grunde auf dieser Zerlegung. Denn die Bedingung:

$$\mathfrak{l}_2^{f_1} \cong (1)\ (\mathfrak{l}_1) \text{ oder } l_2^{f_1} \equiv 1 \ (\text{mod. } \mathfrak{l}_1)$$

sagt nichts anderes aus, als daß $\mathfrak{l}_2$ in $K(e^{\frac{2\pi i}{l_1}})$ in $\frac{l_1-1}{f_2}$ Primideale zerfällt. Letzteres bedingt nach Satz 22, Kapitel V, daß die Kongruenz

$$\frac{x^{l_1}-1}{x-1} \equiv 0 \ (\text{mod. } \mathfrak{l}_2)$$

in $\frac{l_1-1}{f_2}$ Faktoren (mod. $\mathfrak{l}_2$) zerfällt. Man sieht, daß aus der Kongruenz (mod. $\mathfrak{l}_1$) die Zerfällung der Kongruenz (mod. $\mathfrak{l}_2$) folgt und umgekehrt. Die Beziehung ist allerdings unsymmetrisch. Sie kann aber in Spezialfällen symmetrisch gestaltet werden, wie der Verlauf des Kapitels zeigen wird.

Das gestellte Problem kann nicht allgemein gelöst werden; es soll nur in vereinfachter Fassung in Angriff genommen werden. Wir wissen nach früherem (siehe Satz 29 des II. Kapitels, Seite 53), daß f_2 ein Teiler von $l_1 - 1$, und ebenso f_1 ein Teiler von $l_2 - 1$ sein muß. Ist l irgendeine Primzahl, die auch 2 sein kann, so wird sie nur in f_1 oder f_2 auftreten, wenn l Teiler von $l_1 - 1$ und $l_2 - 1$ ist. Nehmen wir also l als gemeinsamen Teiler der beiden Zahlen $l_1 - 1$ und $l_2 - 1$ an ($l = 2$ wird stets ein solcher Teiler sein), so werden wir die spezielle Fragestellung, die ein Teil der allgemeinen ausmacht, so stellen können:

Fragestellung: Wenn

$$\mathfrak{l}_2^{\frac{l_1-1}{l}} \cong (1)\ (\mathfrak{l}_1),$$

ist dann auch

$$\mathfrak{l}_1^{\frac{l_2-1}{l}} \cong (1)\ (\mathfrak{l}_2), \text{ oder ist } \mathfrak{l}_1^{\frac{l_1-1}{l}} \not\cong (1)\ (\mathfrak{l}_2) \text{ und umgekehrt?}$$

Wenn wir l durch jede in $l_1 - 1$ und $l_2 - 1$ zugleich enthaltene Potenz l^u von l ersetzen würden, so würde auch die Beantwortung der allgemeinen Fragestellung bekannt sein; denn dann könnte bestimmt werden, in welcher Potenz l in f_2 enthalten sein muß, wenn die Potenz von l in f_1 als bekannt vorausgesetzt wird. Die Entscheidung über die vorige spezielle Fragestellung heißt das Reziprozitätsgesetz der l. Potenzreste. Seine Herleitung im Falle $l = 2$ und 3 ist der Hauptzweck dieses Kapitels. Die Beantwortung der allgemeinen Fragestellung heißt das Reziprozitätsgesetz der l^u. Potenzreste. Dasselbe ist bis heute nicht allgemein erledigt.

Historische Notiz: Das erste Reziprozitätsgesetz, das gefunden wurde, ist das quadratische. Euler hat es auf empirischem Wege ermittelt, 1772 der Petersburger Akademie vorgelegt und in seinen Opuscula analytica t. 7 (Petrop. 1783) auf S. 82 ff. veröffentlicht (Opera omnia, Serie 1, Band 3 [1916], Abhandlung 552). Legendre hat dasselbe aufgegriffen; sein Beweis in dem „Essai sur la théorie des nombres" (Paris, an VI. p. 186) ist aber lückenhaft. Erst Gauß brachte in den Disquisitiones arithmeticae die ersten Beweise. Jacobi hat in einer Note: „Über die Kreisteilung und ihre Anwendung auf die Zahlentheorie" (Monatsber. der kgl. preuß. Akad. der Wiss., Berlin [1837], Werke, Band 6, Berlin [1891], S. 261) das kubische Reziprozitätsgesetz ohne Beweis aufgestellt. Die erste Herleitung gab Eisenstein, der später das nach ihm benannte Gesetz im allgemeinen Körper der l. Einheitswurzel formulierte und bewies („Beweis des allgemeinen Reziprozitätsgesetzes zwischen reellen und komplexen Zahlen", Monatsber. der kgl. preuß. Akad. der Wiss., Berlin [1850], S. 189). Kummer hat mit Hilfe des Eisensteinschen Gesetzes ein allgemeines Reziprozitätsgesetz im Körper der l. Einheitswurzel aufgestellt und für gewisse Körper bewiesen: „Über die allgemeinen Reziprozitätsgesetze unter den Resten und Nichtresten der Potenzen, deren Grad eine Primzahl ist" (Abhandl. der kgl. Akad. der Wiss., Berlin [1859] S. 19). Hilbert hat die Kummerschen Sätze neu bewiesen und ihnen eine andere, sehr elegante Form gegeben. Er hat das quadratische Reziprozitätsgesetz in einem beliebigen Körper mit ungerader Klassenzahl aufgestellt und bewiesen („Über die Theorie des relativquadratischen Zahlkörpers" Math. Annalen, Leipzig, Bd. 51 [1899], S. 1). Furtwängler hat den Beweis des Reziprozitätsgesetzes der l. Potenzreste für beliebige Körper durchgeführt: „Die Reziprozitätsgesetze für Potenzreste mit Primzahlexponenten in algebraischen Zahlkörpern" (Math. Annalen, Leipzig Bd. 67 [1909], S. 1; Bd. 72 [1912], S. 346; Bd. 74 [1913] S. 413).

§ 2. Untergruppe und Unterkörper, die zu l gehören.

Es sei l_1 eine ungerade, l eine beliebige Primzahl und

$$l_1 - 1 \equiv 0 \pmod{l};$$

ferner bedeute $\mathfrak{r}$ ein Primitivideal (mod. $\mathfrak{l}_1$); dann werden durch die Potenzen $\mathfrak{r}^x$ ($x = 0, 1, \ldots l_1 - 2$) alle $l_1 - 1$ zu $\mathfrak{l}_1$ teilerfremden Idealklassen (mod. $\mathfrak{l}_1$) in k bestimmt. Wir setzen:

$$n = \frac{l_1 - 1}{l}$$

und greifen aus den $l_1 - 1$ Klassen n heraus, nämlich diejenigen, die durch die Ideale

$$(1), \mathfrak{r}^l, \mathfrak{r}^{2l}, \ldots \mathfrak{r}^{(n-1)l}$$

gegeben sind. Alle Ideale $\mathfrak{n}_k \mathrel{\underset{=}{\frown}} \mathfrak{r}^{kl}$ dieser Klassen haben die Eigenschaft, daß

$$\mathfrak{n}_k^n = \mathfrak{n}_k^{\frac{l_1-1}{l}} \mathrel{\underset{=}{\frown}} \mathfrak{r}^{k(l_1-1)} \mathrel{\underset{=}{\frown}} (1)\ (\mathfrak{l}_1),\quad k = 0, 1, 2, \ldots n - 1,$$

ist. Für alle anderen Klassen, die ein Ideal $\mathfrak{r}^u$ enthalten, wo $u \not\equiv 0 \pmod{l}$ ist, gilt dagegen:

$$(\mathfrak{r}^u)^n \not\mathrel{\underset{=}{\frown}} (1)\ (\mathfrak{l}_1).$$

Wir bezeichnen die n Klassen mit $L_0, L_1, \ldots L_{n-1}$, wo

$$L_k^n = E,$$

und L_k die Klasse von $\mathfrak{r}^{kl}$ sein soll.

1. Satz. Die Klassen L_k bilden eine zyklische Gruppe vom Grade n.

Denn es ist

$$L_k = L_1^k,\ L_k^n = E = L_0, \qquad k = 1, 2, \ldots n - 1.$$

Alle L_k drücken sich durch die Potenzen einer einzigen aus.

2. Satz. Die Normen aller Ideale von $L_0, L_1, \ldots L_{n-1}$ bilden einen Strahl.

Denn:

$$L_k L_h = L_1^{k+h} = L_{k+h}.$$

Wir nennen diesen Strahl den Strahl der l. Potenzreste. Sein Führer ist das Ideal $\mathfrak{l}_1$.

Die zyklische Gruppe der L_k ist Untergruppe der Gruppe aller Idealklassen des Führers $\mathfrak{l}_1$. Letztere Gruppe ist identisch mit der Gruppe der Substitutionen

$$\pi(\mathfrak{r})^h, \; h = 0, 1, \ldots l_1 - 2.$$

Die Untergruppe wird durch $\pi(\mathfrak{r})^l$ als Basis gegeben, d. h. die Potenzen

$$\pi(\mathfrak{r})^{lh}, \; h = 0, 1, 2, \ldots n - 1$$

ergeben alle ihre Substitutionen (siehe S. 50 u. ff.).

54. Definition. Die Gruppe $\pi(\mathfrak{r})^{lh}$, $h = 0, 1, \ldots n-1$, heißt die zu l gehörige Untergruppe der Gruppe aller Idealklassen (mod. $\mathfrak{l}_1$).

Ist l_2 eine zweite ungerade Primzahl, und setzen wir

$$\mathfrak{l}_2^{\frac{l_1-1}{l}} \equiv (1)\,(\mathfrak{l}_1)$$

voraus, so liegt $\mathfrak{l}_2$ in einer Klasse L_k.

3. Satz. Damit ein Ideal $\mathfrak{l}_2$ in einer Klasse L_k liegt, ist notwendig und hinreichend, daß ein Ideal $\mathfrak{x} = (x)$ in k existiert, für das

$$\mathfrak{l}_2 \equiv \mathfrak{x}^l\,(\mathfrak{l}_1) \text{ oder } l_2 \equiv x^l \text{ (mod. } \mathfrak{l}_1)$$

wird.

Die Bedingung ist hinreichend, da dann sicherlich nach dem Fermatschen Satz

$$\mathfrak{l}_2^{\frac{l_1-1}{l}} \equiv \mathfrak{x}^{l_1-1} \equiv (1)\,(\mathfrak{l}_1)$$

ist. Andrerseits ist

$$\mathfrak{l}_2 \equiv \mathfrak{r}^u\;(\mathfrak{l}_1),$$

wo u der Index von l_2 ist. Also:

$$\mathfrak{l}_2^{\frac{l_1-1}{l}} \equiv \mathfrak{r}^{u\frac{l_1-1}{l}} \equiv (1)\,(\mathfrak{l}_1).$$

Da $\mathfrak{r}$ Primitivideal ist, muß u durch l teilbar sein, und $\mathfrak{x} = \mathfrak{r}^{\frac{u}{l}}$ genügt allen Anforderungen.

Man kann die frühere Bedingung jetzt so aussprechen:

4. Satz. Wenn $\mathfrak{l}_2^{\frac{l_1-1}{l}} \equiv (1)\,(\mathfrak{l}_1)$, so ist die Kongruenz

$$x^l \equiv l_2 \text{ (mod. } \mathfrak{l}_1)$$

stets lösbar.

Dieser Satz erklärt den Namen „l. Potenzrest“:

55. Definition. Wenn $\mathfrak{l}_2^{\frac{l_1-1}{l}} \equiv (1)\,(\mathfrak{l}_1)$, so heißt l_2 l. Potenzrest nach dem Modul $\mathfrak{l}_1$; ist dagegen $\mathfrak{l}_2^{\frac{l_1-1}{l}} \not\equiv 1\,(\mathfrak{l}_1)$, so heißt l_2 l. Potenznichtrest (mod. $\mathfrak{l}_1$).

Nach den Entwicklungen des III. Kapitels Seite 81 ist die Gruppe der $\pi(\mathfrak{r})^h$ identisch mit der Gruppe der Substitution $s = (\zeta : \zeta^r)$. Auch diese Gruppe besitzt daher die zu l gehörige Untergruppe n. Ordnung, deren Grundsubstitution durch

$$s^l = t$$

gegeben ist.

Wir bilden mit den Substitutionen t^h $(h = 0, 1, \ldots n-1)$ die elementarsymmetrischen Funktionen von $\zeta_1 = e^{\frac{2\pi i}{l_1}}$:

$$\sigma_1 = \zeta_1 + t\,\zeta_1 + t^2\,\zeta_1 + \cdots + t^{n-1}\,\zeta_1,$$
$$\sigma_2 = \zeta_1\,t\,\zeta_1 + \zeta_1\,t^2\,\zeta_1 + \cdots + t\,\zeta_1\,t^2\,\zeta_1 + \cdots + t^{n-2}\,\zeta_1\,t^{n-1}\,\zeta_1,$$
$$\ldots\ldots\ldots\ldots\ldots\ldots\ldots\ldots\ldots\ldots\ldots\ldots$$
$$\sigma_n = \zeta_1 \cdot t\,\zeta_1 \cdot t^2\,\zeta_1 \cdots t^{n-1}\,\zeta_1.$$

Wären diese Größen alle, wie z. B. die letzte:

$$\sigma_n = \zeta_1^{r^0 + r^l + r^{2l} + \cdots + r^{(n-1)l}} = \zeta_1^{\frac{r^{nl}-1}{r^l-1}} = \zeta_1^0 = 1,$$

rationale Größen, so würde ζ_1 einer Gleichung

$$\zeta_1^n - \sigma_1\,\zeta_1^{n-1} + \sigma_2\,\zeta_1^{n-2} - \cdots \mp \sigma_n = 0$$

vom $n = \frac{l_1-1}{l}$. Grade genügen, was gegen die Aussage des Satzes 22 vom III. Kapitel Seite 85 ist. Also muß wenigstens eine Größe, z. B. σ_k, eine algebraische Zahl sein.

5. Satz. Die Größe σ_k genügt einer Gleichung vom l. Grade.

Um dies zu beweisen, betrachten wir die Funktionen

$$S_1 = \sum_{h=0}^{l-1} s^h\,\sigma_k;\; S_2 = \sum_{h_1, h_2 = 0}^{l-1} s^{h_1}\,\sigma_k\,s^{h_2}\,\sigma_k, \ldots S_l = \sigma_k\,s\,\sigma_k \ldots s^{l-1}\,\sigma_k;$$

dieselben ändern sich nicht, wenn auf sie eine beliebige Substitution s^u ausgeführt wird. Ist nämlich $u = l$, $s^u = s^l = t$, so ist wegen $t^n\,\zeta_1 = \zeta_1$:

$$s^l\,\sigma_k = t\,\sigma_k = \sigma_k.$$

Setzt man allgemein $u = q\,l + q_1$, wo q_1 der kleinste positive Rest (mod. l) ist, so ist

$$s^u\,\sigma_k = s^{ql+q_1}\,\sigma_k = s^{q_1}\cdot t^q\,\sigma_k = s^{q_1}\,\sigma_k;$$

d. h. man darf in $s^u\,\sigma_k$ für u den kleinsten Rest (mod. l) einsetzen. Die Größen

$$s^u\,\sigma_k,\ s^{u+1}\,\sigma_k,\ s^{u+2}\,\sigma_k,\ \ldots\ s^{u+l-1}\,\sigma_k$$

stimmen also, abgesehen von der Reihenfolge, mit den Größen

$$\sigma_k,\ s\,\sigma_k,\ s^2\,\sigma_k,\ \ldots\ s^{l-1}\,\sigma_k$$

überein, da u, $u+1$, $u+2$, ... $u+l-1$ in anderer Reihenfolge die kleinsten Reste 0, 1, 2, ... $l-1$ besitzen. Die symmetrischen Funktionen der Größen bleiben also bei Anwendung von s^u ungeändert und sind nach Satz 19, Kapitel III, rationale Zahlen.

σ_k genügt der Gleichung:

$$\sigma_k^l - S_1\,\sigma_k^{l-1} + S_2\,\sigma_k^{l-2} - \cdots \mp S_l = 0.$$

Da σ_k nicht rational sein soll, so ist diese Gleichung nach Satz 21, Kapitel III, irreduzibel, weil s^u ($u = 0, 1, 2, \ldots l-1$) die Gruppe der Gleichung, und der Grad derselben eine Primzahl ist. Wir bezeichnen den Körper der l_1. Einheitswurzel von jetzt an mit $K(\zeta_1)$ und bilden aus σ_k einen neuen Körper nach der Vorschrift der Definition 1, genau wie auf Seite 86.

56. Definition. Sind alle Zahlen eines Körpers unter den Zahlen von $K(\zeta_1)$ zu finden, so heißt der erstere Unterkörper von $K(\zeta_1)$.

Der aus σ_k gebildete Körper ist Unterkörper von $K(\zeta_1)$ und werde mit $K_l(l_1)$ bezeichnet. Er heißt der zu l gehörige Unterkörper von $K(\zeta_1)$ und besitzt folgende Eigenschaften:

6. Satz. $K_l(l_1)$ ist ein zyklischer Körper vom Grade l. Seine Gruppe wird durch s^h ($h = 0, 1, 2, \ldots l-1$) gegeben. $s^l = t$ ist die Einheitssubstitution des Körpers.

Denn alle Zahlen σ von $K_l(l_1)$ sind rationale Funktionen von σ_k:

$$\sigma = \frac{a_0\,\sigma_k^{l-1} + a_1\,\sigma_k^{l-2} + \cdots + a_{l-2}\,\sigma_k + a_{l-1}}{b_0\,\sigma_k^{l-1} + b_1\,\sigma_k^{l-2} + \cdots + b_{l-2}\,\sigma_k + b_{l-1}};$$

$$b_0\,\sigma_k^{l-1} + b_1\,\sigma_k^{l-2} + \cdots + b_{l-2}\,\sigma_k + b_{l-1} \neq 0.$$

Alle diese Zahlen sind auch in $K(\zeta_1)$ enthalten. Oben haben wir bewiesen, daß $t\,\sigma_k = \sigma_k$ sein muß. Also kann σ nur die Konjugierten

$$s\,\sigma,\ s^2\,\sigma,\ \ldots\ s^{l-1}\,\sigma$$

besitzen. Dies gilt für jede Zahl σ; s^h ($h = 0, 1, \ldots l-1$) ist also die Gruppe des Körpers. Die Gruppe ist zyklisch, da die Substitutionen durch die Potenzen einer einzigen s gegeben sind.

7. Satz. Der Körper $K_l(l_1)$ ist eindeutig bestimmt; d. h. es gibt nur einen Unterkörper l. Grades in $K(\zeta_1)$.

Die Zahlen σ jedes Unterkörpers l. Grades von $K(\zeta_1)$ sind in $K(\zeta_1)$ enthalten; da sie nur $l-1$ Konjugierte besitzen, so müssen unter den Zahlen

$$\sigma, \; s\sigma, \; s^2\sigma, \; \ldots \; s^{l_1-2}\sigma$$

je $n = \frac{l_1-1}{l}$ einander Gleiche sein. Ist h die kleinste Zahl, für die die Bedingung $s^h\sigma = \sigma$ für jedes σ erfüllt ist, so ist h ein Teiler von $l_1 - 1$ und

$$\sigma = s^h\sigma = s^{2h}\sigma = \cdots = s^{\left(\frac{l_1-1}{h}-1\right)h}\sigma.$$

Wäre außerdem $s^q\sigma = \sigma$, ohne daß q ein Vielfaches von h ist, so wäre der größte gemeinsame Teiler h_1 von q und h kleiner als h, und

$$s^{h_1}\sigma = \sigma,$$

gegen unsere Annahme. Somit sind die $\frac{l_1-1}{h}$ Potenzen von s^h die einzigen Substitutionen, die alle σ ungeändert lassen, und es muß

$$n = \frac{l_1-1}{h}; \; h = l$$

sein. Die Einheitssubstitution für jede Zahl σ ist daher $s^l = t$ und

$$\sigma, \; s\sigma, \; s^2\sigma, \ldots s^{l-1}\sigma$$

ergeben sämtliche Konjugierten von σ.

σ liegt in einem Unterkörper von $K(\zeta_1)$, ist also eine rationale Funktion $R(\zeta_1)$ von ζ_1 mit rationalen Koeffizienten; nach dem Vorigen muß:

$$R(\zeta_1) = R(t\zeta_1) = \cdots = R(t^{n-1}\zeta_1),$$
$$\sigma = \frac{1}{n}\left(R(\zeta_1) + R(t\zeta_1) + \cdots + R(t^{n-1}\zeta_1)\right)$$

sein. σ ist daher wegen Satz 18, Kapitel III, eine rationale Funktion mit rationalen Koeffizienten der elementarsymmetrischen Funktionen $\sigma_1, \sigma_2, \ldots \sigma_n$ und gehört dem aus diesen Größen gebildeten Körper an. Dieser ist ein bestimmter Unterkörper l. Grades von $K(\zeta_1)$; denn ζ_1 genügt im Bereiche der $\sigma_1, \ldots \sigma_n$ einer Gleichung n. Grades, dagegen in k einer solchen von $ln = l_1 - 1$. Grade.

Der letzte Satz ist von größter Wichtigkeit; denn er zeigt, daß es ganz gleichgültig ist, welche elementarsymmetrische Funktion σ_k von ζ_1 man zur weiteren Rechnung nimmt. Ja man kann auch ζ_1 durch eine beliebige andere Zahl von $K(\zeta_1)$ ersetzen. Wenn nur die betreffende zu l gehörige symmetrische Funktion vom Grade l ist, so weiß man, daß sie den gesuchten Unterkörper erzeugt.

Der so erhaltene Unterkörper ist für die Aufstellung des Reziprozitätsgesetzes der l. Potenzreste von grundlegender Bedeutung. Letzteres besteht im wesentlichen in der Formulierung des Zerlegungsgesetzes für die Primideale $\mathfrak{p}$ von k in dem zu l gehörigen Unterkörper. Während wir im V. Kapitel die Zerlegung im ganzen Körper $K(\zeta_1)$ untersucht haben, besteht die jetzige feinere Untersuchung darin, diese Gesetze auch für jeden Unterkörper zu bestimmen; man erkennt dadurch, wie bei dem algebraischen Aufbau des ganzen Körpers die Zerlegung schrittweise vor sich geht.

§ 3. Die Berechnung von $K_2(l_1)$ und $K_3(l_1)$.

Wir wollen im weitaus einfachsten Falle, nämlich für $l = 2$, den Unterkörper $K_2(l_1)$ berechnen; dann besteht die zu 2 gehörige Untergruppe aus denjenigen Substitutionen, die zu geradem Index gehören. Ihre Anzahl ist $\frac{l_1 - 1}{2}$. Man wird alle Klassen L_k dadurch charakterisieren, daß

$$L_k^{\frac{l_1-1}{2}} = E$$

ist, oder die Normen n der Ideale von L_k genügen der Kongruenz:

$$n^{\frac{l_1-1}{2}} \equiv 1 \pmod{l_1},$$

was nach dem II. Kapitel auf die Auflösbarkeit der Kongruenz

$$n \equiv x^2 \pmod{l_1}$$

hinausläuft. Man nennt alle Zahlen n quadratische Reste, die übrigen quadratische Nichtreste. Siehe die früheren Entwicklungen im II. Kapitel Seite 60 ff.

Der zu 2 gehörige Strahl besteht aus allen quadratischen Resten.

Um den quadratischen Unterkörper $K_2(l_1)$ zu berechnen, wählen wir am besten die Zahl:

$$\varDelta_1 = (\zeta_1^{-1} - \zeta_1^{1})(\zeta_1^{-2} - \zeta_1^{2})(\zeta_1^{-3} - \zeta_1^{3}) \ldots (\zeta_1^{-\frac{l_1-1}{2}} - \zeta_1^{\frac{l_1-1}{2}})$$

aus und berechnen zunächst $\varDelta_1^2$. Schreibt man

$$(\zeta_1^{-k} - \zeta_1^k)^2 = (\zeta_1^{-k} - \zeta_1^k)(\zeta_1^{-k} - \zeta_1^k) = -(1 - \zeta_1^{2k})(1 - \zeta_1^{-2k}),$$

so ist

$$\varDelta_1^2 = \prod_{k=1}^{\frac{l_1-1}{2}} [-(1 - \zeta_1^{2k})(1 - \zeta_1^{-2k})]$$

$$= (-1)^{\frac{l_1-1}{2}} (1 - \zeta_1^2)(1 - \zeta_1^{l_1-2})(1 - \zeta_1^3)(1 - \zeta_1^{l_1-3}) \dots (1 - \zeta_1^{l_1-1})(1 - \zeta_1)$$

$$= (-1)^{\frac{l_1-1}{2}} N(1 - \zeta_1) = (-1)^{\frac{l_1-1}{2}} l_1;$$

somit wird:

$$\varDelta_1 = \pm \sqrt{(-1)^{\frac{l_1-1}{2}} l_1},$$

und da dies einen quadratischen Unterkörper von K festlegt, da $\varDelta_1$ der irreduzibeln quadratischen Gleichung

$$x^2 - (-1)^{\frac{l_1-1}{2}} l_1 = 0$$

genügt, so wird $\varDelta_1$ nach dem Eindeutigkeitssatze 7 den Körper $K_2(l_1)$ bedingen. Auf die Bestimmung des Vorzeichens von $\varDelta_1$ kommt es hier nicht an.

8. Satz. Der quadratische Unterkörper $K_2(l_1)$ von $K(\zeta_1)$ ist durch die Zahl

$$\varDelta_1 = \pm \sqrt{(-1)^{\frac{l_1-1}{2}} l_1}$$

gegeben.

Man nennt den Körper quadratisch, weil alle seine Zahlen einer Gleichung 2. Grades genügen. K ist reell oder imaginär, je nachdem

$$(-1)^{\frac{l_1-1}{2}} = +1 \text{ oder } = -1$$

ist. Im ersteren Falle ist $\frac{l_1-1}{2}$ gerade, also $l_1 \equiv 1 \pmod{4}$; im zweiten ist $\frac{l_1-1}{2}$ ungerade, also $l_1 \equiv 3 \pmod{4}$. Man sieht ferner, daß

$$s\varDelta_1 = -\varDelta_1 \text{ und } t\varDelta_1 = \varDelta_1$$

sein muß. Die Substitution s bewirkt somit, daß das Zeichen der Wurzel in das entgegengesetzte verwandelt wird. Man kann dies auch direkt aus der Definition von $\varDelta_1$ ablesen.

Beispiele:

a) $l_1 = 3$. Der quadratische Unterkörper ist mit dem Körper der 3. Einheitswurzel identisch.

b) $l_1 = 5$. Da 5 den Rest 1 (mod. 4) besitzt, wird

$$\varDelta_1 = \sqrt{5}.$$

Wir setzen $r = 2$, $s = (\zeta_1 : \zeta_1^2)$; dann ist:

$$t = s^2 = (\zeta_1 : \zeta_1^4); \quad t^2 = (\zeta_1 : \zeta_1).$$

Die 2 zugeordnete Untergruppe hat nur die beiden Substitutionen t, t^2 und ist von 2. Ordnung. Die entsprechende Untergruppe der Klassen ist die Gruppe der beiden Klassen, die die Ideale

$$(1) \cong (1)^2 \text{ und } (4) \cong (2)^2 \ ((5))$$

enthalten. Der Strahl der quadratischen Reste ist der Bereich aller Zahlen a, für die

$$a \equiv \pm 1 \ (\text{mod. } 5)$$

erfüllt ist.

c) $l_1 = 7$. 7 läßt den Rest 3 (mod. 4); also ist:

$$\varDelta_1 = \sqrt{-7}.$$

Wir setzen $r = 3$, $s = (\zeta_1 : \zeta_1^3)$; dann wird:

$$t = s^2 = (\zeta_1 : \zeta_1^2); \ t^2 = s^4 = (\zeta_1 : \zeta_1^4); \ t^3 = s^6 = (\zeta_1 : \zeta_1).$$

Die 2 zugeordnete Untergruppe besteht aus den 3 Substitutionen (t, t^2, t^3) und besitzt die Ordnung 3. Die entsprechenden Idealklassen des Führers (7) sind durch die drei Ideale

$$(1) \cong (1)^2; \ (2) \cong (3)^2; \ (4) \cong (2)^2 \ ((7))$$

gegeben. Alle Zahlen a des Strahls der quadratischen Reste sind durch eine der Kongruenzen

$$a \equiv 1, \ \equiv 2, \ \equiv 4 \ (\text{mod. } 7)$$

charakterisiert. Wegen

$$2 \cdot 2 \equiv 4; \ 2 \cdot 4 \equiv 1; \ 4 \cdot 4 \equiv 1 \ (\text{mod. } 7)$$

bilden die Zahlen wirklich einen Strahl.

d) $l_1 = 31$. 31 besitzt den Rest 3 (mod. 4), also:

$$\varDelta_1 = \sqrt{-31}.$$

Wir setzen $r = 3$, $s = (\zeta_1 : \zeta_1^3)$; dann wird

$$t = s^2 = (\zeta_1 : \zeta_1^9),$$

und die Potenzen von t ergeben die 15 Substitutionen der zu 2 gehörigen Untergruppe. Die entsprechenden Idealklassen sind durch die Potenzen des Ideals (9):

$$(9)^h = (9^h);\ h = 0, 1, 2, \ldots 14$$

gegeben. Alle Zahlen a, die dem Strahl der quadratischen Reste angehören, genügen einer Kongruenz

$$a \equiv 9^h \pmod{31},$$

wo h eine bestimmte Zahl zwischen 0 und 14 mit Einschluß der Grenzen sein muß.

Umständlicher ist der 2. Fall, den wir behandeln werden, nämlich $l = 3$. Zunächst ist 3 nicht immer Teiler von $l_1 - 1$. Wir setzen also

$$l_1 - 1 \equiv 0 \pmod{3}$$

voraus. Die Klassen L_k sind durch

$$L_k^{\frac{l_1-1}{3}} = E$$

charakterisiert. Jede Zahl n des zu 3 gehörigen Strahles genügt der Bedingung

$$n^{\frac{l_1-1}{3}} \equiv 1 \pmod{\mathfrak{l}_1},$$

und die Kongruenz

$$n \equiv x^3 \pmod{\mathfrak{l}_1}$$

ist dann stets lösbar. Man nennt die Zahlen n kubische Reste alle übrigen Zahlen kubische Nichtreste.

9. Satz. Der zu 3 gehörige Strahl besteht aus den kubischen Resten (mod. $\mathfrak{l}_1$).

Die Substitution $t = s^3$ hat die Eigenschaft, Einheitssubstitution von $K_3(l_1)$ zu sein. Das Verfahren, das uns zu einer Zahl des kubischen Unterkörpers führen wird, ist typisch für jede ungerade Primzahl, und ist im wesentlichen und auf das geistreichste schon von Lagrange durchgeführt worden; es besteht darin, daß man die 3. Einheitswurzel zu Hilfe nimmt. Natürlich wird dieselbe nachher wieder auf geeignete Weise entfernt werden müssen. Die 3. Einheitswurzel werde mit ζ bezeichnet, so daß also:

$$\zeta^3 = 1;\ \zeta^2 + \zeta + 1 = 0;\ \zeta = \frac{-1 + \sqrt{-3}}{2} = e^{\frac{2\pi i}{3}}.$$

Der Körper der 3. Einheitswurzel sei $K(\zeta)$, seine Substitution $(\zeta : \zeta^2)$. Man bilde:

$$\Lambda = \zeta_1 + \zeta\zeta_1^r + \zeta^2\zeta_1^{r^2} + \zeta^3\zeta_1^{r^3} + \cdots + \zeta^{l_1-2}\zeta_1^{r^{l_1-2}}$$

(r eine Primitivzahl (mod. l_1)). Ein solcher Ausdruck (auch wenn für ζ_1 eine andere Zahl von $K(\zeta_1)$ steht) heißt eine Lagrangesche Resolvente oder Wurzelzahl. Diese Zahlen haben sehr bemerkenswerte Eigenschaften.

10. Satz. Ist Λ die oben definierte Lagrangesche Wurzelzahl, so ist

$$s\Lambda = \zeta^{-1}\Lambda = \zeta^2\Lambda.$$

Dabei ist zu beachten, daß s die Substitution $(\zeta_1 : \zeta_1^r)$ bedeutet, somit die Zahl ζ völlig ungeändert läßt; wegen $r^{l_1-1} \equiv 1$ (mod. l_1) wird:

$$\begin{aligned} s\Lambda &= \zeta_1^r + \zeta\zeta_1^{r^2} + \zeta^2\zeta_1^{r^3} + \cdots + \zeta^{l_1-2}\zeta_1 \\ &= \zeta^{-1}[\zeta\zeta_1^r + \zeta^2\zeta_1^{r^2} + \cdots + \zeta^{l_1-1}\zeta_1]. \end{aligned}$$

Nun ist aber wegen $l_1 - 1 \equiv 0$ (mod. 3) auch $\zeta^{l_1-1} = 1$; also:

$$s\Lambda = \zeta^{-1}\Lambda = \zeta^2\Lambda.$$

11. Satz. Für die Lagrangesche Wurzelzahl Λ gilt die Relation:

$$t\Lambda = \Lambda,$$

wenn $t = s^3$ gesetzt ist.

Denn es wird:

$$t\Lambda = s \cdot s \cdot s \cdot \Lambda = \zeta^{-1}\zeta^{-1}\zeta^{-1}\Lambda = \zeta^{-3}\Lambda = \Lambda.$$

12. Satz. Die Lagrangesche Wurzelzahl Λ genügt der kubischen Gleichung:

$$\Lambda^3 - \omega = 0,$$

wo $\omega = \Lambda\, s\Lambda\, s^2\Lambda$ eine Zahl des Körpers $K(\zeta)$ der 3. Einheitswurzel ist.

Denn nach Satz 11 hat Λ nur die Konjugierten

$$\Lambda,\ s\Lambda,\ s^2\Lambda,$$

wenn man die 3. Einheitswurzel festhält. Somit ist nach Satz 10:

$$\begin{aligned}
\Lambda + s\Lambda + s^2\Lambda &= (1+\zeta^{-1}+\zeta^{-2})\,\Lambda = 0,\\
\Lambda s\Lambda + \Lambda s^2\Lambda + s\Lambda s^2\Lambda &= (\zeta^{-1}+\zeta^{-2}+\zeta^{-1}\zeta^{-2})\,\Lambda = 0,\\
\Lambda s\Lambda s^2\Lambda &= \omega,
\end{aligned}$$

wo

$$s\omega = s\,(\Lambda s\Lambda s^2\Lambda) = s\Lambda\cdot s^2\Lambda\cdot t\Lambda = s\Lambda\cdot s^2\Lambda\cdot\Lambda = \omega$$

ist. ω ändert sich bei der Substitution s überhaupt nicht, kann also nicht mehr von ζ_1 abhängen nach Satz 19, Kapitel III; d. h. ω liegt in $K(\zeta)$.

13. Satz. Λ ist keine Zahl des Körpers der 3. Einheitswurzel, d. h. die kubische Gleichung

$$x^3 - \omega = 0$$

ist in $K(\zeta)$ irreduzibel.

Dies geht ohne weiteres aus Satz 10 hervor; denn es müßte sonst

$$s\Lambda = \Lambda = \zeta^2\Lambda, \text{ oder } \Lambda = 0$$

sein. Dies ist unmöglich, da ζ nicht in $K(\zeta_1)$ enthalten ist.

Beispiele:

$l_1 = 7$. Ist wieder $r = 3$, $s = (\zeta_1 : \zeta_1^3)$, so wird

$$t = s^3 = (\zeta_1 : \zeta_1^6);\ t^2 = (\zeta_1 : \zeta_1).$$

Die 3 zugeordnete Untergruppe besitzt zwei Substitutionen: t und t^2. Die beiden entsprechenden Klassen sind durch (1) und $(6) \equiv (3)^3$ ((7)) gegeben. Alle Zahlen a des Strahls der kubischen Reste genügen einer Kongruenz:

$$a \equiv \pm 1 \pmod{7}.$$

Außerdem wird:

$$\Lambda = \zeta_1 + \zeta\zeta_1^3 + \zeta^2\zeta_1^2 + \zeta^3\zeta_1^6 + \zeta^4\zeta_1^4 + \zeta^5\zeta_1^5,$$

oder wegen $\zeta^3 = 1$:

$$\begin{aligned}
\Lambda &= \zeta_1 + \zeta\zeta_1^3 + \zeta^2\zeta_1^2 + \zeta_1^6 + \zeta\,\zeta_1^4 + \zeta^2\zeta_1^5\\
&= (\zeta_1 + \zeta_1^6) + \zeta(\zeta_1^3 + \zeta_1^4) + \zeta^2(\zeta_1^2 + \zeta_1^5);\\
s\Lambda &= (\zeta_1^3 + \zeta_1^4) + \zeta(\zeta_1^2 + \zeta_1^5) + \zeta^2(\zeta_1^6 + \zeta_1)\\
&= \zeta^2\left(\zeta(\zeta_1^3 + \zeta_1^4) + \zeta^2(\zeta_1^2 + \zeta_1^5) + (\zeta_1^6 + \zeta_1)\right) = \zeta^2\Lambda.
\end{aligned}$$

Nun ist:

$$t(\zeta_1 + \zeta_1^6) = \zeta_1^6 + \zeta_1,$$
$$t(\zeta_1^3 + \zeta_1^4) = \zeta_1^4 + \zeta_1^3,$$
$$t(\zeta_1^2 + \zeta_1^5) = \zeta_1^5 + \zeta_1^2.$$

Also muß $\Lambda = t\,\Lambda$ sein.

Es sei Λ' diejenige Zahl, die man aus Λ durch Vertauschung von ζ mit ζ^2 erhält:

$$\Lambda' = \zeta_1 + \zeta^2 \zeta_1^r + \zeta^4 \zeta_1^{r^2} + \cdots + \zeta^{2(l_1-2)} \zeta_1^{r^{l_1-2}}.$$

Λ' ist die Konjugierte von Λ in bezug auf $K(\zeta)$, und man erhält $\omega' = \Lambda'^3$, wenn man in ω ebenfalls ζ durch ζ^2 ersetzt.

Dann ist nach Satz 10:

$$s\Lambda' = \zeta^{-2}\Lambda' = \zeta\Lambda'$$
$$s(\Lambda\Lambda') = s\Lambda \cdot s\Lambda' = \zeta^2\Lambda\,\zeta\Lambda' = \Lambda\Lambda';$$

d. h. $\Lambda\Lambda'$ bleibt bei Ausübung der Substitution s ungeändert. Außerdem verändert es sich durch die Substitution $(\zeta : \zeta^2)$ nicht; also ist $\Lambda\Lambda'$ eine rationale Zahl o und

$$\Lambda\Lambda' = o;\ \omega\omega' = o^3.$$

14. Satz. Das Produkt $\omega\omega'$ ist die 3. Potenz einer rationalen Zahl o.

Genau ebenso beweist man den Satz:

15. Satz. Die Zahl $\omega + \omega'$ ist eine rationale Zahl q:

$$\omega + \omega' = q.$$

Setzt man

$$\Lambda_1 = \Lambda + \Lambda' \text{ oder } = \zeta\Lambda + \zeta^2\Lambda' \text{ oder } = \zeta^2\Lambda + \zeta\Lambda',$$

so ist in jedem Fall:

$$\Lambda_1^3 = \Lambda^3 + \Lambda'^3 + 3\,\Lambda\Lambda'\,\Lambda_1 = (\omega + \omega') + 3\,o\,\Lambda_1 = q + 3\,o\,\Lambda_1;$$

also genügt jedes der drei Λ_1 der kubischen Gleichung:

$$\Lambda_1^3 - 3\,o\,\Lambda_1 - q = 0.$$

Diese Gleichung ist irreduzibel in k. Denn wäre Λ_1 eine rationale Zahl g, so wäre z. B.

$$\Lambda + \Lambda' = g,$$
$$\Lambda + \frac{o}{\Lambda} = g \text{ oder } \Lambda^2 - g\,\Lambda + o = 0,$$

d. h. Λ würde den beiden Gleichungen

$$\Lambda^3 - \omega = 0,$$
$$\Lambda^2 - g\,\Lambda + o = 0,$$

genügen, woraus durch sukzessive Elimination:

$$g\,\Lambda^2 - o\,\Lambda - \omega = 0$$
$$(o - g^2)\,\Lambda + (\omega + og) = 0$$

entsteht. Λ liegt nach Satz 13 nicht in $K(\zeta)$; also müßte:

$$o = g^2;\ \omega + o\,g = 0,\ \omega = -g^3$$

sein; d. h. ω wäre die dritte Potenz einer rationalen Zahl, und $\Lambda = -\zeta^q g$, was unmöglich ist, da

$$s\Lambda = \zeta^{-1}\,\Lambda.$$

Damit ist die Irreduzibilität der kubischen Gleichung nachgewiesen.

Andrerseits ist

$$\Lambda_1 = \Lambda + \Lambda'$$
$$= (\zeta_1 + \zeta\,\zeta_1^r + \cdots + \zeta^{l_1-2}\,\zeta_1^{r^{l_1-2}}) + (\zeta_1 + \zeta^2\,\zeta_1^r + \cdots + \zeta^{2(l_1-2)}\,\zeta_1^{r^{l_1-2}})$$
$$= 2\,\zeta_1 + (\zeta + \zeta^2)\,\zeta_1^r + (\zeta^2 + \zeta^4)\,\zeta_1^{r^2} + \cdots + (\zeta^{l_1-2} + \zeta^{2(l_1-2)})\,\zeta_1^{r^{l_1-2}},$$

d. h. wegen $\zeta + \zeta^2 = -1,\ \zeta^3 = 1$:

$$\Lambda_1 = 2\,\zeta_1 - \zeta_1^r - \zeta_1^{r^2} + 2\,\zeta_1^{r^3} - \cdots - \zeta_1^{r^{l_1-2}}.$$

Λ_1 ist daher eine Zahl von $K(\zeta_1)$, die einer kubischen Gleichung genügt. Sie legt den gesuchten Unterkörper von $K(\zeta_1)$ fest; zugleich ersieht man aus ihrer Darstellung, daß sie eine ganze Zahl ist. Die Koeffizienten ihrer Gleichung müssen somit ebenfalls ganz sein. Genau dasselbe beweist man für die beiden andern Wurzeln $\zeta\Lambda + \zeta^2\,\Lambda'$ und $\zeta^2\,\Lambda + \zeta\Lambda'$.

16. Satz. Der zu 3 gehörige Unterkörper von $K(\zeta_1)$ wird durch jede der Wurzeln der Gleichung

$$x^3 - 3\,o\,x - q = 0$$

gegeben, wo $3\,o$ und q die oben definierten natürlichen Zahlen sind.

Die beiden Zahlen o und q müssen wir noch genauer berechnen. Wir setzen

$$\begin{aligned} Z_0 &= \zeta_1 + \zeta_1^{r^3} + \zeta_1^{r^6} + \cdots + \zeta_1^{r^{l_1-4}}, \\ Z_1 &= \zeta_1^{r} + \zeta_1^{r^4} + \zeta_1^{r^7} + \cdots + \zeta_1^{r^{l_1-3}}, \\ Z_2 &= \zeta_1^{r^2} + \zeta_1^{r^5} + \zeta_1^{r^8} + \cdots + \zeta_1^{r^{l_1-2}}; \end{aligned}$$

dann ist:

$$\Delta = Z_0 + \zeta Z_1 + \zeta^2 Z_2; \quad \Delta' = Z_0 + \zeta^2 Z_1 + \zeta Z_2.$$

Eine leichte Rechnung läßt wegen $\zeta^2 + \zeta + 1 = 0$ das Resultat erkennen:

$$\begin{aligned} \Delta \Delta' &= Z_0^2 + Z_1^2 + Z_2^2 - (Z_0 Z_1 + Z_0 Z_2 + Z_1 Z_2) \\ &= \tfrac{1}{2}\,[3\,(Z_0^2 + Z_1^2 + Z_2^2) - (Z_0 + Z_1 + Z_2)^2]. \end{aligned}$$

Wegen

$$Z_0 + Z_1 + Z_2 = \zeta_1 + \zeta_1^2 + \zeta_1^3 + \cdots + \zeta_1^{l_1-1} = -1$$

wird deshalb:

$$\Delta \Delta' = \tfrac{1}{2}\,[3\,(Z_0^2 + Z_1^2 + Z_2^2) - 1].$$

Wir müssen noch die Summe der Quadrate der Größen Z_0, Z_1, Z_2 berechnen. Es ist:

$$\begin{aligned} Z_0^2 &= \sum_{n=0}^{\frac{l_1-4}{3}} \zeta_1^{2r^{3n}} + 2 \sum_{n \neq m}^{0,\frac{l_1-4}{3}} \zeta_1^{r^{3n}+r^{3m}}, \\ Z_1^2 &= \sum_{n=0}^{\frac{l_1-1}{4}} \zeta_1^{2r^{3n+1}} + 2 \sum_{n \neq m}^{0,\frac{l_1-4}{3}} \zeta_1^{r^{3n+1}+r^{3m+1}}, \\ Z_2^2 &= \sum_{n=0}^{\frac{l_1-1}{4}} \zeta_1^{2r^{3n+2}} + 2 \sum_{n \neq m}^{0,\frac{l_1-4}{3}} \zeta_1^{r^{3n+2}+r^{3m+2}}, \end{aligned}$$

$$\begin{aligned} Z_0^2 + Z_1^2 + Z_2^2 &= \sum_{n=0}^{l_1-2} \zeta_1^{2r^n} + 2\left[\sum_{n \neq m}^{0,\frac{l_1-4}{3}} \left(\zeta_1^{r^{3n}+r^{3m}} + \zeta_1^{r^{3n+1}+r^{3m+1}} + \zeta_1^{r^{3n+2}+r^{3m+2}}\right)\right] \\ &= -1 + 2\,[\;\;]. \end{aligned}$$

Die Summe rechts ist über alle Kombinationen m, n ohne Wiederholung der Zahlen von 0 bis $\frac{l_1-4}{3}$ zu erstrecken; die Klammer ist eine rationale Zahl, da $Z_0^2 + Z_1^2 + Z_2^2$ eine solche ist, und hat darum die Gestalt

$$[\;\;] = x_0 + x_1\,(\zeta_1 + \zeta_1^2 + \cdots + \zeta_1^{l_1-1}) = x_0 - x_1,$$

wo x_0 und x_1 natürliche Zahlen sind. x_0 ist die Anzahl, die angibt, wie oft unter den Potenzen von ζ_1 ein durch l_1 teilbarer Exponent auftritt, und x_1

ist die Anzahl, die angibt, wie oft ein nicht durch l_1 teilbarer Exponent $u (< l_1)$ auftritt. Nun ist

$$r^{\frac{l_1-1}{2}} \equiv -1 \pmod{\mathfrak{l}_1};$$

also wird

$$r^{3n} + r^{3m},\quad r^{3n+1} + r^{3m+1},\quad r^{3n+2} + r^{3m+2}$$

nur für $m = n + \frac{l_1 - 1}{6}$ durch l_1 teilbar sein, wo n die Werte $0, 1, 2, \ldots \frac{l_1-1}{6} - 1$ annimmt. Also gibt es $3\,\frac{l_1-1}{6} = \frac{l_1-1}{2}$ durch l_1 teilbare Exponenten, und die Zahl x_0 ist gleich $\frac{l_1-1}{2}$. [ ] enthält im ganzen $3\,\frac{\frac{l_1-1}{3}\,\frac{l_1-4}{3}}{2} = \frac{(l_1-1)(l_1-4)}{6}$ Summanden; nehmen wir hiervon die x_0 Summanden fort, die den durch l_1 teilbaren Exponenten entsprechen, so bleiben noch

$$\frac{(l_1-1)(l_1-4)}{6} - \frac{l_1-1}{2} = \frac{l_1-1}{2}\,\frac{l_1-7}{3}$$

Summanden übrig. Da jede Zahl $\zeta_1, \zeta_1^2, \ldots \zeta_1^{l_1-1}$ gleichoft, also

$$\frac{1}{l_1-1}\cdot\frac{l_1-1}{2}\,\frac{l_1-7}{3} = \frac{l_1-7}{6} \text{ mal}$$

auftritt, so wird

$$x_1 = \frac{l_1-7}{6};\ [\ ] = \frac{l_1-1}{2} - \frac{l_1-7}{6} = \frac{l_1+2}{3};$$

die gesuchte Summe erhält den Wert:

$$Z_0^2 + Z_1^2 + Z_2^2 = -1 + 2\,[\ ] = -1 + \frac{2l_1+4}{3} = \frac{2l_1+1}{3},$$

und

$$o = \varDelta\varDelta' = \frac{1}{2}\left(3\,\frac{2l_1+1}{3} - 1\right) = l_1,$$

d. h. $\omega\omega' = l_1^3$.

Die Gleichung für $\varDelta_1$ besitzt jetzt die genauere Gestalt:

$$\varDelta_1^3 - 3\,l_1\,\varDelta_1 - q = 0.$$

Da nach dem Vorigen $\varDelta\varDelta' = l_1$, so ist die Norm von ω im Körper $K(\zeta)$

gleich l_1^3. Die Primzahl l_1 zerfällt in $K(\zeta)$ nach dem Zerlegungssatz des V. Kapitels in zwei voneinander verschiedene Primideale $\mathfrak{L}_1'$ und $\mathfrak{L}_1''$, da

$$l_1 \equiv 1 \pmod{3}$$

angenommen wurde. ω kann nur durch die beiden in $K(\zeta)$ konjugierten Primideale $\mathfrak{L}_1'$ und $\mathfrak{L}_1''$ teilbar sein. Wir nehmen an, es gelte die Zerlegung

$$(\omega) = \mathfrak{L}_1'^{a'} \mathfrak{L}_1''^{a''};$$

dann ist

$$(\omega\omega') = (l_1^3) = \mathfrak{L}_1'^{a'} \mathfrak{L}_1''^{a''} \mathfrak{L}_1''^{a'} \mathfrak{L}_1'^{a''} = (\mathfrak{L}_1' \mathfrak{L}_1'')^{a'+a''} = (l_1)^{a'+a''}.$$

Somit muß $a' + a'' = 3$ sein. Andrerseits ist wegen $\zeta^2 + \zeta + 1 = 0$:

$$\varDelta \equiv 0 \pmod{(\zeta_1 - 1)}, \quad \varDelta^3 = \omega \equiv 0 \pmod{(\zeta_1 - 1)};$$

oder wegen $s\omega = \omega$:

$$\omega \equiv 0 \pmod{\mathfrak{l}_1}.$$

Somit muß $a' > 0$, $a'' > 0$ sein.

Vergleicht man dies mit der obigen Gleichung $a' + a'' = 3$, so werden, da ω als Kubus einer ganzen Zahl selbst ganz ist, und a' und a'' positiv sein müssen, nur die beiden Lösungen

$$a' = 1, \ a'' = 2; \text{ oder } a' = 2, \ a'' = 1$$

möglich sein. $\mathfrak{L}_1'$ und $\mathfrak{L}_1''$ sind einzig als Teiler von (l_1) definiert. Keine ist dagegen vor der anderen ausgezeichnet. Wir können deshalb immer festlegen, daß die erste der beiden Möglichkeiten stattfinden muß und

$$(\omega) = \mathfrak{L}_1' \mathfrak{L}_1''^2 = (l_1)\, \mathfrak{L}_1''$$

wird.

17. Satz. Die Zahl ω hat in $K(\zeta)$ die Primidealzerlegung:

$$(\omega) = \mathfrak{L}_1' \mathfrak{L}_1''^2 = (l_1)\, \mathfrak{L}_1''$$

wo $\mathfrak{L}_1'$ und $\mathfrak{L}_1''$ die beiden in (l_1) enthaltenen Primideale von $K(\zeta)$ bedeuten.

Da die Klassenzahl von $K(\zeta)$ Eins ist, so sind $\mathfrak{L}_1'$ und $\mathfrak{L}_1''$ Hauptideale, also durch eine Zahl $\frac{y \pm z\sqrt{-3}}{2}$ bestimmt, wo

$$l_1 = \frac{y^2 + 3z^2}{4}$$

ist. Daher hat ω die Gestalt:

$$\omega = \pm \zeta^q l_1 \frac{y \pm z\sqrt{-3}}{2};$$

denn in $K(\zeta)$ treten nur die sechs Einheiten $\pm \zeta^q$ $(q = 0, 1, 2)$ auf. Da

$$\zeta = \frac{-1 + \sqrt{-3}}{2},$$

hat auch ω wieder dieselbe Form:

$$\omega = l_1 \frac{u + v\sqrt{-3}}{2}; \quad \frac{u^2 + 3v^2}{4} = l_1.$$

Allein die Zahlen u und v sind dadurch nicht eindeutig bestimmt. Um diese letzte Unsicherheit zu entfernen, nehmen wir das Ideal $\mathfrak{L} = (1 - \zeta)$, dessen Quadrat (3) ergibt, zu Hilfe, und berücksichtigen die Kongruenz:

$$\Lambda \equiv (\zeta_1 + \zeta_1^2 + \cdots + \zeta_1^{l_1 - 1}) \equiv -1 \pmod{\mathfrak{L}}.$$

Es gibt daher eine ganze Zahl ν für die

$$\Lambda = -1 + \nu(\zeta - 1),$$

und

$$\omega = \Lambda^3 = -1 + 3\nu(\zeta - 1) - 3\nu^2(\zeta - 1)^2 + \nu^3(\zeta - 1)^3$$

wird. Alle Zahlen rechts mit Ausnahme von -1 sind durch $\mathfrak{L}^3 = (\sqrt{-3})^3$ teilbar; daher wird

$$\omega \equiv -1 \pmod{\mathfrak{L}^3}$$

und

$$l_1 \frac{u + v\sqrt{-3}}{2} \equiv -1 \pmod{\mathfrak{L}^3};$$

das ist nur möglich, wenn zunächst

$$l_1 \frac{u}{2} \equiv -1 \ (\mathfrak{L})$$

oder, da u rational und $l_1 \equiv 1 \pmod{3}$ ist,

$$l_1 \frac{u}{2} \equiv -1 \pmod{3}, \quad u \equiv 1 \pmod{3}$$

wird. Jetzt folgt weiter:

$$l_1 \frac{v}{2} \equiv 0 \text{ und } v \equiv 0 \pmod{3}.$$

Dadurch ist, wie man aus den Entwicklungen von Seite 220 ff. leicht erkennt, u eindeutig bestimmt, und es wird, wenn man $3v$ an Stelle von v schreibt,

$$\omega = l_1 \frac{u + 3v\sqrt{-3}}{2}, \quad \omega' = l_1 \frac{u - 3v\sqrt{-3}}{2}$$

$$q = \omega + \omega' = l_1 u.$$

v ist nur bis auf das Vorzeichen bestimmt.

18. Satz. Der Körper $K_3(l_1)$ wird durch jede Wurzel der Gleichung

$$x^3 - 3l_1 x - l_1 u = 0$$

gegeben, wo $u \equiv 1 \pmod{3}$ durch die Darstellung

$$l_1 = \frac{u^2 + 27v^2}{4}$$

eindeutig bestimmt ist.

Beispiele:

Die Zerlegungen der Primzahlen $\equiv 1 \pmod{3}$ in $K(\zeta)$ haben wir auf Seite 221 durchgeführt; wir benutzen die dortigen Resultate.

a) $l_1 = 7$. Fortsetzung der Ausführungen von Seite 236. Es war:

$$\Lambda = (\zeta_1 + \zeta_1^6) + \zeta(\zeta_1^3 + \zeta_1^4) + \zeta^2(\zeta_1^2 + \zeta_1^5),$$

$$\Lambda' = (\zeta_1 + \zeta_1^6) + \zeta^2(\zeta_1^3 + \zeta_1^4) + \zeta(\zeta_1^2 + \zeta_1^5),$$

$$\Lambda_1 = \Lambda + \Lambda' = 2(\zeta_1 + \zeta_1^6) - (\zeta_1^3 + \zeta_1^4) - (\zeta_1^2 + \zeta_1^5) = 3(\zeta_1 + \zeta_1^6) + 1.$$

Die Gleichung von Λ_1 finden wir durch diejenige Darstellung $7 = \frac{u^2 + 3v^2}{4}$, in der v durch 3 teilbar ist. In den drei Darstellungen auf Seite 221 gibt es nur die eine

$$7 = \frac{1^2 + 27 \cdot 1^2}{4},$$

die diese Eigenschaft besitzt; also ist $u = 1 \equiv 1 \pmod{3}$ und

$$x^3 - 3 \cdot 7x - 7 \cdot 1 = 0$$

ist die kubische Gleichung von Λ_1; die Cardanische Formel gibt drei Wurzeln:

$$x_1 = \sqrt[3]{7\frac{1+3\sqrt{-3}}{2}} + \sqrt[3]{7\frac{1-3\sqrt{-3}}{2}};$$
$$x_2 = \zeta\sqrt[3]{7\frac{1+3\sqrt{-3}}{2}} + \zeta^2\sqrt[3]{7\frac{1-3\sqrt{-3}}{2}};$$
$$x_3 = \zeta^2\sqrt[3]{7\frac{1+3\sqrt{-3}}{2}} + \zeta\sqrt[3]{7\frac{1-3\sqrt{-3}}{2}}.$$

Dabei setzen wir fest, daß $\sqrt[3]{7\frac{1\pm 3\sqrt{-3}}{2}}$ diejenige komplexe Wurzel ist, deren Winkel (Azimut) den kleinsten positiven (negativen) Wert hat. Aus dieser Darstellung folgt:

$$\Lambda = \zeta^q\sqrt[3]{7\frac{1\pm 3\sqrt{-3}}{2}}, \quad (q = 0, 1, 2)$$
$$\Lambda^3 = \omega = 7\,\frac{1\pm 3\sqrt{-3}}{2},$$
$$\omega\,\omega' = 7^3.$$

Um die Unbestimmtheit zu beseitigen, bedenken wir, daß $\zeta_1 + \zeta_1^6$, $\zeta_1^3 + \zeta_1^4$, $\zeta_1^2 + \zeta_1^5$ reelle Größen, nämlich die Werte $2\cos\frac{2\pi}{7}$, $2\cos\frac{6\pi}{7}$, $2\cos\frac{4\pi}{7}$ sind. Der imaginäre Teil von Λ hat also den Wert $\left(\text{wegen } \zeta = \frac{-1+i\sqrt{3}}{2}\right)$:

$$+\,i\left[\frac{\sqrt{3}}{2}\,2\cos\frac{6\pi}{7} - \frac{\sqrt{3}}{2}\cdot 2\cos\frac{4\pi}{7}\right] = +\,i\sqrt{3}\left(\cos\frac{6\pi}{7} - \cos\frac{4\pi}{7}\right)$$
$$= +\,i\sqrt{3}\,(-0{,}9 + 0{,}2) = -0{,}7\sqrt{3}i.$$

Der reelle Teil von Λ hat den Wert:

$$\frac{\Lambda + \Lambda'}{2} = \frac{\Lambda_1}{2} = \frac{3}{2}(\zeta_1 + \zeta_1^6) + \frac{1}{2} = 3\cos\frac{2\pi}{7} + \frac{1}{2} = 3\cdot 0{,}6 + \frac{1}{2} > 0.$$

Λ liegt daher im 4. Quadranten der Gaußschen Ebene. Also muß nach unseren Festsetzungen:

$$\Lambda = \sqrt[3]{7\frac{1-3\sqrt{-3}}{2}}$$
$$\omega = 7\,\frac{1-3\sqrt{-3}}{2}$$

sein.

b) $l_1 = 13$. Ist $r = 2$, $s = (\zeta_1 : \zeta_1^2)$, so wird

$$t = s^3 = (\zeta_1 : \zeta_1^8),\ t^2 = (\zeta_1 : \zeta_1^{12}),\ t^3 = (\zeta_1 : \zeta_1^5),\ t^4 = (\zeta_1 : \zeta_1).$$

t, t^2, t^3, t^4 ist die zu 3 gehörige Untergruppe von 4. Ordnung. Die zugehörigen vier Klassen sind durch

$$(1),\ (8) \cong (2)^3,\ (12) \cong (12)^3,\ (5) \cong (11)^3\ ((13))$$

gegeben. Die Zerlegung von 13 mit durch 3 teilbarem v ist nach Seite 221:

$$13 = \frac{5^2 + 27 \cdot 1^2}{4};$$

also $u = -5 \equiv 1$ (3) und

$$x^3 - 3 \cdot 13\, x + 13 \cdot 5 = 0$$

die Gleichung, der Λ_1 genügt. Dieselbe hat die Wurzeln:

$$x_1 = \sqrt[3]{13\,\frac{-5+3\sqrt{-3}}{2}} + \sqrt[3]{13\,\frac{-5-3\sqrt{-3}}{2}}$$

$$x_2 = \zeta\,\sqrt[3]{13\,\frac{-5+3\sqrt{-3}}{2}} + \zeta^2\sqrt[3]{13\,\frac{-5-3\sqrt{-3}}{2}}$$

$$x_3 = \zeta^2\sqrt[3]{13\,\frac{-5+3\sqrt{-3}}{2}} + \zeta\,\sqrt[3]{13\,\frac{-5-3\sqrt{-3}}{2}}.$$

Auch hier muß eine genaue Abschätzung ergeben, welche Wurzel gleich Λ_1 ist.

c) $l_1 = 19$. Ist $r = 2$, $s = (\zeta_1 : \zeta_1^2)$, so wird:

$$t = s^3 = (\zeta_1 : \zeta_1^8),\ t^2 = (\zeta_1 : \zeta_1^7),\ t^3 = (\zeta_1 : \zeta_1^{18}),$$
$$t^4 = (\zeta_1 : \zeta_1^{11}),\ t^5 = (\zeta_1 : \zeta_1^{12}),\ t^6 = (\zeta_1 : \zeta_1).$$

Die zu 3 gehörige Untergruppe hat sechs Substitutionen $t, t^2, t^3, t^4, t^5, t^6$. Die sechs Klassen der Ideale

$$(1),\ (8),\ (7),\ (18),\ (11),\ (12),$$

ergeben die zugehörigen Klassen. Alle Zahlen a, für die

$$a \equiv 1,\ \equiv 8,\ \equiv 7,\ \equiv 18,\ \equiv 11,\ \equiv 12 \pmod{19}$$

ist, bilden den Strahl der kubischen Reste. In der Tat ist:

$1 \cdot 1 \equiv 1$	$8 \cdot 7 \equiv 18$	$7 \cdot 12 \equiv 8$	
$1 \cdot 8 \equiv 8$	$8 \cdot 18 \equiv 11$	$18 \cdot 18 \equiv 1$	
$1 \cdot 7 \equiv 7$	$8 \cdot 11 \equiv 12$	$18 \cdot 11 \equiv 8$	
$1 \cdot 18 \equiv 18$	$8 \cdot 12 \equiv 1$	$18 \cdot 12 \equiv 7$	(mod. 19)
$1 \cdot 11 \equiv 11$	$7 \cdot 7 \equiv 11$	$11 \cdot 11 \equiv 7$	
$1 \cdot 12 \equiv 12$	$7 \cdot 18 \equiv 12$	$11 \cdot 12 \equiv 18$	
$8 \cdot 8 \equiv 7$	$7 \cdot 11 \equiv 1$	$12 \cdot 12 \equiv 11$	

Die Zerlegung von 19 ergibt:

$$19 = \frac{7^2 + 27 \cdot 1^2}{4};$$

also $u = 7$ und

$$x^3 - 3 \cdot 19\, x - 7 \cdot 19 = 0.$$

Λ_1 genügt dieser Gleichung.

d) $l_1 = 31$. $r = 3$, $s = (\zeta_1 : \zeta_1^3)$.

$$t = s^3 = (\zeta_1 : \zeta_1^{27}) = (\zeta_1 : \zeta_1^{-4}).$$

Die Potenzen t^h $(h = 1, 2, \ldots 10)$ bilden die zu 3 gehörige Untergruppe. Die Zerlegung ist:

$$31 = 2^2 + 27 \cdot 1^2 = \frac{4^2 + 27 \cdot 2^2}{4};$$

also $u = 4 \equiv 1 \pmod{3}$, und Λ_1 genügt der Gleichung:

$$x^3 - 3 \cdot 31\, x - 4 \cdot 31 = 0.$$

Historische Notiz: Die Resolventen sind von Lagrange aufgestellt und zu algebraischen Untersuchungen verwendet worden in seinen „Réflexions sur la résolution algébrique des équations" (lu à l'acad. de Berlin en 1771), Oeuvres, Paris 1869, t. 3, p. 331 ss. Die Frage, welche der drei Wurzeln der kubischen Gleichung gleich Λ_1 ist, wurde von Kummer aufgeworfen und behandelt (Crelle's Journal, Bd. 23 [1842] S. 285 und Bd. 32 [1846] S. 341).

§ 4. Die Zerlegungsgesetze in $K_2(l_1)$. Quadratisches Reziprozitätsgesetz.

Bevor wir auf die eigentliche Aufgabe eingehen, müssen wir kurz die Theorie des Körpers $K_2(l_1)$ andeuten. Derselbe wird ein quadratischer Körper genannt, da alle seine Zahlen quadratischen Gleichungen genügen. Alles Weitere ist analog der Theorie des Körpers $K(\zeta)$ der 3. Einheitswurzel ζ durchzuführen. Zunächst die ganze Zahl, für deren Bereich wieder die auf Seite 90 angegebenen Forderungen erfüllt sein müssen. Ist ν eine ganze Zahl des Körpers, so müssen im besonderen die Größen

$$\nu + s\nu; \quad \nu \cdot s\nu$$

wiederum ganz sein. Nun hat jede Zahl ν von $K_2(l_1)$ die Gestalt

$$\nu = \frac{u + v\sqrt{(-1)^{\frac{l_1-1}{2}} l_1}}{w},$$

wo u, v, w, ohne gemeinsamen Teiler angenommen werden. Somit sind die rationalen Zahlen

$$\frac{2u}{w}; \ \frac{u^2 - (-1)^{\frac{l_1-1}{2}} l_1 v^2}{w^2},$$

ganz, falls ν ganz ist; dies trifft nur zu, wenn $w = 2$ ist und

$$\nu = \frac{u + v\sqrt{(-1)^{\frac{l_1-1}{2}} l_1}}{2}.$$

Ist v gerade, so muß es auch u sein. Sind beide ungerade, wie z. B. bei der Zahl:

$$\omega = \frac{1 + \sqrt{(-1)^{\frac{l_1-1}{2}} l_1}}{2},$$

so ist ν eine ganze Zahl; im Falle $\nu = \omega$ ist

$$\omega s \omega = \frac{1 - (-1)^{\frac{l_1-1}{2}} l_1}{4}$$

wegen $(-1)^{\frac{l_1-1}{2}} l_1 \equiv 1 \pmod{4}$ ganz. Jede beliebige ganze Zahl ν des Körpers kann durch

$$\nu = x_1 + x_2 \omega \quad (x_1, x_2 \text{ ganze rationale Zahlen})$$

ausgedrückt werden, und 1, ω bildet eine Basis der ganzen Zahlen des Körpers. Die Theorie der Moduln, speziell der ganzzahligen Moduln ist wörtlich von früher auf den jetzigen Fall übertragbar. $[1, \omega]$ ist der Einheitsmodul. Jeder Modul, der Produkt aus $[1, \omega]$ und einem ganzzahligen Modul ist, heißt Ideal. Die Teilbarkeit der Ideale ist eindeutig; ein Ideal, das nur durch sich und das Einheitsideal teilbar ist, heißt Primideal. Die Zerlegung eines Ideals in Primideale ist eindeutig. Von besonderer Bedeutung ist der Satz, daß jedes Ideal des Körpers ein zweigliedriger Modul ist, da der Grad des Körpers gleich 2 ist. Jedes Ideal bildet wieder einen Bereich von Zahlen, die durch Addition und Subtraktion sowie durch Multiplikation mit beliebigen ganzen Zahlen des Körpers ineinander übergehen. Ein Ideal besitzt ein Teilideal, wenn alle seine Zahlen in dem Teiler auftreten. Wenn $p \neq l_1$ eine rationale Primzahl ist, so bleibt (p) in $K_2(l_1)$

Primideal, oder in (p) sind zwei voneinander verschiedene Primideale enthalten. Damit sind die wesentlichsten Gesichtspunkte der Theorie des quadratischen Körpers hervorgehoben, und wir kehren zu unserem zu Beginn formulierten Probleme zurück.

Wie wir schon auseinandergesetzt haben, besteht die Hauptaufgabe zum Beweise der Reziprozitätsgesetze in der Aufstellung der Zerlegungsgesetze von $K_l\,(l_1)$. Wir werden dieselben auf zwei verschiedene Weisen finden können: 1. durch Benutzung des allgemeinen Zerlegungsgesetzes von $K\,(\zeta_1)$; und 2. aus dem Körper $K_l\,(l_1)$ selbst. Setzt man die beiden Resultate einander gleich, so ergibt sich das Reziprozitätsgesetz. Auch jetzt werden wir uns mit den einfachsten Fällen, nämlich $l = 2$ und 3 begnügen.

Nehmen wir zunächst $K_2\,(l_1)$. Wann zerfällt eine ungerade Primzahl l_2 in $K_2\,(l_1)$? Um diese Frage zu beantworten, zerlegen wir (l_2) in $K(\zeta_1)$ in Primideale gemäß dem Hauptsatz des V. Kapitels:

$$(l_2) = \mathfrak{L}_2\, s\,\mathfrak{L}_2\, s^2\,\mathfrak{L}_2 \ldots s^{e_2-1}\,\mathfrak{L}_2;\; e_2 f_2 = l_1 - 1;\; l_2^{f_2} \equiv 1 \;(\text{mod. } \mathfrak{l}_1).$$

Nehmen wir an, (l_2) zerfalle in $K_2\,(l_1)$ in zwei Ideale $(l_2) = \mathfrak{L}_2'\,\mathfrak{L}_2''$, so legen $\mathfrak{L}_2'$ und $\mathfrak{L}_2''$ zwei Ideale des Körpers $K\,(\zeta_1)$ fest, weil alle Zahlen von $K_2(l_1)$ in ersterem enthalten sind. Da diese Ideale Teiler von (l_1) sind, so müssen sie sich durch die Primideale $\mathfrak{L}_2$, $s\,\mathfrak{L}_2, \ldots s^{e_2-1}\,\mathfrak{L}_2$ ausdrücken:

$$\mathfrak{L}_2' = s^{q_1'}\,\mathfrak{L}_2\, s^{q_2'}\,\mathfrak{L}_2 \ldots s^{q_{n'}'}\,\mathfrak{L}_2;$$
$$\mathfrak{L}_2'' = s^{q_1''}\,\mathfrak{L}_2\, s^{q_2''}\,\mathfrak{L}_2 \ldots s^{q_{n''}''}\,\mathfrak{L}_2.$$

In dem Produkt $\mathfrak{L}_2'\,\mathfrak{L}_2'' = (l_2)$ tritt l_2 auf. Also wird

$$(l_2) = s^{q_1'}\,\mathfrak{L}_2 \ldots s^{q_{n'}'}\,\mathfrak{L}_2\, s^{q_1''}\,\mathfrak{L}_2 \ldots s^{q_{n''}''}\,\mathfrak{L}_2$$

sein müssen, wobei unter den q' und q'' jede der Zahlen $0, 1, \ldots e_2 - 1$ zu finden ist. Andrerseits geht $\mathfrak{L}_2'$ in $\mathfrak{L}_2''$ durch Anwendung der Substitution s über:

$$\mathfrak{L}_2'' = s\,\mathfrak{L}_2'.$$

Daraus erkennt man, daß

$$n'' = n' = \frac{e_2}{2}$$

sein muß, und e_2 daher eine g e r a d e Zahl sein wird. Dann ist f_2 ein Teiler von $\frac{l_1 - 1}{2}$, und somit

$$l_2^{\frac{l_1-1}{2}} \equiv 1 \;(\text{mod. } \mathfrak{l}_1).$$

Zerfällt umgekehrt (l_2) in $K_2(l_1)$ nicht, so ist e_2 ungerade. Wäre nämlich e_2 gerade, so setze man

$$\mathfrak{L}_2' = \mathfrak{L}_2 s^2 \mathfrak{L}_2 s^4 \mathfrak{L}_2 \ldots s^{e_2-2} \mathfrak{L}_2,$$
$$\mathfrak{L}_2'' = s\,\mathfrak{L}_2 \cdot s^3 \mathfrak{L}_2 \cdot s^5 \mathfrak{L}_2 \ldots s^{e_2-1} \mathfrak{L}_2;$$

dann folgt:

$$\mathfrak{L}_2'' = s\,\mathfrak{L}_2'; \quad (l_2) = \mathfrak{L}_2' \mathfrak{L}_2''$$

Man erkennt, daß $\mathfrak{L}_2'$ und $\mathfrak{L}_2''$ durch je zwei Zahlen von $K_2(l_1)$ bestimmt werden können. Wir verstehen jetzt speziell unter $\mathfrak{L}_2'$ und $\mathfrak{L}_2''$ diejenigen Ideale, die nur Zahlen von $K_2(l_1)$ enthalten; dann bleibt die Beziehung

$$(l_2) = \mathfrak{L}_2' \mathfrak{L}_2''$$

bestehen, und weder $\mathfrak{L}_2'$ noch $\mathfrak{L}_2''$ können das Einheitsideal von $K_2(l_1)$ sein, da sonst auch das zugehörige Ideal von $K(\zeta_1)$ gleich $\mathfrak{O}$ wäre. Daraus folgt aber, daß (l_2) in $K_2(l_1)$ zerfällt gegen unsere Annahme. Wenn e_2 ungerade ist, so ist f_2 kein Teiler von $\frac{l_1-1}{2}$, und es muß $l_2^{\frac{l_1-1}{2}} \equiv -1$ (mod. $\mathfrak{l}_1$) sein.

19. Satz. (l_2) zerfällt in $K_2(l_1)$ in zwei Primideale, wenn

$$l_2^{\frac{l_1-1}{2}} \equiv 1 \pmod{\mathfrak{l}_1};$$

(l_2) zerfällt nicht, wenn

$$l_2^{\frac{l_1-1}{2}} \equiv -1 \pmod{\mathfrak{l}_1}$$

ist.

Man führt zweckmäßig für den Rest ± 1 von $l_2^{\frac{l_1-1}{2}}$ nach dem Vorgange von Legendre ein Symbol ein und setzt wie im II. Kapitel:

$$l_2^{\frac{l_1-1}{2}} \equiv \left(\frac{l_2}{l_1}\right) = \pm 1 \pmod{\mathfrak{l}_1}.$$

Es wird somit (l_2) in $K_2(l_1)$ zerfallen, wenn $\left(\frac{l_2}{l_1}\right) = +1$, nicht zerfallen, wenn $\left(\frac{l_2}{l_1}\right) = -1$ ist.

Andrerseits ist $K_2(l_1)$ der Körper, der aus der Quadratwurzel

$$\sqrt{(-1)^{\frac{l_1-1}{2}} l_1}$$

gebildet wird, und ich frage: Wann zerfällt das Primideal (l_2) in $K_2(l_1)$? Um dies zu entscheiden, nehmen wir an, daß (l_2) in $K_2(l_1)$ in zwei voneinander verschiedene Primideale $\mathfrak{L}_2'$ und $\mathfrak{L}_2''$ zerlegbar sei. Man darf nach der Entwicklung zu Beginn des Paragraphen setzen:

$$\mathfrak{L}_2' = (l_2, \lambda); \quad \mathfrak{L}_2'' = s\,\mathfrak{L}_2' = (l_2, s\lambda).$$

Dabei bedeutet s in $K_2(l_1)$ nach Früherem die Substitution $s = \left(+\sqrt{(-1)^{\frac{l_1-1}{2}} l_1} : -\sqrt{(-1)^{\frac{l_1-1}{2}} l_1}\right)$. Wegen $(l_2) = \mathfrak{L}_2' \mathfrak{L}_2''$ wird $\lambda s \lambda$ in (l_2) auftreten; also

$$\lambda s \lambda \equiv 0 \pmod{\mathfrak{l}_2}$$

sein. Ist wieder $1,\ \omega = \dfrac{1+\sqrt{(-1)^{\frac{l_1-1}{2}} l_1}}{2}$ eine Basis von $K_2(l_1)$, so wird:

$$\lambda = x + y\,\omega; \quad s\lambda = x + y\,s\omega;$$

y ist zu l_2 teilerfremd, weil sonst $\mathfrak{L}_2' = \mathfrak{L}_2''$ wäre. Es ist:

$$\lambda s \lambda = x^2 + xy\,(\omega + s\omega) + y^2 \omega\, s\omega = x^2 + xy + y^2 \frac{1-(-1)^{\frac{l_1-1}{2}} l_1}{4}$$

$$= \frac{(2x+y)^2 - (-1)^{\frac{l_1-1}{2}} l_1 y^2}{4};$$

also muß

$$(2x+y)^2 - (-1)^{\frac{l_1-1}{2}} l_1\, y^2 \equiv 0 \pmod{\mathfrak{l}_2}$$

oder, da y zu l_2 teilerfremd ist:

$$(-1)^{\frac{l_1-1}{2}} l_1 \equiv \left(\frac{2x+y}{y}\right)^2 \pmod{\mathfrak{l}_2}$$

sein. Dies ist nach dem II. Kapitel Seite 62 nur dann möglich, wenn

$$\left[(-1)^{\frac{l_1-1}{2}} l_1\right]^{\frac{l_2-1}{2}} \equiv 1 \pmod{\mathfrak{l}_2}.$$

Unter Benutzung des Legendreschen Symbols folgt daher:

$$\left(\frac{(-1)^{\frac{l_1-1}{2}} l_1}{l_2}\right) = +1.$$

Zerfällt andrerseits $\mathfrak{l}_2$ nicht in $K_2(l_1)$, und wäre trotzdem diese Bedingung:

$$\left(\frac{(-1)^{\frac{l_1-1}{2}} l_1}{l_2}\right) = +1$$

erfüllt, so könnte man eine natürliche Zahl z bestimmen, die zu $\mathfrak{l}_2$ teilerfremd ist und der Kongruenz genügt:

$$(-1)^{\frac{l_1-1}{2}} l_1 \equiv z^2 \pmod{\mathfrak{l}_2}.$$

Letztere Beziehung können wir auch folgendermaßen schreiben:

$$\left(z - \sqrt{(-1)^{\frac{l_1-1}{2}} l_1}\right)\left(z + \sqrt{(-1)^{\frac{l_1-1}{2}} l_1}\right) \equiv 0 \pmod{\mathfrak{l}_2}.$$

Da (l_2) Primideal in $K_2(l_1)$ ist, müßte einer der Faktoren durch l_2 teilbar sein: z. B.

$$z - \sqrt{(-1)^{\frac{l_1-1}{2}} l_1} \equiv 0 \pmod{\mathfrak{l}_2}.$$

Alle Zahlen von $\mathfrak{l}_2$ sind Vielfache von l_2; also wäre

$$z - \sqrt{(-1)^{\frac{l_1-1}{2}} l_1} = l_2 (x + y\,\omega),$$

oder

$$z = l_2\left(x + \frac{y}{2}\right); \quad -1 = l_2 \frac{y}{2},$$

was unmöglich ist, da l_2 ungerade und kein Teiler von -1 ist. Somit gilt der Satz:

20. Satz. (l_2) zerfällt in $K_2(l_1)$, wenn

$$\left(\frac{(-1)^{\frac{l_1-1}{2}} l_1}{l_2}\right) = +1;$$

es zerfällt nicht, wenn

$$\left(\frac{(-1)^{\frac{l_1-1}{2}} l_1}{l_2}\right) = -1$$

ist.

Setzt man die Bedingung der beiden letzten Sätze einander gleich, so erhält man das quadratische Reziprozitätsgesetz:

$$\left(\frac{l_2}{l_1}\right) = \left(\frac{(-1)^{\frac{l_1-1}{2}} l_1}{l_2}\right).$$

Das Legendresche Symbol besitzt seiner Definition nach sehr einfache Rechnungsregeln. Für eine ungerade Primzahl l und beliebige zu l teilerfremde natürliche Zahlen n und m gilt nämlich (siehe Seite 63):

$$\left(\frac{n}{l}\right)^m = \left(\frac{n^m}{l}\right); \text{ denn } \left(n^{\frac{l-1}{2}}\right)^m \equiv n^{\frac{l-1}{2}m} \pmod{l};$$

$$\left(\frac{n}{l}\right)^2 = 1 \text{ ; denn } n^{2\frac{l-1}{2}} \equiv n^{l-1} \equiv 1 \pmod{l};$$

$$\left(\frac{n}{l}\right)\left(\frac{m}{l}\right) = \left(\frac{nm}{l}\right); \text{ denn } n^{\frac{l-1}{2}} m^{\frac{l-1}{2}} \equiv (n\,m)^{\frac{l-1}{2}} \pmod{l};$$

$$\left(\frac{n}{l}\right) = \left(\frac{m}{l}\right), \text{ wenn } n \equiv m \pmod{l}.$$

Daraus folgt für die obige Formel des quadratischen Reziprozitätsgesetzes:

$$\left(\frac{l_2}{l_1}\right) = \left(\frac{(-1)^{\frac{l_1-1}{2}}}{l_2}\right)\left(\frac{l_1}{l_2}\right) = \left(\frac{-1}{l_2}\right)^{\frac{l_1-1}{2}}\left(\frac{l_1}{l_2}\right),$$

$$\left(\frac{l_1}{l_2}\right)\left(\frac{l_2}{l_1}\right) = \left(\frac{-1}{l_2}\right)^{\frac{l_1-1}{2}}\left(\frac{l_1}{l_2}\right)^2 = \left(\frac{-1}{l_2}\right)^{\frac{l_1-1}{2}}.$$

Nach dem Resultat unter a) von Seite 64 im II. Kapitel ist

$$\left(\frac{-1}{l_2}\right) = (-1)^{\frac{l_2-1}{2}}.$$

Führt man dies ein, so lautet die endgültige Fassung des Gesetzes:

$$\left(\frac{l_1}{l_2}\right)\left(\frac{l_2}{l_1}\right) = (-1)^{\frac{l_1-1}{2}\frac{l_2-1}{2}}.$$

VIII. Hauptsatz. Quadratisches Reziprozitätsgesetz: Sind l_1 und l_2 ungerade Primzahlen, so befriedigen die Legendreschen Symbole $\left(\frac{l_1}{l_2}\right)$ und $\left(\frac{l_2}{l_1}\right)$ die Gleichung:

$$\left(\frac{l_1}{l_2}\right)\left(\frac{l_2}{l_1}\right) = (-1)^{\frac{l_1-1}{2}\frac{l_2-1}{2}}.$$

Wir fügen noch die beiden früher erhaltenen Formeln (Seite 64—65)

$$\left(\frac{-1}{l_1}\right) = (-1)^{\frac{l_1-1}{2}}; \quad \left(\frac{2}{l_1}\right) = (-1)^{\frac{l_1^2-1}{8}}$$

hinzu. Sie heißen die beiden Ergänzungssätze des quadratischen Reziprozitätsgesetzes.

Mit Hilfe der Rechnungsregeln und des Reziprozitätsgesetzes gelingt es, das Legendresche Symbol für große Zahlen rasch zu bestimmen. Ist l_1 größer als l_2, so führt das Reziprozitätsgesetz die Berechnung von $\left(\frac{l_2}{l_1}\right)$ ohne weiteres auf die Berechnung von $\left(\frac{l_1}{l_2}\right)$ zurück. Hier setzt man für l_1 den kleinsten Rest (mod. l_2) ein und zerlegt denselben in seine Primfaktoren. Nach den obigen Rechnungsregeln braucht man dann bloß das Legendresche Symbol für alle diese Primfaktoren zu berechnen. Die letzteren werden sämtlich kleiner als l_2 sein. Durch erneute Anwendung des quadratischen Reziprozitätsgesetzes erhält man deshalb Legendresche Symbole, deren Zahlen bedeutend kleiner als die ursprünglichen sind. Fährt man in dieser Weise fort, so kommt man im allgemeinen nach kurzer Zeit zum Ziele.

Beispiele:

a) $l_1 = 5$. Der Körper $K_2(5)$ ist durch $\Delta_1 = \sqrt{5}$ gegeben; alle ganzen Zahlen desselben haben die Form:

$$u_0 + u_1 \frac{-1 + \sqrt{5}}{2}.$$

(3) und (7) zerfallen nach den Berechnungen von Seite 156 im Körper der 5. Einheitswurzel nicht, also auch nicht in $K_2(5)$. Es ist nach Definition einesteils:

$$3^2 \equiv \left(\frac{3}{5}\right) \equiv -1 \pmod{5},$$
$$7^2 \equiv \left(\frac{7}{5}\right) \equiv -1 \pmod{5};$$

andernteils:

$$5^1 \equiv \left(\frac{5}{3}\right) \equiv -1 \pmod{3},$$
$$5^3 \equiv \left(\frac{5}{7}\right) \equiv -1 \pmod{7}.$$

Daher wird:

$$\left(\frac{3}{5}\right)\left(\frac{5}{3}\right) = +1; \left(\frac{7}{5}\right)\left(\frac{5}{7}\right) = +1.$$

(11) zerfällt im Körper der 5. Einheitswurzel in vier Primideale:

$$(11) = (11, \zeta_1 + 2)\,(11, \zeta_1^2 + 2)\,(11, \zeta_1^4 + 2)\,(11, \zeta_1^3 + 2),$$

und in $K_2(5)$ in die beiden Ideale:

$$\mathfrak{L}_2' = (11, \zeta_1 + 2)\,(11, \zeta_1^4 + 2) = (11, (\zeta_1 + 2)\,(\zeta_1^4 + 2)) = (11, 3 - (\zeta_1^2 + \zeta_1^3)),$$
$$\mathfrak{L}_2'' = (11, \zeta_1^2 + 2)\,(11, \zeta_1^3 + 2) = (11, (\zeta_1^2 + 2)\,(\zeta_1^3 + 2)) = (11, 5 + (\zeta_1^2 + \zeta_1^3)).$$

Nun ist aber nach den Resultaten von Seite 186:

$$\zeta_1^2 + \zeta_1^3 = \frac{-1 - \sqrt{5}}{2};$$

daher:

$$\mathfrak{L}_2' = (11, 4 + \sqrt{5}),$$
$$\mathfrak{L}_2'' = (11, 4 - \sqrt{5}).$$

(11) zerfällt in $K_2(5)$ in zwei Ideale. Einesteils ist also:

$$11^2 \equiv \left(\frac{11}{5}\right) = 1 \pmod{5},$$

andernteils:

$$5^5 \equiv \left(\frac{5}{11}\right) = 1 \pmod{11},$$

und

$$\left(\frac{11}{5}\right)\left(\frac{5}{11}\right) = +1.$$

(19) zerfällt im Körper der 5. Einheitswurzel in zwei Primideale:

$$(19) = (19, 4 - \zeta_1^2 - \zeta_1^3)\,(19, 5 + \zeta_1^2 + \zeta_1^3),$$

die man als Ideale in $K_2(5)$ wegen $\zeta_1^2 + \zeta_1^3 = \dfrac{-1 - \sqrt{5}}{2}$ auffassen darf:

$$\mathfrak{L}_2' = \left(19, \frac{9 + \sqrt{5}}{2}\right); \quad \mathfrak{L}_2'' = \left(19, \frac{9 - \sqrt{5}}{2}\right).$$

(19) zerfällt also auch in $K_2(5)$, und es wird:

$$19^2 \equiv \left(\frac{19}{5}\right) = 1 \pmod{5},$$
$$5^9 \equiv \left(\frac{5}{19}\right) = 1 \pmod{19},$$
$$\left(\frac{19}{5}\right)\left(\frac{5}{19}\right) = +1.$$

b) $l_1 = 7$. Der Körper $K_2(7)$ ist durch $\Delta_1 = \sqrt{-7}$ gegeben und seine ganzen Zahlen haben die Form:

$$u_0 + u_1 \frac{-1+\sqrt{-7}}{2}.$$

(3) und (5) sind nach Seite 157 Primideale im Körper der 7. Einheitswurzel, also auch in $K_2(7)$, und es wird:

$$3^3 \equiv \left(\frac{3}{7}\right) = -1 \pmod{7}; \quad (-7)^1 \equiv \left(\frac{-7}{3}\right) = -1 \pmod{3};$$
$$5^3 \equiv \left(\frac{5}{7}\right) = -1 \pmod{7}; \quad (-7)^2 \equiv \left(\frac{-7}{5}\right) = -1 \pmod{5}.$$

Also:

$$\left(\frac{3}{7}\right)\left(\frac{-7}{3}\right) = +1, \text{ oder } \left(\frac{3}{7}\right) = \left(\frac{-7}{3}\right);$$
$$\left(\frac{5}{7}\right)\left(\frac{-7}{5}\right) = +1, \text{ oder } \left(\frac{5}{7}\right) = \left(\frac{-7}{5}\right).$$

Nun ist aber $\left(\frac{-1}{3}\right) = -1$, $\left(\frac{-1}{5}\right) = +1$; deshalb erhalten die Formeln die Gestalt:

$$\left(\frac{3}{7}\right)\left(\frac{7}{3}\right) = -1, \quad \left(\frac{3}{7}\right) = -\left(\frac{7}{3}\right);$$
$$\left(\frac{5}{7}\right)\left(\frac{7}{5}\right) = +1, \quad \left(\frac{5}{7}\right) = \left(\frac{7}{5}\right).$$

(11) zerfällt im Körper der 7. Einheitswurzel in zwei Primideale, also auch in $K_2(7)$:

$$(11) = (11, \zeta_1^3 + 5\zeta_1^2 + 4\zeta_1 - 1)(11, \zeta_1^3 - 4\zeta_1^2 + 6\zeta_1 - 1).$$

Nun ist

$$\zeta_1^3 + 5\zeta_1^2 + 4\zeta_1 - 1 = (-1 + \zeta_1^2 + \zeta_1^3)(1 - 2\zeta_1 - 2\zeta_1^2 - 2\zeta_1^4),$$

und

$$(\zeta_1 + \zeta_1^2 + \zeta_1^4) + (\zeta_1^3 + \zeta_1^6 + \zeta_1^5) = -1,$$
$$(\zeta_1 + \zeta_1^2 + \zeta_1^4)(\zeta_1^3 + \zeta_1^6 + \zeta_1^5) = 2.$$

Daher wird $\zeta_1 + \zeta_1^2 + \zeta_1^4$ Wurzel der Gleichung

$$x^2 + x + 2 = 0,$$

oder

$$\zeta_1 + \zeta_1^2 + \zeta_1^4 = \frac{-1 \pm \sqrt{-7}}{2},$$

und daraus:

$$\zeta_1^3 + 5\,\zeta_1^2 + 4\,\zeta_1 - 1 = (-1 + \zeta_1^2 + \zeta_1^3)\,(2 \mp \sqrt{-7});$$

also, da $(11, -1 + \zeta_1^2 + \zeta_1^3) = \mathfrak{O}$:

$$\mathfrak{L}_2' = (11, 2 + \sqrt{-7});\ \mathfrak{L}_2'' = (11, 2 - \sqrt{-7}).$$

(11) zerfällt in $K_2\,(7)$ in $\mathfrak{L}_2'$ und $\mathfrak{L}_2''$. Daraus folgt:

$$11^3 \equiv \left(\frac{11}{7}\right) \quad = 1 \pmod{7},$$

$$(-7)^5 \equiv \left(\frac{-7}{11}\right) = 1 \pmod{11},$$

$$\left(\frac{11}{7}\right)\left(\frac{-7}{11}\right) = 1,\ \left(\frac{11}{7}\right) = \left(\frac{-7}{11}\right);$$

oder wegen $\left(\frac{-1}{11}\right) = -1$:

$$\left(\frac{11}{7}\right)\left(\frac{7}{11}\right) = -1,\ \left(\frac{11}{7}\right) = -\left(\frac{7}{11}\right).$$

c) Berechnung von $\left(\frac{31}{73}\right)$. Statt die Kongruenz

$$31^{36} \equiv \left(\frac{31}{73}\right) \pmod{73}$$

direkt zu berechnen, bedenkt man, daß $73 \equiv 1 \pmod{4}$, also $\frac{73-1}{2}$ gerade ist. Somit ergibt das quadratische Reziprozitätsgesetz:

$$\left(\frac{31}{73}\right) = \left(\frac{73}{31}\right).$$

Wegen $73 \equiv 11 \pmod{31}$ wird

$$\left(\frac{31}{73}\right) = \left(\frac{73}{31}\right) = \left(\frac{11}{31}\right).$$

$\frac{11-1}{2}$ und $\frac{31-1}{2}$ sind ungerade; deshalb muß:

$$\left(\frac{11}{31}\right) = -\left(\frac{31}{11}\right) = -\left(\frac{9}{11}\right) = -\left(\frac{3^2}{11}\right) = -\left(\frac{3}{11}\right)^2 = -1.$$

Somit wird auch

$$\left(\frac{31}{73}\right) = -1$$

sein.

d) Berechnung von $\left(\frac{251}{409}\right)$. Wegen $409 \equiv 1 \pmod{4}$ wird:

$$\left(\frac{251}{409}\right) = \left(\frac{409}{251}\right) = \left(\frac{158}{251}\right) = \left(\frac{2 \cdot 79}{251}\right) = \left(\frac{2}{251}\right)\left(\frac{79}{251}\right).$$

Die Zahl $\frac{251^2 - 1}{8}$ ist ungerade; also nach dem Ergänzungssatz:

$$\left(\frac{2}{251}\right) = (-1)^{\frac{251^2-1}{8}} = -1,$$

und

$$\left(\frac{251}{409}\right) = -\left(\frac{79}{251}\right) = +\left(\frac{251}{79}\right),$$

weil wieder $\frac{251-1}{2}$ und $\frac{79-1}{2}$ ungerade sind. Jetzt fährt man fort:

$$\left(\frac{251}{409}\right) = \left(\frac{251}{79}\right) = \left(\frac{14}{79}\right) = \left(\frac{2}{79}\right)\left(\frac{7}{79}\right) = +1 \cdot \left(\frac{7}{79}\right) = -\left(\frac{79}{7}\right) = -\left(\frac{2}{7}\right) = -1.$$

$$\left(\frac{251}{409}\right) = -1.$$

Historische Notiz: Gauß hat im ganzen sieben Beweise des quadratischen Reziprozitätsgesetzes gegeben. Der obige entspricht, seinem wesentlichen Gedankengange nach, dem 7. Gaußschen Beweise (Werke, Band 2, Göttingen 1863, Nachlaß, S. 234). Die Anzahl der Beweise ist seither ungeheuer angewachsen. Sammlungen solcher Beweise enthalten Baumgart: Über das quadratische Reziprozitätsgesetz, Leipzig (1885), und Bachmann: Niedere Zahlentheorie, 1. Teil, Leipzig (1902). Doch sind dieselben nicht vollständig.

§ 5. Die Zerlegungsgesetze in $K_3(l_1)$. Kubisches Reziprozitätsgesetz.

Auch jetzt müßte an die Spitze dieses Paragraphen eine kurze Zahlentheorie des kubischen Körpers $K_3(l_1)$ oder besser des aus der 3. Einheitswurzel ζ und $K_3(l_1)$ zusammengesetzten Körpers K_6 vom 6. Grade entwickelt werden. Allein wir wollen diese Andeutungen übergehen. Der aufmerksame Leser wird aus dem Vorhergehenden die Theorie entnehmen können, oder doch in einem allgemeinen Lehrbuche der Zahlentheorie das Fehlende ergänzen können. Es sei einzig hervorgehoben, daß auch in K_6 die eindeutige Zerlegung der Ideale in Primideale gültig ist, und daß jedes durch eine von l_1 verschiedene rationale Primzahl $l_2 \neq 3$ definierte Hauptideal (l_2) selbst Primideal ist, oder in zwei, drei oder sechs voneinander verschiedene Primideale zerfällt. Als Muster der Zahlentheorie von K_6 dient diejenige des Körpers der 7. Einheitswurzel.

Genau die analoge Entwicklung wie im vorhergehenden führt auch bei $K_3(l_1)$ zu einem Reziprozitätsgesetz; nur sind die Überlegungen etwas umständlicher. $K_3(l_1)$ $(l_1 \equiv 1 \pmod{3})$ ist Unterkörper von $K(\zeta_1)$. (l_2) zerfalle in $K(\zeta_1)$ folgendermaßen:

$$(l_2) = \mathfrak{L}_2\, s\,\mathfrak{L}_2\, s^2\,\mathfrak{L}_2 \ldots s^{e_2-1}\,\mathfrak{L}_2.$$

Wenn nun (l_2) in $K_3(l_1)$ in Primideale zerlegbar ist, so wird (l_2) in $K_3(l_1)$ das Produkt aus drei Primidealen; andernfalls bleibt es selbst Primideal:

$$(l_2) = \mathfrak{L}_2'\,\mathfrak{L}_2''\,\mathfrak{L}_2''' \quad \text{oder} \quad (l_2) = \mathfrak{L}_2'.$$

Im ersteren Falle ist:

$$\mathfrak{L}_2' = \mathfrak{L}_2\, s^3\,\mathfrak{L}_2 \ldots s^{e_2-3}\,\mathfrak{L}_2;\ \mathfrak{L}_2'' = s\,\mathfrak{L}_2\, s^4\,\mathfrak{L}_2 \ldots s^{e_2-2}\,\mathfrak{L}_2;$$
$$\mathfrak{L}_2''' = s^2\,\mathfrak{L}_2\, s^5\,\mathfrak{L}_2 \ldots s^{e_2-1}\,\mathfrak{L}_2;$$

somit muß wie früher

$$e_2 \equiv 0 \pmod{3}$$

sein. Also ist f_2 ein Teiler von $\frac{l_1-1}{3}$, und

$$l_2^{\frac{l_1-1}{3}} \equiv 1 \pmod{\mathfrak{l}_1}.$$

Ist dagegen (l_2) Primideal, so ist e_2 zu 3 teilerfremd. Wäre nämlich e_2 durch 3 teilbar, so könnte man auch jetzt

$$(l_2) = \mathfrak{L}_2'\,\mathfrak{L}_2''\,\mathfrak{L}_2'''$$

setzen, wo $\mathfrak{L}_2'$, $\mathfrak{L}_2''$, $\mathfrak{L}_2'''$ die obige Bedeutung hätten und Ideale von $K(\zeta_1)$ wären. Aus denselben bildet man wie im Falle $K_2(l_1)$ drei Ideale von $K_3(l_1)$, die Teiler von (l_2) wären; d. h. (l_2) würde in $K_3(l_1)$ zerfallen, im Widerspruch zu unserer Annahme. Wenn e_2 zu 3 teilerfremd ist, so muß notwendig f_2 alle Faktoren 3 von $l_1 - 1$ besitzen, und da f_2 die kleinste Potenz ist, für die $l_2^{f_2} \equiv 1 \pmod{\mathfrak{l}_1}$, so ist in diesem Falle sicher

$$l_2^{\frac{l_1-1}{3}} \not\equiv 1 \pmod{\mathfrak{l}_1}.$$

21. Satz. (l_2) zerfällt in $K_3(l_1)$ in drei Primideale, wenn

$$l_2^{\frac{l_1-1}{3}} \equiv 1 \pmod{\mathfrak{l}_1};$$

es bleibt selbst Primideal, wenn

$$l_2^{\frac{l_1-1}{3}} \not\equiv 1 \pmod{\mathfrak{l}_1}$$

ist.

Auch hier ist es praktisch, diese Bedingung durch ein Symbol auszudrücken. Ist $\mathfrak{P}$ irgendein in $p \neq 3$ enthaltenes Ideal von $K(\zeta)$, dem Körper der 3. Einheitswurzel, und ist f der Grad von p, d. h.

$$p^f \equiv 1 \pmod{3},$$

so kann f nur die beiden Werte 1 oder 2 annehmen. Dann wird für jede zu $\mathfrak{P}$ teilerfremde Zahl ν von $K(\zeta)$:

$$\nu^{p^f-1} \equiv 1 \pmod{\mathfrak{P}}.$$

Diese Kongruenz kann in folgender Weise in Faktoren zerlegt werden:

$$(\nu^{\frac{p^f-1}{3}} - 1)(\nu^{\frac{p^f-1}{3}} - \zeta)(\nu^{\frac{p^f-1}{3}} - \zeta^2) \equiv 0 \pmod{\mathfrak{P}}.$$

Da $\mathfrak{P}$ Primideal ist, muß einer der Faktoren der linken Seite durch $\mathfrak{P}$ teilbar sein, etwa

$$\nu^{\frac{p^f-1}{3}} \equiv \zeta^q \pmod{\mathfrak{P}},$$

wo q die Zahl Null, 1 oder 2 ist. Man bezeichnet ζ^q mit dem Eisensteinschen Symbol:

$$\left\{\frac{\nu}{\mathfrak{P}}\right\} = \zeta^q.$$

Ist speziell $\mathfrak{P}$ ein in (l_1) enthaltenes Primideal $\mathfrak{L}_1'$ von $K(\zeta)$, so ist $f = 1$, weil $l_1 \equiv 1 \pmod{3}$, und deshalb wird sich die Kongruenz

$$l_2^{\frac{l_1-1}{3}} \equiv 1 \pmod{\mathfrak{L}_1'}$$

jetzt so ausdrücken:

$$\left\{\frac{l_2}{\mathfrak{L}_1'}\right\} = 1.$$

Es zerfällt (l_2) somit in $K_3(l_1)$ oder bleibt selbst Primideal, je nachdem

$$\left\{\frac{l_2}{\mathfrak{L}_1'}\right\} = 1 \text{ oder } \neq 1$$

ist. Diese Bedingung läßt sich einfacher schreiben, wenn man verallgemeinernd festsetzt, daß für mehrere Primideale $\mathfrak{P}_1, \mathfrak{P}_2 \ldots \mathfrak{P}_n$ von $K(\zeta)$:

$$\left\{\frac{\nu}{\mathfrak{P}_1}\right\}\left\{\frac{\nu}{\mathfrak{P}_2}\right\}\cdots\left\{\frac{\nu}{\mathfrak{P}_n}\right\} = \left\{\frac{\nu}{\mathfrak{P}_1\mathfrak{P}_2\cdots\mathfrak{P}_n}\right\},$$

und daß somit

$$\left\{\frac{\nu}{\mathfrak{P}_1}\right\}^{x_1}\left\{\frac{\nu}{\mathfrak{P}_2}\right\}^{x_2}\cdots\left\{\frac{\nu}{\mathfrak{P}_n}\right\}^{x_n} = \left\{\frac{\nu}{\pi}\right\},$$

falls $(\pi) = \mathfrak{P}_1^{x_1}\mathfrak{P}_2^{x_2}\ldots\mathfrak{P}_n^{x_n}$ ist. Nehmen wir die auf Seite 235 definierte Zahl ω zu Hilfe, so ist nach Satz 17

$$(\omega) = \mathfrak{L}_1'\,\mathfrak{L}_1''^2, \text{ falls } (l_1) = \mathfrak{L}_1'\,\mathfrak{L}_1''.$$

Setzt man nun

$$\left\{\frac{l_2}{\mathfrak{L}_1'}\right\} = \zeta^q,$$

so muß für das konjugierte Ideal $\mathfrak{L}_1''$, das durch Vertauschung von ζ mit ζ^2 entsteht,

$$\left\{\frac{l_2}{\mathfrak{L}_1''}\right\} = \zeta^{2q}$$

gelten, also ist nach der obigen Festsetzung:

$$\left\{\frac{l_2}{\omega}\right\} = \zeta^{5q}.$$

Der frühere Satz lautet deshalb in der neuen Form folgendermaßen:

22. Satz. (l_2) zerfällt in $K_3(l_1)$ in drei Primideale oder bleibt selbst Primideal, je nachdem

$$\left\{\frac{l_2}{\omega}\right\} = 1 \text{ oder } \neq 1$$

ist. Dabei ist $(\omega) = (l_1)\,\mathfrak{L}_1''$ in dem früheren Satze 12 definiert.

Gehen wir jetzt zum Körper $K_3(l_1)$ selbst über: wir erhalten eine analoge Bedingung, wenn wir die Zerlegung von (l_2) nicht in $K_3(l_1)$, sondern in dem Körper K_6 vom 6. Grade untersuchen. Letzterer setzt sich aus den Zahlen des Körpers der 3. Einheitswurzel und dem Körper $K_3(l_1)$ zusammen. Im ersteren zerfällt (l_2) in zwei Primideale $\overline{\mathfrak{L}}_2'$ und $\overline{\mathfrak{L}}_2''$, wenn

$$l_2 \equiv 1 \pmod{3};$$

es bleibt selbst Primideal $(l_2) = \overline{\mathfrak{L}}_2'$, wenn $l_2 \equiv 2 \pmod{3}$ ist. Gehen wir von hier zum Körper K_6 über, der sich aus

$$\varLambda = \sqrt[3]{\omega},\ \varLambda^3 = \omega$$

aufbaut, und sehen wir, wann $\overline{\mathfrak{L}}_2'$ in drei Ideale von K_6 zerfällt. Wenn die Kongruenz

$$\omega \equiv \xi^3 \pmod{\overline{\mathfrak{L}}_2'}$$

durch eine Zahl ξ von $K(\zeta)$ erfüllt werden kann, so setze man

$$\mathfrak{L}_2' = (\overline{\mathfrak{L}}_2', \xi - \varLambda);\ \mathfrak{L}_2'' = (\overline{\mathfrak{L}}_2', \xi - \zeta\varLambda);\ \mathfrak{L}_2''' = (\overline{\mathfrak{L}}_2', \xi - \zeta^2\varLambda).$$

Dabei bedeutet $\overline{\mathfrak{L}}_2'$ im Innern von $\mathfrak{L}_2^{(n)}$, daß alle Zahlen von $\overline{\mathfrak{L}}_2'$ in dem Ideal auftreten sollen. $\mathfrak{L}_2', \mathfrak{L}_2'', \mathfrak{L}_2'''$ sind konjugierte Ideale, die alle in dem Ideal $\overline{\mathfrak{L}}_2'$ enthalten sein müssen. Sie sind auch alle voneinander verschieden; denn es gelten z. B. die Relationen:

$$(\xi - \varLambda) - (\xi - \zeta\varLambda) = (\zeta - 1)\varLambda;\ \zeta(\xi - \varLambda) - (\xi - \zeta\varLambda) = (\zeta - 1)\xi.$$

$(\zeta - 1)$, ξ, $\varLambda$ sind zu (l_2) teilerfremd. Somit ist z. B.:

$$(l_2, \xi - \varLambda, \xi - \zeta\varLambda) = (1),$$

d. h. die drei Ideale $\mathfrak{L}_2', \mathfrak{L}_2'' \mathfrak{L}_2'''$ sind voneinander verschieden. Also muß

$$\overline{\mathfrak{L}}_2' = \mathfrak{L}_2' \mathfrak{L}_2'' \mathfrak{L}_2'''$$

sein. $\overline{\mathfrak{L}}_2'$ zerfällt daher in drei Primideale, falls

$$\omega \equiv \xi^3 \pmod{\overline{\mathfrak{L}}_2'};\qquad \omega^{\frac{N(\overline{\mathfrak{L}}_2')-1}{3}} \equiv 1 \pmod{\overline{\mathfrak{L}}_2'},$$

ist, was sich mit Hilfe des neuen Symbols so ausdrücken läßt:

$$\left\{\frac{\omega}{\overline{\mathfrak{L}}_2'}\right\} = 1.$$

Umgekehrt ist, wenn $\overline{\mathfrak{L}}_2'$ zerfällt, auch

$$\left\{\frac{\omega}{\overline{\mathfrak{L}}_2'}\right\} = 1;$$

denn $\overline{\mathfrak{L}}_2'$ kann nur in drei Ideale zerfallen $\mathfrak{L}_2', \mathfrak{L}_2'', \mathfrak{L}_2'''$. Jede Zahl von K_6 ist dann einer Zahl von $K(\zeta)$ (mod. $\mathfrak{L}_2'$) kongruent, weil die Norm von $\mathfrak{L}_2'$ in K_6 gleich groß ist, wie die Norm von $\overline{\mathfrak{L}}_2'$ in $K(\zeta)$; die Norm ist die Anzahl der in den betreffenden Körpern inkongruenten Zahlen nach dem betreffenden Ideal als Modul. Also gibt es in K_6 ebenso viele (mod. $\mathfrak{L}_2'$) inkongruente Zahlen, wie in $K(\zeta)$ solche (mod. $\overline{\mathfrak{L}}_2'$). Es ist somit A einer Zahl ξ von $K(\zeta)$ kongruent:

$$A \equiv \xi \pmod{\mathfrak{L}_2'}, \qquad A^3 = \omega \equiv \xi^3 \pmod{\mathfrak{L}_2'},$$

also auch

$$\omega \equiv \xi^3 \pmod{\overline{\mathfrak{L}}_2'},$$

da $\omega - \xi^3$ als Zahl von $K(\zeta)$ in $\mathfrak{L}_2'$, $\mathfrak{L}_2''$ und $\mathfrak{L}_2'''$ vorkommen muß.

23. Satz. Wenn der Primidealteiler $\overline{\mathfrak{L}}_2'$ der Primzahl l_2 des Körpers $K(\zeta)$ in K_6 in drei Primideale zerfällt, so ist

$$\left\{\frac{\omega}{\overline{\mathfrak{L}}_2'}\right\} = 1;$$

zerfällt $\overline{\mathfrak{L}}_2'$ nicht in drei Primideale, so ist

$$\left\{\frac{\omega}{\overline{\mathfrak{L}}_2'}\right\} \neq 1.$$

Dieses Resultat läßt sich vom Körper K_6 ohne weiteres auf $K_3(l_1)$ übertragen; denn, da $K_3(l_1)$ ein Unterkörper von K_6 ist, so wird $\overline{\mathfrak{L}}_2'$ nur dann in K_6 in drei Primideale zerlegbar sein, wenn (l_2) in $K_3(l_1)$ dieselbe Eigenschaft besitzt. Ist $(l_2) = \overline{\mathfrak{L}}_2'$, so sieht man dies ohne weiteres ein, indem man in $\mathfrak{L}_2'$, $\mathfrak{L}_2''$, $\mathfrak{L}_2'''$ nur die Zahlen von $K_3(l_1)$ aufnimmt. Ist dagegen $\overline{\mathfrak{L}}_2'\,\overline{\mathfrak{L}}_2'' = (l_2)$, so multipliziere man $\mathfrak{L}_2'$, $\mathfrak{L}_2''$, $\mathfrak{L}_2'''$ mit dem entsprechenden Primideale, das durch Vertauschung von ζ mit ζ^2 erhalten wird. Diese Produkte sind dann wiederum als Ideale von $K_3(l_1)$ aufzufassen. Daraus folgt der Satz:

24. Satz. Ist l_2 eine von 3 und l_1 verschiedene Primzahl, so zerfällt (l_2) in $K_3(l_1)$ in drei Primideale oder bleibt Primideal, je nachdem

$$\left\{\frac{\omega}{\overline{\mathfrak{L}}_2'}\right\} = 1 \text{ oder } \neq 1$$

ist. Dabei bedeutet $\overline{\mathfrak{L}}_2'$ irgend ein in (l_2) enthaltenes Primideal des Körpers $K(\zeta)$ der dritten Einheitswurzel.

Setzt man wiederum die Resultate von Satz 22 und 24 einander gleich, so erkennt man, daß

$$\left\{\frac{\omega}{\overline{\mathfrak{L}}_2'}\right\} = \left\{\frac{l_2}{\omega}\right\}^q$$

für ein gewisses nicht durch 3 teilbares q sein muß. Diese Formel ist ein spezieller Fall des kubischen Reziprozitätsgesetzes.

VIII. Hauptsatz. Spezielles kubisches Reziprozitätsgesetz: Ist $\overline{\mathfrak{L}}_2'$ ein in irgendeiner von 3 und l_1 verschiedenen Primzahl l_2 enthaltenes Primideal des Körpers der 3. Einheitswurzel, so gilt für die im Satz 12 definierte Zahl ω die Beziehung:

$$\left\{\frac{\omega}{\overline{\mathfrak{L}}_2'}\right\} = \left\{\frac{l_2}{\omega}\right\}^q,$$

wo q die Zahl 1 oder 2 ist. Die Zahl ω ist irgendeiner ungeraden Primzahl $l_1 \neq l_2$ zugeordnet, für die $l_1 \equiv 1 \pmod{3}$.

Man kann beweisen, daß $q = 1$ oder 2 ist, je nachdem $\overline{\mathfrak{L}}_2'$ ein Primideal vom 2. oder 1. Grade in $K(\zeta)$ ist. Im Falle, daß $\overline{\mathfrak{L}}_2'$ vom 2. Grade, also gleich (l_2) ist, lautet das Gesetz:

$$\left\{\frac{l_2}{\omega}\right\} = \left\{\frac{\omega}{l_2}\right\};$$

ist dagegen $(l_2) = \overline{\mathfrak{L}}_2' \overline{\mathfrak{L}}_2''$, also $\overline{\mathfrak{L}}_2'$ vom 1. Grade, so muß

$$\left\{\frac{l_2}{\omega}\right\} = \left\{\frac{\omega}{\overline{\mathfrak{L}}_2'}\right\}^2$$

und ganz ebenso:

$$\left\{\frac{l_2}{\omega}\right\} = \left\{\frac{\omega}{\overline{\mathfrak{L}}_2''}\right\}^2$$

sein, woraus durch Multiplikation

$$\left\{\frac{l_2}{\omega}\right\}^2 = \left\{\frac{\omega}{\overline{\mathfrak{L}}_2'}\right\}^2 \left\{\frac{\omega}{\overline{\mathfrak{L}}_2''}\right\}^2 = \left\{\frac{\omega}{l_2}\right\}^2$$

und

$$\left\{\frac{l_2}{\omega}\right\} = \left\{\frac{\omega}{l_2}\right\}$$

folgt. Diese letzte Formel gilt also für jede Primzahl l_2. Sie wird das allgemeine Eisensteinsche kubische Reziprozitätsgesetz für Primzahlen l_1 und l_2 genannt. Wir wollen auf die Beweise nicht weiter eingehen, sondern damit die Theorie der Reziprozitätsgesetze abschließen. Das Bisherige zeigt zur Genüge, wie harmonisch die ganze Fragestellung aus den ersten Kapiteln herauswächst; die Richtlinien für die Weiterentwicklung dieser Ansätze sind damit vollständig gegeben. Die folgenden

Zahlenbeispiele werden Gelegenheit bieten, auf einige allgemeine Zusätze hinzuweisen.

Beispiele:

a) $l_1 = 7$. Nach den Berechnungen von Seite 243—244 wird:

$$\omega = 7\,\frac{1-3\sqrt{-3}}{2};\quad \varLambda_1^3 - 3.7\,\varLambda_1 - 7 = 0,$$

wo

$$\varLambda_1 = 2(\zeta_1 + \zeta_1^6) - (\zeta_1^3 + \zeta_1^4) - (\zeta_1^2 + \zeta_1^5).$$

(7) zerfällt im Körper der 3. Einheitswurzel in die beiden Hauptideale

$$\mathfrak{L}_1' = \left(\frac{1+3\sqrt{-3}}{2}\right) = (2+3\zeta),\qquad \mathfrak{L}_1'\,\mathfrak{L}_1'' = (7).$$
$$\mathfrak{L}_1'' = \left(\frac{1-3\sqrt{-3}}{2}\right) = (2+3\zeta^2).$$

Also ist

$$\zeta \equiv -\frac{2}{3} \equiv 4;\ \zeta^2 \equiv 16 \equiv 2 \pmod{\mathfrak{L}_1'}.$$

Die Primzahl $l_2 = 11$ zerfällt weder im Körper $K_3(7)$ noch im Körper der 3. Einheitswurzel; denn (11) gehört zum Exponenten 3 (mod. 7), und 2 (mod. 3); (11) zerfällt nur in dem quadratischen Unterkörper $(\sqrt{-7})$, der uns hier nichts angeht. Also ist $\mathfrak{L}_2' = (11)$. Es wird:

$$11^2 \equiv 2 \equiv \zeta^2 \pmod{\mathfrak{L}_1'},$$

oder, da $2 = \frac{7-1}{3}$:

$$\left\{\frac{11}{\mathfrak{L}_1'}\right\} = \zeta^2;\ \left\{\frac{11}{\mathfrak{L}_1''}\right\} = \zeta.$$

Nun ist $(\omega) = \mathfrak{L}_1'\,\mathfrak{L}_1''^2$; also

$$\left\{\frac{11}{\omega}\right\} = \left\{\frac{11}{\mathfrak{L}_1'}\right\}\left\{\frac{11}{\mathfrak{L}_1''}\right\}\left\{\frac{11}{\mathfrak{L}_1''}\right\} = \zeta^2\cdot\zeta\cdot\zeta = \zeta.$$

Wäre andrerseits

$$\omega \equiv \xi^3 \pmod{11},$$

so müßte

$$\omega^{\frac{11^2-1}{3}} \equiv \omega^{40} \equiv 1 \pmod{11}$$

sein. Nun ist aber:

$$\omega = 7\,(2 + 3\,\zeta^2) = -7\,(1 + 3\,\zeta);$$

$$\omega^{40} = 7^{40}\,(1 + 3\,\zeta)^{40} \equiv (1 + 3\zeta)^{40} \equiv \frac{(1 + 3\,\zeta)^{44}}{(1 + 3\,\zeta)^4}$$

$$\equiv \left(\frac{1 + 3\,\zeta^2}{1 + 3\,\zeta}\right)^4 \equiv \frac{(1 + 3\,\zeta^2)^8}{7^4} \pmod{11},$$

und:

$$7^4 \equiv 3 \pmod{11},$$

$$(1 + 3\,\zeta^2)^2 \equiv 3\,(2 + \zeta) \pmod{11},$$

$$(1 + 3\,\zeta^2)^4 \equiv 3^3\,(1 + \zeta) \equiv -3^3\,\zeta^2 \pmod{11},$$

$$(1 + 3\,\zeta^2)^8 \equiv 3^6\,\zeta \pmod{11}.$$

Also:

$$\omega^{40} \equiv \frac{3^6\,\zeta}{3} \equiv 3^5\,\zeta \equiv \zeta \pmod{11}.$$

$$\left\{\frac{\omega}{11}\right\} = \zeta.$$

Daraus ergibt sich

$$\left\{\frac{11}{\omega}\right\} = \left\{\frac{\omega}{11}\right\}.$$

Hierin drückt sich das Eisensteinsche kubische Reziprozitätsgesetz aus. Genau ebenso wie $l_2 = 11$ verhalten sich die beiden Primzahlen $l_2 = 2$ und $l_2 = 5$. Wegen

$$2^2 \equiv 5^2 \equiv 4 \equiv \zeta \pmod{\mathfrak{L}_1'}$$

wird

$$\left\{\frac{2}{\mathfrak{L}_1'}\right\} = \left\{\frac{5}{\mathfrak{L}_1'}\right\} = \zeta;\ \left\{\frac{2}{\omega}\right\} = \left\{\frac{5}{\omega}\right\} = \zeta^2.$$

Andrerseits ist:

$$\omega^{\frac{4-1}{3}} = \omega = 7\,(2 + 3\,\zeta^2) \equiv \zeta^2 \pmod{2}.$$

$$\omega^{\frac{5^2-1}{3}} = \omega^8 = 7^8\,(2 + 3\,\zeta^2)^8 \equiv 4^8\,(1 - \zeta^2)^8 \equiv (1 - \zeta^2)^5\,(1 - \zeta^2)^3 \pmod{5},$$

$$\equiv (1 - \zeta)\,(1 - \zeta^2)(1 - \zeta^2)^2 \equiv 3\,(1 - 2\,\zeta^2 + \zeta) \pmod{5}$$

$$\equiv -9\,\zeta^2 \equiv \zeta^2 \pmod{5}.$$

Also wird

$$\left\{\frac{\omega}{2}\right\} = \left\{\frac{\omega}{5}\right\} = \zeta^2 = \left\{\frac{2}{\omega}\right\} = \left\{\frac{5}{\omega}\right\}.$$

Anders verhält sich dagegen $l_2 = 13$. Da 13 zum Exponenten 2 (mod. 7) gehört, wird

$$13^2 \equiv 1 \pmod{\mathfrak{L}_1'} \text{ und } \left\{\frac{13}{\mathfrak{L}_1'}\right\} = 1,$$

also auch

$$\left\{\frac{13}{\omega}\right\} = 1.$$

(13) zerfällt in $K_3(7)$ in drei Primideale. Andrerseits zerfällt (13) auch im Körper der 3. Einheitswurzel:

$$(13) = (3 + 4\,\zeta)\,(3 + 4\,\zeta^2);\ \overline{\mathfrak{L}}_2' = (3 + 4\,\zeta),\ \overline{\mathfrak{L}}_2'' = (3 + 4\,\zeta^2).$$

Also ist:

$$\zeta \equiv -\frac{3}{4} \equiv 9 \pmod{\overline{\mathfrak{L}}_2'};\ \zeta^2 \equiv 9 \pmod{\overline{\mathfrak{L}}_2''};$$
$$\zeta^2 \equiv 3 \pmod{\overline{\mathfrak{L}}_2'};\qquad \zeta \equiv 3 \pmod{\overline{\mathfrak{L}}_2''};$$

und:

$$\omega^{\frac{13-1}{3}} = \omega^4 = (7\,(2 + 3\,\zeta^2))^4 \equiv (7(2+3\cdot 3))^4 \equiv (-1)^4 \equiv 1 \pmod{\overline{\mathfrak{L}}_2'}$$
$$\omega^4 = (7(2 + 3\,\zeta^2))^4 \equiv (7(2+3\cdot 9))^4 \equiv 8^4 \equiv 2^{12} \equiv 1 \pmod{\overline{\mathfrak{L}}_2''}.$$

Daraus folgt

$$\left\{\frac{\omega}{\overline{\mathfrak{L}}_2'}\right\} = \left\{\frac{\omega}{\overline{\mathfrak{L}}_2''}\right\} = 1,$$

oder

$$\left\{\frac{\omega}{13}\right\} = \left\{\frac{\omega}{\overline{\mathfrak{L}}_2'}\right\}\left\{\frac{\omega}{\overline{\mathfrak{L}}_2''}\right\} = 1.$$

Das kubische Reziprozitätsgesetz lautet:

$$\left\{\frac{13}{\omega}\right\} = \left\{\frac{\omega}{\overline{\mathfrak{L}}_2'}\right\} = 1,$$

oder allgemeiner:

$$\left\{\frac{13}{\omega}\right\} = \left\{\frac{\omega}{13}\right\} = 1.$$

Schließlich wird für $l_2 = 19$:

$$19^2 \equiv 4 \equiv \zeta \pmod{\mathfrak{L}_1}; \left\{\frac{19}{\mathfrak{L}_1'}\right\} = \zeta, \left\{\frac{19}{\omega}\right\} = \zeta^2.$$

Andrerseits zerfällt (19) im Körper der 3. Einheitswurzel in die beiden Primideale:

$$\bar{\mathfrak{L}}_2' = (5 + 2\zeta); \ \bar{\mathfrak{L}}_2'' = (5 + 2\zeta^2).$$

Daher ist

$$\zeta \equiv -\frac{5}{2} \equiv 7 \pmod{\bar{\mathfrak{L}}_2'}, \ \zeta^2 \equiv 7 \pmod{\bar{\mathfrak{L}}_2''},$$

$$\zeta^2 \equiv 11 \pmod{\bar{\mathfrak{L}}_2'}, \qquad \zeta \equiv 11 \pmod{\bar{\mathfrak{L}}_2''},$$

und

$$\omega^{\frac{19-1}{3}} = \omega^6 \equiv (7\,(2 + 3 \cdot 11))^6 \equiv (-2)^6 \equiv 7 \equiv \zeta \pmod{\bar{\mathfrak{L}}_2'},$$

$$\omega^6 \equiv (7\,(2 + 3 \cdot 7))^6 \equiv 9^6 \equiv 11 \equiv \zeta \pmod{\bar{\mathfrak{L}}_2''}.$$

Daraus folgt:

$$\left\{\frac{\omega}{\bar{\mathfrak{L}}_2'}\right\} = \left\{\frac{\omega}{\bar{\mathfrak{L}}_2''}\right\} = \zeta = \left\{\frac{19}{\omega}\right\}^2;$$

$$\left\{\frac{\omega}{19}\right\} = \left\{\frac{\omega}{\bar{\mathfrak{L}}_2'}\right\}\left\{\frac{\omega}{\bar{\mathfrak{L}}_2''}\right\} = \zeta^2 = \left\{\frac{19}{\omega}\right\};$$

$$\left\{\frac{\omega}{19}\right\} = \left\{\frac{19}{\omega}\right\},$$

was das Eisensteinsche Reziprozitätsgesetz ist.

Eine besondere Rolle spielen die Ergänzungssätze, das heißt, die Auswertung des Symbols der kubischen Reste für die Zahl 3 und für Einheiten. Es ist z. B. im Fall $l_1 = 7$:

$$3^{\frac{7-1}{3}} = 3^2 \equiv 2 \equiv \zeta^2 \pmod{\mathfrak{L}_1'},$$

$$\left\{\frac{3}{\mathfrak{L}_1'}\right\} = \zeta^2.$$

3 ist kubischer Nichtrest (mod. $\mathfrak{L}_1'$). Ebenso ist:

$$\left\{\frac{\zeta}{\mathfrak{L}_1'}\right\} = \zeta^{\frac{7-1}{3}} = \zeta^2.$$

b) Wir wollen das Symbol der kubischen Reste der Zahl 3 für eine weitere Anzahl von Primzahlen l_1 berechnen.

$l_1 = 13 \equiv 1 \pmod{3}$.

$$(13) = (3+4\zeta)(3+4\zeta^2);\ (3+4\zeta) = \mathfrak{L}_1',\ (3+4\zeta^2) = \mathfrak{L}_1'';$$

also ist:

$$\zeta \equiv -\frac{3}{4} \equiv 9 \ (\text{mod. } \mathfrak{L}_1');\ \zeta^2 \equiv 3 \ (\text{mod. } \mathfrak{L}_1');$$

$$3^{\frac{13-1}{3}} = 3^4 \equiv 3 \equiv \zeta^2 \ (\text{mod. } \mathfrak{L}_1').$$

$\left\{\frac{3}{\mathfrak{L}_1'}\right\} = \zeta^2$. 3 ist kubischer Nichtrest von $l_1 = 13$.

$l_1 = 19 \equiv 1 \pmod{3}$.

$$(19) = (5+2\zeta)(5+2\zeta^2),\ (5+2\zeta) = \mathfrak{L}_1'.$$

$$\zeta \equiv -\frac{5}{2} \equiv 7 \ (\text{mod. } \mathfrak{L}_1'),\ \zeta^2 \equiv 11 \ (\text{mod. } \mathfrak{L}_1').$$

$$3^{\frac{19-1}{3}} = 3^6 \equiv 7 \equiv \zeta \ (\text{mod. } \mathfrak{L}_1');$$

$\left\{\frac{3}{\mathfrak{L}_1'}\right\} = \zeta$. 3 ist kubischer Nichtrest von $l_1 = 19$.

Historische Notiz: Das kubische Reziprozitätsgesetz ist von Eisenstein bewiesen worden in seiner Arbeit: „Beweis des Reziprozitätssatzes für die cubischen Reste in der Theorie der aus dritten Wurzeln der Einheit zusammengesetzten complexen Zahlen" (Crelle's Journ. f. Math. Band 27, Berlin [1844] S. 289). Dazu kommt sein „Nachtrag zum cubischen Reziprozitätssatze für die aus dritten Wurzeln der Einheit zusammengesetzten complexen Zahlen. Criterien des cubischen Charakters der Zahl 3 und ihrer Teiler" (Crelle's Journ. f. Math. Band 28, Berlin [1844] S. 28).

Sachverzeichnis.

Namenverzeichnis.

FSC
www.fsc.org
MIX
Papier | Fördert gute Waldnutzung
FSC® C083411

Zeitfracht Medien GmbH
Ferdinand-Jühlke-Straße 7
99095 Erfurt, Deutschland
produktsicherheit@kolibri360.de